普通高等教育“十一五”国家级规划教材
四川省“十二五”普通高等教育本科规划教材

混凝土结构设计原理

（第四版）

赵人达　徐腾飞　主编
屈文俊　主审

中国铁道出版社有限公司

2023年·北京

内 容 提 要

本书主要介绍钢筋混凝土结构和预应力混凝土结构基本构件的设计计算原理。主要内容包括材料的物理力学性能、钢筋与混凝土的粘结与锚固、轴心受力构件正截面承载力计算、受弯构件正截面承载力计算、偏心受压构件正载面承载力计算与设计、受弯构件斜截面性能与承载力计算、受扭构件承载力计算、钢筋混凝土构件使用性能与耐久性、预应力混凝土构件概论、预应力混凝土构件的设计计算等。本书力求以讲原理为主,突出材料力学与混凝土结构设计原理课程内容的内在联系,淡化规范条文规定,以避免多种规范不一致造成的混乱。

本书为高等学校土木大类专业(包括土木工程、铁道工程、城市地下空间工程、道路桥梁与渡河工程、工程造价等)的本科教材,也可供相关技术人员参考。

图书在版编目(CIP)数据

混凝土结构设计原理/赵人达,徐腾飞主编. —4版. —北京:中国铁道出版社有限公司,2023.8

普通高等教育"十一五"国家级规划教材. 四川省"十二五"普通高等教育本科规划教材

ISBN 978-7-113-30220-7

Ⅰ.①混… Ⅱ.①赵… ②徐… Ⅲ.①混凝土结构-结构设计-高等学校-教材 Ⅳ.①TU370.4

中国国家版本馆 CIP 数据核字(2023)第 079628 号

书　　名: 混凝土结构设计原理
作　　者: 赵人达　徐腾飞

责任编辑: 李露露　　**编辑部电话:** (010)51873240　　**电子邮箱:** 790970739@qq.com
封面设计: 尚明龙
责任校对: 安海燕
责任印制: 赵星辰

出版发行: 中国铁道出版社有限公司(100054,北京市西城区右安门西街8号)
网　　址: http://www.tdpress.com
印　　刷: 三河市宏盛印务有限公司
版　　次: 2001年8月第1版　2023年8月第4版　2023年8月第1次印刷
开　　本: 787mm×1 092mm 1/16　**印张:** 19.5　**字数:** 486千
书　　号: ISBN 978-7-113-30220-7
定　　价: 58.00元

第四版前言

本教材第三版于2013年出版以后，所引用的《混凝土结构设计规范》(GB 50010—2010)于2015年进行了局部修订，并于2015年9月发布实施；《建筑结构可靠性设计统一标准》(GB 50068—2018)对建筑结构的作用分项系数进行了调整，并于2019年4月发布实施。此外，新的人才培养方案于2019年开始实施，课程体系随之进行了调整，增设了"工程荷载与可靠度设计原理"课程。

鉴于上述变化，本次修订对与上述规范相关的内容进行了更新，删除了与"工程荷载与可靠度设计原理"重复的内容；将第三版教材第2章中"2.4 钢筋与混凝土间的粘结"抽取出来，形成"第3章钢筋与混凝土的粘结与锚固"；第三版教材"第9章钢筋混凝土构件的变形和裂缝验算"更名为"第9章钢筋混凝土构件使用性能与耐久性"，增加了耐久性内容；在第12章中扩充了部分预应力混凝土构件的分析内容，删除了无粘结预应力混凝土构件内容。

本书由西南交通大学混凝土结构设计原理教学团队组织修订，其中赵人达、徐腾飞任主编，同济大学屈文俊教授任主审。具体编写分工如下：第1章由赵人达、李乔编写；第2章由郭瑞、徐腾飞、李力编写；第3章由徐腾飞编写；第4、5章由张育智、龙若迅、荣国能编写；第6章由邓开来、徐腾飞、龙若迅、荣国能编写；第7章由郭瑞、徐腾飞、龙若迅、荣国能编写；第8章由郭瑞、黄雄军编写；第9章由徐腾飞、龙若迅、荣国能编写；第10、12章由占玉林、李乔编写；第11章由张育智、李乔编写；全书由赵人达统稿。

由于编者水平有限，书中难免有不足之处，敬请读者批评指正。

编　者

2023年5月

第一版前言

本教材是根据教育部1998年高等学校新专业目录，面向土木工程大类专业编写的，内容覆盖原桥梁工程、隧道工程、建筑工程、道路与铁道工程和岩土工程等专业方向。

由于上述各原专业方向涉及三种规范，即建设部颁布的《建筑结构荷载规范》(GBJ 9—87)及《混凝土结构设计规范》(GBJ 10—89)，交通部颁布的《公路桥涵设计通用规范》(JTJ 021—89)及《公路钢筋混凝土及预应力混凝土桥涵设计规范》(JTJ 023—85)，以及铁道部颁布的《铁路桥涵钢筋混凝土和预应力混凝土结构设计规范》(TB 10002.3—99)，这些规范中相应的规定有所差异，所以，本书将侧重点放在基本原理的讲述上，而尽量少讲规范条文。

应该指出，现行《铁路桥涵钢筋混凝土和预应力混凝土结构设计规范》(TB 10002.3—99)主要采用容许应力法，在预应力混凝土部分采用破坏阶段法，与建筑结构和公路桥梁的设计规范所采用的极限状态法不一致，所以本教材中涉及规范的地方大部分采用了后两者，只是在预应力混凝土构件部分参考了前者和《铁路桥涵设计规范》(送审稿，按极限状态法)。但正如上所述，本书重在讲原理，因此直接涉及该规范的内容并不多。

全书共12章。其中第1、10、12以及第2章中关于混凝土徐变系数和收缩应变的计算部分由李乔编写；第2、6、9章由杜赞华编写；第3、7、8章由王春华编写；第4、5章由荣国能编写；第11章由许惟国和李乔编写。全书由李乔统稿主编。

本书在编写过程中得到了西南交通大学土木工程学院强士中教授、吕和林教授、赵慧娟教授、龙若迅讲师等的关心和指导，特此向他们表示衷心的感谢。

编　者

2001年3月

目　录

1 绪　论

1.1 钢筋混凝土结构的基本概念

1.1.1 钢筋混凝土结构的基本原理

以混凝土为主要材料制作的结构称为混凝土结构，主要包括素混凝土结构、钢筋混凝土结构和预应力混凝土结构等。本书主要讲述钢筋混凝土和预应力混凝土基本受力构件的计算分析原理、实用设计方法和一般构造要求。

由建筑材料知识可知，混凝土是一种抗压与抗拉强度差异较大的非匀质材料，其抗压强度高，而抗拉强度低；通过提高混凝土的强度等级，无法有效地提高混凝土抗拉强度。对于C15～C80级混凝土，抗拉强度与抗压强度的比值介于6%～13%之间，且随着混凝土强度等级的提高，抗拉强度与抗压强度的比值逐渐减小。这表明混凝土抗拉强度并非随混凝土强度等级的提高而呈线性增加。显然，如果单纯采用混凝土作为结构构件的建筑材料，以受弯构件为例，其受拉一侧达到抗拉强度时，受压一侧的压应力仅约为抗压强度的10%，素混凝土梁抗弯承载能力由混凝土较低的抗拉强度所决定，其较好的抗压性能就无法发挥。

如果在梁的受控区放置抗拉性能好的钢筋，其结果会如何呢？现在来看一个简单对比试验实例。

若制作一根计算跨度4 m的矩形截面素混凝土简支梁（图1.1），梁的横截面宽$b=200$ mm，高$h=300$ mm，混凝土的强度等级为C30，梁内不配置任何钢筋。因混凝土抗拉强度低，当荷载作用下跨中截面梁底纤维的应力达到抗拉强度（实际上是梁底纤维的应变达到混凝土的极限拉应变）时，梁体下部就会突然开裂，形成一条裂缝；其宽度迅速增大，导致截面高度迅速减小直至截面脆断使梁失去承载能力。此时，其承担的均布荷载约为5 kN/m。

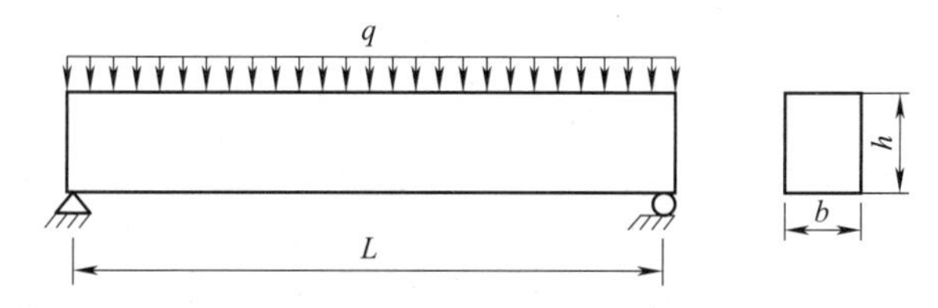

图1.1　素混凝土简支梁

如果在梁的受拉区混凝土内设置2根直径20 mm的HRB400钢筋，其净保护层厚度为30 mm，在受压区设置2根直径10 mm的HPB300构造钢筋，其他条件不变（图1.2）。通过试验，可以发现：(1)均布荷载达到5 kN/m时，截面下缘也出现了裂缝，但梁体未丧失承载力，荷载还可以持续增长；(2)随着荷载的增大，裂缝数量逐渐增多，裂缝宽度逐渐加大，梁体变形持续增长；(3)当均布荷载q值达到约29 kN/m时，荷载无法继续增大，简支梁达到了抗弯承载能力（钢筋屈服导致梁体变形持续增大，混凝土上缘被压溃）。

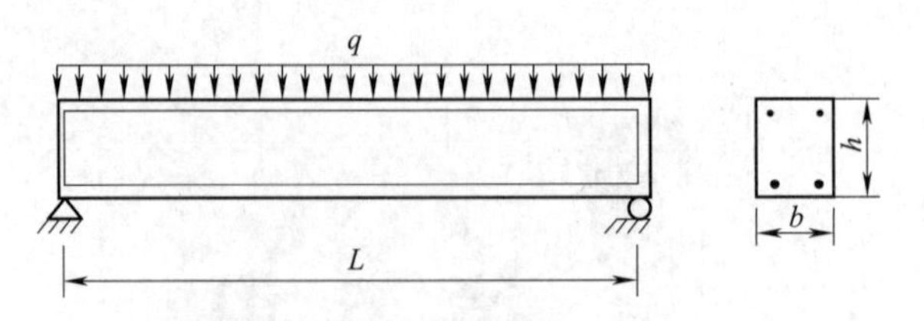

图 1.2　钢筋混凝土简支梁示意图

由上述对比试验,可以发现:在素混凝土梁中加入了少量钢筋(配筋率约为 1%)后:(1)梁体的抗弯承载力大幅提高;(2)梁体在破坏前有了明显征兆;(3)梁体的破坏形式由截面受拉侧混凝土断裂的脆性破坏,变为截面受拉侧钢筋屈服、受压侧混凝土压溃的延性破坏。此例说明,钢筋混凝土简支梁可以充分发挥受拉区钢筋和受压区混凝土两种材料的特长,使配置钢筋后的构件较素混凝土构件承载能力与延性大大提高。这就是钢筋混凝土构件的基本设计思想。

在上述试验中,我们还观察到,配置钢筋后,钢筋混凝土梁的开裂荷载与素混凝土梁接近。这表明:钢筋的加入,并没有显著地改变梁体开裂前的性能,也未改变开裂荷载。实际上,混凝土抗拉强度低,因此开裂前混凝土的应力和应变均很小,其极限拉应变为$(100\sim150)\times10^{-6}$。在钢筋混凝土构件中,钢筋与混凝土粘结在一起共同变形,钢筋应变等于相同位置处混凝土的应变,相应的应力仅为 20～30 MPa,远低于钢筋的抗拉强度。因为配筋率很低,此时钢筋不能充分发挥作用。只有在混凝土开裂后,钢筋才可能产生较大的应变和应力(100～300 MPa),从而充分发挥作用。故在一般情况下,钢筋混凝土构件的受拉区都设计为在开裂状态下工作,但构件的裂缝宽度不能超过一定限度,以满足正常使用性能和耐久性能。

概括而言,在设计钢筋混凝土构件时,既要计算承载能力,满足安全性要求,也要计算裂缝宽度和变形,满足使用性、耐久性要求。

钢筋和混凝土两种材料的物理力学性能迥然不同,之所以能够有效地结合在一起,实现两者协同受力,主要原因是:

(1)两者之间有足够的粘结力,使得它们能够相互传递内力,且变形协调。粘结力来源于钢筋与混凝土接触面由于化学作用产生的胶着力以及混凝土硬化过程中对钢筋产生的握裹力、咬合力。在钢筋两端设置弯钩或采用表面凹凸不平的钢筋时,粘结更加有效。

(2)钢筋与混凝土具有相近的热膨胀系数,当温度变化时,两者变形大致相同,不致产生较大的相对变形和温度应力,因此不会破坏二者之间的粘结。钢筋的线膨胀系数为 $1.2\times10^{-5}/℃$,混凝土的线膨胀系数为 $1.0\times10^{-5}\sim1.5\times10^{-5}/℃$(《混凝土结构设计规范》、《公路桥涵设计通用规范》和《铁路桥涵设计规范》均取 $1.0\times10^{-5}/℃$),两者数值相近。

(3)埋入混凝土中的钢筋,在为混凝土提供抗拉能力的同时,也得到了混凝土的保护。钢筋表面至构件表面之间有混凝土作为保护层,因此钢筋受碱性混凝土的保护不会发生锈蚀。但应注意,保护层混凝土必须有足够的厚度和密实度,否则钢筋仍会发生锈蚀而影响共同工作。混凝土硬化后,可为钢筋骨架提供支撑,防止钢筋在受压时发生屈曲破坏。

1.1.2　钢筋混凝土结构的优缺点

钢筋混凝土结构的优点:

(1)充分发挥了钢筋和混凝土两种材料的特点,形成的构件具有较大的承载能力和刚度。

(2)耐久性和耐火性较好,维护费用低。

(3)可模性好,可按设计浇筑成各种形状和体积的结构。

(4)便于就地取材(以砂石为主)。

(5)耐辐射、耐腐蚀性能较好。

钢筋混凝土结构亦有缺点:

(1)自重较大,使得结构很大一部分承载能力消耗在承受其自身重量上(对于大跨度桥梁,80%以上的内力由结构自重产生)。

(2)抗裂性差,因混凝土的抗拉强度低,出现拉应力的普通钢筋混凝土结构一般情况下均带裂缝工作,需要采取恰当的措施,控制裂缝的宽度,保证结构的正常使用性能和耐久性能。

(3)检查、加固、拆除等比较困难,需要继续研发高效的既有混凝土结构健康监测与性能评估技术、加固改造技术、环保高效的拆除技术和结构拆除后的再生利用技术等,以适应长期可持续的绿色发展理念。

1.2 预应力混凝土结构的基本概念

1.2.1 预应力混凝土结构的基本原理

如前所述,钢筋混凝土构件一般设计为带裂缝工作,但为了保证构件正常使用性能与耐久性,应控制裂缝宽度不能超过一定限度。按规范要求,当混凝土裂缝宽度控制在 0.2~0.3 mm 时,对应的钢筋应力为 100~250 MPa(光面钢筋)或 150~300 MPa(螺纹钢筋)。在正常使用状态下,钢筋混凝土结构的钢筋应力最高不超过 300 MPa,这就限制了高强钢筋与高强混凝土的使用。这是因为在满足承载能力需求的前提下,出于经济性与减轻自重的考虑,使用高强材料,应降低截面尺寸或减小配筋率,但这势必会提高正常使用状态下的钢筋应力,不满足裂缝控制与构件刚度要求。

为了解决这一矛盾,可以对荷载作用下的受拉区混凝土预先施加一定的压应力,使其能够部分或全部抵消由荷载产生的拉应力,从而使混凝土不开裂,这就是预应力混凝土的概念。其实质是利用混凝土较高的抗压能力来弥补其抗拉能力的不足,这样也使高强钢筋和高强混凝土的应用成为可能。

现以图 1.3 所示的简支梁为例,说明预应力混凝土结构的基本原理。

设该梁的跨度为 L,截面尺寸为 $b\times h$,截面面积 $A=bh$,抗弯截面模量 $W=bh^2/6$,外荷载和自重之和为均布荷载 q。梁的跨中弯矩为 $M=qL^2/8$,相应截面上、下缘的应力为(以受压为正):

上缘:$\sigma_{qc}=\dfrac{M}{W}=\dfrac{6M}{bh^2}$(压),下缘:$\sigma'_{qc}=\dfrac{M}{W}=-\dfrac{6M}{bh^2}$(拉)

若预先在中性轴以下距离为 e(e 称为偏心距)处设置预应力钢束,对其施加大小为 N_p 的拉力,并锚固在混凝土上,此时混凝土在钢束位置处受到同样大小的压力 N_p。根据材料力学,在该偏心力(预加力)作用下,梁截面上、下缘的预加应力由两部分组成:轴力引起的部分 N_p/A 和偏心弯矩 N_pe 引起的部分 N_pe/W,即

上缘: $$\sigma_{pc}=\frac{N_p}{A}-\frac{N_pe}{W}=\frac{N_p}{bh}-\frac{6N_pe}{bh^2}=\frac{N_p}{bh}\left(1-\frac{6e}{h}\right)$$

下缘: $$\sigma'_{pc}=\frac{N_p}{A}+\frac{N_pe}{W}=\frac{N_p}{bh}+\frac{6N_pe}{bh^2}=\frac{N_p}{bh}\left(1+\frac{6e}{h}\right)$$

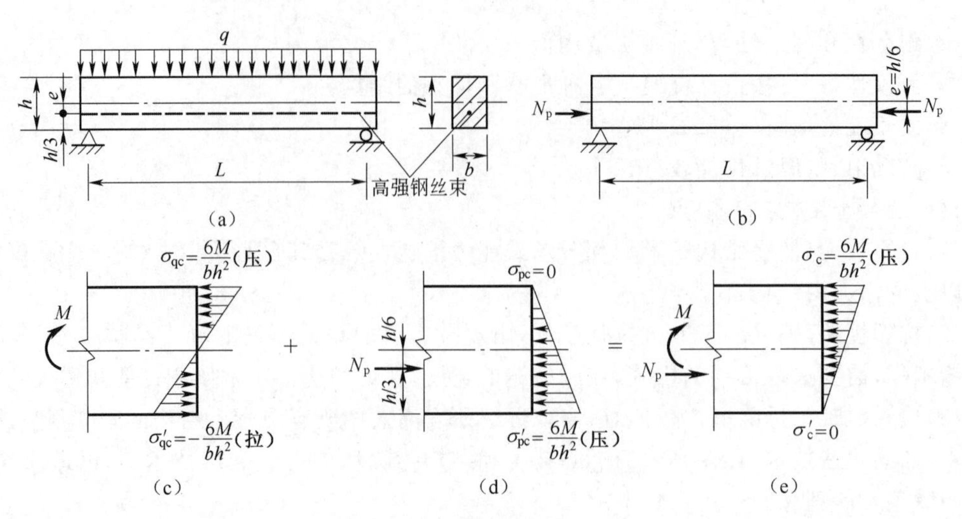

图 1.3 预应力混凝土构件原理

梁在外荷载 q 和预加力 N_p 共同作用下,跨中截面上、下缘的应力分别为

上缘:
$$\sigma_c=\sigma_{qc}+\sigma_{pc}=\frac{6M}{bh^2}+\frac{N_p}{bh}\left(1-\frac{6e}{h}\right) \tag{1.1}$$

下缘:
$$\sigma'_c=\sigma'_{qc}+\sigma'_{pc}=-\frac{6M}{bh^2}+\frac{N_p}{bh}\left(1+\frac{6e}{h}\right) \tag{1.2}$$

若设 $e=h/6$,$N_p=3M/h$,代入式(1.1)和式(1.2),可得

上缘:
$$\sigma_c=\frac{6M}{bh^2}+\frac{1}{bh}\cdot\frac{3M}{h}\left(1-\frac{6}{h}\cdot\frac{h}{6}\right)=\frac{6M}{bh^2}(\text{压})$$

下缘:
$$\sigma'_c=-\frac{6M}{bh^2}+\frac{1}{bh}\cdot\frac{3M}{h}\left(1+\frac{6}{h}\cdot\frac{h}{6}\right)=0$$

显然,此时下缘混凝土由外荷载 q 产生的拉应力被预加应力全部抵消。

该例说明了预应力混凝土构件的基本原理,并可得出如下结论:

(1)适当施加预应力,可使构件截面在外荷载作用下不出现拉应力,避免混凝土开裂,混凝土梁可全截面参与工作,提高了构件的刚度。

(2)预应力钢筋和混凝土都处于高应力状态,因此预应力混凝土构件必须采用高强度材料。设计时需要同时计算承载能力、变形和使用阶段的应力。

(3)预应力的效果不仅与预加力 N_p 的大小有关,还与 N_p 的施加位置(即偏心距 e)有关,应合理选择偏心距而减少预应力钢筋用量,并兼顾上下缘混凝土的应力。

(4)在钢筋混凝土构件中的钢筋在受荷载后混凝土开裂的情况下代替受拉区混凝土承受拉力,是一种"被动"的受力方式,而在预应力混凝土构件中的预应力钢筋是预先给混凝土施加压应力,是一种"主动"的受力方式,且可以根据设计意图,灵活选择预应力钢筋的布置。

1.2.2 预应力混凝土结构的特点

预应力混凝土结构的主要优点如下:

(1)提高了构件的抗裂度和刚度。因施加了预应力,构件在荷载作用下不开裂或开裂晚,有效地改善了构件的使用性能,提高了构件的刚度,增加了结构的耐久性。

(2)节省材料,减轻自重。由于采用高强度材料,可减小构件截面尺寸,节省钢材和混凝土用量，减轻结构自重，增大跨越能力。

(3)减小混凝土梁的竖向剪力和主拉应力。因预应力钢束呈曲线布置，在支座附近可以抵消部分竖向剪力，且因混凝土预压应力的存在，可以减小荷载作用下的主拉应力，这有利于减小梁的腹板厚度，进一步降低梁的自重。

(4)结构质量安全可靠。施加预应力时，预应力钢筋和混凝土都同时经受了一次强度检验。

(5)预应力还可以作为结构构件连接的手段，促进了大跨度结构新体系与施工方法的发展。

(6)提高结构的耐疲劳性能。由于预应力的存在，使用荷载引起的应力变化幅度相对较小，引起疲劳破坏的可能性也小，这对承受动荷载的结构而言是有利的。

此外，预应力混凝土结构有如下技术难点：

(1)工艺复杂，对施工质量要求高，需要配备一支技术熟练的专业队伍。

(2)需要有预应力专用设备，如张拉锚固机具、孔道压浆设备等。先张法需要张拉台座；后张法还需要耗用锚具等。

(3)预应力反拱度不易控制。它随混凝土徐变的增加而增大，造成桥面不平顺。

(4)预应力混凝土结构的开工费用较大，对于跨径小、构件数量少的工程，成本较高。

1.3 混凝土结构的发展概况

1.3.1 混凝土结构的发展

1824 年，Joseph Aspdin 发明了波特兰水泥；1850 年，L. Lambot 制成铁丝网水泥砂浆结构的小船；1861 年，Joseph Monier 获得钢筋混凝土板、管道和拱桥的专利；1866 年，德国学者发表混凝土结构计算理论与方法；次年，发表了试验结果，并提出在构件受拉区配筋的概念与板的计算方法。从此，钢筋混凝土的推广应用有了较快的发展。

预应力混凝土的最早应用是由美国人 P. H. Jackson 于 1886 年实现的，他利用钢筋对一个由混凝土块构成的拱施加预应力。1888 年，德国人 C. E. W. Doehring 利用钢筋对楼板施加预应力，并获得专利。但那时采用的钢筋强度较低，预应力较小，其值不超过 120 MPa，因混凝土收缩和徐变的发生，使构件逐渐缩短，因而施加预应力后不久，混凝土中的预加应力就消失殆尽。直到 1928 年法国工程师 E. Freyssinet 通过试验，采用高强度钢丝施加预应力才克服了上述问题，他使钢丝的预拉应力达到约 1 000 MPa，在混凝土发生收缩和徐变后，钢丝内仍存有 800 MPa 左右的拉应力，足以实现对混凝土预压的效果。此后，预应力混凝土得到迅速发展和应用。我国在新中国成立后开始研究和应用预应力混凝土，发展非常迅速，已达到世界先进水平。目前，预应力混凝土技术已广泛应用于桥梁、建筑结构、核反应堆、海洋工程、储液池、压力管道等诸多方面。

随着社会经济和科学技术的发展，工程建设环境不断对结构设计提出新的挑战，由钢筋和混凝土共同工作的传统结构形式(加筋混凝土结构)也得到不断的发展和创新，形成了钢—混凝土组合结构，在工程中已经广泛使用的结构形式包括：型钢混凝土、钢管混凝土、钢箱混凝土、以钢管混凝土作为劲性骨架再外包混凝土等多种结构形式。相关的分析计算理论和结构设计规范也不断发展和完善，为土木工程技术人员的结构设计提供了更广阔的选择空间。

1.3.2 混凝土结构组成材料的发展

混凝土结构的材料包括混凝土和配筋两部分。其中,混凝土有多种形式,包括:普通混凝土、高强混凝土、高性能混凝土、轻集料混凝土、自密实混凝土、纤维混凝土等,一般而言,钢筋混凝土结构的混凝土强度等级不应低于C20(房屋结构)、C25(公路桥梁结构)或C30(铁路桥梁结构),预应力混凝土结构的混凝土强度等级不宜低于C40;而配筋(加劲材料)包括普通钢筋、预应力钢丝/钢筋和钢绞线、纤维增强聚合物材料等。在混凝土桥梁结构中,混凝土这一主体材料,正朝着高强、轻质、高性能、耐久、抗震、抗爆、抗冲击和耐磨耗等方向发展。以下简要介绍常见混凝土结构材料。

(1)混凝土材料

普通混凝土:强度等级为C60及以下的混凝土称为普通混凝土(ordinary concrete)。

高强混凝土:现在一般把强度等级为C50及以上的混凝土称为高强混凝土(high strength concrete,简称HSC),C100强度等级以上的混凝土称为超高强混凝土(super high strength concrete,简称SHSC)。HSC是用水泥、砂、石原材料掺加减水剂或同时掺加粉煤灰、矿渣、硅粉等混合料,经常规工艺生产而获得的高强混凝土。高强或超高强混凝土的配制通过适当减少水泥用量,依靠加入超细矿物掺合料与高效减水剂来降低水灰比,增加流动度,改进混凝土的微观结构与综合性能,使之具有高强、高流动性、高密实、高耐久性等各种优良性能。也需注意其韧性较低、破坏应变小,抗拉或抗剪强度的增加不与抗压强度的增加成比例,而是比抗压强度的增加慢得多。

高性能混凝土(high performance concrete,HPC):性能主要包括易灌筑、易密实、不离析、早期强度高、韧性高、体积稳定性好,能长期保持优越的力学性能,在恶劣的环境下寿命长等。高性能混凝土可以是高强、高流动性、高密实的耐久混凝土,也可以是强度较低的自密实混凝土。但是,绝大多数桥梁中所采用的HPC多着重于耐久性、强度与工作度等性能。HPC一般具有较低的水灰比,但仍有良好的流动性,主要依靠掺用较多的超细矿物掺合料(如硅粉、磨细碱矿渣、粉煤灰)以及高效减水剂来提高混凝土的综合性能。超细掺合料具有填充效应、减水效应和增强效应,可以降低水灰比,增加流动性,提高密实度和强度。

轻集料混凝土(lightweight aggregate concrete):利用天然轻集料(如浮石、凝灰岩等)、工业废料轻集料(如炉渣、粉煤灰陶粒、自燃煤矸石等及其轻砂)、人造轻集料(页岩陶粒、黏土陶粒、膨胀珍珠岩等及其轻砂)制成的轻集料混凝土,具有容重较小(干表观密度不大于1 950 kg/m^3)、相对强度高以及保温、抗冻性能好等优点。

自密实混凝土(self-compacting concrete):是一种无需振捣、完全依靠自重就能密实地灌满模板每个隅角的混凝土。这种混凝土具有很高的流动度,且不会离析。为了达到自密实,对于给定的集料,需要水灰比与超级减水剂的最佳配合,并需限制粗集料的含量不超过混凝土固体体积的50%,细集料的含量不超过砂浆体积的40%。

纤维混凝土:亦称纤维增强混凝土(fiber reinforced concrete,FRC),是混凝土改性的一个重要手段,可以提高混凝土的抗拉、抗弯、抗剪性能,提高其耐磨、耐冲击、耐疲劳与抗变形能力。常用纤维有:钢纤维、碳纤维、玻璃纤维、聚丙烯纤维、玄武岩纤维、植物纤维等。纤维混凝土破坏时,纤维被拔出而不是被拉断,所以需要通过适当技术措施,增加纤维与基体间的粘结力,以提高纤维对混凝土的增强效果。纤维的增强效果取决于:基体混凝土强度、纤维长径比、纤维体积率、纤维与基体的粘结强度,以及纤维的分布状态等。在该类材料中,还有纤维增强钢丝网混凝土(fiber reinforced ferroconcrete)、浆渗纤维混凝土(SIFCON)、浆渗纤维网混凝土(SIMCON)、高延性水泥基复合材料(engineered cementitious composite,ECC)和超高性能混凝土(ultra-high performance concrete,UHPC)等。

此外,尚有水下浇筑不离析混凝土、膨胀混凝土、喷射混凝土、聚合物混凝土和绿色可持续发展混凝土(如再生集料混凝土、地聚物混凝土)等。

(2)配筋材料

混凝土结构中的金属加劲材料(配筋材料)主要有普通钢筋与预应力钢筋。普通钢筋通常采用热轧光圆钢筋和热轧带肋钢筋;预应力钢筋主要有预应力钢丝、钢绞线和预应力混凝土用螺纹钢筋。在海洋环境或者有腐蚀性介质的环境中,如冬季撒盐的桥面,钢筋锈蚀是影响混凝土桥梁结构耐久性的重要原因。为了防止钢筋锈蚀,可以用不锈钢制造钢筋,但是价格昂贵。另一个途径是用环氧树脂涂敷钢筋表面,形成防锈的涂层,防止钢筋生锈。

除上述常用的金属加劲材料外,20 世纪 80 年代中期以来,国际上还逐步采用纤维增强复合材料(fiber reinforced polymer,FRP)。FRP 是由多股连续纤维与基材(如树脂)胶合后,经过挤压拉拔成型的复合材料。纤维作为加劲材料,赋予复合物以独特力学性质,而树脂则主要起粘合作用。由于 FRP 具有轻质、高强、耐腐蚀、耐疲劳等优点,已成功应用于宇航飞行器、飞机、汽车、船泊、码头及土木工程等领域。

一些腐蚀环境中的桥梁及其他建筑,已愈来愈多地采用了 FRP 取代钢材。FRP 在旧桥的加固与修复中,也不断得到推广应用。目前常用的 FRP 筋有:碳纤维增强复合材料(CFRP)、玻璃纤维增强复合材料(GFRP)、芳纶纤维增强复合材料(AFRP)和玄武岩纤维增强复合材料(BFRP)。实际应用时需遵循相关标准、规程。当将 FRP 筋用作预应力筋时,应选用高强度、低蠕变、低松弛的 FRP 筋,因此,一般选择 CFRP 筋或 AFRP 筋。

FRP 具有很大的可设计性。与钢筋相比,其纤维方向抗拉强度高,抗腐蚀性能好,质量仅为钢材的 1/5～1/4,弹性模量和热膨胀系数低,应力—应变曲线直到破坏都呈线性关系,破坏应变低,破坏形态呈脆性,没有屈服阶段。材料为各向异性,抗剪和抗多轴向应力的强度低,当用作预应力筋时,需要采用与之相适应的专用配套锚具,可采用机械夹持式、粘结型和组合式锚具。

1.4 混凝土结构的工程应用实例

混凝土结构已广泛应用于土木工程的各个领域,在房屋建筑和桥梁工程中,混凝土结构占有相当大的比例。例如,上海中心大厦是上海市的一座巨型高层地标式摩天大楼(图 1.4),其总建筑面积 57.8 万 m^2,建筑主体为地上 127 层,地下5 层,总高为 632 m,结构高度为 580 m,设计方案国际竞标,选择“龙形方案”,经细部深化设计后实施。2020 年 1 月 6 日,入选上海新十大地标建筑。上海中心大厦主楼 61 000 m^3 大体积的底板浇筑工程在世界民用建筑领域内开了先河。主楼深基坑是全球少见的超深、超大、无横梁支撑的单体建筑基坑,其大底板是一块直径 121 m,厚 6 m 的圆形钢筋混凝土平台,面积相当于 1.6 个标准足球场大小,厚度则达到两层楼高,是世界民用建筑底板体积之最,其施工难度对混凝土的供应和浇筑工艺都是极大的挑战。作为 632 m 高的摩天大楼的底板,它将和其下方的 955 根主楼

图 1.4 上海中心大厦概貌

桩基一起承载上海中心120余层主楼的负载，被施工人员形象地称为“定海神座”。该工程还很好地实现了绿色施工、节能减排目标。

图1.5为沪昆高铁北盘江特大桥，位于贵州省关岭布依族苗族自治县与晴隆县交界处，由中国中铁二院工程集团有限责任公司设计、中国中铁港航局承建，该桥为上承式劲性骨架钢筋混凝土拱桥，桥面距江面高约300 m，全长721.25 m，其445 m的跨径居世界同类型铁路拱桥之首。2010年10月开工建设，2015年11月19日顺利合龙，2016年12月28日建成通车。

图1.5　沪昆高铁北盘江特大桥(设计速度350 km/h)

澳门西湾大桥是连接澳门半岛和氹仔岛的第三座大桥(图1.6)。为满足桥梁的通航需要，采用主跨为180 m的预应力混凝土双层斜拉桥设计方案，水上主桥部分长400 m，采用(110+180+110) m跨径布置，线路全长1 825 m；桥面上层为双向六车道高速公路，设计速度80 km/h，下层为双向二线轻轨铁路，设计速度为70 km/h。该工程项目属于设计施工总承包，2002年8月由中铁(澳门)有限公司、中铁大桥局和中铁大桥勘测设计院组成的联合体中标。2002年10月7日动工兴建，2004年8月31日全桥合龙，2004年12月9日全桥竣工，2005年1月9日开通运营。

图1.6　澳门西湾大桥

混凝土结构还用于建造大坝、渡槽、港口、核电站的安全壳、热电厂的冷却塔、储水池、储气罐和海上采油平台等工程设施，应用范围广泛，此处不再赘述。

1.5 学习本课程应注意的问题

(1)本课程是高等学校土木工程类专业的一门重要的专业基础课，它的任务是要使学习者掌握钢筋混凝土和预应力混凝土构件的设计计算原理、方法及构造。

(2)本课程面向土木工程大类专业，重在讲原理，而不是讲解规范条文，课程中引用规范的规定是为了说明原理。学习者要在课外去阅读和了解相关规范，主要有：面向工业与民用建筑结构的《建筑结构荷载规范》(GB 50009)和《混凝土结构设计规范》(GB 50010)；面向公路桥涵的《公路桥涵设计通用规范》(JTG D60)和《公路钢筋混凝土及预应力混凝土桥涵设计规范》(JTG 3362)；面向铁路桥涵的《铁路桥涵设计规范》(TB 10002)和《铁路桥涵混凝土结构设计规范》(TB 10092)。以上三类规范分别简称为《混规》、《公路桥规》和《铁路桥规》。《铁路桥规》的钢筋混凝土构件采用容许应力法进行设计计算，而预应力混凝土构件则采用破坏阶段法设计计算。因本课程采用极限状态法，为统一起见，教材中使用的符号对于钢筋混凝土构件主要以《混规》为依据，对于预应力混凝土构件主要以《公路桥规》为依据。公式及一些参数的取值等，对于钢筋混凝土构件主要以《混规》为依据，对于预应力混凝土构件，由于《混规》对此规定较少，所以公式和参数主要以《公路桥规》和《铁路桥规》为依据。

必须指出：虽然基本原理都相近，但各规范的具体规定却各不相同。在实际应用时，必须根据所设计的结构类型，按相应的规范规定进行，不可盲目套用，更不能将本教材作为规范使用。例如，设计铁路桥梁时，必须按现行《铁路桥规》进行；设计房屋结构时，必须按现行《混规》进行。

(3)本课程的先修课程主要为材料力学和建筑材料等。"混凝土结构设计原理"在性质上与"材料力学"有许多相似之处，但也有许多不同，需要区别与掌握。

"材料力学"不涉及具体的材料，其研究对象为理想的单一匀质、连续、各向同性、弹性(或理想弹塑性)材料的构件。而"混凝土结构设计原理"研究的是由钢筋和混凝土两种材料组成的构件，混凝土本身实质上是非匀质、非弹性、非连续的材料。因此，除了预应力混凝土构件使用阶段的应力计算外，能够直接套用材料力学公式的情况并不多。但材料力学中通过几何方程、物理方程和静力平衡关系建立基本方程的方法，对本课程也是适用的，不过在每一种关系的具体内容上应考虑钢筋混凝土构件材料性能特点。例如，材料力学中关于梁的平截面假定在钢筋混凝土受弯构件中也适用，但在考虑应力分布时，受拉区混凝土因开裂而退出工作，拉力完全由钢筋来承担，不像材料力学中那样全截面参加工作。

(4)由于混凝土材料本身的物理力学特性十分复杂，目前尚未建立起比较完善的强度理论。因此，钢筋混凝土构件的一些计算方法、公式等是在试验基础上建立的半理论半经验性质的。在学习和应用这些方法和公式时，要注意它们的适用范围和条件。

(5)结构设计原理并不仅仅包含强度和变形等的计算，这也是与材料力学的不同之处。结构设计应遵循安全、适用、经济、耐久和适当兼顾美观的原则，涉及方案比选、构件选型、材料选择、尺寸拟定、配筋方式和数量等诸多方面。结构的建造与使用还要充分考虑对环境的保护，节能减排，牢固树立可持续发展的理念。

(6)本课程教学过程中，标题上标有"*"标记的内容，可以根据实际情况适当取舍。而扩展阅读的内容表示可以不讲,学习者可以自学。

如前所述,本课程重点讲述原理,至于规范的使用,则应在掌握了原理的基础上通过习题、课程设计及毕业设计等来熟悉运用。

1.6 小 结

(1)本教材所述的混凝土结构是以混凝土为主要材料制作而成的结构,主要包括素混凝土结构、钢筋混凝土结构和预应力混凝土结构。其特点是利用普通钢筋或预应力钢筋(钢丝、钢绞线)作为加劲(配筋)材料,不包括利用型钢等加劲的劲性骨架混凝土、钢—混凝土组合结构等。

(2)钢筋混凝土结构能充分发挥钢筋受拉和混凝土受压两种材料的特长,使配置钢筋后的构件较素混凝土构件承载能力与延性大大提高。

(3)对于承受拉应力作用的钢筋混凝土结构,为了充分发挥钢筋的作用,其受拉区都设计为在开裂状态下工作。在设计钢筋混凝土构件时,既要计算承载能力,满足安全性要求,也要计算裂缝宽度和变形,满足使用性、耐久性要求。

(4)钢筋和混凝土两种材料的物理力学性能迥然不同,两者能够有效地结合在一起,实现协同受力的主要原因是:两者之间有足够的粘结力,使它们能够相互传递内力,且变形协调;钢筋与混凝土具有相近的热膨胀系数,当温度变化时,两者变形大致相同,不致产生较大的相对变形和温度应力,因此不会破坏二者之间的粘结;埋入混凝土中的钢筋,得到了混凝土的保护和约束,不易发生锈蚀和屈曲破坏。

(5)为了使用高强材料,并满足裂缝控制与刚度要求,可以对荷载作用下的受拉区混凝土预先施加一定的压应力,使其能够部分或全部抵消由荷载产生的拉应力,从而使混凝土不开裂。这就是预应力混凝土的概念。

(6)在预应力混凝土构件中,预应力钢筋和混凝土都处于高应力状态,因此必须采用高强度材料。设计时需要同时计算承载能力、变形和使用阶段的应力;预应力的效果不仅与预加力N_p的大小有关,还与N_p的施加位置(即偏心距e)有关。应合理选择偏心距而减少预应力钢筋用量,并兼顾上、下缘混凝土的应力。

(7)施加预应力后的构件,在正常使用阶段若截面不出现裂缝,其应力分析可按材料力学方法进行。

(8)混凝土结构已广泛应用于土木工程的各个领域,随着工程实践的不断深入,其组成材料、设计计算方法均有很大发展,为工程应用提供了更加广阔的空间。在本课程学习过程中,要注意“混凝土结构设计原理”与“材料力学”的区别,需要根据混凝土结构不同阶段的受力特点,合理地利用“材料力学”中通过几何方程、物理方程和静力平衡关系建立基本方程的方法,解决混凝土结构的设计计算问题。

(9)混凝土构件的一些计算方法、公式等是在试验基础上建立的半理论半经验性质的。在学习和应用这些方法和公式时,需注意它们的适用范围和条件。

(10)对于工程中造型或构造复杂的混凝土结构,或在多维应力状态下工作或经历复杂加载历史的混凝土结构,其受力行为的分析往往难以获得理论上的解析解,通常需要借助数值方法予以分析计算,必须正确地建立力学模型、选择恰当的材料参数和求解策略,并利用基本力学原理判断数值分析结果的正确性。

扩展阅读

(1)混凝土结构设计方法的演变。

(2)混凝土结构数值分析方法。

阅读

混凝土结构设计方法的演变

阅读

混凝土结构数值分析方法

思考与练习题

1.1 什么是混凝土结构?

1.2 什么是素混凝土结构?

1.3 什么是钢筋混凝土结构?

1.4 什么是预应力混凝土结构?

1.5 钢筋和混凝土共同工作的基础是什么?

1.6 与素混凝土梁相比,钢筋混凝土梁有哪些优点?

1.7 与钢筋混凝土梁相比,预应力混凝土梁有哪些优点?

1.8 在钢筋混凝土梁中,高强度钢筋(屈服强度400 N/mm^2以上)的作用能有效地发挥吗?为什么?

1.9 复习材料力学相关知识,若某钢筋混凝土试件承受轴向均匀拉应力作用,受力时在100 mm的标距内测得其拉伸变形为6×10^{-3} mm,混凝土的弹性模量$E_c=3.0\times10^4$ N/mm^2,其拉应力σ_c多大?若钢筋的变形与混凝土相等,弹性模量$E_s=2.0\times10^5$ N/mm^2,钢筋的应力σ_s多大?

材料的物理力学性能

2.1 钢筋的物理力学性能

2.1.1 钢筋的形式和品种

1. 钢筋

钢筋是混凝土结构中最常用的加劲材料。钢筋的力学性能主要取决于它的化学成分，其主要成分是铁元素，此外还含有少量的碳、锰、硅、钒、钛、磷、硫等元素。增加含碳量可提高钢材的强度，但塑性和可焊性降低。根据钢材中含碳量的多少，通常将含碳量小于 0.25%的碳素钢称为低碳钢，含碳量为 0.25%～0.6%的碳素钢称为中碳钢，含碳量为 0.6%～1.4%的碳素钢称为高碳钢。低碳钢、中碳钢属软钢，高碳钢属硬钢。锰、硅等元素可提高钢材强度，并保持一定塑性；磷、硫是有害元素，其含量超过一定限度时，钢材塑性明显降低，磷使钢材冷脆，硫使钢材热脆，且焊接质量也不易保证。在钢材中加入少量合金元素，如锰、硅、钒、钛等即可制成低合金钢。低合金钢能显著改善钢筋的综合性能，根据其所加元素的不同，可分为锰系、硅钒系等多种。

目前我国钢筋混凝土中主要采用热轧钢筋，预应力混凝土中预应力筋主要采用预应力钢丝、钢绞线和预应力螺纹钢筋，其中热轧钢筋属于有明显物理流限的钢筋，预应力筋属于无明显物理流限的钢筋。值得注意的是，结构中采用的各种钢筋并没有化学成分和制作工艺的限制，只按照其性能来确定其牌号和强度级别，并以相应的符号来表达。2009 年国家发布了《钢铁产业调整和振兴规划》，“提高建筑工程用钢标准”已成为一项政策措施，要求“修改相关设计规范，淘汰强度 335 MPa 及以下热轧带肋钢筋，加快推广使用强度 400 MPa 及以上钢筋，促进建筑钢材的升级换代”。

国产普通钢筋包含 HRB300、HRB335、HRB400、HRBF400 等几种，其中热轧钢筋为低合金钢，外形不再为光圆，而是有肋纹，即为热轧带肋钢筋(hot rolled ribbed steel bars，HRB)，也称为变形钢筋。过去通用的肋纹有螺纹和人字纹(这也是工程界常常将变形钢筋称为螺纹钢筋的原因)，现在已改为月牙纹(图 2.1)。HRB335 的屈服强度标准值是 335 MPa，习惯称为Ⅱ级钢筋，用符号Φ表示，过去是最主要的纵向受力钢筋，现在是受限使用并准备逐步淘汰的品种。HRB400(称为Ⅲ级钢筋，用符号Φ表示)和 HRB500(称为Ⅳ级钢筋，用符号Φ表示)是目前要推广使用的主导钢筋，主要用于梁、柱等重要构件的纵向受力钢筋和箍筋，也可用于一般构件。RRB400(用符号Φ^R表示)级钢筋为余热处理钢筋，通过热处理来提高强度，不用增添稀土元素，降低了造价。但是，其延性、可焊性、机械连接性能和施工适应性有所降低，一般可用于对变形性能及加工性能要求不高的构件中，不能在直接承受疲劳荷载的构件中使用。HRBF400(用符号Φ^F表示)和 HRBF500(用符号Φ^F表示)是采用控温轧制工艺生产的细晶粒带肋钢筋，具备了更好的性能，可在重要的结构构件中使用。

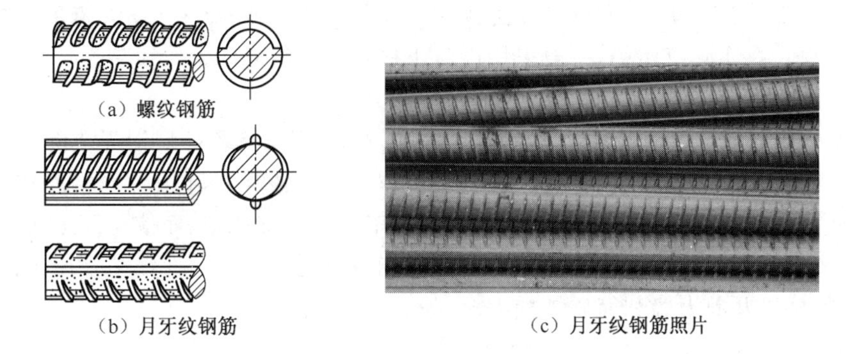

图 2.1 变形钢筋的外形

预应力混凝土用螺纹钢筋(也称精轧螺纹钢筋,图 2.2)具有高强度、高精度、施工便捷等特性,其钢筋外形为螺纹状无纵肋且钢筋两侧螺纹在同一螺旋线上,其任意截面处均可用带有匹配形状内螺纹的连接器或锚具进行连接或锚固,能够避免钢筋在焊接过程中产生的内应力及组织不稳定等引起的断裂现象,在大中型工程中应用广泛。精轧螺纹钢筋的公称直径范围为 18～50 mm,以 25 mm 和 32 mm 的为主。

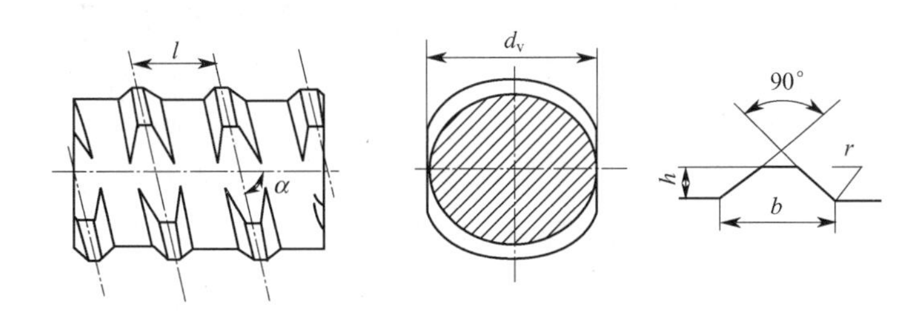

图 2.2 精轧螺纹钢筋的外形

d_v—基圆直径;h—螺纹高;b—螺纹底宽;l—螺距;r—螺纹跟弧;α—导角

2. 高强钢丝

碳素钢丝经过冷拔和热处理后可达很高的抗拉强度(>1 000 MPa),称为高强钢丝,但性质变脆,无明显屈服台阶,属硬钢。这类钢材主要应用于预应力混凝土结构,因此,也常被称为预应力钢丝。预应力钢丝分为中强度预应力钢丝和消除应力钢丝,按外形有光面钢丝、螺旋肋钢丝[图 2.3(a)]和刻痕钢丝[图 2.3(b)]三种,直径为 5.0 mm、7.0 mm 或 9.0 mm,材质为高碳钢。由于刻痕钢丝的锚固性能差,现已被淘汰。

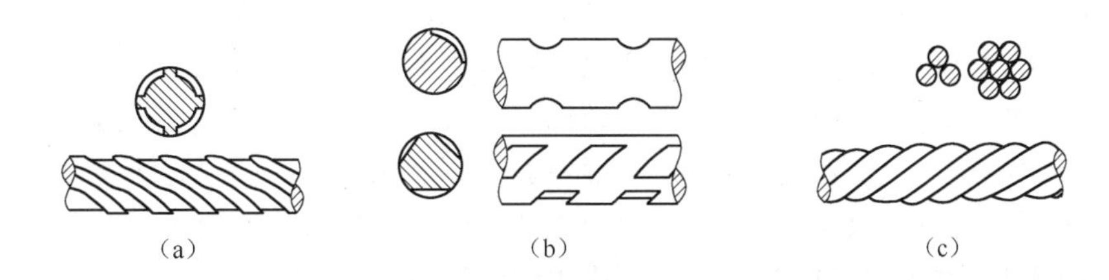

图 2.3 刻痕钢丝、螺旋肋钢丝和钢绞线

钢绞线[图 2.3(c)]分三股(1×3)和七股(1×7)两种,是用 3 根或 7 根钢丝捻制而成的(类于拧麻绳),其外接圆直径为 8.6～12.9 mm(3 股)和 9.5～21.6 m(7 股)不等。由于钢绞

线运输和使用都较为方便,因而现已成为预应力钢筋的主要形式,在中、大跨度结构中它正逐步取代钢丝束。在实际应用中,一般采用由若干根钢绞线组成的钢绞线束。

3. 型钢

型钢是指在混凝土中配置角钢、槽钢、工字钢、钢管、钢轨等各种型钢焊成的骨架(图 2.4),称为劲性“钢筋”。由于劲性钢筋本身刚度很大,在施工阶段可以利用劲性钢筋作为浇筑混凝土的模板或作为支承其上的结构构件的自重及施工荷载的支撑,从而使支模工作简化,施工速度加快,配置劲性钢筋的混凝土结构构件的承载能力也比较大。劲性钢筋常用于桥梁,高层建筑的框架梁、柱以及剪力墙和筒体结构中。

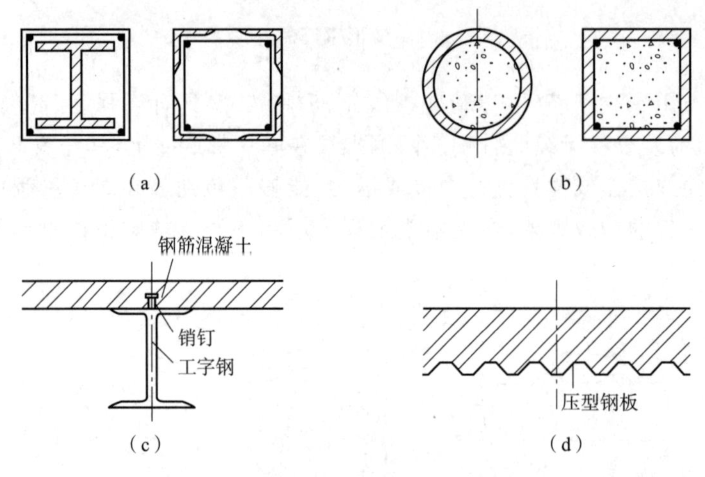

图 2.4 型钢—混凝土组合截面

4. 其他加劲材料

从原理上讲,任何一种抗拉强度高的材料都可以替代钢筋用于混凝土结构,工程史上并不乏先例,例如铸铁和竹材的抗拉强度均超过 100 MPa,都曾用于实际工程。但是,前者延性差,后者则因竹质易裂、易腐和弹性模量小等原因,构件性能不理想而未有发展。近年出现的多种人造新材料,例如,玻璃纤维、碳素纤维与玄武岩纤维的抗拉强度极高,用树脂胶接成筋状或薄片后,构成纤维增强复合材料,抗拉强度仍可达钢材的 4～5 倍,且具有质量轻、抗腐蚀等优点。这类材料虽然强度高(2 000～3 000 MPa),但质脆,应力—应变关系几乎成一直线,终因发生断裂而突然失效。有些纤维存在弹性模量低(约为钢材的 1/4)、价格较昂贵的缺点,在工程中应合理充分利用其优点加以应用,如结构加固等。

不同强度等级、截面形状、尺寸和构造措施的钢材,以及各种替代材料,都可以构成相应的加劲混凝土结构,其受力性能必随之发生变化。在大多数有关混凝土结构设计的教科书和规范中,只涉及配置钢筋与高强钢丝的混凝土结构。在混凝土结构中也可以同时配置钢筋和型钢,这就是所谓的“钢—钢筋混凝土混(组)合结构”。本教材只对配置普通钢筋与预应力筋的混凝土结构进行叙述。如果不加说明,书中所说的“钢筋”都是指一般圆形的普通钢筋,预应力所用的加劲材料称为“预应力筋”,包括了预应力钢绞线、预应力螺纹钢筋、高强钢丝束等。

2.1.2 单调荷载下钢筋的应力—应变曲线

通过对钢筋的单调加载拉伸试验,即在短期内将荷载从零开始增加到试件破坏,在此过程中间没有卸载，可以得到应力—应变曲线，从而获得对钢筋强度和变形性能的认识。

根据钢筋在单调受拉时应力应变关系特点的不同，可以把钢筋分为有明显物理流限（流幅）和无明显物理流限（流幅）的两类。

1. 有明显物理流限的钢筋（软钢）

一般热轧钢筋属此类。

有明显物理流限的钢筋拉伸时的典型应力—应变曲线（σ—ε 曲线）如图 2.5 所示，这与材料力学中的低碳钢拉伸实验得到的应力—应变曲线形式上是相同的。图中所列各点应力应变性能的特点是：在应力达到 a' 点之前（常称比例极限），应力应变成比例增长，钢筋具有理想的弹性性质，若此时卸去荷载，则变形（应变）能够全部恢复。

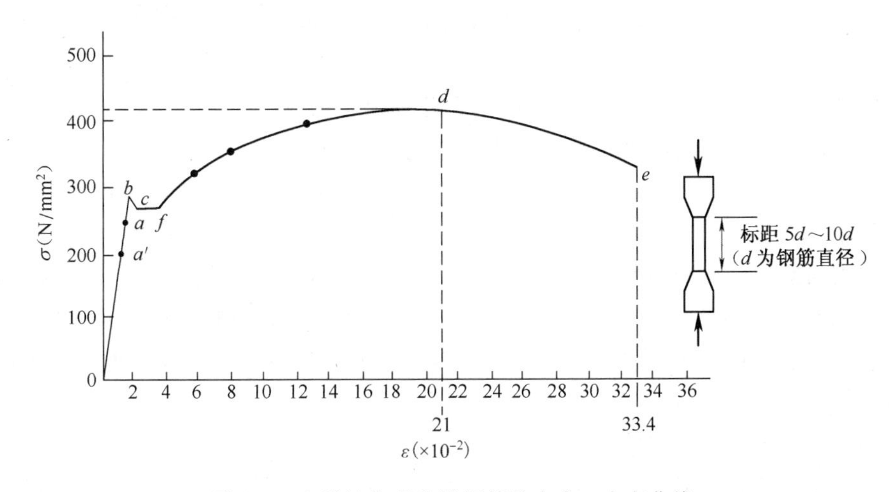

图 2.5 有明显物理流限钢筋的应力—应变曲线

在应变超过 a' 点，达到 a 点（常称弹性极限）之前，应变增长速度比应力增长速度略快，若此时卸载，变形（应变）中的绝大部分仍能全部恢复。在应力超过 b 点（称屈服上限）后，钢筋即进入塑性阶段，其应力应变性质将发生明显变化，随之应力将下降到 c 点（称屈服下限）。随后，应力在基本不增长的情况下，应变将不断增长，产生很大的塑性变形，称为屈服或流动，曲线接近于水平线并一直延伸至 f 点，cf 段曲线即称为屈服台阶，c、f 两点之间的应变差称为钢筋的流幅。需注意的是，屈服上限（b 点）不太稳定，与许多因素有关，如加载速度、钢筋试件的截面形式、试件表面光洁度及试件形式等。而屈服下限（c 点）比较稳定，因而取与屈服下限相对应的应力值为屈服强度或流限（f_y^0）。

过 f 点以后，钢筋应力重新开始增长，说明钢筋的抗拉能力又有所提高，直到最高点 d 点，相应于 d 点的应力称为钢筋的极限强度，曲线段 fd 即称为钢筋的强化段。过了 d 点之后，变形迅速增加，试件最薄弱处的截面逐渐缩小，产生“颈缩”现象，若仍按初始横截面计算，则应力是不断降低的，从而出现了应力—应变曲线上的下降段 de，达到 e 点时试件发生断裂。

一般在钢筋混凝土结构设计计算中，采用屈服强度作为钢筋的强度限值，而不采用 d 点所对应的极限强度值，因为钢筋在达到物理流限后产生的塑性应变将使构件出现很大的变形和过宽的裂缝，已经无法继续使用。

2. 无明显物理流限的钢筋（硬钢）

含碳量高、强度高的钢筋（如预应力混凝土用钢筋）属于此类，热轧钢筋经过冷处理或者热加工后也可能具备这样的特点。

无明显物理流限钢筋拉伸时的典型应力—应变曲线如图 2.6 所示。图中所示各应力应变性能关键点的特点如下:在应力未超过 a 点(其对应应力为比例极限,约为极限抗拉强度的 0.65 倍)前,钢筋具有理想弹性性质;超过比例极限之后,将表现出越来越明显的塑性性质,但应力应变均持续增长,在 σ—ε 曲线上找不到一个明显的屈服点;到达极限抗拉强度后,同样由于颈缩现象而使曲线具有一个下降段。

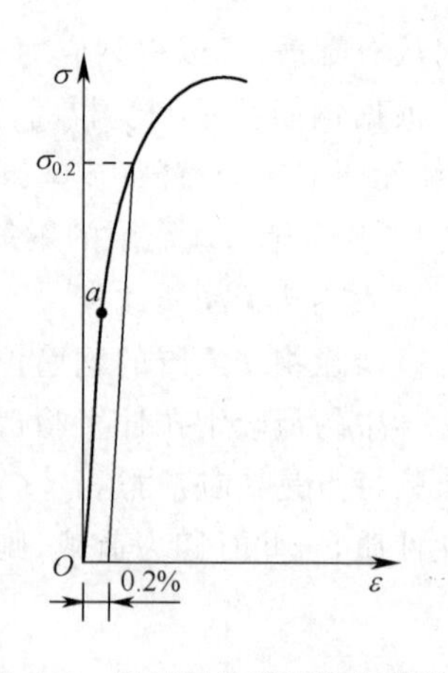

图 2.6 无明显物理流限钢筋的应力—应变曲线

在构件承载力设计时,一般取残余应变为 0.2%时所对应的应力($\sigma_{0.2}$)作为无明显物理流限钢筋的强度限值,称为“条件屈服强度”。

由于条件屈服强度难以测定,因而对于无明显物理流限的钢筋就以极限抗拉强度作为质量检测的主要指标。

3. 弹性模量

在比例极限内 σ—ε 曲线的斜率即为弹性模量,对 HPB300 级热轧钢筋为 2.1×10^5 MPa,对其他热轧钢筋和预应力螺纹钢筋为 2.0×10^5 MPa,对消除应力钢丝和中强度预应力钢丝为 2.05×10^5 MPa,对钢绞线为 1.95×10^5 MPa。注意,由于所依据的试验资料不同,因此本书第 1 章提及的三种规范中关于材料的弹性模量及强度的规定略有不同,在使用时应根据所设计的结构种类来选用相应规范取值。

4. 钢筋应力—应变关系的理论模型

在对混凝土结构进行理论分析时,很少直接采用由试验得到的钢筋应力—应变曲线,一般需对试验曲线进行理想化以得到适合分析时采用的理论模型。《混凝土结构设计规范》(GB 50010)建议的钢筋单调加载的应力—应变关系理论模型有两种:双直线模型和三折线模型,如图 2.7 所示。

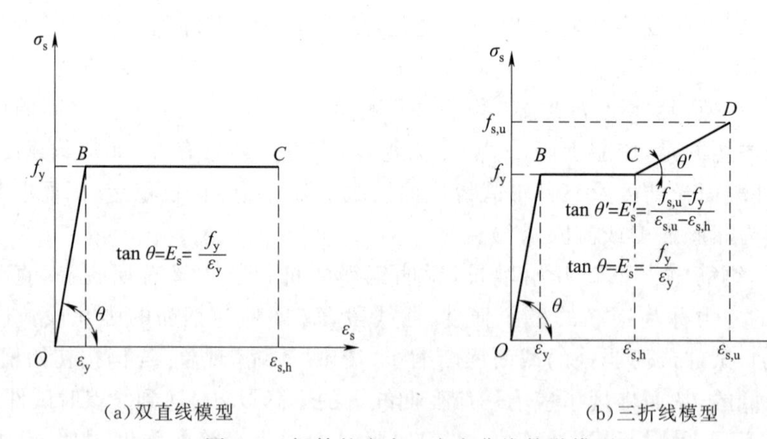

(a)双直线模型 (b)三折线模型

图 2.7 钢筋的应力—应变曲线数学模型

(1)双直线模型

双直线模型适合于流幅较长的低强度钢材。模型将钢筋的应力—应变曲线简化为图 2.7(a)所示的两段直线,不计屈服强度的上限和由于应变硬化而增加的应力。图中 OB 段为完全弹性阶段,B 点为屈服下限,相应的应力和应变为 f_y 和 ε_y,OB 段的斜率即为弹性模量 E_s。BC

为完全塑性阶段，C 点为应力强化的起点，对应的应变为 $\varepsilon_{s,h}$，过 C 点后，即认为钢筋变形过大不能正常使用。双直线模型的数学表达式为

$$\sigma_s=\begin{cases}E_s\cdot\varepsilon_s & (\varepsilon_s<\varepsilon_y)\\ f_y & (\varepsilon_y\leqslant\varepsilon_s\leqslant\varepsilon_{s,h})\end{cases}\tag{2.1}$$

(2)三折线模型

三折线模型适用于流幅较短的软钢，要求它可以描述屈服后发生应变硬化(应力强化)，并能正确地估计高出屈服应变后的应力。如图 2.7(b)所示，图中 OB 及 BC 直线段分别为完全弹性和塑性阶段。C 点为硬化的起点，CD 为硬化阶段。到达 D 点时即认为钢筋破坏，受拉应力达到极限值 $f_{s,u}$，相应的应变为 $\varepsilon_{s,u}$。三折线模型的数学表达形式为

$$\sigma_s=\begin{cases}E_s\cdot\varepsilon_s & (\varepsilon_s<\varepsilon_y)\\ f_y & (\varepsilon_y\leqslant\varepsilon_s<\varepsilon_{s,h})\\ f_y+(\varepsilon_s-\varepsilon_{s,h})\cdot\tan\theta' & (\varepsilon_{s,h}\leqslant\varepsilon_s\leqslant\varepsilon_{s,u})\end{cases}\tag{2.2}$$

5. 加载速率对钢筋强度的影响*

钢筋的屈服强度与加载速率有关。由试验得出，如果进行快速加载，例如控制应变速率为 0.05～0.25/s，则钢筋的屈服强度将随应变速率的提高而提高，但强度越高的钢种，其提高的比值越小。

图 2.8 所示为钢筋强度提高比值与达到屈服的加载时间的关系。对于爆炸荷载作用情况如爆炸冲击波，一般可考虑上述钢筋强度的提高。

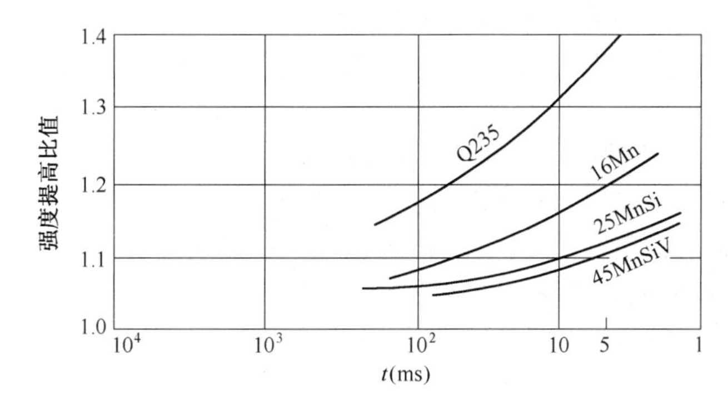

图 2.8　钢筋强度提高比值与达到屈服的加载速率的关系

2.1.3　钢筋的冷加工和热处理

为了提高钢筋的强度以节约钢材用量，通常可对钢筋进行冷加工(冷拉和冷拔)和热处理。

1. 冷拉加工

冷拉加工是把有明显物理流限的钢筋在常温下拉伸到超过其屈服强度的某一应力值，例如图 2.9(a)中的点 K，然后卸去全部拉力到零，此时产生残余应变为 OO'。如立即再次拉伸，则应力—应变曲线将基本沿 $O'KDE$ 进行，提高了屈服强度(大致等于冷拉应力值)，但其总伸长值由冷拉前的 OE 减小到 $O'E$，塑性变差。如卸去拉力后，在自然条件下放置一段时间或进行人工加热后(称为时效处理)再进行拉伸，则应力应变曲线将沿 $O'K'D'E'$ 行进，屈服强度进一步提高到 K'(高于冷拉应力)。从图中可见，钢筋在冷拉后，未经时效前，一般没有明显的屈服台阶，而经过停放或加热后提高了屈服强度并恢复了屈服台阶，这种现象称为"时效硬化"，

其强度提高的程度与钢筋原材料品种有关。原材料强度越高,提高幅度越小。合理选择冷拉应力和控制应变值可使钢筋经冷拉后强度得到提高,而又具有一定的塑性性能。进行冷拉加工可采用控制应力或控制应变值两种方法。为了确保经冷拉后钢筋的质量,可同时控制冷拉应力和冷拉率(冷拉时的伸长率,相当于控制应变),即所谓“双控”。值得一提的是,冷拉只能提高钢筋的抗拉屈服强度。

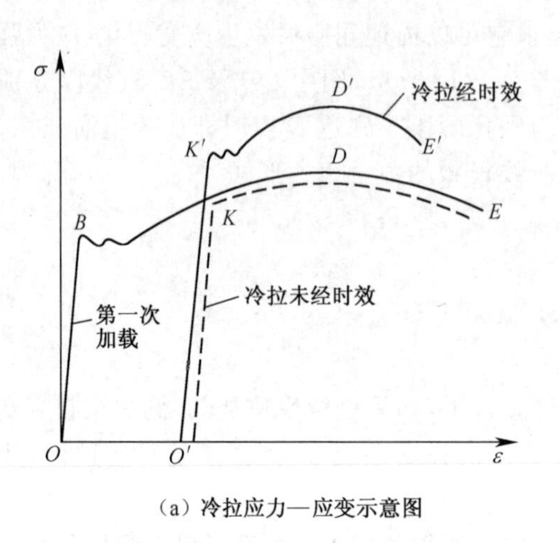

(a) 冷拉应力—应变示意图

(b) 盘圆钢筋调直

图 2.9 钢筋冷拉

直径 10 mm 及以下的热轧钢筋 HPB300 常用盘圆的形式(即把钢筋卷成一个大圆盘)供货,施工时需要调直。调直可采用冷拉的方法,如图 2.9(b)所示,也可采用钢筋调直机来调直。

2. 冷拔加工

冷拔加工(图 2.10)是用强力把光圆钢筋穿过比其本身直径稍小的硬质合金钢模上的锥形拔丝孔,使钢筋产生塑性变形,横截面减小,长度增大。钢筋经过多次冷拔,由于轴向拉力和四周侧向挤压力的同时作用,内部结构发生变化,使其强度明显提高。但随着多次冷拔,钢筋延伸率不断减小,塑性明显降低,而且经冷拔后的钢丝没有明显的屈服点和流幅(图 2.11),对冷拔后的碳素钢丝如进行低温回火处理,则可改善其塑性性能。冷拔可同时提高钢筋的抗拉及抗压屈服强度。

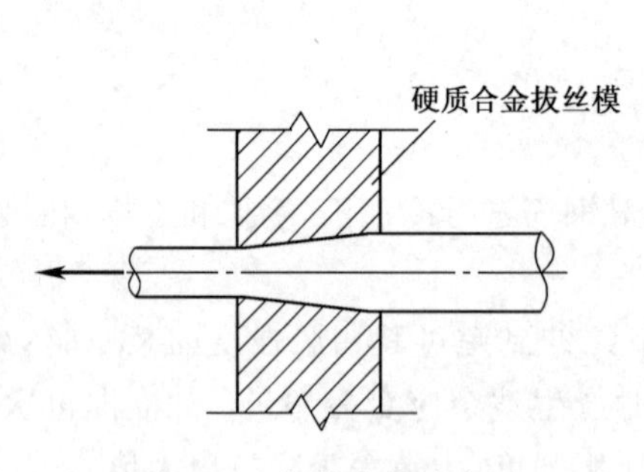

图 2.10 钢筋冷拔示意图

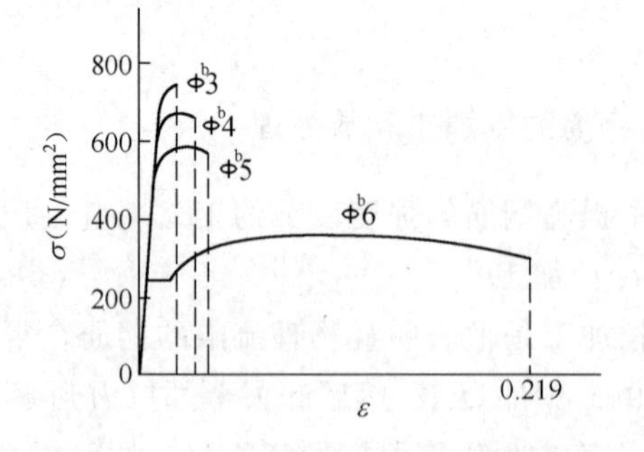

图 2.11 钢筋冷拔对应力—应变的影响

3. 冷轧加工

冷轧带肋钢筋(图 2.12)一般是将低碳钢筋在常温下进行轧制,制成表面具有纵肋和月牙横肋的钢筋,其强度提高幅度接近于冷拔低碳钢丝,而塑性性能优于冷拔低碳钢丝。

4. 冷轧扭加工

冷轧扭钢筋(图 2.13)一般是以热轧低碳光面钢筋为原料,在常温下一次性轧扁扭曲呈连续螺旋状的冷强化钢筋。

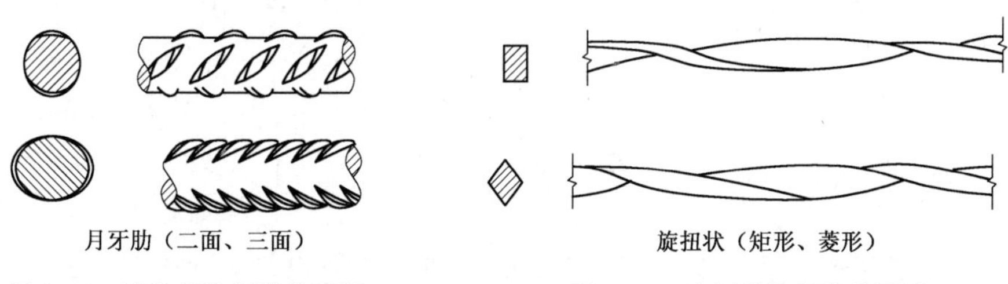

图 2.12 冷轧带肋钢筋外形图　　图 2.13 冷扭带肋钢筋外形图

值得注意的是,冷加工钢筋以大幅度牺牲延性来换取强度的提高,终究不是提高结构性能的有效途径。冷加工钢筋的应用,要按相应的行业规程要求进行。

5. 钢筋的热处理

热处理是对某些特定钢号的热轧钢筋进行淬火和回火处理。钢筋经淬火后,硬度大幅度提高,但塑性和韧性降低,通过回火又可以在不降低强度的前提下,消除由淬火产生的内应力,改善塑性和韧性,使这些钢筋成为较理想的预应力钢筋和较高强度的普通钢筋。

2.1.4 钢筋的蠕变与松弛

钢筋在持续高应力作用下,随时间增长其应变继续增加的现象称为蠕变。钢筋受力后,若保持长度不变,则其应力随时间增长而降低的现象称为松弛。

预应力混凝土结构中,预应力钢筋在张拉锚固后处于高应力状态,且长度基本保持不变,因而会产生松弛现象,从而引起预应力损失。

松弛随时间增长而增大,各国有关的试验结果不尽相同。它与钢筋初始应力的大小、钢材品种和温度等因素有关,通常初始应力大,应力松弛损失也大。冷拉热轧钢筋的松弛损失较冷拔低碳钢丝、碳素钢丝和钢绞线低。温度增加则松弛增大。

为减少钢材由松弛引起的应力损失,可对预应力钢筋进行超张拉,详见本教材第 11 章。

2.1.5 重复和反复荷载下钢筋的应力—应变曲线

1. 重复荷载下钢筋的应力—应变曲线

重复荷载是对试件在一个方向加载、卸载、再加载、再卸载……的过程。图 2.14 所示为重复荷载下的钢筋应力—应变曲线,图中卸载时的应力—应变曲线 bO' 为直线且平行于弹性阶段的应力—应变曲线(直线 Oa);再加载时先沿着与卸载时相同的应力—应变曲线(直线 $O'b$ 行进),到达 b 点后、继续沿曲线 bc 行进。一般假定 $Oabc$ 曲线与单调荷载下的钢筋应力—应变曲线相同。

2. 反复荷载下钢筋的应力—应变曲线

反复荷载是在两个相反的方向交替地加载、卸载的过程。图 2.15 所示为反复荷载下的钢筋应力—应变曲线,若钢筋超过屈服应变达 b 点时卸载,应力—应变曲线沿与 Oa 平行的 bO' 直线下行;再反向加载时,到达 c 点后即开始塑性变形,此时的弹性极限较单调荷载下钢筋的弹性极限低,这种现象称为“包辛格效应”。

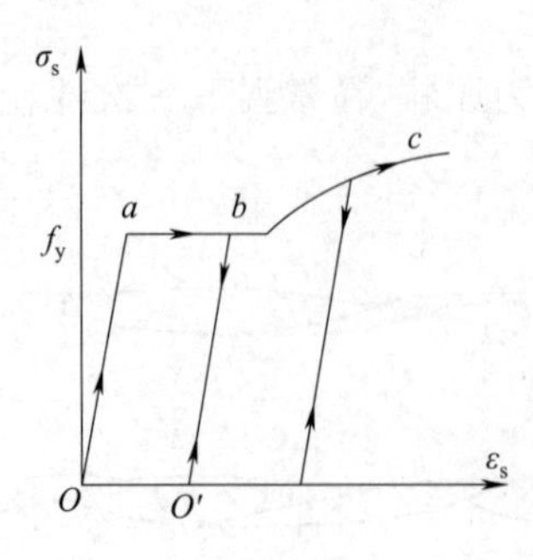

图 2.14 重复荷载下的钢筋应力—应变曲线

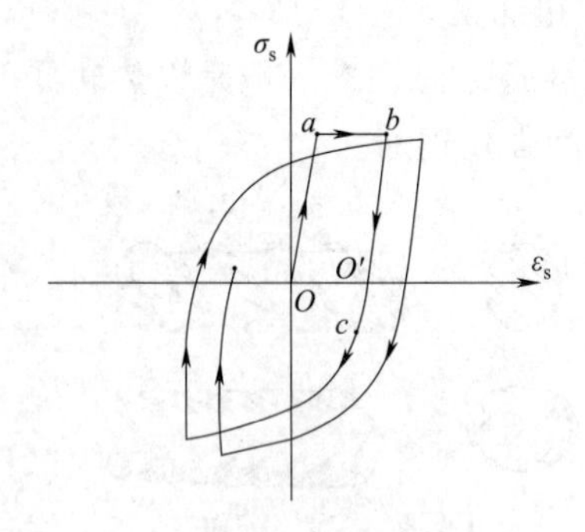

图 2.15 反复荷载下的钢筋应力—应变曲线

钢筋在反复荷载下的力学性能对于地震作用下混凝土结构的分析和设计具有重要的意义。

3. 钢筋的疲劳

对于承受重复荷载的钢筋混凝土构件,如吊车梁、桥面板、轨枕等,要确保其在正常使用期间不发生疲劳破坏,需要研究和分析材料的疲劳强度或疲劳应力幅度限值。

钢筋的疲劳破坏是指钢筋在重复、周期性动荷载作用下,经过一定次数后,从塑性破坏变成突然断裂的脆性破坏现象。钢筋的疲劳强度低于钢筋在静荷载下的极限强度。所谓疲劳强度是指在某一规定应力幅度内,经受一定次数循环荷载后,发生疲劳破坏的最大应力值。通常认为,在外力作用下,钢筋产生疲劳断裂是由于钢筋内部或外表面的缺陷引起了应力集中,钢筋中超负载的弱晶粒发生滑移,产生疲劳裂纹,最后断裂。钢筋的疲劳强度与一次循环应力中最大和最小应力的差值即应力幅值有关。对普通钢筋和预应力钢筋,应力幅限值的计算公式为

$$\Delta f_y^f = \sigma_{s,\max}^f - \sigma_{s,\min}^f \tag{2.3}$$

$$\Delta f_{py}^f = \sigma_{p,\max}^f - \sigma_{p,\min}^f \tag{2.4}$$

式中 $\Delta f_y^f, \Delta f_{py}^f$——普通钢筋、预应力钢筋的疲劳应力幅限值;

$\sigma_{s,\max}^f, \sigma_{s,\min}^f$——构件疲劳时,同一层普通钢筋的最大、最小应力;

$\sigma_{p,\max}^f, \sigma_{p,\min}^f$——构件疲劳时,同一层预应力钢筋的最大、最小应力。

我国采用直接对单根钢筋轴拉试验的方法进行疲劳试验。当确定钢筋混凝土构件在使用期间的疲劳应力幅限值时,需要确定循环荷载的次数,我国要求满足循环次数为 200 万次,即对不同的疲劳应力比值用满足循环次数为 200 万次条件下的钢筋最大应力幅值定量描述钢筋的疲劳强度。中国铁道科学研究院集团有限公司、中冶建筑研究总院有限公司以及中国建筑科学研究院有限公司等单位曾对各类钢筋进行了疲劳试验研究工作,并给出了确定钢筋疲劳强度的计算方法,即对不同的疲劳应力比值 $\rho^f = \sigma_{\min}^f / \sigma_{\max}^f$(即截面同一纤维处钢筋最小应力与最大应力的比值),得出满足荷载循环次数为 2×10^6 条件下的钢筋最大应力值。

除了应力变化的幅值外,影响钢筋疲劳强度的因素还有钢筋表面形状、钢筋直径、钢筋强度、钢筋的加工和使用环境以及加载的频率等。

2.1.6 钢筋的变形性能

反映钢筋变形性能的基本指标是伸长率。伸长率有两种表达方式:一种是断后伸长率 δ,另一种是最大力下的总伸长率 δ_{gt}。用算式分别表示如下:

$$\delta=\frac{l_u-l_0}{l_0} \tag{2.5}$$

$$\delta_{gt}=\frac{l_m-l_0}{l_0} \tag{2.6}$$

式中　l_0——受力前拉伸试件上的标距；

l_u——试件拉断合并后标距部分的长度；

l_m——受力最大时拉伸试件上标距部分的长度。

钢筋断后伸长率主要反映了断口颈缩区域残余变形的大小，忽略了钢筋的弹性变形，不能反映钢筋受力时的总体变形能力；同时，不同标距长度得到的结果也不一致，还容易产生人为误差。相比断后伸长率，最大力下的总伸长率不受断口——颈缩区局部变形的影响，反映了钢筋拉断前达到最大力(极限强度)时的均匀变形，故又称均匀伸长率。伸长率越大，表明钢筋的塑性性能越好，具有适应较大变形的能力。

钢筋还应满足工艺性能(也称为冷弯性能)的要求。钢筋的冷弯性能是检验钢筋韧性和内部质量的有效方法，一般采用弯曲试验和反向弯曲试验。弯曲试验要求把钢筋围绕具有某个规定直径 D 的辊轴(常称弯心)进行弯转(图 2.16)，在达到规定的冷弯角度 α 时，钢筋不能发生裂纹或断裂；反向弯曲试验要求先把钢筋围绕具有某个规定直径的辊轴进行正向弯转到规定角度再反向弯转到另一规定的角度时，钢筋不能发生裂纹或断裂。为了保证结构在抵抗地震作用时具有足够的延性，用于抗震结构中的钢筋，其变形性能是至关重要的。

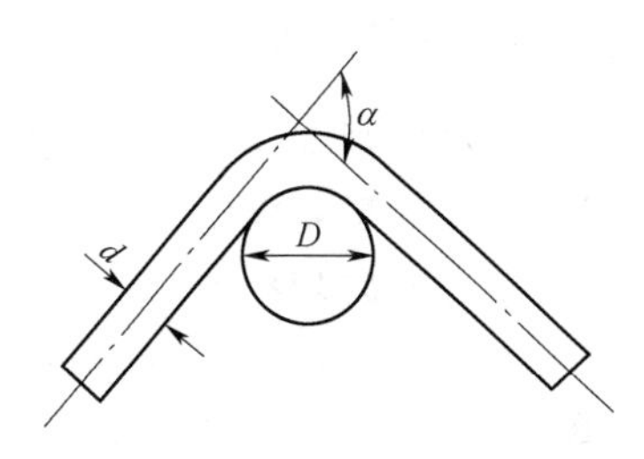

图 2.16　钢筋的弯转

2.1.7　钢筋混凝土结构对钢筋性能的要求

钢筋混凝土结构中对钢筋的性能除了要求其具有足够的强度外，尚要求具有良好的塑性，具体要求如下：

(1)强度。钢筋应具有可靠的屈服强度和极限强度。

(2)塑性。要求钢筋在断裂前有足够的变形，能给人们以破坏的预兆。因此应保证钢筋的伸长率和冷弯性能合格。

(3)焊接性能。钢筋的可焊性要好，在焊接后不应产生裂纹及过大的变形，以保证焊接接头性能良好。

(4)与混凝土具有良好的粘结。为保证钢筋与混凝土共同工作，两者的接触表面必须具有足够的粘结力，其中钢筋凹凸不平的表面与混凝土的机械咬合力是形成这种粘结力的最主要因素。试验表明，变形钢筋与混凝土之间的粘结力可比光圆钢筋提高 1 倍以上。

对用于重要抗震结构中的钢筋应具有更高的性能要求。国家有关标准提出了“抗震钢筋”，其标识为在原代码后加“E”，如 HRB400E。抗震钢筋与普通钢筋的区别主要体现在：抗震钢筋的实测抗拉强度与实测屈服强度之比不小于 1.25；钢筋的实测屈服强度与屈服强度特征值(即标准值)之比不大于 1.30；钢筋的最大力下的总伸长率不小于 9%。

2.2　混凝土的物理力学性能

混凝土是一种以水硬性的水泥为主要胶结材料，以各种矿物成分的粗细骨料为基体拌和而成的工程常用材料。本教材中讨论的混凝土,一般指用硅酸盐水泥和天然粗细骨料配置的普通混凝土。

对于结构用混凝土而言,其强度与变形是最基本的物理力学性能。因此,本章所涉及的混凝土材料的性能具体包括:混凝土在基本应力状态下的强度和变形性能,在主要因素影响下的性能变化规律,以及在基本应力状态下的强度和本构关系等。这些都是了解和分析以下各章节中钢筋混凝土及其构件各种性能的基础。

混凝土的强度和变形性能显著区别于其他单一性结构材料,如工业冶炼而成的钢材、天然生成的木材等。混凝土各组成成分的数量比例,尤其是水和水泥的比例(水灰比)对混凝土的强度和变形有重要影响。混凝土的拉压强度(变形)相差悬殊,质脆变形小,性能随时间和环境因素的变异大。在很大程度上,混凝土的性能还取决于搅拌程度、浇筑的密实性和对它的养护等。

2.2.1 单轴向应力状态下的混凝土强度

混凝土强度是混凝土最基本的物理力学性能之一,是确定混凝土强度等级的唯一依据,又是决定其他重要性能特征和指标的最主要因素。各种结构对混凝土的强度有不同的要求,一般来讲,除素混凝土可采用较低强度的混凝土(C15)外,普通钢筋混凝土结构采用一般强度的混凝土(C20~C40,采用强度等级 400 MPa 及以上钢筋时不应低于 C25,承受重复荷载时不应低于 C30),预应力混凝土结构采用较高强度混凝土(不宜低于 C40,且不应低于 C30)。在高层建筑和大跨度结构中往往要采用更高强度等级的混凝土。在实际工程中,高强度混凝土是发展方向,目前 C60 的应用已很普遍。

1. 混凝土的抗压强度

(1)立方体抗压强度 f_{cu}及混凝土的等级

混凝土的立方体抗压强度是衡量混凝土强度大小的基本指标,是评价混凝土等级的标准。我国《混凝土结构设计规范》(GB 50010)规定,混凝土立方体抗压强度标准值系指按照标准方法制作养护的边长为 150 mm 的立方体标准试件,在 28 d 龄期用标准试验方法测得的具有 95%保证率的立方体抗压强度。试验时,试块表面不涂润滑剂,全截面受力,加荷速率为 0.15~0.25 $N/mm^2/s$。试块加压至破坏时,所测得的极限平均压应力作为混凝土的立方体抗压强度,用符号 f_{cu}表示,单位为 N/mm^2。

混凝土的立方体抗压强度,是在上述条件下取得的。试验表明,混凝土立方体抗压强度不仅与养护期的温度、湿度、龄期等因素有关,而且与试验的方法有关。试件在试验机上受压时,纵向缩短,横向就要扩张。在一般情况下,试件的上下表面有向内的摩擦力,这是由试件横向扩张产生的。摩擦力就如同在试件上下端各加一个套箍,它阻碍了试件的横向变形,这样就延缓了裂缝的开展,从而提高了试件的抗压极限强度。在试验过程中也可以看到,试件破坏时,首先是试块中部外围混凝土发生剥落,试块成为图 2.17(a)的形状,这也说明,试块和试验机垫板之间的摩擦对试块有“套箍”作用,且这种“套箍”作用越靠近试块中部就越小。如果在试件的上、下表面涂一些润滑剂,减小试件与压力机垫板间的摩擦力,这样试件接近于单向受压状态,试件在受压时“套箍”作用的影响很小,横向变形几乎不受约束。试验表明,这样的试件不仅测得的混凝土抗压强度低,而且试件破坏情况与前述试件也不相同,产生的裂缝基本上平行于荷载的作用方向,如图 2.17(b)所示。

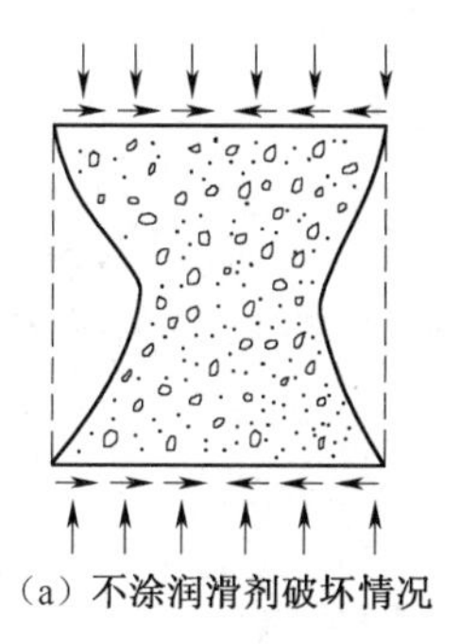

(a) 不涂润滑剂破坏情况

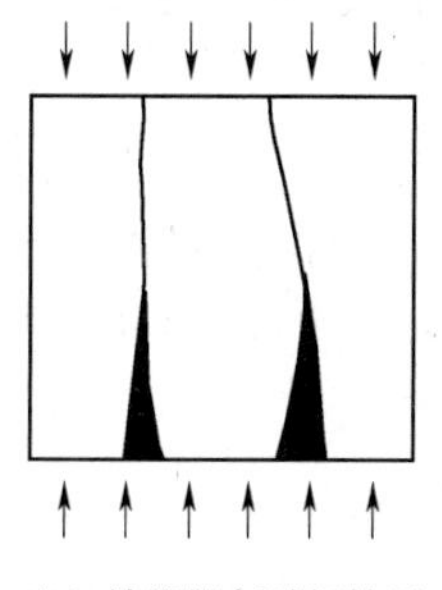

(b) 涂润滑剂破坏情况

图 2.17 混凝土立方体试件破坏情况

试验还表明，混凝土的立方体抗压强度还与试块的尺寸有关，立方体尺寸越小，测得混凝土抗压强度越高，这也可以从上述试块和试验机垫板之间的摩擦力对试块的影响得到解释。

混凝土立方体试件的应力和变形状况，以及其破坏过程和破坏形态均表明，标准试验方法并未在试件中建立起均匀的单轴受压应力状态，由此测定的也不是理想的混凝土单轴抗压强度。当然，它更不能代表实际结构中应力状态和环境条件变化很大的混凝土真实抗压强度。

尽管如此，混凝土立方体抗压强度仍然是确定混凝土强度等级的依据。《混凝土结构设计规范》(GB 50010)规定：混凝土强度等级按立方体抗压强度标准值，即用按上述标准试验方法测得的具有 95%保证率的立方体抗压强度作为混凝土的强度等级，用符号 C 表示，常有14 个等级，即 C15、C20、C25、C30、C35、C40、C45、C50、C55、C60、C65、C70、C75 和 C80，其中 C60 级以下为普通强度混凝土，C60 级及以上为高强度混凝土。字母 C 后面的数字表示以N/mm^2为单位的立方体抗压强度标准值。

(2)混凝土的轴心抗压强度(棱柱体强度)f_c

用标准棱柱体试件测定的混凝土抗压强度，称为混凝土的轴心抗压强度或棱柱体强度，用符号 f_c表示。

在实际工程中，受压构件的高度 h 通常要比构件截面的边长 b 大许多倍，而并非前述确定混凝土立方体抗压强度时的立方体那样的比例关系。这时，混凝土的工作条件与前述立方体试块时的工作条件不同，因而二者的强度也不相同。为了用于对实际工程中受压构件的设计和计算，就必须测定混凝土在实际受压构件中的强度，为此，也必须确定和实际受压构件工作条件相同或接近的试件，用以测定混凝土在实际轴心受压构件中的强度。试验表明，棱柱体试件当其高度 h 与截面边长 b 之比太小时，由于前述试件上下表面摩擦力的“套箍”作用影响，使混凝土的抗压强度随 h 与 b 的比值减小而增大；当 h 与 b 的比值太大时，由于难以避免的附加偏心距的影响，使混凝土的强度随 h 与 b 的比值的增大而减小；而当试件的 h 与 b 之比值在 2～4 之间时，混凝土的抗压强度比较稳定，这是因为在此范围内既可消除垫板与试件之间摩擦力对抗压强度的影响，又可消除可能的附加偏心距对试件抗压强度的影响。因此，国家标准规定以 150 mm×150 mm×300 mm 的试件作为试验混凝土轴心抗压强度的标准试件。

轴心抗压强度 f_c是混凝土结构最基本的强度指标，但在工程中很少直接测量 f_c，而是测定立方体抗压强度 f_{cu}进行换算。其原因是立方体试块节省材料，便于试验时加荷对中，操作简单以及试验数据离散性小。图 2.18 所示为我国部分混凝土棱柱体轴心抗压强度与立方体抗压强度试验数据的对比情况，可以认为在一定范围内，轴心抗压强度试验值 f_c与立方体抗压强度试验值 f_{cu} 大致成直线关系。在试验研究的基础上，《混凝土结构设计规范》

(GB 50010)偏于安全地用式(2.7)表达轴心抗压强度标准值与立方体抗压强度标准值的关系：

$$f_{ck}=0.88\alpha_1\alpha_2 f_{cu,k} \tag{2.7}$$

式中,0.88为考虑到实际结构构件制作、养护和受力情况,实际构件与试件混凝土强度之间的差异而取用的折减系数;α_1为棱柱体强度与立方体强度之比,取值见表2.1;α_2为高强度混凝土的脆性折减系数,取值见表2.2。

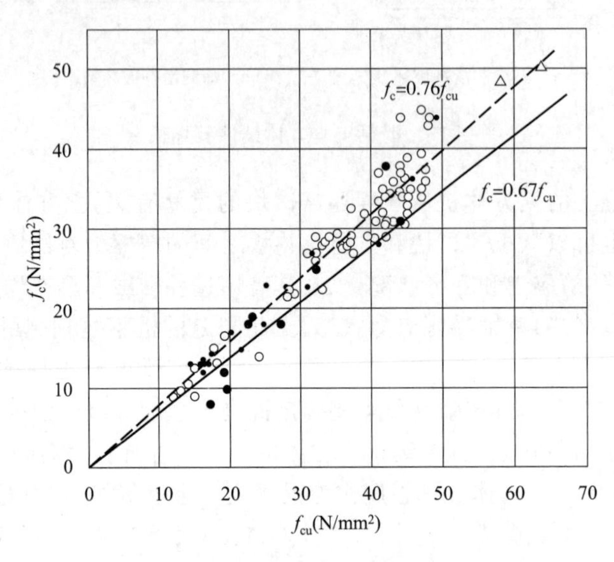

图2.18 混凝土立方体抗压强度与轴心抗压强度的关系

表2.1 混凝土的棱柱体强度与立方体强度之比 α_1

混凝土强度等级	≤C50	C55	C60	C65	C70	C75	C80
系数 α_1	0.76	0.77	0.78	0.79	0.80	0.81	0.82

表2.2 混凝土的脆性折减系数 α_2

混凝土强度等级	≤C40	C45	C50	C55	C60	C65	C70	C75	C80
折算系数 α_2	1.00	0.984	0.968	0.951	0.935	0.919	0.903	0.887	0.87

有些国家和地区采用混凝土圆柱体试件来确定混凝土轴心抗压强度。例如美国、日本和欧洲混凝土协会(CEB)都采用直径为6英寸(约152 mm)、高为12英寸(约305 mm)的圆柱体作为测定轴心抗压强度的标准试件。圆柱体轴心抗压强度表示为f'_c。由于试件形状和尺寸的差异,圆柱体轴心抗压强度值与我国的棱柱体轴心抗压强度值略有不同。根据国外的研究资料,圆柱体抗压强度f'_c和立方体抗压强度标准值$f_{cu,k}$之间的关系见表2.3。在表中给出的关系中,对C60及以上的混凝土,f'_c与$f_{cu,k}$的比值是随混凝土强度等级的提高而提高的。

表2.3 混凝土的圆柱体强度与立方体强度之比 α_1

混凝土强度等级	C60以下	C60	C70	C80
$f'_c/f_{cu,k}$	0.79	0.833	0.857	0.875

2. 混凝土的抗拉强度

混凝土被认为是一种脆性材料，抗拉强度低，变形小，破坏突然。混凝土的抗拉强度远小于其抗压强度，一般只有抗压强度的 1/18～1/9。因此，在钢筋混凝土结构中，一般不采用混凝土承受拉力。但是，在钢筋混凝土结构构件中，处于受拉状态下的混凝土，在未开裂之前，确实承受了一部分拉力；在开裂之后，由于钢筋与混凝土的粘结作用，裂缝间的混凝土也可以承担拉力。如果计算混凝土构件在混凝土开裂之前的承载力，或者控制混凝土构件的开裂，都必须知道混凝土的抗拉强度。

因此，抗拉强度是混凝土的基本力学指标之一，它既是研究混凝土的破坏机理和强度理论的一个主要依据，又直接影响钢筋混凝土结构的开裂、变形和耐久性，其标准值用 f_{tk} 表示，下标 t 表受拉，k 表示标准值。

混凝土抗拉强度的测定方法分为两类：

一类为直接测试法，即对棱柱体试件两端预埋钢筋，且使钢筋位于试件的轴线上，然后施加拉力（图 2.19），试件破坏时截面的平均拉应力即为混凝土的轴心抗拉强度。这种试验，对试件的制作及试验要求较严格。

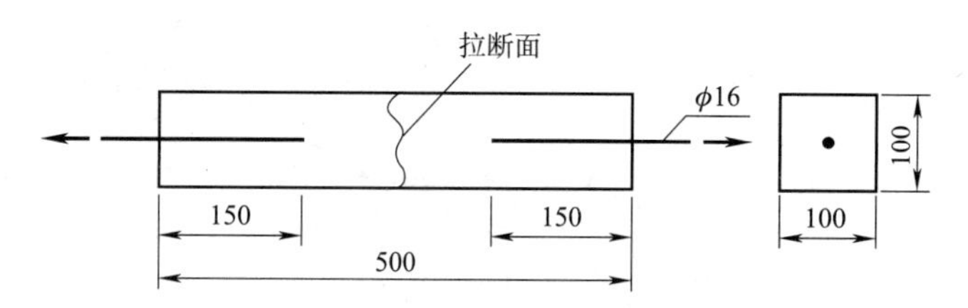

图 2.19 轴心抗拉试验（单位：mm）

另一类为间接测试方法，如弯折试验、劈裂试验（图 2.20）等。这些试验一般都需要较高的试验技术及条件。试验结果表明，混凝土劈裂抗拉强度与直接受拉的强度值接近，略高于直接受拉强度。根据弹性理论，可按劈裂截面的横向拉应力计算劈裂抗拉强度 f_{ts}，即

$$f_{ts}=\frac{2F}{\pi d_c l} \tag{2.8}$$

式中 F——破坏荷载；

d_c——圆柱体直径或立方体边长；

l——圆柱体长度或立方体边长。

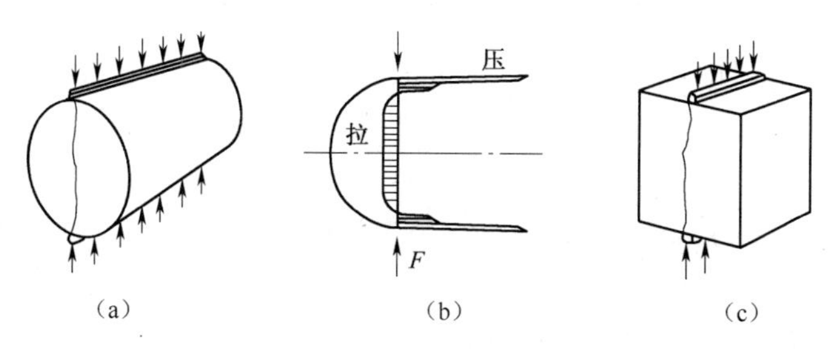

图 2.20 劈裂抗拉试验

根据轴心抗拉强度与立方体抗压强度的对比试验，《混凝土结构设计规范》(GB 50010)给出的混凝土轴心抗拉强度的标准值与立方体抗压强度标准值存在如下换算关系：

$$f_{tk}=0.88\times\alpha_2\times0.395f_{cu,k}^{0.55}(1-1.645\delta)^{0.45} \tag{2.9}$$

式中,0.88 的意义和 α_2 的取值与式(2.7)中的相同;$(1-0.645\delta)^{0.45}$ 则是反映了试验离散程度对标准值保证率的影响,δ 为变异系数。

2.2.2 复合应力状态下混凝土的强度*

实际工程中大多数结构构件均处于多轴应力的复杂受力状态。例如框架梁要承受弯矩和剪力的作用,框架柱除了承受弯矩和剪力外还要承受轴向力,框架节点区混凝土的受力状态更复杂。研究复合应力状态下混凝土的强度,对于认识混凝土的强度理论也有重要的意义。混凝土在复杂受力状态的强度是一个比较复杂的问题,由于目前尚未建立起较为完善的能解释不同破坏物理现象的混凝土强度理论,因此在很大程度上须依赖试验结果。

1. 双向应力状态

对于双向应力状态,如两个相互垂直的平面上作用有法向应力 σ_1 和 σ_2,第三个平面上应力为零,这时,双向应力状态下混凝土强度变化曲线如图 2.21 所示。

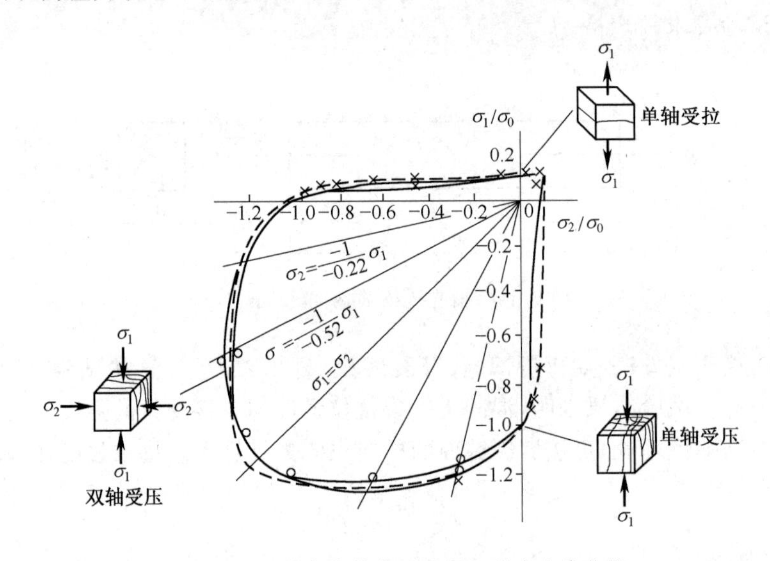

图 2.21 双向应力状态下混凝土强度变化曲线

从图 2.21 可以看出:

(1)当双向受压时(第三象限),混凝土一个方向的强度随另一个方向压应力的增加而增加。双向受压混凝土的强度要比单向受压强度最多可提高约 27%。

(2)当双向受拉时(第一象限),混凝土一个方向的抗拉强度与另一个方向拉力大小基本无关,即抗拉强度和单向应力时的抗拉强度基本相等。

(3)当一个方向受拉、另一个方向受压时(第二、四象限),混凝土一个方向的强度几乎随另一个方向应力的增加而呈线性降低。

2. 法向应力和剪应力组合状态下混凝土强度

在一个单元体上,如果除作用有剪应力 τ 外,还在同一个面上同时作用着法向应力 σ,就形成拉剪或压剪复合应力状态。这时,其强度变化曲线如图 2.22 所示。从图 2.22 可以看出,当 $\sigma/f_c^*>0.5$ 时(混凝土在构件中受压时经常所处的状态),其抗压强度由于剪应力的存在而降低。因此,当结构中出现剪应力时,将要影响梁与柱截面受压区混凝土的强度。从图 2.22 还可看出，$\sigma/f_c^* \approx 0.6$ 时，混凝土的抗剪强度达到最大。

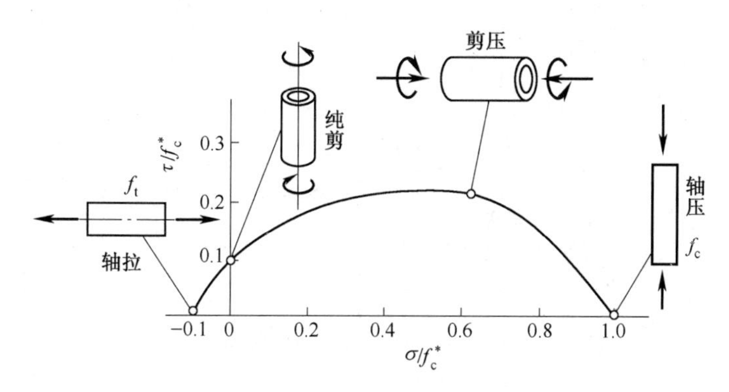

图 2.22　双向应力状态下混凝土强度变化曲线

f_c^*—复合应力状态下混凝土抗压强度

3. 三向受压状态

混凝土三向受压时，其任一方向的抗压强度和极限应变都会随其他两方向压应力的增加而有较大程度的增加。对圆柱体周围加液压约束混凝土，并在轴向加压，直至试件破坏，得到关系式(2.10)

$$f_{cc}=f_b+4.1\sigma_r \tag{2.10}$$

式中　f_{cc}——被约束试件的轴心抗压强度；

f_b——非约束试件的轴心抗压强度；

σ_r——侧向约束压应力。

较早试验资料给出的侧向压应力系数为 4.1，后来的试验资料给出的侧向压应力系数为 4.5～7，当侧向压应力低时，就会得到较高的侧向压应力系数。

在实际工程中，常常采用横向钢筋约束混凝土的办法提高混凝土的抗压强度。例如，在柱中采用密排螺旋钢筋，由于这种钢筋有效地约束了混凝土的横向变形，所以使混凝土的强度和延性都有较大的提高。显然，钢管混凝土柱具有更好的约束效果，常常用作轴压力很大的地铁车站、高层建筑等结构的柱子。

2.2.3 短期荷载下混凝土的变形

1. 混凝土在单调短期加载下的应力—应变曲线

混凝土在单调短期加载过程中的应力—应变关系(σ—ε 曲线)是混凝土最基本的力学性能之一，它是研究钢筋混凝土构件强度、裂缝、变形、延性以及进行非线性全过程分析所必需的依据。

(1)轴心受压时的应力—应变关系

混凝土受压时的应力—应变曲线通常用棱柱体试件进行测定，在试件的四个侧面安装应变计测读纵向压应变的变化，图 2.23 所示为混凝土典型的受压应力—应变曲线，图中几个特征阶段如下：

OA 段：应力较小，$\sigma \leqslant 0.3f_c^0$，混凝土表现出弹性性质，应力—应变关系基本呈直线变化，混凝土内部的初始微裂缝没有发展。

AB 段：$\sigma=0.3f_c^0 \sim 0.8f_c^0$，混凝土开始表现出越来越明显的非弹性性质，应力—应变关系偏离直线，应变增长速率比应力增长速率快。混凝土所表现的这种性质，一般称为弹塑性性

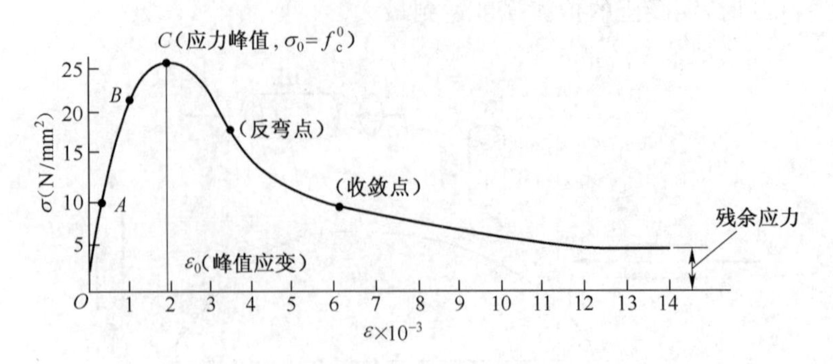

图 2.23 混凝土应力—应变曲线

质。在此阶段,混凝土内部微裂缝已有所发展,但处于稳定状态。

BC 段:$\sigma=0.8f_c^0\sim1.0f_c^0$,应变增长速率进一步加快,应力—应变曲线的斜率急剧减小,混凝土内部微裂缝进入非稳定发展阶段。

当应力到达 C 点即应力峰值 σ_0 时,混凝土发挥出它受压时的最大承载能力,即轴心抗压强度 f_c^0。此时,内部微裂缝已延伸扩展成若干通缝。相应于最大应力的应变值 ε_0 称为峰值应变,随混凝土强度等级的不同在 $1.5\times10^{-3}\sim2.5\times10^{-3}$ 之间变动。实用中通常取 $\varepsilon_0=2\times10^{-3}$。上述 OC 段一般称为应力—应变曲线的"上升段"。

超过 C 点后,试件的承载能力随应变增长逐渐减小,应力开始下降时,试件表面出现一些不连续的纵向裂缝,以后应力下降加快,应力—应变曲线的坡度变陡。当应变增大到 $4\times10^{-3}\sim6\times10^{-3}$ 时,应力下降减缓,最后趋向于稳定的残余应力。C 点以后的应力—应变曲线称为"下降段"。"下降段"反映了混凝土内部沿裂缝面的剪切滑移及骨料颗粒处裂缝不断延伸扩展,此时的承载能力主要依靠滑移面上的摩擦咬合力。

如果上述试验采用等应力加载方法在普通压力机上进行,则当试件的应力到达最大值后试件将突然破坏,而无法测到应力—应变曲线的下降段。因此,为了测定混凝土应力—应变曲线的全过程,需采用控制应变速率的特殊装置或在普通压力机上采用辅助装置,例如可在试件两端放置与试件同时受压的高强弹簧或油压千斤顶来减慢试验机架释放应变能时的变形恢复速度。这样,在试件到达最大应力后,随试件变形的增大,上述辅助装置承受压力所占的比例增大,即可使试件承受的压力稳定下降。

从混凝土的应力—应变曲线可以看出:

①混凝土的应力—应变关系图形是一条曲线,这说明混凝土是一种弹塑性材料,只有当压应力很小时,才可将其视为弹性材料。

②混凝土应力—应变曲线分为上升段和下降段,说明混凝土在破坏过程中,应力有一个从增加到减少的过程。当混凝土的压应力达到最大时,并不意味着它立即破坏,而可能是应变最大时破坏。因此,混凝土最大应变对应的不是最大应力,最大应力对应的也不是最大应变。

影响混凝土应力—应变曲线的因素很多,主要包括混凝土强度、加荷速率、横向钢筋的约束情况等。

试验表明,不同强度的混凝土,对应力—应变曲线上升段的影响不大,压应力的峰值 f_c 对应的应变值大致约为 0.002。对于下降段,混凝土强度越高,应力下降越剧烈,也即延性越差;而强度较低的混凝土,曲线的下降段较平缓,也即低强度混凝土的延性比高强度混凝土的延性要好些。

图 2.24 是不同强度混凝土的应力—应变曲线的比较。

试验表明，加荷速率对混凝土的应力—应变曲线形状也有影响。图 2.25 为强度相同的混凝土在不同应变速度下的应力—应变曲线。从图中可以看出，随着应变速度的降低，最大应力值也逐渐减少，但到达最大应力值的应变增加了，由于徐变的影响，使曲线的下降比较缓慢。

试验还表明，横向钢筋的约束作用对混凝土的应力—应变曲线也有较明显影响。随着配箍量的增加及箍筋的加密，混凝土应力—应变曲线的峰值不仅有所提高，而且峰值应变的增大及曲线下降段的下降减缓都比较明显。因此，承受地震作用的构件，如框架梁柱节点区，采用加密箍筋的方法不仅可使混凝土强度有所提高，而且可以有效地提高混凝土构件的延性。

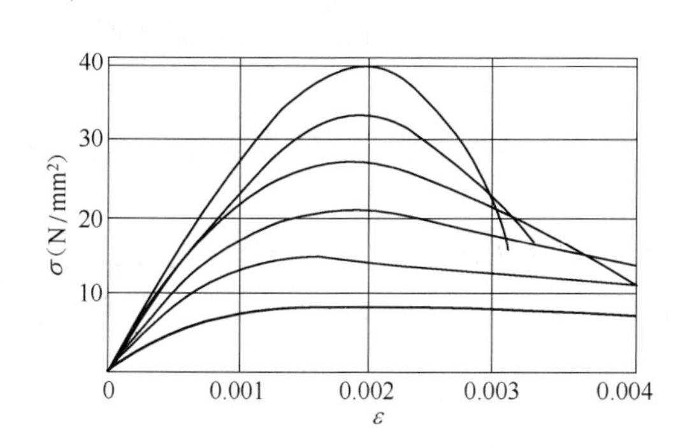

图 2.24 不同强度混凝土的应力—应变曲线

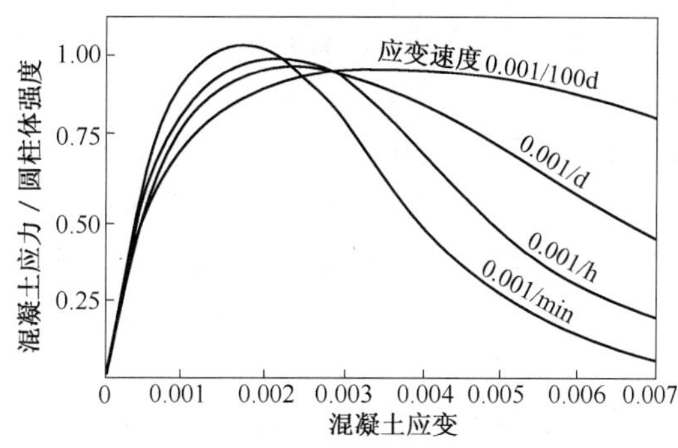

图 2.25 加载速率对混凝土应力—应变曲线的影响

图 2.26 为用螺旋筋约束混凝土的圆柱体的应力—应变曲线。由图可以看出，当压力较小时，箍筋或螺旋筋基本不起作用，但当压力逐渐增加，箍筋或螺旋筋逐渐发挥作用，最后，不仅提高了试件的强度，更明显的是提高了延性，而且箍筋或螺旋筋的配置越多，延性提高越多。特别是由于螺旋筋能使核心混凝土各部分都受到约束，其效果较方形箍筋好，因此使强度和延性的提高更为显著。在钢管内浇筑混凝土，受压时也和螺旋箍筋混凝土一样，核心混凝土处于三向受压的状态。

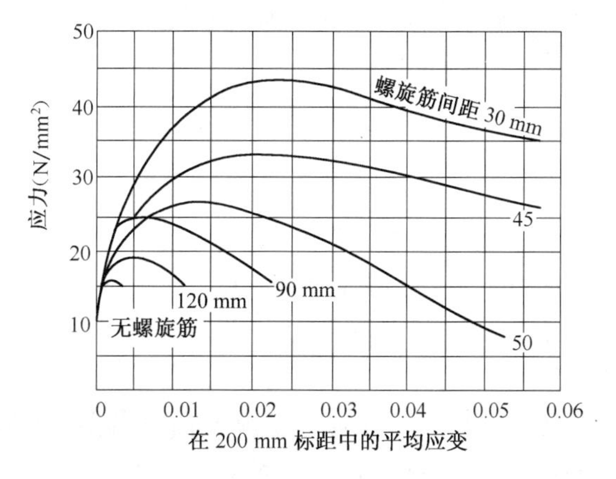

图 2.26 螺旋筋约束混凝土圆柱体的应力—应变曲线

(2)轴心受拉时的应力—应变关系

由于测试混凝土受拉时的应力—应变关系曲线比较困难，所以相对于混凝土受压应力—应变曲线的试验资料要少得多。

图 2.27 所示为混凝土轴心受拉试验的结果。混凝土轴心受拉应力—应变曲线的形状与受压应力—应变曲线相似，也包括上升段和下降段。混凝土受拉应力—应变全曲线上的四个特征点 A、C、E 和 F 标志着受拉性能的不同阶段。

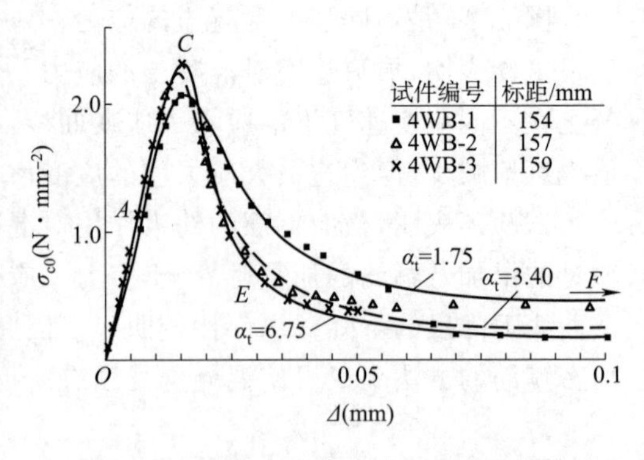

图 2.27 混凝土拉伸应力—应变全曲线

当拉应力 $\sigma \leqslant 0.5 f_t^0$ 时，应力—应变关系接近直线(OA 段)；当 $\sigma \approx 0.8 f_t^0$ 时，应力—应变曲线明显偏离直线，塑性变形大为发展；当平均应变达到 $\varepsilon_{t,p}=(70\sim140)\mu\varepsilon$ 时，应力—应变关系曲线的切线迅速变为水平，达到抗拉强度 f_t。随后，试件的承载能力迅速下降，形成一个陡峭的尖峰(C 点)；相比于混凝土受压应力—应变曲线，混凝土轴心受拉应力—应变曲线的下降段较陡，且随着混凝土强度的提高，曲线的下降段变得更加陡峭。

在肉眼观察到试件表面上的裂缝时，曲线已进入下降段(E 点)，平均应变 $\geqslant 2\varepsilon_{t,p}$。裂缝为横向，细而短，缝宽 0.04～0.08 mm，此时试件的残余应力为 $(0.2\sim0.3)\ f_t$。此后，裂缝迅速伸长和扩展，荷载慢慢下降，曲线趋于平缓。

当试件的表面裂缝沿截面周边贯通时，裂缝宽度为 0.1～0.2 mm。此时截面中央尚残留未开裂面积和裂缝面的骨料咬合作用，试件仍有少量残余承载力 $(0.1\sim0.15)f_t$。最后，当试件的总变形或表面裂缝宽度约达 0.4 mm 后，裂缝贯穿全截面，试件拉断成两截(F 点)。

由于混凝土的轴心抗拉强度远低于轴心抗压强度，故混凝土轴心受拉时的应力—应变关系一般可用双直线模型来模拟，且认为混凝土受拉弹性模量与受压弹性模量的数值相同。

2. 混凝土轴心受压应力—应变曲线的数学模型

常见的描述混凝土单轴向受压应力—应变本构关系曲线的数学模型有下面几种：

(1)美国的 E. Hognestad 建议的模型

美国 E. Hognestad 建议的混凝土轴心受压应力—应变曲线的数学模型，将上升段取为二次抛物线，下降段取为斜直线(图 2.28)。用公式表示为

$$\sigma_c=\begin{cases} f_c\left[2\dfrac{\varepsilon_c}{\varepsilon_0}-\left(\dfrac{\varepsilon_c}{\varepsilon_0}\right)^2\right] & (\varepsilon_c\leqslant\varepsilon_0) \\ f_c\left[1-0.15\dfrac{\varepsilon_c-\varepsilon_0}{\varepsilon_{cu}-\varepsilon_0}\right] & (\varepsilon_0<\varepsilon_c\leqslant\varepsilon_{cu}) \end{cases} \tag{2.11}$$

式中 f_c——峰值应力(混凝土轴心抗压强度)；

ε_0——相应于峰值应力时的应变，取 $\varepsilon_0=0.002$

ε_{cu}——极限压应变，取 $\varepsilon_{cu}=0.0038$。

(2)德国的 Rüsch 建议的模型

德国的 Rüsch 建议的混凝土轴心受压应力—应变曲线的数学模型，上升段也取为抛物线，但峰后段取为水平的直线(图 2.29)。用公式表示为

$$\sigma_c=\begin{cases} f_c\left[2\dfrac{\varepsilon_c}{\varepsilon_0}-\left(\dfrac{\varepsilon_c}{\varepsilon_0}\right)^2\right] & (\varepsilon_c\leqslant\varepsilon_0) \\ f_c & (\varepsilon_0<\varepsilon_c\leqslant\varepsilon_{cu}) \end{cases} \tag{2.12}$$

式中，相应于峰值应力时的应变 ε_0 和极限压应变 ε_{cu} 分别取 0.002 和 0.0035。

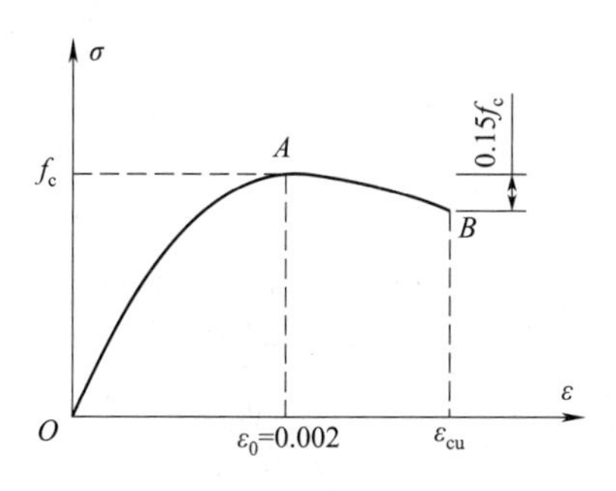

图 2.28 Hognestad 建议的应力—应变曲线

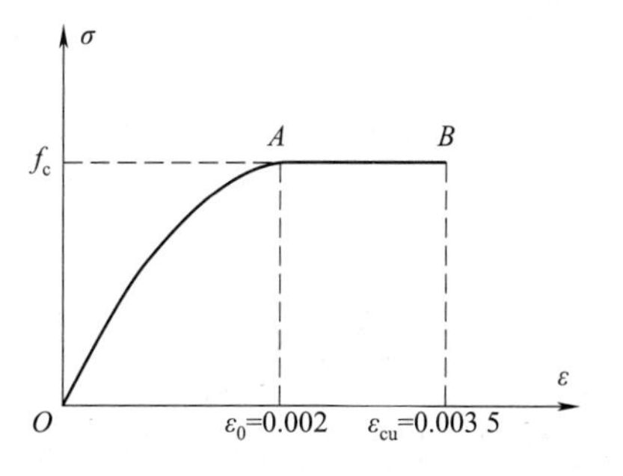

图 2.29 Rüsch 建议的应力—应变曲线

(3)GB 50010 采用的模型

我国《混凝土结构设计规范》(GB 50010)参考 Rüsch 的模型,结合近年来对高强混凝土的研究成果,提出的混凝土受压时的应力—应变关系的数学表达式为

$$\sigma_c=\begin{cases} f_c\left[1-\left(1-\dfrac{\varepsilon_c}{\varepsilon_0}\right)^n\right] & (\varepsilon_c\leqslant\varepsilon_0) \\ f_c & (\varepsilon_0<\varepsilon_c\leqslant\varepsilon_{cu}) \end{cases} \tag{2.13}$$

$$n=2-\frac{1}{60}(f_{cu,k}-50) \tag{2.14}$$

$$\varepsilon_0=0.002+0.5(f_{cu,k}-50)\times10^{-5} \tag{2.15}$$

$$\varepsilon_{cu}=0.003\,3-(f_{cu,k}-50)\times10^{-5} \tag{2.16}$$

式中 σ_c——压应变为 ε_c时混凝土的应力;

f_c——混凝土的轴心抗压强度;

ε_0——压应力达到 f_c时混凝土的压应变,当计算的 ε_0值小于 0.002 时,取为 0.002;

ε_{cu}——混凝土的极限压应变,当计算的 ε_{cu}值大于 0.003 3 时,取为 0.003 3;当处于轴心受压时取为 ε_0;

$f_{cu,k}$——混凝土的立方体抗压强度;

n——系数,当计算的 n 大于 2.0 时,取为 2.0。

3. 混凝土的弹性模量、泊松比及剪切弹性模量

(1)弹性模量

弹性模量反映了混凝土受力后的应力—应变性质,在计算钢筋混凝土构件的变形及内力时均需使用它。当应力较小时,混凝土具有弹性性质,混凝土在这个阶段的弹性模量 E_c可用应力—应变曲线过原点切线的正切表示(图 2.30),称为初始弹性模量(简称弹性模量),其值为

$$E_c=\tan\alpha_0 \tag{2.17}$$

(2)弹性模量的测定

由于混凝土在一次加载下的初始弹性模量不易准确测定,通常借助多次重复加载后的应力—应变曲线的斜率来确定 E_c。一般情况下,只要重复荷载的最大应力不超过 $0.5f_c$,则随荷载重复次数的增加,残余变形将逐渐减小,应力—应变曲线近于直线,并且该直线与第一次加载时应力—应变曲线原点的切线大致平行。通常取 10 次加载循环后(要求前后两次加载计算出的试件两侧变形平均值相差不大于 $2\times10^{-5}l$,l 为测点标距)应力差 σ_c(即应力—应变曲线上应力为 0.5 N/mm^{2}与应力为 $0.4f_c$的差)与相应的应变差 ε_c的比值来计算初始弹性模量(图 2.31),即

$$E_c=\frac{\sigma_c}{\varepsilon_c} \tag{2.18}$$

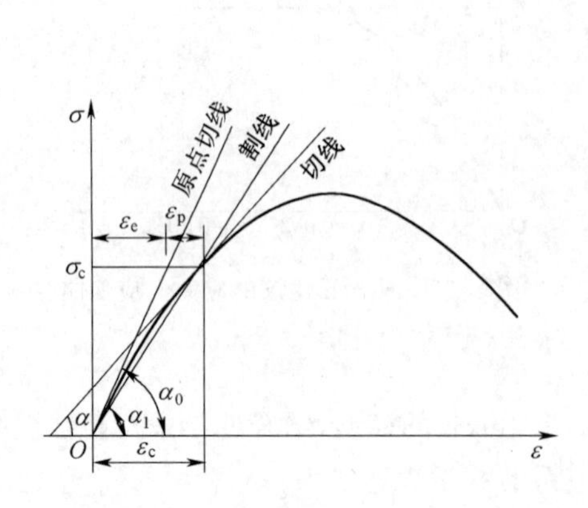

图 2.30　混凝土弹性模量及变形模量

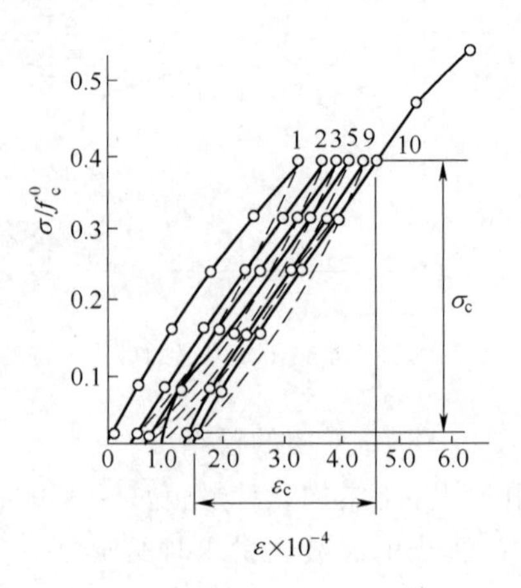

图 2.31　混凝土弹性模量试验

根据大量的试验结果,我国《混凝土结构设计规范》(GB 50010)给出的混凝土的弹性模量E_c与立方体抗压强度标准值$f_{cu,k}$的关系为

$$E_c=\frac{10^5}{2.2+\dfrac{34.7}{f_{cu,k}}}\quad (\mathrm{N/mm^2}) \tag{2.19}$$

上述将混凝土的弹性模量定义为原点模量,且是在应力较小情况下采用反复加荷确定的。严格来说,当混凝土进入塑性阶段后,初始弹性模量已不能反映这时的应力—应变性质,因此,有时用切线模量和割线模量来表示这时的应力—应变关系。

(3)切线模量

切线模量是指在混凝土的应力—应变曲线上某一应力σ_c处作一切线,该切线的斜率即为相应于应力为σ_c时的切线模量(图 2.30),即

$$E''_c=\tan\alpha \tag{2.20}$$

这种表示方法通常用于科学研究。

(4)割线模量

如果对混凝土应力—应变曲线原点和曲线上某一点作割线,割线的斜率称为曲线上那点的割线模量。由于割线模量表示了曲线上某点总应力与总应变之比,而总应变包括弹、塑性变形,所以割线模量也称为混凝土的变形模量或弹塑性模量(图 2.30):

$$E'_c=\tan\alpha_1 \tag{2.21}$$

混凝土的割线模量和弹性模量的关系可用式(2.22)表示:

$$E'_c=\nu_0 E_c \tag{2.22}$$

式中　ν_0——弹性特征系数,等于混凝土弹性应变与总应变之比:当$\sigma_c=0.5f_c$时,$\nu_0=0.8\sim0.9$;当$\sigma_c=0.9f_c$时,$\nu_0=0.4\sim0.9$。一般情况下,混凝土强度越高,ν_0值越大。

混凝土受拉弹性模量与受压时基本一致,因此可取相同值。当混凝土达到极限强度即将开裂时,可取其受拉弹性模量为$0.5E_c$。

(5)混凝土的泊松比ν

同材料力学中关于泊松比的定义一样,横向应变与纵向应变之比称为泊松比。当压应力

较小时，混凝土的泊松比与弹性材料类似，为与应力水平无关的常量，其值为 0.15～0.18。随着压应力的增大，内部微裂缝发展，横向膨胀加剧，除泊松效应外，混凝土横向应变还受到内部裂纹的影响，其泊松比显著增大，接近破坏时，可达 0.5 以上。

(6)混凝土的剪切弹性模量 G_c

根据弹性理论，混凝土的剪切弹性模量为

$$G_c=\frac{E_c}{2(1+\nu)} \tag{2.23}$$

混凝土剪切弹性模量的影响因素一般假定与弹性模量相似，可按我国《混凝土结构设计规范》(GB 50010)所给混凝土弹性模量 E_c的 0.4 倍采用。

2.2.4 长期荷载下混凝土的变形

1. 混凝土的时变变形

当一个混凝土试件受到荷载作用时，试件将产生一定的变形。对于加载瞬间，试件的变形，被称为短期(short-term)或者瞬时(immediate)变形；随着时间的增长，试件的变形将进一步增长，增长的部分被称为长期(long-term)变形或者时变(time-dependent)变形。如果在这个增长的过程中，结构特征、荷载类型与荷载水平保持不变的话，通常认为是收缩徐变(shrinkage and creep)效应引起了混凝土试件的变形随时间增加而持续增长。

收缩徐变效应可能导致混凝土结构的变形增加、预应力损失以及应力或内力重分配，其被认为是混凝土结构在正常使用荷载范围内变形过大的可能原因之一，同时，可能引起预应力构件的预拱度设置不当(过高或过低)。此外，收缩效应可能引起混凝土结构的时变开裂，从而导致结构使用性能或者耐久性降低。国内外很多工程事故均表明，在混凝土结构的分析中需要充分重视混凝土收缩徐变效应的影响。

如图 2.32 所示，以静定混凝土结构受到单一持续荷载作用为例，其 t 时刻的应变 $\varepsilon(t)$包含有三个部分：混凝土的收缩应变 $\varepsilon_{sh}(t)$，加载时刻 t_0 的瞬时应变 $\varepsilon_e(t)$以及混凝土的徐变应变 $\varepsilon_{cr}(t)$。

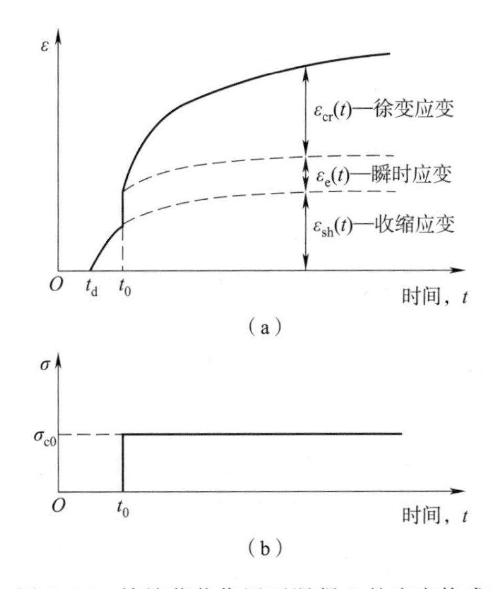

图 2.32 持续荷载作用下混凝土的应变构成

混凝土的收缩发生最早(t_d),收缩应变与应力无直接关系。收缩变形的特点是:收缩应变随着混凝土浇筑时间的增长逐渐增长,增长速率逐渐减小,体现为早期发展迅速,后期发展缓慢的特点。收缩变形集中在0.5～1年内完成。混凝土的收缩与混凝土所处环境有关,一般来说,在标准条件下,2周内完成极限收缩值的25%左右;3个月完成60%,一年内可达到75%左右。

混凝土构件的瞬时应变发生在荷载作用的瞬间,在正常使用荷载范围内,其值等于

$$\varepsilon_e(t)=\frac{\sigma_e}{E_c(t_0)} \tag{2.24}$$

式中 σ_e——荷载作用引起的应力;

$E_c(t_0)$——加载时混凝土的弹性模量。

与此同时,徐变应变开始发生,并随着加载时间的持续,不断发展。与收缩效应类似的是,徐变应变随着时间的推移也体现出早期快,后期慢,逐渐趋于收敛的特性。一般认为:在加载2～3个月内,混凝土的徐变应变将达到徐变终极值的50%;在2～3年内,混凝土的徐变应变将达到徐变终极值的80%～90%;此后的若干年,徐变应变的增长将会比较缓慢。与收缩效应在混凝土浇筑后即开始发生不同,如图2.32所示,徐变效应是伴随着应力的施加而产生;理想的无应力状态混凝土将没有徐变效应。

2. 混凝土的收缩效应的机理及构成

混凝土的收缩机理很复杂,包括了几个部分:塑性收缩(plastic shrinkage),干燥收缩(drying shrinkage)、化学收缩(chemical shrinkage)以及热收缩(thermal shrinkage)。

(1)塑性收缩

在混凝土浇筑后4～15 h,混凝土出现泌水和水分急剧蒸发的现象,骨料与胶合料之间产生不均匀压缩变形。对于某些高强混凝土比较容易出现塑性收缩的情况,从而导致混凝土凝固过程中出现开裂情况。而在此阶段,由于混凝土尚未凝固,钢筋与混凝土之间的有效粘结尚未形成,钢筋并不能抑制混凝土的开裂。在施工过程中,如果采取合理的养护措施防止水分急剧蒸发,将非常有效地抑制塑性收缩。

(2)干燥收缩

干燥收缩指由混凝土硬化过程中水分散失引起的混凝土体积缩小现象。干燥收缩通常持续发生在混凝土浇筑后的若干个月甚至几年内。随着浇筑时间的增加,干燥收缩的量逐渐增大,但速率逐渐减缓。干燥收缩的终极值与发展速率与许多因素有关,包括:环境湿度、混凝土配合比、混凝土构件尺寸与形状等。

(3)化学收缩

化学收缩也称为自生收缩(autogenous shrinkage),指在没有水分交换或转移的情况下,化学反应后水泥水化物的体积小于参加水化反应的水泥和水的体积。化学收缩通常在浇筑后若干天内迅速发生,其发生程度通常与环境、构件尺寸无关。

(4)热收缩

热收缩指混凝土拌和后几小时内,由于水化反应导致大量的水化热迅速释放而引起的混凝土水分散失。化学收缩与热收缩通常区别于干燥收缩,被称为内在收缩(endogenous shrinkage)。

(5)收缩效应的影响因素

干缩应变的发展受到混凝土干燥过程的各种因素影响,尤其是水灰比、水泥用量、构件形

状与环境湿度。在其他条件都相同的情况下，干缩应变随着水灰比的增大而增大，随着环境相对湿度的增大而减小，随着比表面积（暴露在大气中的面积除以体积）的增大而增大；而内在收缩则恰恰相反，内在收缩随着含水泥用量的增大而增大，随着水灰比的增大而减小；此外，内在收缩与环境相对湿度无关。

混凝土构件的尺寸效应会对混凝土的收缩效应有较大的影响。例如，对于一个纤薄构件（薄板）而言，其混凝土干燥过程也许在浇筑完成后数年内就完成；而对于一个封闭构件或者巨大的构件，干燥过程可能将延续到构件的整个生命周期。而对于未开裂的、体量较大的混凝土构件，其干缩效应仅发生在距离暴露大气表面 300 mm 的范围内，而其核心部分的混凝土将不会发生干缩；与之相反的内收缩将不受尺寸效应与构件截面形式的影响。

混凝土的收缩效应仍受到混凝土骨料体积及类型的影响。混凝土收缩效应主要是水泥浆引起的，而构成混凝土的骨料本身并不发生收缩效应，同时，混凝土的骨料有抑制水泥浆收缩的作用。因此，增大骨料的用量，增大骨料的弹性模量都可以减小收缩应变。此外，研究表明，轻质混凝土的收缩效应大于普通混凝土的收缩效应，两者差距最大可达 50%。

3. 混凝土的徐变效应的机理及构成

混凝土徐变产生的机理比收缩更加复杂。迄今为止，尚无一种单一的徐变机理能够完全解释徐变现象并被广泛接受。

(1)机理及构成

徐变机理主要为：(1)黏性流动（viscous flow），应力作用下水泥石的黏稠变形。(2)渗流（seepage），水泥凝胶体中，吸附水的渗流或层间水的转移。(3)滞后弹性变形（delayed elasticity），由于黏性流动与渗流效应，影响水泥凝胶对混凝土骨架的约束作用，在混凝土骨料与凝胶体间的应力重分布，引起混凝土骨料与凝胶晶体的弹性变形。(4)微裂缝（micro-cracking），水泥凝胶体的局部开裂以及因此导致的水泥凝胶体与骨料的粘结损伤引起的永久变形。

从徐变的物理机理上说，徐变应变并非由单一的物理机制产生或决定。根据徐变应变产生机制的不同，可以将徐变应变划分成若干个组成部分。

图 2.33(a)描述了长期荷载 σ_0 于 t_0 时刻加载，并在 t_1 时刻完全卸载的应力历程下，混凝土徐变应变的变化情况。由图中可以发现，在 t_1 时刻卸载后，徐变变形并未瞬间消失，其中小部分随着时间迅速恢复，而大部分徐变变形并未恢复。恢复部分的徐变被称为可恢复徐变（recoverable creep），而尚未恢复的部分称为不可恢复徐变（irrecoverable creep）。

可恢复部分的徐变变形通常被认为与滞后弹性应变 $\varepsilon_{cr,d}(t)$ 有关，即当作用在混凝土上的荷载撤除后，由于滞后弹性变形导致的骨料与黏性水泥胶体弹性变形恢复，其值为弹性变形的 40%～50%（总徐变应变的 10%～20%）。

不可恢复的徐变变形是徐变总变形的主要部分，其与水泥石的黏性流动有关。黏性流动也被分成若干个组成部分，其中一部分快速初始流动（rapid initial flow）$\varepsilon_{cr,if}(t)$ 在加载 24 h 就将发生，而其余的流动将在加载 24 h 后逐步发生。快速初始流动与加载时刻的混凝土水化程度有关，因此与其加载龄期高度相关。根据与相对湿度的关系，如前文所述，剩余的徐变变形，又被划分为了基本徐变 $\varepsilon_{cr,fb}(t)$ 与干缩徐变 $\varepsilon_{cr,fd}(t)$。基本徐变变形与混凝土的组成特性（骨料类型、骨料性质与品质、混凝土强度等）、加载龄期有关。而干缩徐变与环境湿度、混凝土的截面性质、尺寸有关。

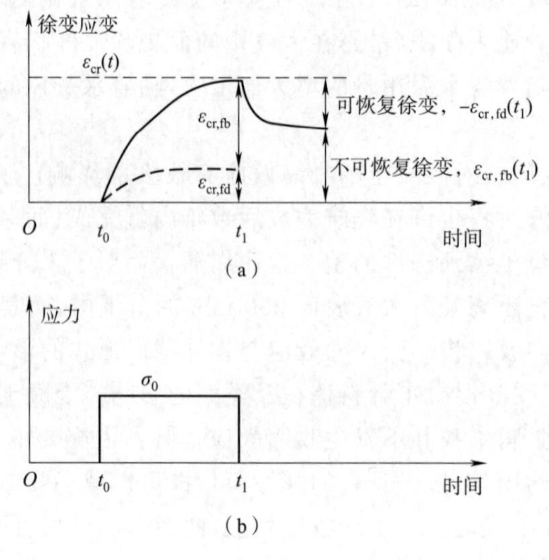

图 2.33 可恢复徐变与不可恢复徐变

(2)影响因素

对混凝土收缩徐变效应的研究表明,影响混凝土收缩徐变效应的因素众多,包括:混凝土材料的构成与性质,浇筑养护条件,构件几何尺寸,环境条件,加载历史与持续作用应力水平等。

持续作用应力水平是影响混凝土徐变的主要因素之一。图 2.34 为不同应力水平(所施加压应力 σ 与 f_c 的比值)时徐变增长的变化情况。由图可见,当 $\sigma \leqslant 0.5f_c$ 时,曲线间距几乎相同,徐变与应力成正比。这种情况下产生的徐变称为“线性徐变”,ε_{cr}—t(时间)曲线是收敛的。当 σ 的大小在 $0.5f_c \sim 0.8f_c$ 范围内时,徐变增长与应力不成比例,徐变的增长速度将比应力增长速度快,ε_{cr}—t 曲线虽仍收敛,但收敛性随应力增大而变差,这种情况下产生的徐变称为非线性徐变。当 $\sigma > 0.8f_c$ 时,混凝土内的微裂缝已处于不稳定状态,长期应力作用将促使这些微裂缝进一步发展,ε_{cr}—t 曲线变为发散型,最终将导致混凝土破坏,这种情况下产生的徐变称为第三阶段徐变。因而 $\sigma = 0.8f_c$ 实际上是混凝土的长期抗压强度。

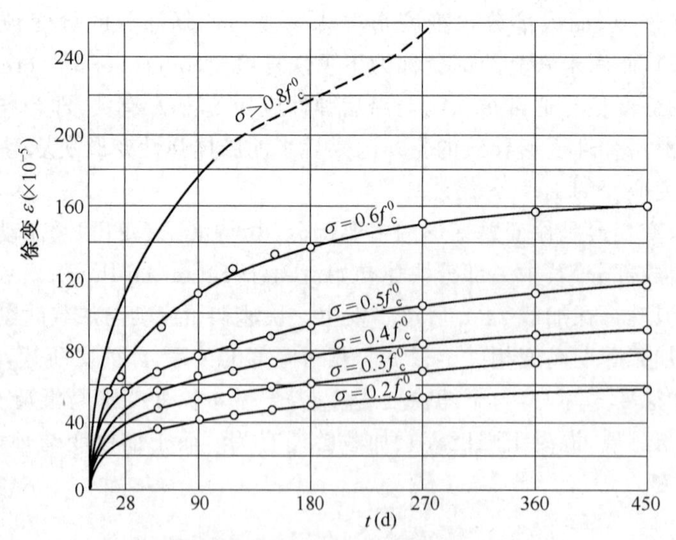

图 2.34 压应力大小对徐变的影响

混凝土的组成成分和配合比直接影响徐变大小。骨料的弹性模量愈大、骨料体积在混凝土中所占的比重愈高，则由凝胶体流变后传给骨料压力所引起的变形愈小，徐变亦愈小。水泥用量大，凝胶体在混凝土中所占比重也大，水灰比高，水泥水化后残存的游离水也多，会使徐变增大。

此外，养护时温度高、湿度大，则水泥水化作用充分，徐变减小。受荷载后混凝土在湿度低、温度高的条件下所产生的徐变要比湿度高、温度低时明显增大；构件体表比（构件体积与构件表面积的比值）愈小，徐变愈大；受荷载时混凝土龄期愈长，水泥石中结晶所占比重愈大，凝胶体黏性流动相对减小，徐变也愈小。

(3)徐变引起轴压构件应力重分布现象

钢筋混凝土轴心受压构件在不变荷载的长期作用下，混凝土将产生随时间而增长的变形——徐变。由于钢筋与混凝土的粘结作用，两者将共同变形，混凝土的徐变将迫使钢筋的应变增大，钢筋应力也相应增大。但外荷载保持不变，由平衡条件可得，混凝土应力必将减小，这样就产生了应力重分布。

2.3 小　结

1. 钢筋混凝土和预应力混凝土是广泛使用的建筑材料，其力学性能较复杂。因为：

(1)钢筋混凝土的结构由两种材料（钢、混凝土）组成。

(2)混凝土的抗压强度和抗拉强度相差很大。

(3)混凝土的应力—应变关系是非线性的。

(4)混凝土的变形受徐变和收缩等的影响。

2. 影响混凝土力学性能的因素很多，如：

(1)混凝土性质（骨料和水泥浆体的体积比，骨料颗粒的尺寸和分布，水泥浆体发挥作用的程度，骨料和水泥浆体的力学、物理和化学性质）。

(2)试件和环境特性（温、湿度条件，试件的尺寸、形状）。

(3)应力或应变状态（应力或应变的大小及其分布）。

(4)加载方法（短期、长期、静、动、匀速、重复、交替）。

3. 本章的主要内容包括：

(1)有明显流幅钢筋（软钢）和无明显流幅钢筋（硬钢）的应力—应变曲线不同，它们强度限值的取法也不同。

(2)以往为了节约钢材，常常用冷拉或冷拔来提高热轧钢筋的强度。冷拉只能提高钢筋的抗拉强度，冷拔可以同时提高抗拉强度和抗压强度。但这样的钢筋，其变形能力差，会影响结构构件的延性，特别不利于抗震，不能用在重要的结构构件中。

(3)热轧钢筋通常用于普通钢筋混凝土结构；预应力钢丝、钢绞线和预应力螺纹钢筋等常用作预应力钢筋。用于钢筋混凝土结构中的钢筋应满足强度、塑性、可焊性、与混凝土有可靠粘结等多方面要求。

(4)混凝土立方体抗压强度是评定混凝土强度等级的一种标准，我国规定采用 150 mm 边长的立方体作为标准试块。混凝土轴心抗压强度是混凝土最基本的强度指标，混凝土轴心抗拉强度等都和轴心抗压强度有一定的关系。对于不同的结构构件，应选择不同强度等级的混凝土。

(5)混凝土的徐变和收缩对钢筋混凝土和预应力混凝土结构构件性能有重要影响。虽然影响徐变和收缩的因素基本相同，但它们之间有本质的区别。混凝土在重复荷载作用下的变形性能与一次短期荷载作用下的变形不同。

扩展阅读

1. 混凝土在重复加载下的变形。
2. 混凝土的徐变计算。

思考与练习题

2.1 简述混凝土立方体抗压强度、混凝土等级、轴心抗压强度、轴心抗拉强度的意义以及它们之间的区别。

2.2 单向受力状态下,混凝土的强度与哪些因素有关?混凝土轴心受压应力—应变曲线有何特点?常用的表示应力应变关系的数学模型有哪几种?

2.3 钢筋应力—应变曲线的理论模型有哪几种?它们适用于何种情况?

2.4 什么是混凝土的徐变和收缩?影响混凝土徐变和收缩的因素有哪些?

2.5 混凝土的徐变和收缩对钢筋混凝土构件的受力状态各有何影响?

3 钢筋与混凝土的粘结与锚固

3.1 概　　述

粘结是钢筋与其周围混凝土之间的相互作用，是钢筋和混凝土这两种性质不同的材料能够形成整体、共同工作的基础。钢筋与混凝土之间具有足够的粘结强度，才能承受相对的滑动。它们之间依靠粘结力来传递应力、协调变形。否则，它们就不可能共同工作。

如果仅仅简单地将钢筋放置入混凝土中，并不能形成真正的钢筋混凝土构件。如图 3.1(a)所示，在素混凝土梁中预埋塑料套管形成管道，在管道内插入表面涂抹润滑油且直径小于套管的钢筋，形成钢筋与混凝土无粘结的梁。该梁在荷载作用下产生弯曲变形，受拉区混凝土受拉伸长，但由于钢筋和混凝土之间没有粘结，因此钢筋在混凝土中滑动，未承担任何荷载，钢筋与混凝土并未协同受力。这并不是真正的钢筋混凝土梁，其受力情况与素混凝土梁基本一致。

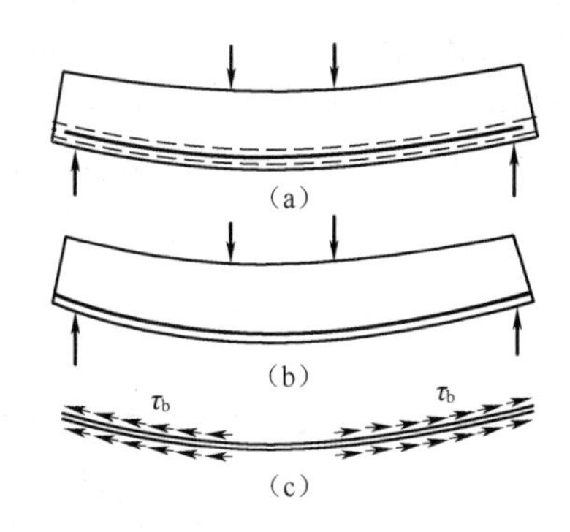

图 3.1　简支梁中钢筋与混凝土的粘结

图 3.1(b)为未设置塑料套管，而是直接将钢筋放置入梁的模具中，与钢筋浇筑成一个整体，使得钢筋和混凝土之间有较好的粘结。在荷载作用下，梁同样产生弯曲，受拉区混凝土伸长。与图 3.1(a)情况不同的是：混凝土与钢筋之间存在粘结，钢筋被混凝土强制一起伸长，从而也承担了相应的拉力，实现了钢筋混凝土的设计理念，使得钢筋与混凝土共同工作。

钢筋与混凝土在两者的交界面上(即钢筋表面)产生粘结应力。如图 3.1(c)所示，如果取钢筋作为隔离体，除了钢筋横截面上的正应力 σ_s 与 $\sigma_s+d\sigma_s$ 外，钢筋的表面还可以存在剪应力。这种剪应力就是钢筋与混凝土间的粘结应力，分布于钢筋与混凝土的接触界面，其随着钢筋与混凝土接触界面的变形差(相对滑移)而出现。

取梁中任意钢筋微段 dx，如图 3.2 所示，由钢筋受力平衡条件可以写出

$$\sigma_s A_s+\tau_b C_s \mathrm{d}x=(\sigma_s+\mathrm{d}\sigma_s)A_s \tag{3.1}$$

其中，A_s 为钢筋横截面积，近似地写为 $\pi d^2/4$，d 为钢筋直径；C_s 为钢筋周长，近似地写为 πd；将其代入式(3.1)，可以得到

$$\tau_b=\frac{d}{4}\frac{\mathrm{d}\sigma_s}{\mathrm{d}x} \tag{3.2}$$

由此可见，粘结应力与钢筋截面正应力的变化相关；换句话说，只要在钢筋截面正应力变化的位置，就存在粘结应力。

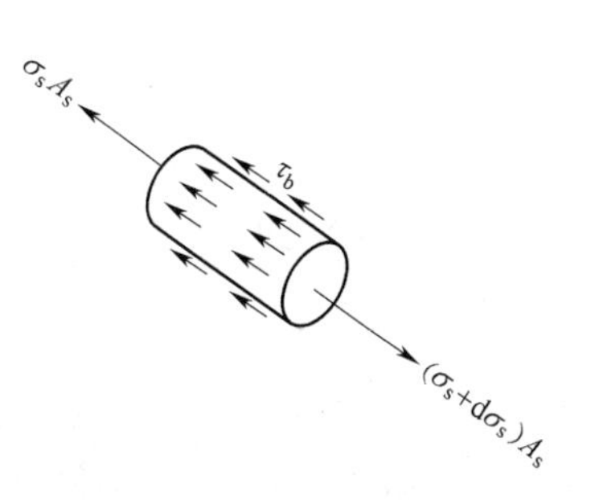

图 3.2　钢筋混凝土梁中钢筋微段的受力平衡

3.2 粘结的分类与作用

图 3.1(b)中的钢筋混凝土梁中钢筋与混凝土的粘结性能如何？是否满足结构设计要求？这就涉及：不同位置或不同受力状态下，钢筋与混凝土的粘结状态分类与作用。在钢筋混凝土构件中，不同位置(例如梁的端部与梁的跨中)或构件处于不同状态(例如开裂或未开裂)的钢筋应力状态是不同的，相应地可以将粘结应力状态划分为钢筋端部的锚固粘结和混凝土裂缝间的粘结两类问题。

3.2.1 钢筋端部的锚固粘结

以图 3.1 中的梁体为例，如果在图 3.1(a)的基础上，在梁端部分一定长度内，将钢筋与混凝土浇筑成一个整体，使两者之间具有足够的粘结力，则钢筋在梁体受弯的过程中可以承担拉力且不会被拔出，使梁体的承载力得到很大提高。在工程设计中的许多构造问题，例如：受力钢筋的锚固和搭接，钢筋从理论切断点的延伸，吊环、预埋件的锚固等都取决于钢筋和混凝土的这种粘结。常见的锚固位置有：简支梁支座处的钢筋端部、梁跨间的主筋搭接或切断、悬臂梁和梁柱节点受拉主筋的外伸段等(图 3.3)。这种锚固粘结，可以抽象为图 3.4 所示的基本力学模型。

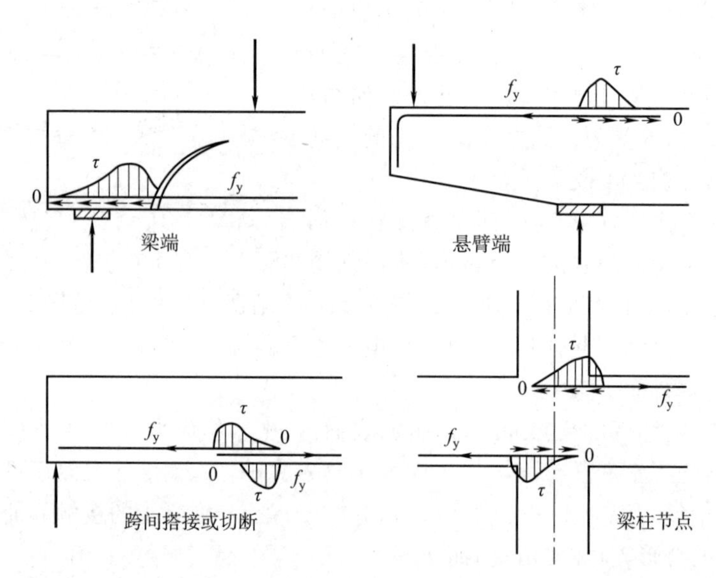

图 3.3 常见的钢筋端部粘结锚固

如图 3.4 所示，将钢筋部分埋入混凝土中，部分裸露并受拉力 T 作用。对于裸露部分的钢筋，其应力 σ_s^0 为

$$\sigma_s^0 = \frac{T}{A_s} \tag{3.3}$$

其中，A_s为钢筋横截面积。对于埋入部分，通过钢筋与混凝土间的粘结作用，钢筋将部分拉力传递给混凝土，混凝土和钢筋共同承担拉力。在这个传递过程中，钢筋应力逐渐减小。根据式(3.2)，将钢筋应力变化沿长度积分，可以得到埋入段的钢筋应力，其值可写为

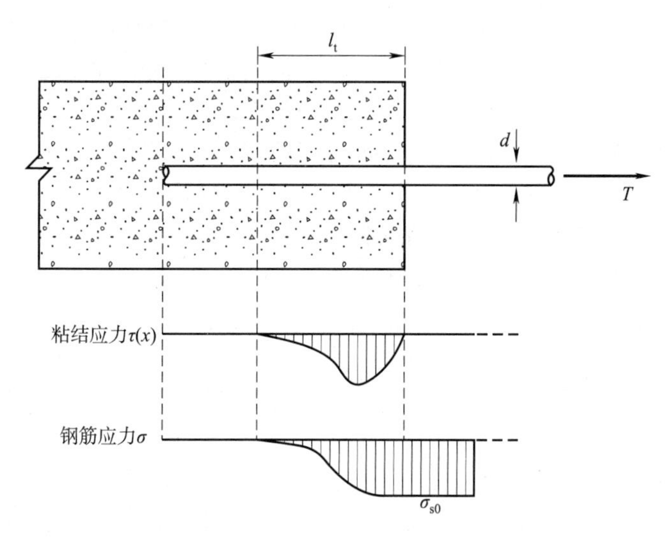

图 3.4 钢筋端部在混凝土中的锚固粘结

$$\sigma_s = \sigma_s^0 - \int_0^x \frac{4\tau_b(x)}{d}\mathrm{d}x \tag{3.4}$$

其中,x 为计算位置距离混凝土表面的距离。当钢筋埋入深度足够长时,经过 l_t 长度传递后,钢筋的应力逐渐减小为 0。这段长度 l_t 是钢筋通过粘结作用将其承担的拉力 T 传递给混凝土所需要的粘结长度,被称为应力传递长度(简称传递长度,transfer length)。如果从钢筋应力的零点起,沿着长度积分,对于距离应力零点 l 的位置,式(3.4)可改写为

$$\sigma_s = \int_0^l \frac{4\tau_b(x)}{d}\mathrm{d}x \tag{3.5}$$

其中,l 也可称为钢筋应力达到 σ_s 所需要的发展长度(development length)。此时,混凝土表面的钢筋应力 σ_s^0 为

$$\sigma_s^0 = \int_0^{l_t} \frac{4\tau_b(x)}{d}\mathrm{d}x \tag{3.6}$$

在工程中,一般要求在各种工况下钢筋总能够牢固地锚固在混凝土中。如果钢筋因粘结锚固能力不足而被拔出,不仅其强度不能充分利用($\sigma_s^0 < f_y$),更重要的是,基于钢筋设计强度建立的各种设计方法所预测的结果均会高估实际的构件承载能力,导致结构设计不安全。这种破坏形式被称为粘结破坏,属于严重的脆性破坏。由以上分析可知,锚固粘结保证了钢筋混凝土梁的承载能力。

3.2.2 混凝土裂缝间的粘结

如图 3.5 所示,锚固粘结相当于在梁体的两端设置了机械固定装置,钢筋可以随着梁体一起变形并承担拉力,从而提高了梁体的承载能力。如果在除端部外的其他位置,钢筋与混凝土没有粘结,两者间就没有应力传递。这意味着钢筋的应力沿梁长方向均相等,且等于开裂截面最大弯矩位置的钢筋应力,其后果是钢筋平均应变、裂缝宽度与梁体的变形都会很大,梁体的使用性能无法得到满足。反之,如果钢筋与混凝土之间具有粘结,存在有应力传递,则未开裂的混凝土可以承担部分拉力,从而降低钢筋的平均应变,改善梁体的使用性能。

裂缝间的粘结问题的基本分析模型可以抽象为如图 3.6 所示的钢筋混凝土拉杆。钢筋混

凝土构件开裂后,裂缝截面上的混凝土退出工作,钢筋独立承担外部荷载,处于高应力状态;如果钢筋与混凝土间存在粘结应力,则可将部分拉力传递给裂缝间的混凝土,从而降低裂缝间钢筋的应力。在这种情况下,构件中钢筋平均应力小于裂缝截面钢筋的应力。反之,如果裂缝间的混凝土与钢筋没有粘结,由式(3.2)可知,裂缝间的钢筋应力不变,均等于开裂截面钢筋的应力,那么,混凝土中钢筋的平均应变会显著增大,这对于控制裂缝宽度与增大构件的刚度是不利的。因此,裂缝间的粘结使得裂缝间的混凝土可以承担拉力,改善钢筋混凝土构件的使用性能,这种效应也被称为拉伸刚化(tension stiffening)效应。

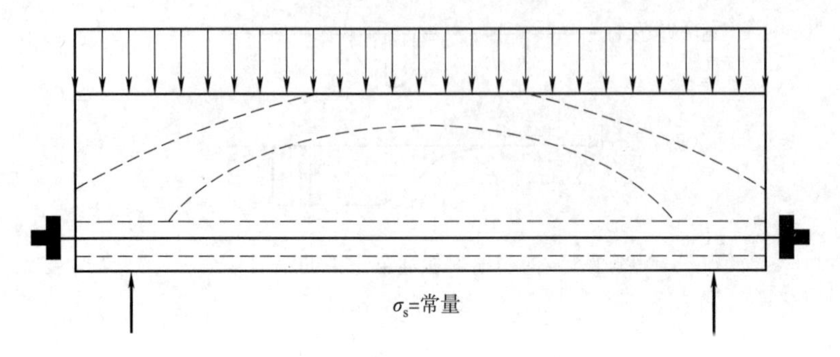

图 3.5 钢筋混凝土梁中钢筋与混凝土的粘结锚固

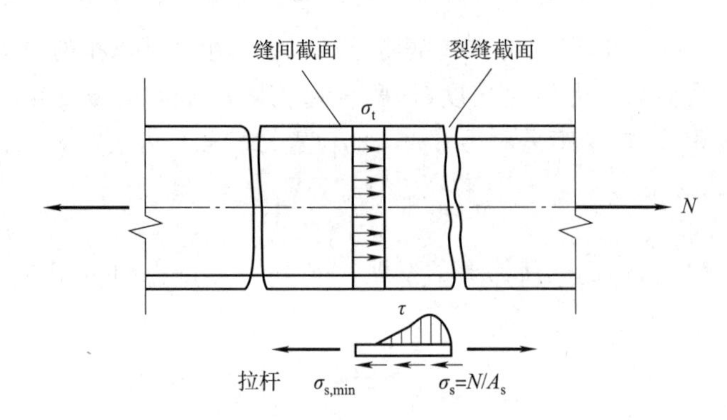

图 3.6 钢筋混凝土拉杆中裂缝间的粘结

3.3 钢筋混凝土梁中粘结力的分布

3.3.1 钢筋混凝土梁开裂的粘结力简化分布

如图 3.7(a)所示,取钢筋混凝土梁的微段 $\mathrm{d}x$ 为隔离体,该微段的左右两端存在有弯矩增量 $\mathrm{d}M$。梁体受到的荷载有:微段两侧混凝土所受的压力分别为 C 与 $C+\mathrm{d}C$,两侧混凝土受到的剪力均为 V,微段两侧钢筋拉力分别为 T 与 $T+\mathrm{d}T$。完全忽略受拉区混凝土的拉应力假设在足够小的微端内,受压区混凝土左右两侧合力点共线,且内力偶臂 γh_0 保持不变(γ:内力偶臂系数,h_0:截面的有效高度),对受压区合力点取矩,则弯矩的平衡方程为

$$V\mathrm{d}x=\mathrm{d}T\gamma h_0 \tag{3.7}$$

整理并结合弯矩与剪力关系可知

$$\mathrm{d}T=\frac{V\mathrm{d}x}{\gamma h_0}=\frac{\mathrm{d}M}{\gamma h_0} \tag{3.8}$$

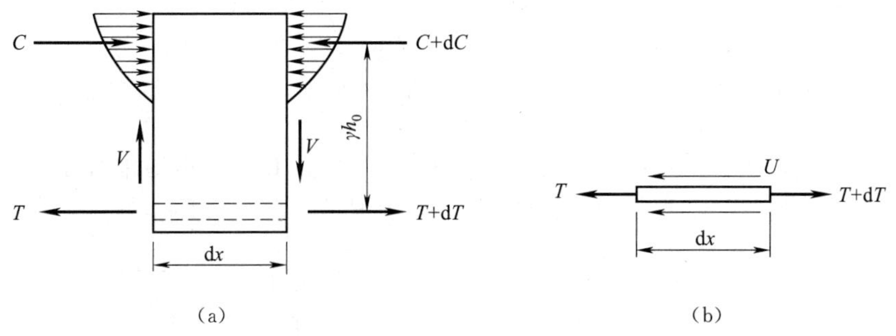

图 3.7 钢筋混凝土梁中钢筋与混凝土的粘结锚固

如图 3.7(b)所示,再取钢筋微段为隔离体,除了左右两侧拉力外,其表面还有粘结力作用,假设 U 为单位长度钢筋所受的粘结力,根据力的平衡方程,则有

$$U\mathrm{d}x=\mathrm{d}T \tag{3.9}$$

将式(3.8)代入式(3.9),整理得

$$U=\frac{V}{\gamma h_0}=\frac{1}{\gamma h_0}\frac{\mathrm{d}M}{\mathrm{d}x} \tag{3.10}$$

式(3.10)表明,单位长度的粘结力正比于该截面的剪力,且正比于该截面的弯矩变化率。也即是说,如果忽略受拉区混凝土的拉应力,钢筋混凝土梁开裂后粘结力的分布与梁体的剪力分布相同,也与弯矩的变化率分布相同。

3.3.2 裂缝间的粘结力分布

图 3.8 为一简支钢筋混凝土梁受到均布荷载作用,沿梁长(跨度)方向,其弯矩分布为二次抛物线。由式(3.7)可知,如果按照简化分布,其剪力与粘结力应成线性分布,如图 3.8(c)中虚线所示。然而,对开裂后的钢筋混凝土梁实测结果表明,粘结力的实际分布规律如图 3.8(c)中的实线所示,远比式(3.7)所示的复杂。这是因为除了考虑粘结力的整体分布外,裂缝的存在会影响裂缝间钢筋的粘结应力局部分布。

图 3.9 所示为一纯弯梁段,受到均匀弯矩 M 作用。根据 3.2 节分析,该梁段弯矩不变,剪力为 0,钢筋拉力 T 为常量,粘结力为 0。然而,实际情况是,裂缝处混凝土不能受拉,拉力 T 全部由钢筋承担,钢筋应力达到最大;而裂缝间钢筋与混凝土同时承担拉力,裂缝间钢筋应力小于裂缝位置的钢筋应力。即裂缝间钢筋与混凝土应该存在粘结力。正是因为粘结力的作用,将拉力逐步传递给未开裂截面的受拉区混凝土,钢筋拉力及应力逐渐降低。

实际上,观察图 3.9 中的裂缝处截面与裂缝间未开裂的截面,两者的截面特性(惯性矩,内力偶臂)并不相同。也即是说,在考虑裂缝影响时,式(3.8)中内力偶臂为常量的假设不成立,即式(3.8)应该写成

$$\mathrm{d}M=\mathrm{d}(T\gamma h_0) \tag{3.11}$$

将式(3.11)做全微分展开,并整理,可以得到

$$\mathrm{d}T=\frac{\mathrm{d}M-T\mathrm{d}(\gamma h_0)}{\gamma h_0} \tag{3.12}$$

对于本例的纯弯梁,$\mathrm{d}M=0$,则有

$$\mathrm{d}T=-T\frac{\mathrm{d}(\gamma h_0)}{\gamma h_0} \tag{3.13}$$

即钢筋拉力的变化与内力偶臂的变化率有关。

将式(3.12)代入式(3.9),可以得到单位长度粘结力 U 的分布

$$U=\frac{1}{\gamma h_0}\frac{\mathrm{d}M}{\mathrm{d}x}-\frac{T}{\gamma h_0}\frac{\mathrm{d}(\gamma h_0)}{\mathrm{d}x} \tag{3.14}$$

其中,第一项就是式(3.10),反映粘结力沿梁长的整体分布,其与弯矩变化率分布方式有关;第二项反映粘结力在裂缝间的局部分布规律,其与内力偶臂的分布有关。

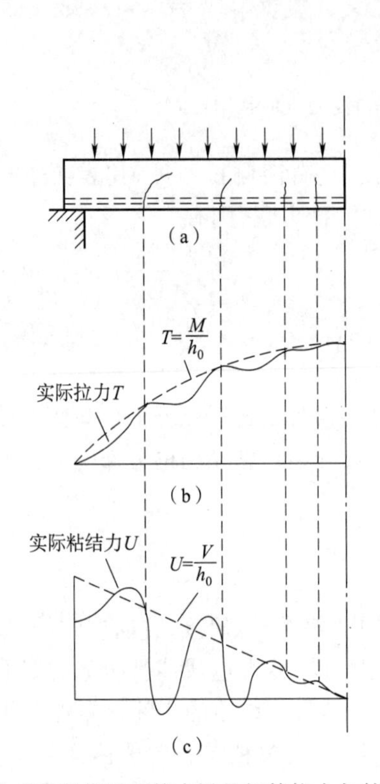

图 3.8 均布荷载作用下简支梁的钢筋拉力与粘结力变化

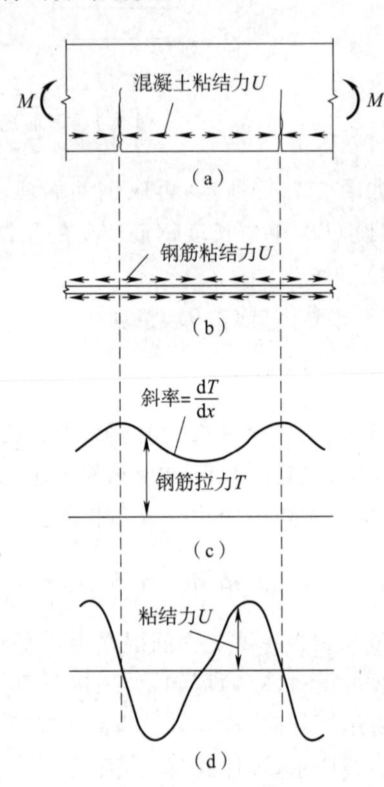

图 3.9 裂缝间钢筋与混凝土粘结力分布

3.4 粘结力的组成

钢筋和混凝土之间的粘结力,由三部分组成:

(1)混凝土中的水泥凝胶体在钢筋表面产生的化学胶着力,其抗剪极限值($\tau_{粘}$)取决于水泥凝胶体的性质和钢筋表面的粗糙程度,其在粘结力中占比很小,当钢筋受力后发生局部滑移后,胶着力就丧失了。

(2)周围混凝土对钢筋的摩擦力。由于混凝土硬化时收缩,对钢筋产生的握裹作用。由于握裹作用及钢筋表面粗糙不平,当钢筋和混凝土之间有相对滑动趋势,胶着力丧失之后,在钢筋与混凝土的界面上就产生了摩擦阻力,其取决于混凝土发生收缩或者荷载和反力等对钢筋的径向压应力,以及二者间的摩擦系数等。

(3)钢筋表面粗糙不平,或变形钢筋凸肋和混凝土之间的机械咬合作用,即混凝土对钢筋表面斜向压力的纵向分力,如图 3.10 所示,其极限值与混凝土局部复合受力状态相关。

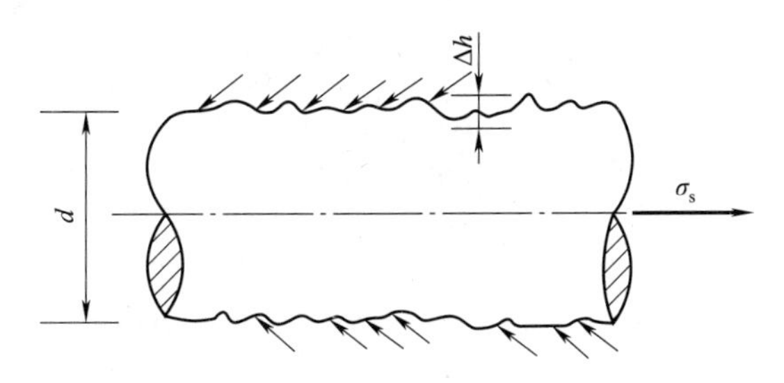

图 3.10 钢筋与混凝土的机械咬合作用

光圆钢筋与变形(带肋)钢筋的粘结力主要来源不同。光圆钢筋与混凝土的粘结力主要依靠摩擦力。但是,由于其表面粗糙度不够,当钢筋受拉时,由于泊松效应所引起的钢筋直径减少会导致摩擦力和机械咬合力很快消失,而变形(带肋)钢筋的表面凸起的肋足够大,可以与混凝土产生良好的机械咬合作用。因此,在其他条件一致的前提下,变形钢筋具有更好的粘结性能。

3.5 变形钢筋的粘结破坏形态与机理

变形钢筋和光圆钢筋的主要区别是钢筋表面具有不同形状的横肋或斜肋。变形钢筋受拉时,肋的凸缘挤压周围混凝土(图 3.11),大大提高了机械咬合力,有利于提高钢筋在混凝土中的粘结锚固性能。

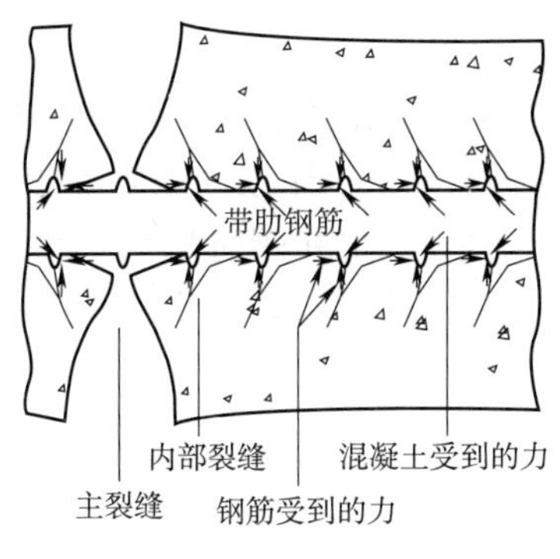

(a)轴载体纵截面

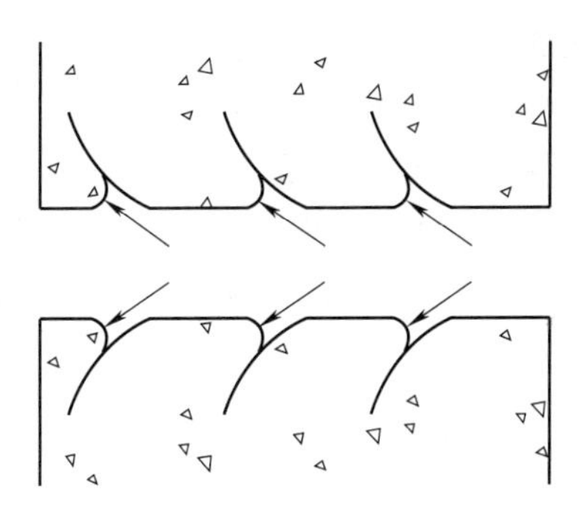

(b)混凝土受到的作用力

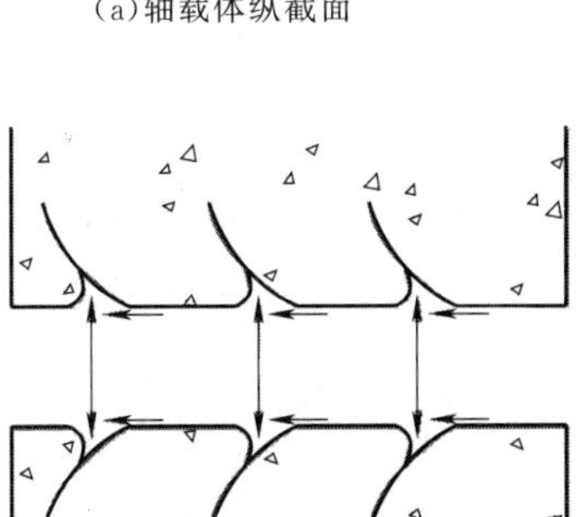

(c)混凝土受到的作用力分解

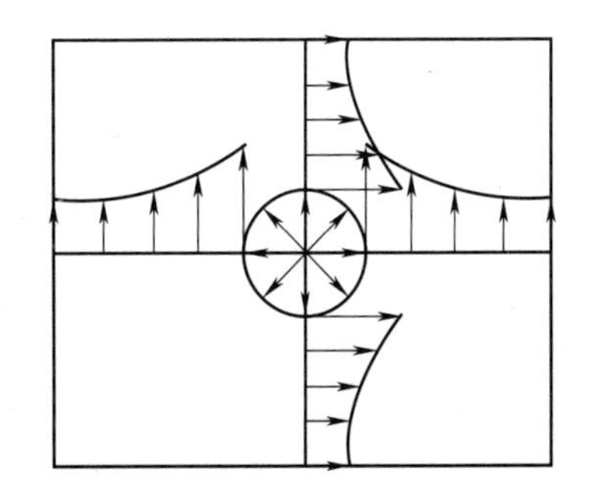

(d)径向分力引起的混凝土中拉应力

图 3.11

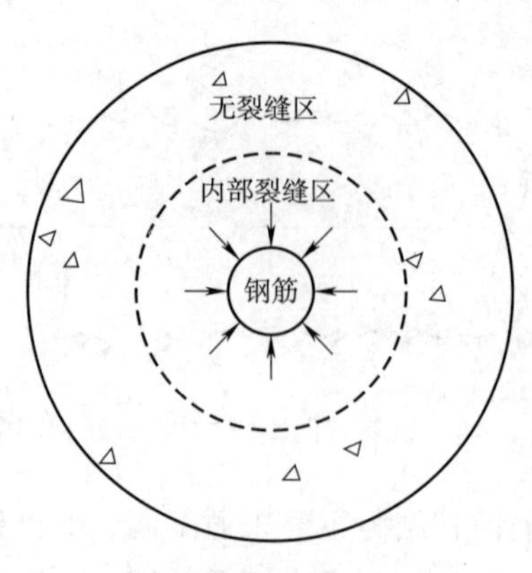

(e)构件横截面

图 3.11　变形钢筋的受力机理和内部裂缝发展过程

如图 3.11(a)所示,肋对混凝土形成斜向的挤压力,其沿钢筋轴向的分力形成滑动阻力,是粘结力的来源之一。该分力使肋与肋之间混凝土犹如一悬臂梁般受弯、受剪[图 3.11(b)]。同时,径向分量使外围混凝土犹如受内压力的管壁,产生环向拉力[图 3.11(c)与图 3.11(d)]。因此,变形钢筋的外围混凝土处于极其复杂的三向应力状态。当环向拉应力超过混凝土抗拉强度后,混凝土内部会产生表面不可见的次裂缝(相对于表面可见的主裂缝而言)[图 3.11(e)]。

配置变形钢筋的混凝土结构构件,其粘结破坏具有劈裂破坏与拔出破坏两种主要破坏形态。

1. 劈裂破坏

当保护层过薄或横向钢筋约束不够时,由径向分量引起的混凝土的环向拉力增加至一定量值时,次裂缝会逐渐向混凝土表面扩展,最后在最薄弱的部位沿钢筋的纵轴方向产生劈裂裂缝,出现如图 3.12 所示的劈裂破坏。值得注意的是,劈裂裂缝的扩展可以由钢筋向混凝土表面延伸,也可以在两根钢筋间延伸。因此,保护层厚度与钢筋净距均是影响劈裂抗力的重要因素。

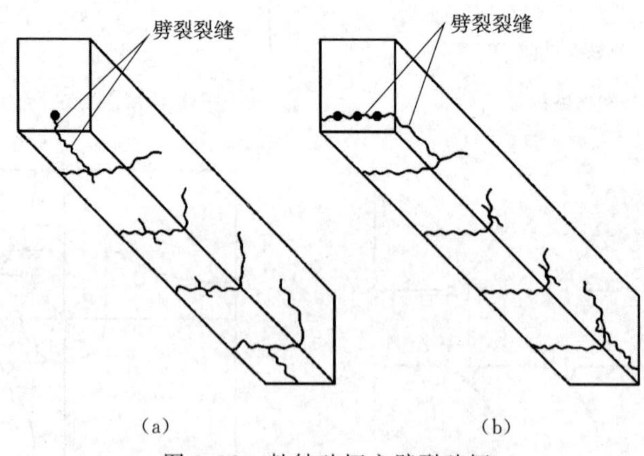

图 3.12　粘结破坏之劈裂破坏

2. 拔出破坏

当保护层足够厚或配置有足够的横向钢筋时,劈裂破坏不会发生。此时,斜向挤压力的纵向分量会在肋间混凝土“悬臂梁”上产生剪应力，使其根部的混凝土撕裂；另外，钢筋表面的肋与混凝土的接触面上会因斜向挤压力的纵向分量产生较大的局部压应力，使混凝土局部被挤碎，从而使钢筋有可能沿挤碎后粉末堆积物形成的新的滑移面并产生较大的相对滑移；最后，变形钢筋有可能被整体拔出，发生图 3.13 所示的刮出式的破坏。

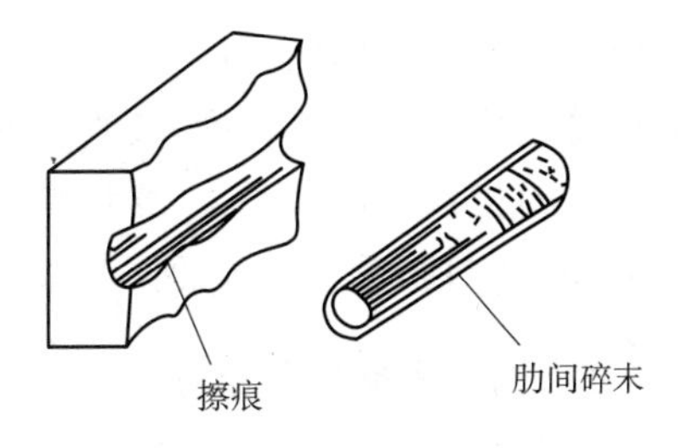

图 3.13 粘结破坏之拔出破坏

3.6 粘结强度的影响因素

由粘结破坏形态与机理分析可以发现，影响钢筋和混凝土粘结强度的因素很多，主要有：

(1)混凝土强度(f_{cu}或 f_t)。粘结强度随混凝土强度等级的提高而提高。一方面，混凝土强度等级的提高，会提高混凝土的劈裂抗拉强度，延迟劈裂次裂缝与后续的劈裂破坏的发生；另一方面，混凝土抗压强度的提高也可以提高其抗剪和抗局部承压能力，避免发生刮出破坏。在实际工程中，劈裂破坏是变形钢筋粘结破坏的主要形式。因此，变形钢筋的粘结强度与混凝土劈裂抗拉强度近似成正比。

(2)钢筋表面形状。变形钢筋粘结强度大于光面钢筋。因为机械咬合力的作用，变形钢筋具有更高的粘结强度，但变形钢筋要防止发生劈裂破坏，保证钢筋的保护层厚度与保持一定的钢筋净距均可以保证粘结强度充分发挥。

(3)保护层厚度、钢筋间距。保护层太薄，可能使钢筋外围混凝土因产生径向劈裂而使粘结强度降低；钢筋间距太小，可能出现水平劈裂而使整个保护层剥落，使粘结强度显著降低。

(4)横向钢筋。提高抗劈裂能力的另外一个措施是增强横向约束。横向钢筋(例如梁内箍筋)，可能延缓径向劈裂次裂缝向构件表面发展，并可限制到达构件表面的劈裂裂缝宽度，从而提高粘结强度。因此，在较大直径钢筋的锚固区和搭接长度范围内，以及当一排的并列钢筋根数较多时，均需设置一定数量的附加箍筋，以防混凝土保护层的劈裂崩落。

(5)横向压力。横向压力可以制约混凝土的横向膨胀，抵消机械咬合力产生的混凝土径向拉应力，从而提高抗劈裂能力。而且，横向压应力使钢筋与混凝土间抵抗滑动的摩阻力增大，因而可以提高粘结强度。

(6)浇筑位置。混凝土浇筑深度超过 300 mm 时，由于混凝土的泌水下沉气泡逸出，使其与“顶部”水平钢筋之间产生空隙层，从而削弱了钢筋与混凝土的粘结力。

3.7 钢筋的锚固长度

钢筋混凝土构件的基本工作原理是要保证钢筋和混凝土共同工作，因此必须首先保证钢筋在混凝土中有可靠的锚固。为了保证钢筋和混凝土之间的粘结性能，严格地说，应进行粘结应力计算。但由于粘结破坏机理的复杂性，影响粘结强度的因素多，以及在实际工程中粘结受力情况的多样性，粘结应力计算理论较为复杂。目前，各国处理粘结问题的方法也不相同。有些国家的规范以中心拔出试验得出的粘结应力作为基本粘结应力，要求沿锚固长度的平均粘结应力不超过基本粘结应力。有些国家的规范是以规定构造措施来保证钢筋和混凝土间的粘结强度的。例如，将钢筋在混凝土中延伸一段长度来实现钢筋与混凝土之间的锚固的，此延伸长度称作钢筋的锚固长度。最小的锚固长度实际上就是钢筋应力达到屈服强度时的发展长度或钢筋屈服时的传递长度,其数学含义为:在任意的 σ_s^0 取值下,控制方程式(3.6)总能够得到满足。对于设计而言,σ_s的最大值为钢筋的设计强度 f_y。因此,确定锚固长度的基本原则可以取为:在钢筋受力屈服的同时正好发生锚固破坏。

3.7.1 锚固长度的理论分析

结合锚固长度的定义,式(3.6)可以写成

$$f_y = \int_0^{l_d} \frac{4\tau_b(x)}{d} dx \tag{3.15}$$

其中,f_y为钢筋的抗拉强度,l_d为锚固长度。式(3.15)的求解需要获得粘结应力沿着锚固长度的分布方程 $\tau_b(x)$。为了简化分析,考虑锚固长度内,平均粘结应力为 τ_{avg},则式(3.15)可以改写成

$$f_y = \frac{4\tau_{avg}}{d} l_d \tag{3.16}$$

解得

$$l_d = \frac{f_y d}{4\tau_{avg}} \tag{3.17}$$

观察式(3.17)可以发现,锚固长度 l_d受几个因素影响:钢筋强度 f_y、钢筋直径 d 以及钢筋与混凝土间能够提供的平均粘结应力 τ_{avg}。锚固长度正比于钢筋强度与直径,反比于钢筋与混凝土间的平均粘结应力。

采用更高强度的钢筋,钢筋屈服时的拔出力更大,因此需要更长的锚固长度以提供足够的粘结力。从这个意义上说,高强钢筋不适宜使用光圆钢筋。而考虑钢筋直径时,一方面钢筋的周长正比于钢筋直径,也正比于钢筋与混凝土的粘结力,细钢筋的比表面积更大,相同配筋率的情况下,采用细钢筋可以提供更多的粘结力,锚固长度也相对更短。

对于变形钢筋的锚固而言,除了防止拔出破坏外,还需要防止发生劈裂破坏。因此,在考虑钢筋与混凝土间能够提供的最大平均粘结应力 τ_{avg}时,应该考虑劈裂破坏的影响。

如图 3.14(a)与(b)所示,直径为 d 的钢筋埋置于直径为 $2c'$的圆形截面混凝土中。对于保护层劈裂的构件,$c'=c+\frac{d}{2}$;对于钢筋间劈裂的构件,c'为钢筋间距。

引入以下假设条件:

(1)钢筋与混凝土的斜向挤压力的径向分量 p 取为沿钢筋周长方向与沿锚固长度方向的平均值。

(2)钢筋与混凝土的斜向挤压力的径向分量引起的混凝土拉应力沿径向线性分布,取沿锚固长度方向最大应力平均值为 σ_t。

(3)钢筋与混凝土的斜向挤压力与其径向分量的夹角为 45°。

如图 3.12(c)所示,取半边结构分析,根据平衡条件,可以得到

$$l_d \int_0^{\pi} p\sin\theta \frac{d}{2} d\theta = (2c' - d) \frac{\sigma_t}{2} l_d \tag{3.18}$$

解得

$$p = \left(\frac{c'}{d} - \frac{1}{2}\right)\sigma_t \tag{3.19}$$

当 $\sigma_t = f_t$时,出现劈裂破坏,锚固失效,则极限径向膨胀应力为

$$p_u=\left(\frac{c'}{d}-\frac{1}{2}\right)f_t \tag{3.20}$$

当钢筋与混凝土的斜向挤压力与其径向分量的夹角为45°时，斜向挤压力的纵向分量(即粘结应力)与径向分量相同，有

$$\tau_u=p_u=\left(\frac{c'}{d}-\frac{1}{2}\right)f_t \tag{3.21}$$

将式(3.21)代入式(3.16)，取 $\tau_u=\tau_{avg}$，可以得到

$$l_d=\frac{1}{\frac{4c'}{d}-2}\cdot\frac{f_y}{f_t}d \tag{3.22}$$

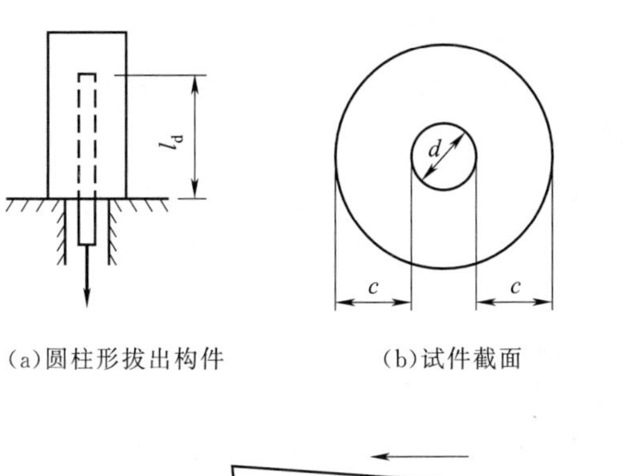

(a)圆柱形拔出构件　(b)试件截面

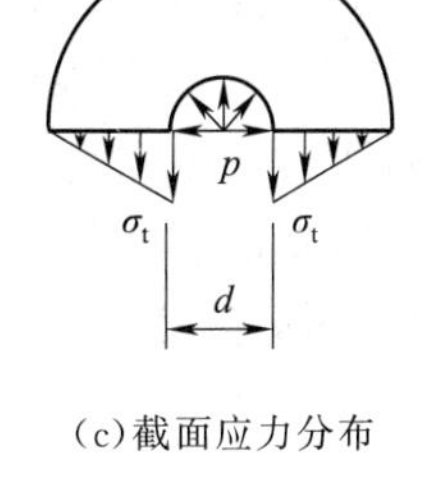

(c)截面应力分布

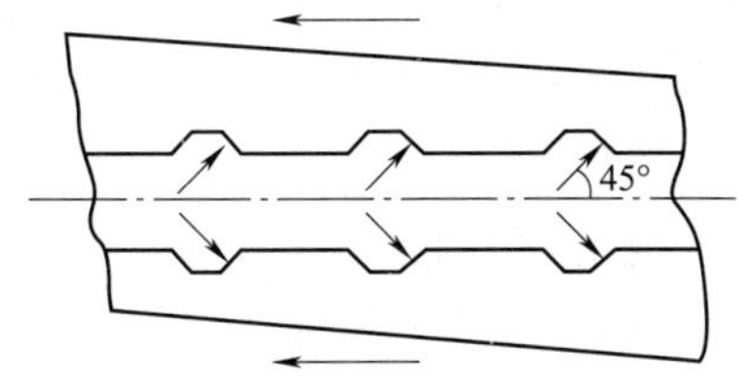

(d)斜向挤压力与径向分量夹角

图 3.14　钢筋锚固长度的理论计算模型

3.7.2　实用的锚固长度计算公式与构造措施

式(3.22)所建立的锚固长度的理论计算公式，是基于前述的三条假设。而在工程实际中，这三条假设都很难严格成立。例如，粘结试验表明钢筋与混凝土的斜向挤压力与其径向分量的实际夹角在45°～80°之间。因此，该理论计算公式很难直接应用于工程实际，但可以作为研究各类情况下锚固长度计算公式的基础。

我国《混规》在式(3.22)基础上，提出采用实用计算公式与规定一系列构造措施的方法来保证钢筋和混凝土的粘结强度。具体包括：

(1)规定了以简单计算确定受拉钢筋基本锚固长度 l_{ab} 的方法。对普通钢筋有

$$l_{ab}=\alpha\frac{f_y}{f_t}d \tag{3.23}$$

对预应力筋有

$$l_{ab}=\alpha\frac{f_{py}}{f_t}d \tag{3.24}$$

式中　l_{ab}——受拉钢筋的基本锚固长度；

f_y, f_{py}——锚固钢筋的抗拉强度设计值;

f_t——锚固区混凝土的抗拉强度设计值,当混凝土强度等级高于C60时按C60取值;

d——锚固钢筋的直径;

α——锚固钢筋的外形系数,按表3.1取用。

表3.1 钢筋的外形系数

钢筋类型	光面钢筋(带勾)	带肋钢筋	螺旋肋钢丝	三股钢绞线	七股钢绞线
α	0.16	0.14	0.13	0.16	0.17

(2)规定了以基本锚固长度 l_{ab} 为基础的钢筋锚固长度 l_a 的计算方法,对抗震结构规定了钢筋的抗震锚固长度 l_{aE} 的计算方法。

(3)规定了以基本锚固长度 l_{ab} 为基础的钢筋搭接长度 l_1 的计算方法,对抗震结构规定了钢筋的抗震搭接长度 l_{aE} 的计算方法。

(4)规定了钢筋的最小间距和混凝土保护层的最小厚度(详见附录附表27)。

(5)规定了当锚固钢筋的保护层厚度不大于 $5d$(d 为搭接钢筋的直径)时,锚固长度范围内应配置横向构造钢筋的要求。

(6)规定了钢筋在搭接接头范围内箍筋加密(箍筋间距不大于 $5d$,d 为搭接钢筋直径小者的直径)的要求。

(7)规定了钢筋的机械锚固方法,如受拉的光面钢筋末端要带180°弯钩,变形钢筋末端带90°或135°弯钩,钢筋末端与钢板穿孔塞焊,钢筋末端与短钢筋贴焊,钢筋末端设置螺栓锚头等。

(8)考虑到前述的由于混凝土浇筑时的泌水下沉和气泡逸出而形成空隙层对“顶部”水平钢筋粘结力的影响,我国《混凝土结构工程施工规范》(GB 50666)规定,对高度较大的梁,混凝土应分层浇筑。

3.8 小 结

(1)钢筋与混凝土的粘结是这两种性质不同的材料能够形成整体、共同工作的基础,必须采取各种必要措施加以保证。

(2)光圆钢筋与变形(带肋)钢筋的粘结力主要来源不同。光圆钢筋与混凝土的粘结力主要依靠摩擦力,而变形(带肋)钢筋与混凝土的粘结力主要靠机械咬合作用。因此,在其他条件一致的前提下,变形钢筋具有更好的粘结性能。

(3)为保证钢筋与混凝土具有足够的粘结力,应设置足够的钢筋锚固长度,并可采取限制钢筋的最小间距、混凝土的最小保护层厚度、箍筋加密、设置机械锚固等措施。

扩展阅读

1. 钢筋与混凝土间粘结性能的试验方法。
2. 装配式构件的钢筋连接。

思考与练习题

3.1　什么是钢筋与混凝土之间的粘结作用？有哪些类型？

3.2　钢筋与混凝土间的粘结力由哪几部分组成？哪一种作用为主要作用？

3.3　带肋钢筋的粘结破坏形态有哪些？

3.4　影响钢筋与混凝土之间粘结强度的主要因素有哪些？

3.5　确定基本锚固长度的原则是什么？如何确定钢筋的基本锚固长度？

3.6　对水平浇筑的钢筋混凝土梁，其顶部钢筋与混凝土间的粘结强度和底部钢筋与混凝土间的粘结强度相比有何区别？为什么？

3.7　两根钢筋在混凝土中搭接时是否允许钢筋并拢？为什么？

3.8　钢筋传递长度 l_{tr} 和锚固长度 l_a 之间的区别和联系是什么？

轴心受力构件正截面承载力计算

4.1 概　　述

本节学习钢筋混凝土结构构件中最简单的两类构件——轴心受拉构件和轴心受压构件正截面承载力的计算。

当轴向力作用线与构件换算截面形心轴相重合时，称为轴心受力构件。实际工程中，由于混凝土质量的不均匀、配筋的不对称、施工制作误差等众多原因，并不存在严格意义上的轴心受力构件。构件受力时，或多或少地具有初始偏心，即存在附加弯矩。因此，也可以把轴心受力构件作为具有一定初始偏心的偏心受力构件来设计。为了简化计算，对有些构件，如恒载很大的多层多跨房屋的底层中间柱、桁架的受拉及受压腹杆，圆形贮液池的池壁等，实际存在的弯矩很小，常可以忽略不计，因此可以按照轴心受力构件设计。

与构件形心轴垂直的截面被称为正截面。如图 4.1 所示，由材料力学可知，轴向荷载作用下，构件正截面中存在有均匀分布的拉(压)应力。钢筋混凝土轴心受力构件的正截面承载力计算与设计，就是要考虑如何合理地利用钢筋与混凝土两种材料，抵抗正截面的均匀拉(压)应力。

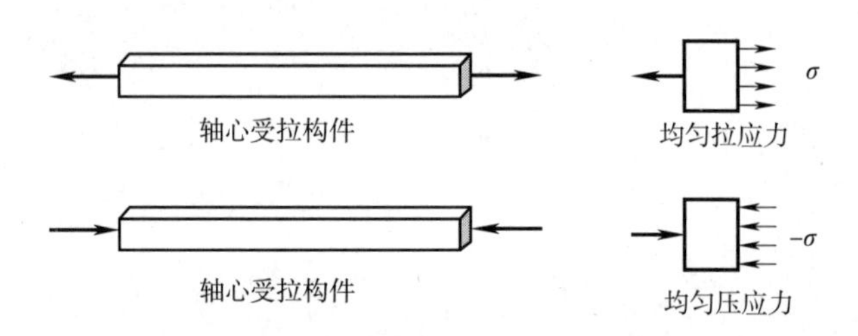

图 4.1　轴心受力构件的截面应力

4.2　轴心受力构件的配筋及构造要求

4.2.1　轴心受力构件中的配筋

钢筋混凝土轴心受拉、受压构件内均配有纵向受力钢筋和箍筋，如图 4.2 所示。

因为轴心受力构件承担的是正截面上均匀分布的拉(压)应力，因此纵向受力钢筋一般沿截面周边均匀布置，并与横向箍筋一起形成固定的钢筋骨架。

轴心受拉构件中的纵向受力钢筋为受拉钢筋，用于承担轴向拉力；而纵向受力钢筋在轴心受压构件中，主要协助混凝土承担压力；同时，也可以承担可能存在的不大的弯矩，减小持续荷载作用下的混凝土收缩与徐变效应，承担温度变形引起的拉应力，防止构件突然的脆性破坏等。

要注意的是，轴心受压构件纵筋的配筋率应该在一个合理的范围。《混规》规定：受压构件全部纵向钢筋配筋率不宜大于 5%，同时不宜小于 0.60%（采用 HRB400 和 RRB400 级钢筋时不宜小于 0.55%；钢筋强度等级 500 MPa 时不宜小于 0.50%；混凝土强度等级为 C60 及以上时，前述规定增加 0.10%）；单侧纵向钢筋配筋率不宜小于 0.2%。

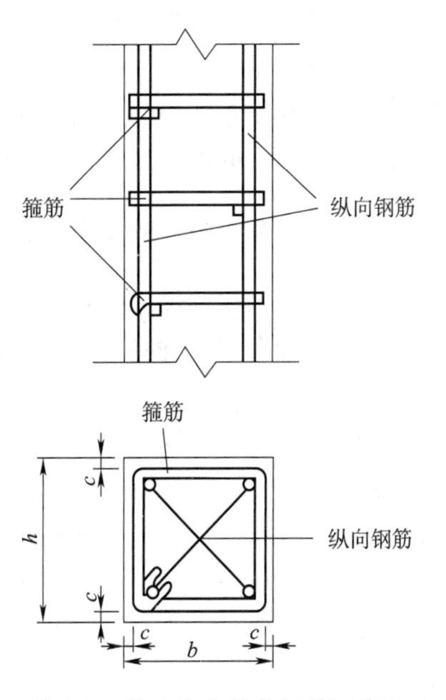

图 4.2　轴心受力构件配筋示意图

纵筋配筋率过低，可能导致纵筋在持续压力作用下屈服，也可能引起少筋破坏（后续章节将会详细介绍）。在持续压力作用下，徐变效应会导致混凝土产生持续压缩变形，并通过粘结效应迫使纵筋与混凝土一起持续压缩，从而使混凝土的应力降低，纵筋的应力升高，这就是徐变引起的应力重分配效应。如果柱子中纵向钢筋配置过少，纵筋应力会比加载初期增加很多，甚至达到屈服强度。

纵筋配筋率过高，可能导致钢筋混凝土轴心受压构件卸载时混凝土开裂，也会带来浇筑混凝土等施工困难。如果因某些原因（例如，维修改造拆除柱上构件，钢筋混凝土水塔放水卸载等），钢筋混凝土轴心受压构件在持续荷载作用后卸载，就算外荷载完全撤除，混凝土中也存在不可恢复的徐变应变，使构件具有残余压缩变形。同样因为粘结效应，纵筋被强制压缩，承担着压力；为保证截面内力平衡，混凝土承担着相应的拉力。纵筋的配筋率越高，混凝土承担的拉力越大，这甚至会导致混凝土开裂。

轴心受拉构件中的箍筋为构造钢筋，与纵向受拉钢筋共同组成钢筋骨架，用以固定纵向受拉钢筋的位置。对于轴心受压构件而言，按照柱中箍筋配置方式的不同，可分为：

（1）配有纵向钢筋和普通箍筋的轴心受压构件（普通箍筋柱）[图 4.3(a)]。

（2）配有纵向钢筋和螺旋箍筋或焊接环筋的轴心受压构件（螺旋箍筋柱）[图 4.3(b)]。

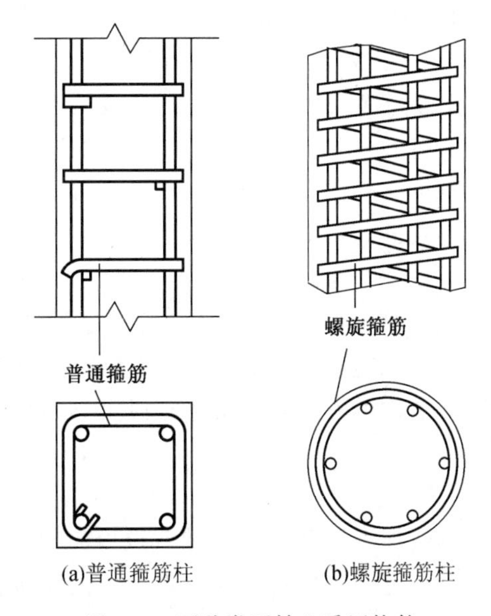

图 4.3　两种类型轴心受压构件

普通箍筋柱中箍筋的作用是防止纵筋压屈,改善构件的延性,并与纵筋共同形成钢筋骨架,便于施工;螺旋箍筋柱中的螺旋箍筋为圆形,且间距较密,其作用除了上述普通箍筋的作用外,还能约束核心部分的混凝土的横向变形,使混凝土处于三向受压状态(约束混凝土),提高了混凝土强度,更重要的是增加了构件破坏时的延性。

4.2.2 轴心受力构件的构造要求

为了便于施工,保证钢筋与混凝土之间的粘结可靠,确保混凝土可以有效地保护钢筋,充分发挥混凝土中钢筋的作用,钢筋混凝土轴心受力构件中的截面尺寸和配筋均应满足一定的构造要求。

混凝土结构中,钢筋并不外露而被包裹在混凝土里面。钢筋混凝土构件中最外层钢筋(包括箍筋、构造筋、分布筋等)外边缘到混凝土表面的最小距离称为保护层厚度,如图 4.2 所示。附表 27 按照构件类型及使用环境类别给出了构件保护层最小厚度 c。

轴心受力构件中纵向受力钢筋的直径一般不小于 12 mm,圆柱中的纵向受力钢筋沿圆周均匀布置,根数一般不少于 6 根。纵向受力钢筋的中距一般不大于 300 mm。为了保证粗骨料能顺利通过钢筋笼且保证混凝土浇筑密实,垂直浇筑的轴心受力构件内纵向受力钢筋的净间距不应小于 50 mm。对水平浇筑的拉杆、预制柱以及板壳类构件,钢筋的净间距最小值同第 5 章中的梁和板。箍筋的直径一般不小于 $d/4$(d 为纵向钢筋的最大直径),且不小于6 mm;间距一般不大于 400 mm 及构件截面的短边尺寸,且不大于 $15d$,以保证箍筋能对纵筋提供足够的约束。

4.3 轴心受拉构件正截面承载力分析与计算

4.3.1 轴心受拉构件试验研究

钢筋混凝土构件由混凝土与钢筋构成,且两种材料的强度差异较大。因此,从理论上可以推断其可能存在三个受力阶段:(1)两种材料均完好;(2)混凝土和钢筋两者中的一种发生材料破坏;(3)另一种材料发生材料破坏。因为混凝土的拉压强度迥异,根据受力形式的不同,可能还存在混凝土受压破坏与混凝土受拉破坏两个阶段的差异。但在轴心受拉构件中,混凝土仅受到拉力作用,且其抗拉强度远低于钢筋的强度,因此其受力阶段可划分为:(1)两种材料完好,构件未开裂,混凝土与钢筋共同承担拉力;(2)混凝土开裂并在裂缝处退出工作,钢筋承担所有拉力;(3)钢筋屈服,构件达到其极限承载力。对图 4.1(a)所示的钢筋混凝土轴心受拉构件进行的受拉试验,证实了上述推断,具体表现为:

(1)第Ⅰ阶段

从加载到混凝土开裂前,属于第Ⅰ阶段。此时,钢筋通过粘结力将拉力传递给混凝土,使钢筋和混凝土共同承受拉力。应力和应变大致成正比。受拉荷载 N 值与构件平均拉应变值之间基本上呈线性关系,如图 4.4 中的 OA 段。第Ⅰ阶段可称为整体工作阶段,此阶段末一般作为构件抗裂验算的依据。

(2)第Ⅱ阶段

混凝土开裂后至钢筋屈服前,属于第Ⅱ阶段。随着拉力的增大,构件各断面的拉应力持续提高,逐渐接近混凝土抗拉强度。混凝土抗拉强度存在一定的随机分布,首先在截面最薄弱处产生第一条裂缝,此时,在裂缝处的混凝土不再承受拉力,所有拉力均由钢筋来承担;钢筋通过粘结力将拉力再传给相邻的混凝土，经过一段长度累积后，混凝土应力又逐渐恢复到开裂前；随着荷载的增加，又一道新的裂缝出现在次薄弱位置，如此循环，这个过程被称为裂缝的发展阶段。当相邻裂缝之间距离不足以累积粘结力使裂缝间混凝土应力达到抗拉强度时，构件中不再出现新裂缝，构件进入裂缝的稳定阶段。此后，随着荷载的增加，裂缝宽度不断加大。构件开裂后，在相同的拉力增量作用下，平均拉应变增量加大，反映在图 4.4 中的 AB 段的斜率比第Ⅰ阶段的 OA 段的斜率要小。构件的裂缝宽度和变形的验算是以此阶段为依据的(详见第 9 章)。

(3)第Ⅲ阶段

当拉力值接近屈服荷载 N_y 时，受拉钢筋开始屈服。对于真正的轴心受拉构件，所有钢筋应当同时屈服。实际上，由于受到钢筋材料的不均匀性、钢筋位置的误差等各种因素的影响，各钢筋的屈服有一个先后出现的过程。在此过程中，荷载稍有增加，裂缝迅速扩展。当钢筋全部达到屈服时，裂缝开展很大，可认为构件达到了破坏状态，如图 4.4 中的 C 点。构件正截面承载力计算是以第Ⅲ阶段为依据的。

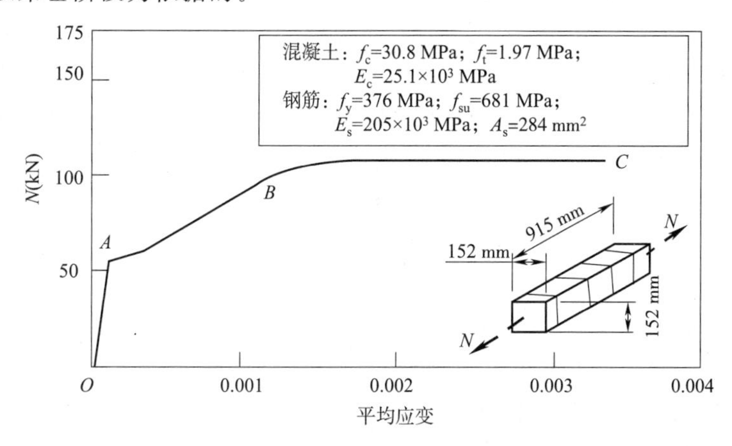

(a)轴心受拉构件轴力—平均应变试验曲线

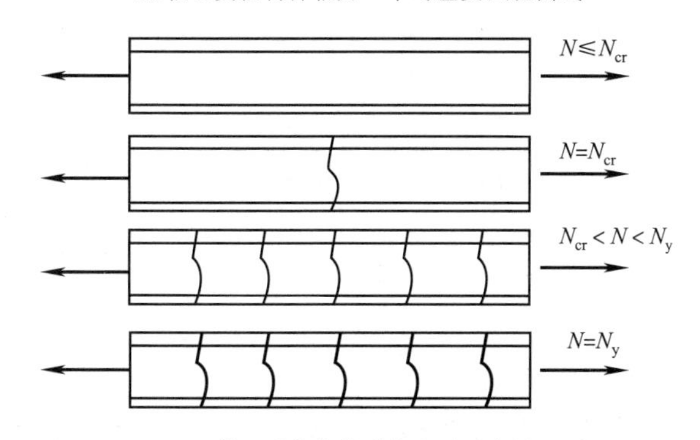

(b)轴心受拉构件裂缝发展示意图

图 4.4 轴心受拉构件试验结果及破坏过程示意图

4.3.2 轴心受拉构件截面应力分析

在分析钢筋混凝土构件的受力行为时，我们可以借用材料力学的平衡方程、几何方程与物理方程来进行分析，所需要注意的是：在几何方程中要考虑两种材料的协同关系，在物理方程中，要考虑混凝土的开裂行为与受压非线性行为。

1. 力学(平衡)方程

对于钢筋混凝土轴心受拉构件而言,其平衡方程为

$$T=T_c+T_s=\sigma_c A_c+\sigma_s A_s \tag{4.1}$$

式中 T——截面承担的轴向拉力;

T_c——混凝土承担的拉力;

T_s——钢筋承担的拉力;

σ_c,σ_s——混凝土与钢筋应力;

A_c,A_s——混凝土与钢筋的面积。

2. 几何(变形)方程

对于钢筋混凝土和预应力混凝土构件,必须保证钢筋和周围混凝土牢固地粘结在一起,受力时两种材料之间不能发生相互滑移,也就是说钢筋与同位置的混凝土有共同的应变(普通钢筋混凝土构件)或应变增量(预应力混凝土构件),这是最基本的计算假设(无粘结预应力构件除外)。因此,轴心受拉构件中,钢筋应变 ε_s 与混凝土应变 ε_c 应满足变形协调条件,即

$$\varepsilon_s=\varepsilon_c=\varepsilon \tag{4.2}$$

3. 物理(本构)方程

钢筋混凝土构件中,涉及两种材料,其物理方程应该分别写出。钢筋受拉时的应力应变关系为

$$\sigma_s=\begin{cases}E_s\varepsilon_s & \varepsilon_s\leqslant\varepsilon_y\\ f_y & \varepsilon_s>\varepsilon_y\end{cases} \tag{4.3}$$

式中 σ_s——钢筋的应力;

E_s——钢筋的弹性模量;

f_y,ε_y——钢筋的屈服强度及对应的应变。

混凝土受拉时的应力应变关系为

$$\sigma_c=\begin{cases}\nu_0 E_c\varepsilon_c & \varepsilon_c\leqslant\varepsilon_{t0}\\ 0 & \varepsilon_c>\varepsilon_{t0}\end{cases} \tag{4.4}$$

式中 σ_c——混凝土的应力;

E_c——混凝土的原点弹性模量;

ν_0——混凝土的弹性特征系数,其值随应力增大而减小,当应力达到极限抗拉强度值时取 0.5;

ε_{t0}——混凝土开裂时的应变。

4. 应力分析

式(4.3)与式(4.4)中钢筋与混凝土的物理方程均为分段函数,因此,可以结合轴心受力构件的分阶段受力特征,分阶段使用物理方程进行截面应力分析。

(1)开裂前截面应力状态

如图 4.5(a)所示,在构件受力的第一阶段,钢筋与混凝土共同承担拉力,将式(4.2)~式(4.4)代入式(4.1),可以得到

$$T=E_s\varepsilon A_s+\nu_0 E_c\varepsilon A_c \tag{4.5}$$

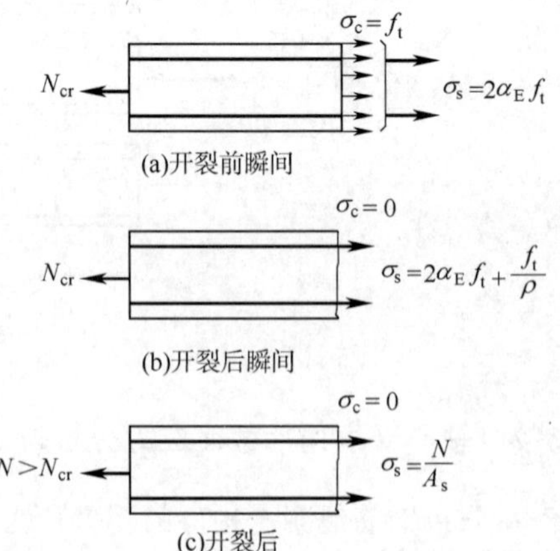

图 4.5 轴心受拉构件开裂前后受力状态

钢筋与混凝土是两种力学性能不同的材料。为了便于分析，对于多种不同材料组成的截面，只要满足各材料在接触面不发生相对滑动，就可以把多种材料换算成一种材料加以计算，称为换算截面。通常是将钢筋面积换算成同位置的混凝土面积，即将式(4.5)写为

$$T=\nu_0 E_c\varepsilon\left(A_c+\frac{E_s}{\nu_0 E_c}A_s\right)=\nu_0 E_c\varepsilon\left(A_c+\frac{\alpha_E}{\nu_0}A_s\right) \tag{4.6}$$

其中，α_E 为钢筋与混凝土弹性模量的比值。式(4.6)括号里的部分就是钢筋混凝土的换算截面积 $A_0=A_c+(\alpha_E/\nu_0)\cdot A_s$。换算截面的概念在计算预应力混凝土构件时经常用到。

钢筋混凝土构件中单位面积或单位体积内的钢筋含量称为配筋率，轴心受拉构件的纵向钢筋配筋率 ρ 用式(4.7)表示。

$$\rho=\frac{A_s}{A_c} \tag{4.7}$$

将式(4.7)代入式(4.6)，可得

$$T=\nu_0 E_c\varepsilon A_c\left(1+\frac{\alpha_E}{\nu_0}\rho\right) \tag{4.8}$$

结合物理方程，式(4.8)可求解得到

$$\sigma_c=\frac{T}{A_c+\frac{\alpha_E}{\nu_0}A_s} \tag{4.9}$$

$$\sigma_s=\frac{\alpha_E}{\nu_0}\sigma_c=\frac{T}{\frac{\nu_0}{\alpha_E}A_c+A_s} \tag{4.10}$$

随着荷载的增加，当混凝土的应力达到抗拉强度 $f_t(\sigma_c=f_t)$时，构件即将开裂。此时，$\nu_0=0.5$，将其与式(4.7)代入式(4.9)，可得轴心受拉构件的开裂荷载 T_{cr} 为

$$T_{cr}=f_t A_c(1+2\alpha_E\rho) \tag{4.11}$$

相应地，在开裂前的瞬间钢筋应力 σ_s 为

$$\sigma_s=2\alpha_E f_t \tag{4.12}$$

考虑常见混凝土的 α_E 与 f_t 取值，$\sigma_s\approx 20\sim 40$ MPa(注意开裂前瞬间 σ_s 值与配筋率无关)，远小于钢筋屈服强度，所以普通钢筋混凝土必须带裂缝工作，否则钢筋强度无法充分利用。

利用式(4.11)可以考虑钢筋对开裂荷载的贡献，其比值为

$$\frac{T_s}{T_{cr}}=\frac{2\alpha_E\rho}{1+2\alpha_E\rho} \tag{4.13}$$

近似地将 α_E 取值为6.5，考虑配筋率为0.5%～2%，钢筋对开裂荷载的贡献为5%～20%，相应的混凝土的贡献即为80%～95%，即轴心受拉构件的开裂荷载主要由混凝土的面积与强度决定，钢筋的配筋率有一定的影响，但影响不大。

(2)开裂后截面应力状态

如图4.5(b)所示，在构件开裂后，开裂截面上混凝土的物理方程变为 $\sigma_c=0$，在钢筋达到屈服前，其物理方程不变，同时，在开裂截面上，钢筋与混凝土不再具有变形协调条件。

在开裂后瞬间，轴向拉力 T_{cr} 保持不变，重新代入式(4.1)～式(4.4)，可以得到钢筋应力为

$$\sigma_s=2\alpha_E f_t+\frac{f_t}{\rho} \tag{4.14}$$

对比式(4.12)与式(4.14)可以发现:混凝土开裂退出工作,释放出的拉力完全由钢筋承担,导致钢筋应力增长了 $\Delta\sigma_s = f_t/\rho$。显然,对于给定的混凝土而言,钢筋应力增量 $\Delta\sigma_s$ 与配筋率 ρ 成反比。

当配筋率太低时,过大的应力增量会导致钢筋直接进入屈服状态,甚至导致钢筋拉断,不能继续承载。这种破坏形式是典型的脆性破坏,混凝土开裂前无征兆,一旦出现一条裂缝后构件就破坏了。在这种构件中,钢筋也没有发挥相应的作用(开裂前,钢筋应力低,作用不大;开裂后,钢筋屈服)。这种破坏形式是必须避免的。

临界最小配筋率 ρ_{min} 定义为混凝土开裂后瞬间,钢筋应力恰好达到屈服强度 f_y 时的配筋率,即

$$f_y = 2\alpha_E f_t + \frac{f_t}{\rho_{min}} \tag{4.15}$$

求解式(4.15)可得

$$\rho_{min} = \frac{f_t}{f_y - 2\alpha_E f_t} \tag{4.16}$$

在结构设计中,可以通过要求配筋率 ρ 不小于最小配筋率 ρ_{min} 的方式来避免发生此类少筋破坏。如果按最小配筋率配筋时,构件开裂的开裂荷载 T_{cr} 就是极限承载力 T_u,即

$$T_u = T_{cr} = f_t A_c (1 + 2\alpha_E \rho) \tag{4.17}$$

注意:式(4.16)只是最小配筋率的理论计算式,实际工程中采用的最小配筋率,应按附录中附表 28 采用。

(3)极限承载状态

在荷载持续增大,裂缝充分发展的情况下,钢筋进入屈服阶段,构件进入了受力的第三阶段:极限承载状态。相较于上一阶段,钢筋的物理方程变为 $\sigma_s = f_y$,则构件的极限承载力为

$$T_u = f_y A_s \tag{4.18}$$

4.3.3 轴心受拉构件正截面承载力计算

混凝土抗拉强度很低,利用素混凝土抵抗拉力是不合理的。钢筋混凝土受拉构件在轴拉力作用下,混凝土开裂退出工作,拉力由钢筋承受,因此具有一定的抗拉承载能力。与钢拉杆比较,混凝土对钢筋起到保护作用,其截面刚度大于钢拉杆,但随着轴心拉力的增加,截面裂缝宽度将不断增大,过大的裂缝宽度不符合使用要求。因此,构件除满足承载力要求外,还应使构件的裂缝宽度小于允许值。对于不允许开裂的轴心受拉构件,如预应力轴心受拉构件,还应专门做抗裂计算。

轴心受拉构件最终破坏时,即达到第Ⅲ受力阶段。此时,截面混凝土全部开裂,所有拉力全部由钢筋承担,直到钢筋应力达到屈服强度,所以轴心受拉构件正截面承载力 N_u 计算公式为

$$\gamma_0 N \leqslant N_u = f_y A_s \tag{4.19}$$

式中 N——轴向拉力设计值;

f_y——钢筋抗拉强度设计值;

γ_0——结构重要性系数;

A_s——全部受拉钢筋的截面面积,其单侧的钢筋面积不小于 $\rho_{min}bh$。

【例题 4.1】 某钢筋混凝土屋架下弦杆,截面尺寸为 200 mm × 160 mm,配置

4 Φ 16HRB335级钢筋，混凝土强度等级为C40。承受轴心拉力设计值为 $N=240$ kN。结构重要性系数 $\gamma_0=1.0$。问：(1)构件开裂后是否能够继续承载？(2)此构件正截面承载力是否合格？

【解】 查附表，本例题所需《混规》相关数据为 $f_t=1.71$ N/mm^2，$f_y=300$ N/mm^2。钢筋截面面积 $A_s=804$ mm^2，$\alpha_E=\dfrac{E_s}{E_c}=\dfrac{2\times10^5}{3.25\times10^4}=6.15$。

$$\rho_{min}=\max\left(0.002,0.45\frac{f_t}{f_y}\right)=\max\left(0.002,0.45\times\frac{1.71}{300}\right)=0.0026$$

截面配筋率为

$$\rho=\frac{A_s}{A_c}=\frac{804}{200\times160-804}=0.026>\rho_{min}=0.0026$$

所以截面开裂后能够继续承载。开裂轴力为

$$N_{cr}=f_tA_c(1+2\alpha_E\rho)=1.71\times31196\times(1+2\times6.15\times0.026)\times10^{-3}=70.40(\text{kN})$$

正截面极限承载力为

$$N_u=f_yA_s=300\times804\times10^{-3}=241.2(\text{kN})>\gamma_0N=240\text{ kN}(承载力合格)$$

按照最小配筋率配筋时 $N_u=N_{cr}$，现 $N_u\geqslant N_{cr}$ 则说明截面配筋率满足 $\rho\geqslant\rho_{min}$，所以可由 $N_u\geqslant N_{cr}$ 判断截面开裂后能够继续承载。

4.4 普通箍筋柱正截面承载力分析与计算

受压构件也被称为柱。如前所述，根据箍筋的配置情况不同，轴心受压构件可分为普通箍筋柱与螺旋箍筋柱两类。普通箍筋柱中，箍筋与纵筋形成钢筋骨架，主要起到构造作用，对受压柱的承载力影响不大。因此，普通箍筋柱中截面承载力主要考虑混凝土与纵筋的影响。

根据柱子的长细比 l_0/i(l_0 为构件的计算长度，$i=\sqrt{I/A}$ 为构件横截面的回转半径)不同，可将柱子划分为短柱、中长柱(长柱)与细长柱。短柱的承载力主要由截面的材料强度决定；中长柱(长柱)的承载力还要受到构件稳定性的影响；细长柱的承载力主要由稳定性控制。失稳破坏是一种典型的脆性破坏，应该从构造上予以避免。因此，在结构设计中，一般通过构造设计，避免出现细长柱；通过截面分析，获得短柱的承载力；在此基础上，考虑稳定性的折减效应，获得中长柱的承载力。

当轴心受压构件 $l_0/i\leqslant28$ 时，可按短柱计算。

4.4.1 轴心受压短柱的受力分析

1. 轴心受压短柱的试验研究

采用图4.6(a)所示的加载示意图，可以进行钢筋混凝土短柱的轴心受压试验。在短期荷载作用下，截面的压应变基本为均匀分布，从开始加载直到破坏，混凝土与纵筋始终保持共同变形，即纵筋与混凝土的压应变始终相同。

加载初期，混凝土处于弹性工作阶段，混凝土与钢筋的应力按照弹性规律分布，其应力比值约为两者弹性模量之比。随着荷载的增大，由于混凝土塑性变形的发展和变形模量的降低，混凝土应力增长逐渐变慢，而钢筋应力的增加越来越快。当轴向压力增加到破坏荷载的80%左右时，柱四周出现纵向裂缝及压坏痕迹。随着荷载继续增加，混凝土保护层剥落，箍筋之间的纵筋发生压屈向外凸出,混凝土被压碎,构件破坏。混凝土保护层开始剥落破坏时的混凝土压应变值为0.002 5~0.003 5,较混凝土材料的峰值压应变值略大,其应力达到抗压强度 f_c。

最终,柱的破坏荷载为409.1 kN。图4.6(b)、(c)分别给出了柱的荷载—变形关系试验曲线以及破坏形态。

与轴心受拉柱类似,根据钢筋与混凝土受压的物理方程,从加载到破坏,短柱的受力过程分为三个阶段:①开始加载直至钢筋屈服前为第Ⅰ阶段;②从钢筋屈服到混凝土压碎前为第Ⅱ阶段;③混凝土压碎为第Ⅲ阶段。前两个阶段中钢筋和混凝土都能很好地共同工作,二者共同变形。

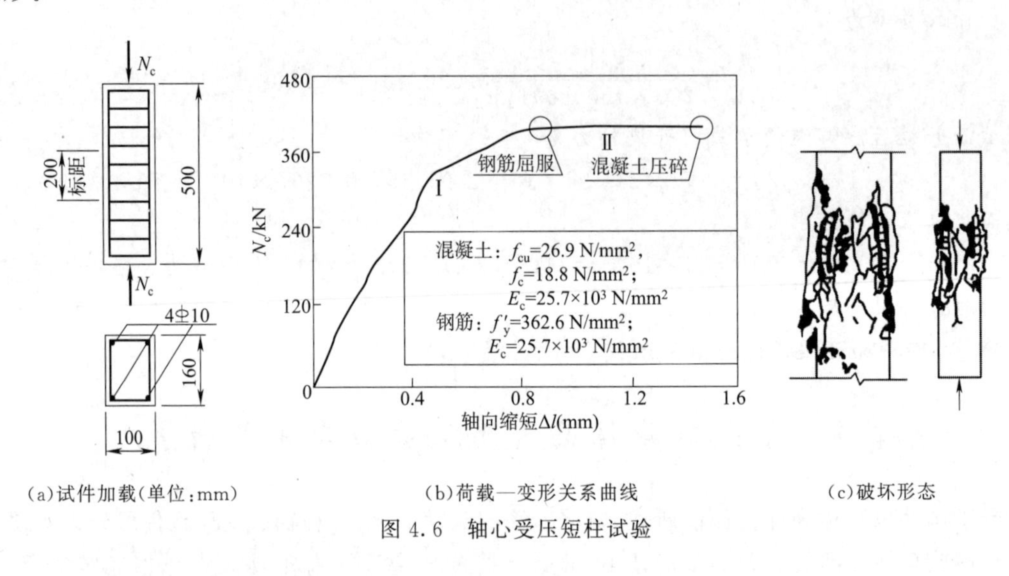

(a)试件加载(单位:mm) (b)荷载—变形关系曲线 (c)破坏形态

图4.6 轴心受压短柱试验

2. 短期荷载作用下短柱轴心受压行为分析与正截面承载力计算

(1)力学(平衡)方程

与轴心受拉类似,轴压构件截面的平衡方程为

$$N=N_c+N_s=\sigma_c A_c+\sigma'_s A'_s \tag{4.20}$$

式中 N——截面承担的轴向压力;

N_c——混凝土承担的压力;

N_s——钢筋承担的压力;

A'_s——受压钢筋的面积。

(2)几何(变形)方程

轴心受压构件中,钢筋应变 ε'_s 与混凝土应变 ε_c 同样满足式(4.2)所示的变形协调条件。

(3)物理(本构)方程

在物理方程上,钢筋与混凝土应使用相应的受压应力—应变关系。其中,钢筋为拉压同性材料,受压时的应力应变关系与式(4.3)一致。混凝土受压时,可将应力应变关系写为

$$\sigma_c=\begin{cases}\left[\dfrac{2\varepsilon_c}{\varepsilon_0}-\left(\dfrac{\varepsilon_c}{\varepsilon_0}\right)^2\right]f_c & \varepsilon_c<\varepsilon_0\\ f_c & \varepsilon_c=\varepsilon_0\\ 0 & \varepsilon_c>\varepsilon_0\end{cases} \tag{4.21}$$

其中,f_c 为混凝土的抗压强度;ε_0 为混凝土抗压强度对应的应变,即峰值应变。对比第2章中

混凝土的 Hognestad 模型，此处未考虑混凝土应力应变关系的下降段，认为混凝土应变达到峰值应变 ε_0 时，轴心受压构件就达到承载能力极限。这是因为，理想的轴心受压构件的截面上应力均匀分布、处处相等，一旦混凝土应变大于峰值应变，进入应力—应变曲线的下降段后，截面上各点应力同时下降，形成的截面合力已经无法满足平衡方程。在设计中，混凝土的峰值应变取为 $\varepsilon_0=0.002$。

值得注意的是，图 4.6 所示试验与工程设计中，均认为受压钢筋的屈服应早于混凝土压碎之前发生，即钢筋的屈服应变应不大于 0.002。这是因为在受压柱中混凝土对钢筋骨架起到约束与支撑作用，一旦混凝土被压碎，钢筋骨架失去支撑，因为稳定性的问题，纵向钢筋是无法承担较大的荷载的。也是因为这个原因，普通钢筋混凝土构件不适宜采用高强度钢筋，轴心受压柱的纵筋若采用高强度钢筋，混凝土达到峰值应变 0.002 时，钢筋对应的应力为 400 MPa，高强钢筋的抗压强度无法充分发挥。

(4)应力分析

在钢筋混凝土轴心受压柱受力的第一阶段(钢筋屈服前)，将式(4.2)、式(4.3)与式(4.21)代入(4.20)，得

$$N=\sigma_c A_c+\sigma_s' A_s'=f_c\left[\frac{2\varepsilon}{\varepsilon_0}-\left(\frac{\varepsilon}{\varepsilon_0}\right)^2\right]A_c+E_s\varepsilon A_s' \tag{4.22}$$

在钢筋混凝土轴心受压柱受力的第二阶段(钢筋屈服后，混凝土压碎前)，将相应的几何与物理方程代入平衡方程，得

$$N=\sigma_c A_c+\sigma_s' A_s'=f_c\left[\frac{2\varepsilon}{\varepsilon_0}-\left(\frac{\varepsilon}{\varepsilon_0}\right)^2\right]A_c+f_y' A_s' \tag{4.23}$$

当混凝土达到抗压强度时，轴心受压柱进入受力的最后阶段，其承载力可写为

$$N_u=N=\sigma_c A_c+\sigma_s' A_s'=f_c A_c+f_y' A_s' \tag{4.24}$$

对于混凝土压溃时，钢筋尚未屈服的情况，其承载力应为

$$N_u=\sigma_c A_c+\sigma_s' A_s'=f_c A_c+E_s\varepsilon_0 A_s' \tag{4.25}$$

对于给定的钢筋混凝土柱，在达到承载极限前，可将每一个荷载步的轴力 N 代入相应阶段的式(4.22)或式(4.23)，就可以求解得到钢筋与混凝土的应变，并计算短柱的变形。当配筋率不大于 3%时，式(4.24)与式(4.25)中的 A_c 可近似地采用柱子的截面积 A 来替代。

3. 荷载长期作用下的短柱受力性能

如本章第 4.2 节中所述，轴心受压构件在不变荷载的长期作用下，由于混凝土的徐变影响，其压缩变形将随时间的增加而增大。由于混凝土和钢筋共同作用，混凝土的徐变还将使钢筋的变形随之增大，钢筋的应力也相应增大，从而使钢筋分担外荷载的比例增大。

与短期荷载作用相比，荷载长期作用下短柱的受力性能分析中，几何方程应修改为

$$\varepsilon_s'(t)=\varepsilon_c(t)=\varepsilon_e(t)+\varepsilon_{cr}(t) \tag{4.26}$$

其中，t 为计算时刻；$\varepsilon_{cr}(t)$ 为混凝土的徐变应变；$\varepsilon_e(t)$ 为混凝土的瞬时应变，可用于计算混凝土的应力。混凝土的物理方程写为

$$\sigma_c=\begin{cases}\left[\dfrac{2\varepsilon_e(t)}{\varepsilon_0}-\left(\dfrac{\varepsilon_e(t)}{\varepsilon_0}\right)^2\right]f_c & \varepsilon_e(t)<\varepsilon_0\\ f_c & \varepsilon_e(t)=\varepsilon_0\\ 0 & \varepsilon_e(t)>\varepsilon_0\end{cases} \tag{4.27}$$

如图 4.7(a)、(b)，轴向力 N_c 施加后的 τ_0 时刻瞬时，构件的应变为 $\varepsilon_e(\tau_0)$，此时钢筋应力

为 $\sigma_s'(\tau_0)$，混凝土应力为 $\sigma_c(\tau_0)$。根据式(4.22)，轴向力可写为

$$N_c=\sigma_c(\tau_0)A_c+\sigma_s'(\tau_0)A_s=f_c\left\{\frac{2\varepsilon_e(\tau_0)}{\varepsilon_0}-\left[\frac{\varepsilon_e(\tau_0)}{\varepsilon_0}\right]^2\right\}A_c+E_s\varepsilon_e(\tau_0)A_s' \tag{4.28}$$

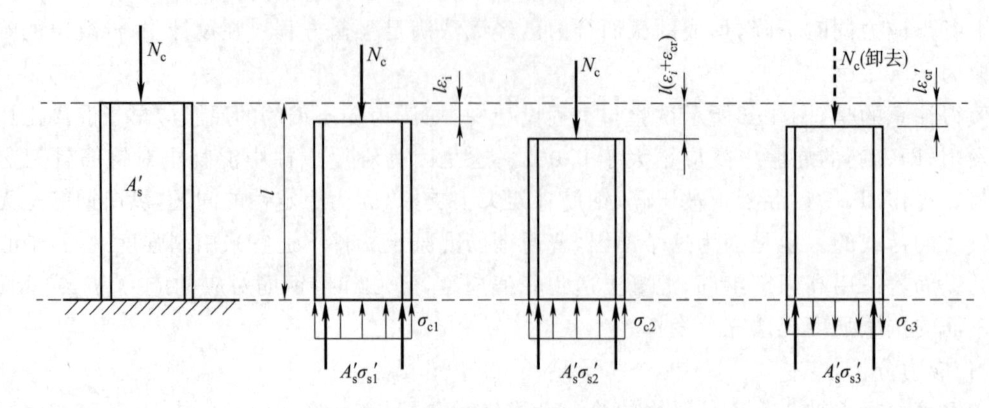

图 4.7 徐变对短柱受力性能的影响

随着荷载作用时间加长，混凝土会发生徐变，构件的总应变为式(4.26)。此时钢筋的应力 $\sigma_s(t)$ 为

$$\sigma_s(t)=E_s[\varepsilon_e(t)+\varepsilon_{cr}(t)] \tag{4.29}$$

由于轴向压力 N_c 不变，由平衡方程得

$$N_c=\sigma_c(\tau_0)A_c+\sigma_s'(\tau_0)A_s'=\sigma_c(t)A_c+\sigma_s'(t)A_s' \tag{4.30}$$

观察式(4.29)与式(4.30)可以发现，由于混凝土徐变的影响，纵筋分担的压力逐渐增大，相应的混凝土的压应力不断减小，钢筋与混凝土之间产生应力重分布。

当 N_c 作用一段时间后卸去，混凝土中仍有不可恢复的徐变，即残余应变 ε_{cr}'，构件不能恢复到原来的状态[图 4.7(d)]。此时，钢筋的压应力为

$$\sigma_s'(t)=E_s\varepsilon_{cr}' \tag{4.31}$$

再次利用平衡方程，可得

$$0=\sigma_c(t)A_c+\sigma_s'(t)A_s \tag{4.32}$$

即此时混凝土的拉应力 $\sigma_c(t)$ 为

$$\sigma_c(t)=-E_s\varepsilon_{cr}'\frac{A_s}{A_c}=-E_s\varepsilon_{cr}'\rho \tag{4.33}$$

由此可知，将长期作用于短柱上的轴向压力 N_c 卸去，会在混凝土中产生拉应力，且纵向受力钢筋越多，拉应力越大。严重的会在柱上产生水平裂缝。

4.4.2 轴心受压长柱的受力分析

1. 长柱的试验研究

设计一个长柱试件，其截面尺寸、材料、配筋和加载方式与图 4.6 所示的短柱完全相同，但柱子的长度增加至 2 000 mm。试验中除了测试混凝土和钢筋的应变外，在柱子中部增设了位移计以测试柱子的横向挠度。图 4.8 给出了实测的荷载—横向挠度关系曲线。长柱最终的破坏荷载为 336.9 kN。图 4.9 给出了柱的破坏形态。

由试验结果可知，长柱的承载力小于相同材料、相同配筋和相同截面尺寸的短柱的承载力。致使长柱承载力降低的原因是长柱在轴心压力作用下，不仅发生压缩变形，同时还产生横

向挠度及附加弯矩(此附加弯矩对短柱来说影响不大,可以忽略),产生弯曲的原因是多方面的:柱子几何尺寸不一定精确;构件材料不均匀;钢筋位置在施工中移动,使截面物理中心与其几何中心偏离;荷载作用线与柱轴线并非完全保持重合等。而侧向挠度又加大了荷载的偏心距。随着荷载的增加,附加弯矩和侧向挠度将不断增大,这样相互影响的结果,使长柱在轴力和弯矩的共同作用下破坏。破坏时,首先在凹侧出现纵向裂缝,接着混凝土被压碎,纵向钢筋被压弯而向外鼓出,混凝土保护层脱落,凸侧则由受压转变为受拉,出现横向裂缝。对于长细比很大的细长柱,还可能发生失稳破坏。

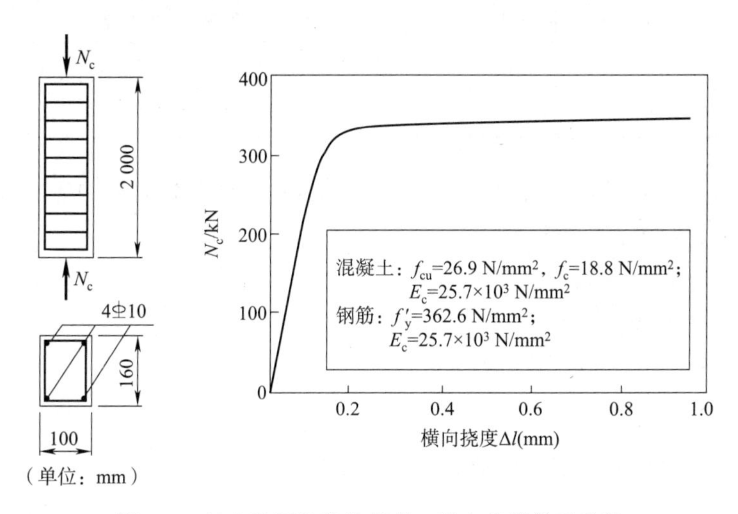

图 4.8　轴心受压长柱的荷载—横向挠度关系曲线

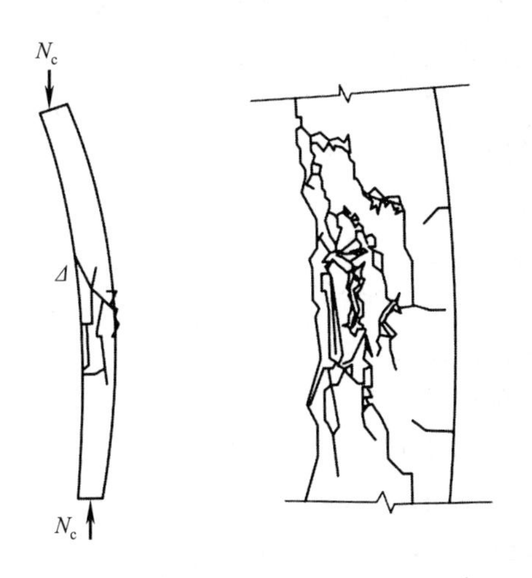

图 4.9　轴心受压长柱的破坏形态

2. 稳定系数

稳定系数 φ 定义为长柱轴心抗压承载力与相同截面、相同材料和相同配筋的短柱轴心抗压承载力的比值,即 $\varphi=N_u^L/N_u^s$。于是,由 φ 值和短柱的轴心抗压承载力便可算出长柱的轴心抗压承载力。φ 值主要与构件的长细比 l_0/i 有关(对于矩形截面,为方便计算,可以用 l_0/b 代表 l_0/i,b 为矩形截面的短边边长)。长细比越大,φ 值越小,构件承载力折减越多。《混规》给出的 φ 值见表 4.1。

表 4.1 钢筋混凝土轴心受压构件的稳定系数

l_0/b	≤8	10	12	14	16	18	20	22	24	26	28
l_0/d	≤7	8.5	10.5	12	14	15.5	17	19	21	22.5	24
l_0/i	≤28	35	42	48	55	62	69	76	83	90	97
φ	1.00	0.98	0.95	0.92	0.87	0.81	0.75	0.70	0.65	0.60	0.56
l_0/b	30	32	34	36	38	40	42	44	46	48	50
l_0/d	26	28	29.5	31	33	34.5	36.5	38	40	41.5	43
l_0/i	104	111	118	125	132	139	146	153	160	167	174
φ	0.52	0.48	0.44	0.40	0.36	0.32	0.29	0.26	0.23	0.21	0.19

求稳定系数 φ 时,需要确定构件的计算长度 l_0,l_0 与构件受到的约束情况有关。可以按以下规定采用(其中 l 为支点间构件实际长度):

(1)两端均为铰支,$l_0=l$。

(2)两端均为固定,$l_0=0.5l$。

(3)一端固定,一端为铰,$l_0=0.7l$。

(4)一端固定,一端自由,$l_0=2l$。

4.4.3 轴心受压普通箍筋柱正截面承载力计算公式

实际工程中,构件约束情况有多种样式,且支座约束状况并非理想的固定或者铰支,具体关于 l_0 计算的更详细的情况请按照有关规范取用,或按照基础力学分析确定。按照以上分析,正确配置箍筋的普通箍筋柱承载力 N_u 计算公式为

$$\gamma_0 N \leqslant N_u = 0.9\varphi(f_c A + f'_y A'_s) \tag{4.34}$$

式中 γ_0——结构重要性系数;

N——荷载设计值;

A'_s——全部纵向钢筋截面面积;

A——构件截面面积,当纵筋配筋率大于 3%时,用混凝土截面积 $A_c=A-A'_s$代替 A;

f_c——混凝土轴心抗压强度设计值;

f'_y——纵向钢筋抗压强度设计值;

0.9——为了使轴心受压构件承载力与考虑偏心距影响的偏心受压构件的承载力有相似的可靠度而引入的折减系数。

【例题 4.2】 已知轴心受压柱,柱高 $H=6.5$ m,该柱一端固定,一端为铰接,承受轴向压力设计值 $N=2\ 400$ kN,材料为 C30 混凝土,HRB335 钢筋。结构重要性系数 $\gamma_0=1.0$。试按正方形截面设计该柱截面尺寸,并配置纵向钢筋和箍筋。

【解】 查附表,本例题所需《混规》相关数据为 $f_c=14.3\ \text{N/mm}^2$,$f'_y=300\ \text{N/mm}^2$。

(1)确定截面尺寸

假定 $\rho'=0.01$ 及 $\varphi=1$,由式(4.13)得

$$A=\frac{N}{0.9\varphi(f_c+\rho' f'_y)}=\frac{2\ 400\ 000}{0.9\times1\times(14.3+0.01\times300)}=154\ 142.6(\text{mm}^2)$$

正方形边长 $b=\sqrt{154\ 142.6}=392.7$(mm),取 $b=400$ mm,$A=400\ \text{mm}\times400\ \text{mm}$。

(2)求稳定系数

构件计算长度 $l_0=0.7H=0.7\times6.5=4.55(\text{m})$。

$\frac{l_0}{b}=\frac{4.55\times10^3}{400}=11.375$,查表 4.1 并进行内插得 $\varphi=0.959$。

(3)求 A_s'

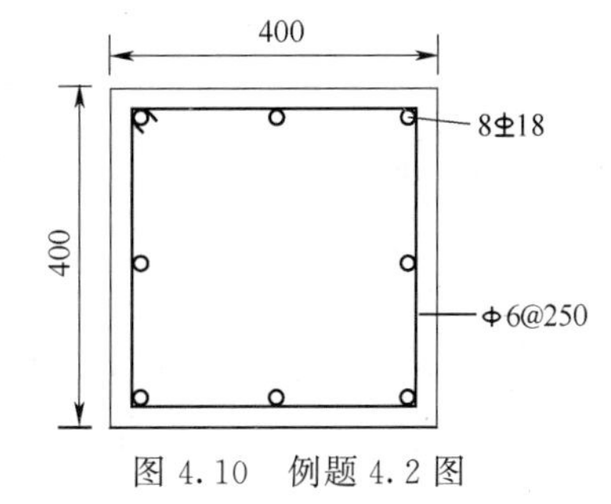

图 4.10 例题 4.2 图

假设 $\rho'\leqslant3\%$,由式(4.34)得

$$A_s'=\frac{\gamma_0N-0.9\varphi f_cA}{0.9\varphi f_y'}$$

$$=\frac{1\times2\,400\times10^3-0.9\times0.959\times14.3\times400\times400}{0.9\times0.959\times300}$$

$$=1\,642.2(\text{mm}^2)$$

(4) 配筋

选用 8⌀18(图 4.10),$A_s'=2\,036\text{ mm}^2$。实际配筋率为

$$\rho'=\frac{A_s'}{bh}=\frac{2\,036}{400\times400}=1.27\%\leqslant3\%$$

符合以上假设(若 $\rho'>3\%$,上式中 A 值应用 $A_c=A-A_s'$代替)。

配筋率验算:全部纵向受压钢筋的 $\rho'_{\min}(0.6\%)<\rho'(1.27\%)<\rho'_{\max}(5\%)$。每一侧纵筋:

$$\rho'=\frac{763.4}{400\times400}=0.005>\rho'_{\min}(0.002)$$

根据附录,箍筋采用Φ6 钢筋,间距 250 mm。

4.5 螺旋箍筋柱正截面承载力分析与计算

采用螺旋箍筋或者焊接环筋作为箍筋(可以有效地约束核心部分的混凝土)的轴心受压构件称为螺旋箍筋柱。

固体材料纵向受压时,一般会横向发生膨胀,横向应变与纵向应变的比值被定义为泊松比。混凝土材料的泊松比取值为 0.2。当混凝土的压应力较高时(应力大于 $0.8f_c$),混凝土内部出现微裂缝,其等效的泊松比显著增大。沿柱高度方向连续缠绕的、间距很密的螺旋箍筋(或焊接环筋)犹如一个套筒,将核心部分混凝土约束住,可有效地限制核心混凝土的横向变形,使核心混凝土处于三向受压状态。而混凝土三向受压强度显著高于单向受压强度,所以螺旋箍筋柱受力性能与普通箍筋柱有很大不同。值得指出的是:对于矩形截面或矩形组合截面(如 T 形、工字形)构件,出于加工考虑,无法将箍筋配置成螺旋状或环状,只需要箍筋配置数量与间距合适并能够对核心混凝土形成有效约束,也可以提高构件延性,这对于提高构件的抗震性能特别重要。

4.5.1 螺旋箍筋柱的轴心受压特征

图 4.11 为螺旋箍筋柱与普通箍筋柱的轴向压力 N 与轴向压应变的关系曲线。由图可见,在混凝土压应力达到约 $0.8f_c$前,两者的 $N—\varepsilon$ 曲线基本相同。当轴向压力继续增加,直到混凝土达到峰值应力时,纵筋开始屈服,箍筋外面的混凝土保护层开始脱落,构件截面面积减小,轴力 N 有所下降。此时螺旋箍筋内部的核心混凝土横向膨胀变形显著增大,螺旋箍筋开始发挥作用,核心混凝土的横向变形受到螺旋箍筋的有效约束,仍能继续承压,其抗压强度超

过单向受力的轴心抗压强度 f_c，补偿了失去保护层后柱承载能力的减小，曲线逐渐回升。同时，螺旋箍筋的拉应力随着核心混凝土横向变形的增大也不断增大，直至屈服，不能再对核心混凝土起到约束作用，混凝土被压碎，构件破坏。在这个过程中，荷载达到第二次峰值。破坏时螺旋箍筋柱轴向应变可达到 0.01 以上，变形能力显著高于普通箍筋柱。

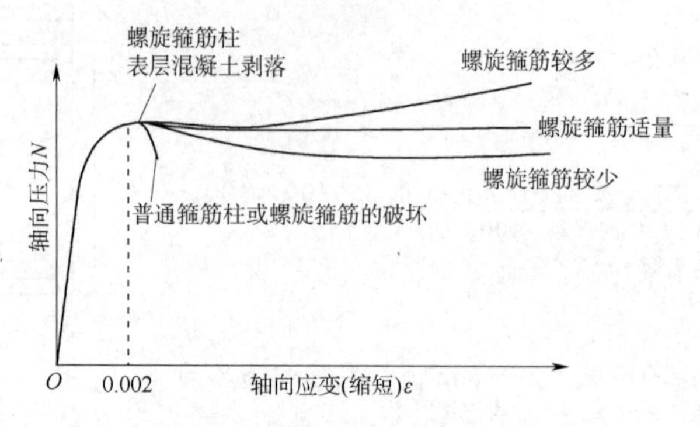

图 4.11　不同轴心受压柱的 $N—\varepsilon$ 关系曲线

由上可知，横向钢筋采用螺旋筋或焊接环筋，可以使核心混凝土三向受压而提高其强度，从而间接地提高柱子的承载能力，这种配筋方式，也称“间接配筋”，故又将螺旋钢筋或焊接环筋称为间接钢筋。同时，采用合理设计的横向钢筋来约束核心混凝土，将混凝土压溃的破坏模式转变为箍筋受拉屈服的破坏模式，大大提高了轴心受压柱的延性。

4.5.2　螺旋箍筋柱正截面承载力计算

螺旋箍筋柱的正截面分析，也可以利用普通箍筋柱的控制方程。所需要修改的是考虑约束效应后核心混凝土的物理方程。如果仅计算螺旋箍筋柱的正截面承载力，那么就只需考虑约束效应对混凝土强度的增强效应即可。

根据混凝土三向受压理论，受到径向压应力 σ_2 作用的约束混凝土纵向抗压强度 σ_1 可按式(4.35)确定(图 4.12)：

$$\sigma_1 = f_c + 4\sigma_2 \tag{4.35}$$

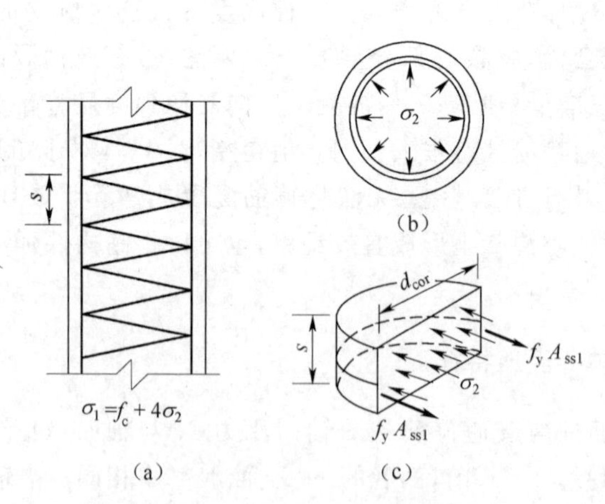

图 4.12　螺旋箍筋柱极限状态截面应力图

设螺旋箍筋的截面面积为 A_{ss1}，间距为 s，螺旋箍筋内径为 d_{cor}(即核心混凝土截面的直径)。螺旋箍筋柱达到承载力极限状态时,螺旋箍筋受拉屈服,核心混凝土受到的径向压应力值 σ_2,图 4.12(c)所示隔离体的平衡关系可写成

$$\sigma_2 s d_{cor} = 2 f_y A_{ss1} \tag{4.36}$$

整理得到

$$\sigma_2 = \frac{2 f_y A_{ss1}}{s d_{cor}} \tag{4.37}$$

代入式(4.35)得

$$\sigma_1 = f_c + \frac{8 f_y A_{ss1}}{s d_{cor}} \tag{4.38}$$

根据螺旋箍筋柱的受力特点,达到承载力极限状态时,保护层混凝土已经剥落,不再参与受力,因此其平衡方程可写为

$$N_u = \sigma_1 A_{cor} + f'_y A'_s = f_c A_{cor} + \frac{8 f_y A_{ss1}}{s d_{cor}} A_{cor} + f'_y A'_s \tag{4.39}$$

按体积相等条件 $\pi d_{cor} A_{ss1} = s \cdot A_{ss0}$,将螺旋箍筋换算成相当的纵筋面积 A_{ss0},则

$$N_u = f_c A_{cor} + f'_y A'_s + 2 f_y A_{ss0} \tag{4.40}$$

考虑到对于高强度混凝土,径向压力 σ_2 对核心混凝土强度的提高系数有所降低,《混规》采用的螺旋箍筋柱轴心受压承载力计算公式为

$$\gamma_0 N \leqslant N_u = 0.9(f_c A_{cor} + f'_y A'_s + 2\alpha f_y A_{ss0}) \tag{4.41}$$

$$A_{ss0} = \frac{\pi d_{cor} A_{ss1}}{s} \tag{4.42}$$

式中 0.9——使轴心受压构件承载力与考虑偏心距影响的偏心受压构件的承载力有相似的可靠度而引入的折减系数;

f_y——间接钢筋(即螺旋箍筋或焊接环筋)抗拉强度设计值;

A_{cor}——构件核心截面面积,即间接钢筋内表面范围内的混凝土面积;

A_{ss0}——螺旋式或焊接环式间接钢筋的换算截面面积;

d_{cor}——构件的核心截面直径,即间接钢筋内表面的距离;

A_{ss1}——螺旋式或焊接环式单根间接钢筋的截面面积;

α——间接钢筋对混凝土约束的折减系数:当混凝土强度等级不超过 C50 时,取 1.0;当混凝土强度等级为 C80 时,取 0.85;其他强度等级混凝土则按线性内插法确定,即对于高强度混凝土,径向压应力对核心混凝土强度的提高作用有所降低。

对于短柱(φ=1.0)且混凝土强度等级不超过 C50(α=1.0)时将式(4.41)减去式(4.34),可以得到螺旋箍筋柱与普通箍筋柱的承载能力差值 ΔN_u:

$$\Delta N_u = 0.9[2\alpha f_y A_{ss0} + f_c(A_{cor} - A_c)] \tag{4.43}$$

观察式(4.43),中括号中第一项 $f_y A_{ss0}$ 为正值,其表示螺旋箍筋的约束效应对承载力的增强效果;第二项为负值,这是因为 A_c 包含有核心混凝土面积 A_{cor} 与保护层混凝土面积,故 $A_c > A_{cor}$,其表示保护层剥落对螺旋箍筋柱的承载力削弱效应。显然,采用螺旋箍筋柱后,承载力是否提高,就取决于这两项的大小。如果螺旋箍筋配置得不够多,ΔN_u 有可能取得负值,即配置间接钢筋并未提高普通箍筋柱的承载力。此时,可以不考虑间接钢筋的影响,直接按照式(4.34)计算柱子的承载力。

应用式(4.41)时,应注意以下事项:

(1)从以上分析可知,配置的螺旋箍筋不能过少,必须使螺旋箍筋对构件受压承载力的贡

献大于表层混凝土保护层的贡献,即由于采用螺旋箍筋使构件受压承载力的增加量大于由于混凝土保护层脱落而使构件承载力降低的量,由此可确定螺旋箍筋的最小配筋率。同时为了确保螺旋箍筋的约束效果,《混规》规定,螺旋箍筋的换算面积 $A_{ss0} \geqslant 0.25A'_s$,螺旋箍筋间距 s 不大于 $d_{cor}/5$,且不大于 80 mm,同时为了方便施工,s 也不应小于 40 mm。不满足以上间接钢筋(即螺旋箍筋)最小配筋率的构件,不考虑间接钢筋的影响,按普通箍筋柱计算其承载力。

(2)对于长细比过大的柱,由于纵向弯曲变形较大,截面不是全部受压,螺旋箍筋的作用得不到充分发挥,故《混规》规定对长细比 $l_0/d>12$ 的柱,不考虑螺旋箍筋的约束作用,按普通箍筋柱计算其承载力。

(3)采用螺旋箍筋虽然可以有效提高柱的受压承载力,但由于螺旋箍筋对混凝土保护层没有约束作用,配置过多螺旋箍筋的轴心受压构件,在远未达到极限承载力之前,混凝土保护层已经脱落,从而影响正常使用。因此《混规》规定,螺旋箍筋柱的承载力最大用到其他条件相同的普通箍筋柱承载力的 1.5 倍。依据同样的道理,美国房屋建筑规范规定螺旋箍筋对承载力的贡献足以补偿混凝土保护层对承载力的贡献即可,即不利用螺旋箍筋提高柱的受压承载力,螺旋箍筋主要用于提高构件破坏时的延性。

4.6 受压柱的延性

普通箍筋柱的破坏属于脆性破坏,与普通箍筋柱相比,螺旋钢箍柱最大的优点在于提高了破坏时的延性,属于延性破坏,这是很有意义的。

构件的延性是指在保持承载力不显著降低的情况下材料的变形能力(即指材料的应变,而非结构构件的整体位移)。当结构遇到意外荷载或各种故障时,延性有助于结构仍然维持原有的某些基本性能。一般说来,构件破坏前的应变越大,延性就越好。提高结构延性的意义在于:

(1)结构破坏前有明显的预兆。

(2)结构或构件的脆断往往是由薄弱环节导致的,脆断时,最薄弱环节之外的其余部分的承载潜力往往被浪费,延性则会引起结构内力重分布,使高应力区应力向低应力区释放,最大限度地发挥全部材料及构件的承载能力。

(3)吸收或耗散更多的地震输入能量,减弱地震能量在结构中的任意传播,即减小地震作用下的动力作用效应,减轻地震破坏。

(4)在超静定结构中,能更好地适应诸如偶然荷载、反复荷载、基础沉降、温度变化等因素产生的附加内力和变形。

【例题 4.3】 已知圆形截面轴心受压柱,直径 $d=400$ mm,柱高 3 m,两端固结。采用 C25 混凝土,沿周围均匀布置 6 根Φ 16 mm 的 HRB335 纵向钢筋,箍筋采用 HRB335,直径为 10 mm,其形状为螺旋形,间距为 $s=200$ mm。纵筋外层至截面边缘的混凝土保护层厚度 $c=35$ mm。试求此柱所能承受的最大轴力设计值。

【解】 查附表,本例题所需《混规》相关数据为 $f_c=11.9\ \text{N/mm}^2$,$f'_y=300\ \text{N/mm}^2$。

构件截面面积 $A=\dfrac{3.14\times400^2}{4}=125\ 600(\text{mm}^2)$,纵筋截面面积 $A'_s=1\ 206\ \text{mm}^2$。

构件计算长度 $l_0=0.5l=0.5\times3.0=1.5(\text{m})$,$l_0/d=1\ 500/400=3.75\leqslant7$,所以取 $\varphi=1$。

因为 $s=200\ \text{mm}>80\ \text{mm}$,螺旋箍筋不满足最小配筋率要求,因此,不考虑螺旋箍筋的约

束作用，按普通箍筋柱计算，即

$$\rho'_{\min}=0.6\%<\rho'=\frac{A'_s}{A}=\frac{1\ 206}{125\ 600}=0.96\%<\rho'_{\max}=5\%$$

$$N_u=0.9\varphi(f_cA+f'_yA'_s)=0.9\times1\times(11.9\times125\ 600+300\times1\ 206)\times10^{-3}=1\ 671(\text{kN})$$

（若 $\rho'>3\%$，上式中 A 值应用 $A_c=A-A'_s$ 代替）。

【例题 4.4】 已知条件如例题 4.3，但螺旋箍筋间距为 $s=50$ mm。试求此柱所能承受的最大轴力设计值。

【解】 据例题 4.3，$A=125\ 600\ \text{mm}^2$，$\varphi=1$，混凝土保护层厚度 $c=35$ mm，则

$$d_{cor}=d-2c=400-2\times35=330(\text{mm})$$

$$A_{ss1}=\frac{3.14\times10^2}{4}=78.5(\text{mm}^2),\quad A_{ss0}=\frac{\pi d_{cor}A_{ss1}}{s}=\frac{3.14\times330\times78.5}{50}=1\ 627(\text{mm}^2)$$

因为 $\frac{A_{ss0}}{A'_s}=\frac{1\ 627}{1\ 206}=1.35>0.25$，$s=50\ \text{mm}<80\ \text{mm}$，且 $s=50\ \text{mm}<d_{cor}/5=66\ \text{mm}$，所以应考虑螺旋箍筋的影响，按螺旋箍筋柱计算。因为混凝土等级为 C25，所以取间接钢筋对混凝土约束的折减系数 $\alpha=1$。

$$\begin{aligned}N_u&=0.9(f_cA_{cor}+f'_yA'_s+2\alpha f_yA_{ss0})\\&=0.9\times\left(11.9\times\frac{\pi\times330^2}{4}+300\times1\ 206+2\times300\times1\ 627\right)\times10^{-3}\\&=2\ 119.8(\text{kN})<1.5N'_u=1.5\times1\ 671=2\ 506.5(\text{kN})\ (N'_u\text{普通箍筋柱承载力})\end{aligned}$$

所以，此柱承载力应按螺旋箍筋柱确定，承载力 $N_u=2\ 202.5$ kN，为其他条件相同的普通箍筋柱承载力的 $\frac{2\ 119.8}{1\ 671}=1.27$ 倍。

4.7 小　　结

(1)必须保证钢筋和周围混凝土牢固地粘结在一起，受力时两种材料之间不能发生相对滑移，即钢筋与同位置混凝土满足 $\varepsilon_s=\varepsilon_c$（普通钢筋混凝土构件）或 $\Delta\varepsilon_s=\Delta\varepsilon_c$（预应力混凝土构件）。满足这个要求，就可以把多种材料换算成一种材料加以计算。换算截面的概念在计算预应力混凝土构件时经常用到。

(2)轴心受拉构件破坏时裂缝贯通整个截面，裂缝截面的拉力全部由钢筋承担，必须满足 $\rho\geqslant\rho_{\min}$，才能保证截面开裂后继续承载。由于裂缝宽度必须小于允许值，所以，必须限制轴心受拉构件中纵筋的变形量，即限制纵筋应力的大小。受拉构件的纵筋数量有时不是由承载力计算决定，而是由裂缝宽度控制。

(3)轴心受压构件按箍筋构造分普通箍筋柱和螺旋箍筋柱，按柱的长细比又分为短柱和长柱。短柱的破坏属于材料破坏，其承载力仅取决于构件的截面尺寸和材料强度。长柱的承载力必须考虑侧向变形所产生的附加弯矩的影响，其承载力低于其他条件相同的短柱。工程上常见的长柱仍属于材料破坏，特别细长的柱的破坏属于失稳破坏。对于轴心受压构件，短柱和长柱可采用统一的计算公式，采用稳定性系数 φ 表达侧向变形对受压承载力的影响。

(4)在螺旋箍筋柱中，由于螺旋箍筋对核心混凝土的约束作用，提高了构件的承载力和破坏时的延性。螺旋箍筋要在一定的条件下才能发挥作用，即旋筋需满足最小配筋率的要求，且构件长细比不能过大，同时，过多的螺旋箍筋会使构件在未达到破坏时，混凝土保护层脱落。

思考与练习题

4.1　如何确定轴心受拉构件的开裂荷载和极限荷载？

4.2　如何确定轴心受压短柱的极限承载力？为什么在轴压构件中不宜采用高强度钢筋？

4.3　轴心受压构件中的纵向钢筋和箍筋分别起什么作用？

4.4　轴心受压构件的破坏属于脆性破坏还是塑性破坏？能否通过改变纵筋配筋率来改善构件破坏时的延性？

4.5　配置螺旋箍筋的轴心受压柱与普通箍筋柱有哪些不同？

4.6　为什么配置螺旋箍筋的轴心受压构件的承载力不能大于 $1.5[0.9\varphi(f_cA+f'_yA'_s)]$？

4.7　哪些受压构件不适宜配置螺旋箍筋？为什么？

4.8　混凝土徐变会导致轴心受压构件中纵向钢筋和混凝土应力产生什么变化？混凝土的收缩徐变会影响轴心受压构件的受压承载力吗？

4.9　轴心受压构件破坏时，纵向钢筋应力是否总是可以达到 f'_y？采用很高强度的纵筋是否合适？

4.10　钢筋应力与钢筋周围同位置混凝土应力之间有什么关系？

4.11　某现浇钢筋混凝土轴心受压柱，截面尺寸为 $b\times h=400\ \text{mm}\times 400\ \text{mm}$，计算高度 $l_0=4.2\ \text{m}$，承受永久荷载产生的轴向压力标准值 $N_{Gk}=1\ 600\ \text{kN}$，可变荷载产生的轴向压力标准值 $N_{Qk}=1\ 000\ \text{kN}$。采用 C35 混凝土，HRB335 级钢筋。结构重要性系数为 1.0。求截面配筋面积。

4.12　已知圆形截面轴心受压柱，直径 $d=500\ \text{mm}$，柱计算长度 $l_0=3.5\ \text{m}$。采用 C30 混凝土，沿周围均匀布置 6 根Φ20 的 HRB400 纵向钢筋，采用 HRB335 等级的螺旋箍筋，直径为 10 mm，间距 $s=50\ \text{mm}$。纵筋外层至截面边缘的混凝土保护层厚度 $c=30\ \text{mm}$。求此柱所能承受的最大轴力设计值。

4.13　某钢筋混凝土受压短柱 $b\times h=450\ \text{mm}\times 450\ \text{mm}$，柱长 2.5 m，配有纵筋 4 Φ 25，$f_c=19\ \text{N/mm}^2$，$E_c=2.55\times 10^4\ \text{N/mm}^2$，$f'_y=357\ \text{N/mm}^2$，$E_s=1.96\times 10^5\ \text{N/mm}^2$，试问：

(1)此柱子的极限承载力为多少？

(2)在 $N_c=1\ 400\ \text{kN}$ 作用下，柱的压缩变形量为多少？此时钢筋和混凝土各承受多少压力？

(3)使用若干年后，混凝土在压力 $N_c=1\ 400\ \text{kN}$ 作用下的徐变变形为 $\varepsilon_{cr}=0.001\ 5$，求此时柱中钢筋和混凝土各承受多少压力？（忽略钢筋对混凝土徐变的影响）

受弯构件正截面承载力计算

5.1 概　　述

受弯构件主要是指承受各种竖向荷载的梁和板，它们是工程中最为重要、应用最为普遍的一种构件。在竖向荷载的作用下，梁或板中会产生弯矩与剪力，而轴力可忽略不计。

如图 5.1(a)所示，弯矩作用下，截面会产生具有一定应力梯度的正应力。如果选择一个受力微元，其仅受到拉(压)正应力作用，主应力方向与正应力方向相同，且平行于中性轴。在这种应力状态下，构件可能发生正截面破坏。如图 5.1(b)所示，弯矩与剪力联合作用下，截面还会额外产生一定分布的剪应力。如果选择一个受力微元，其受到正应力与剪应力的联合作用，主应力方向倾斜于中性轴。在这种应力状态下，构件可能发生斜截面破坏。

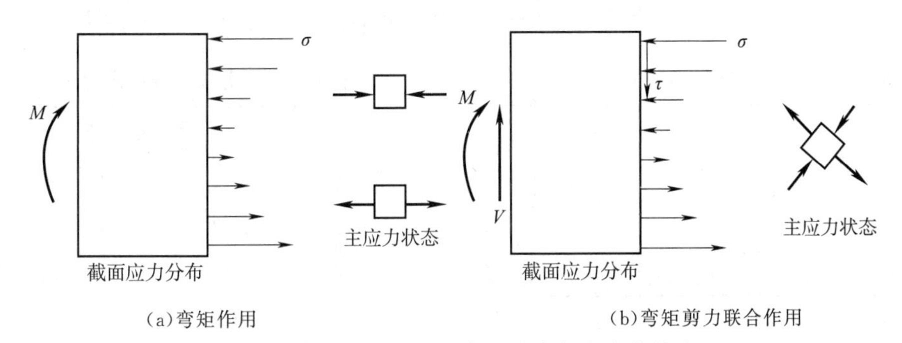

图 5.1　受弯构件的截面应力分布与主应力状态

钢筋混凝土受弯构件的正截面承载力计算与设计，就是要考虑如何合理地利用钢筋与混凝土两种材料，抵抗正截面上非均匀分布的拉(压)应力。第 7 章受弯构件的斜截面承载力计算则是讨论如何处理斜向主拉应力问题。

5.1.1　截面形式和尺寸

工程中钢筋混凝土梁和板的截面形式多种多样，常用的有矩形、T 形、I 形、空心板、箱形截面等，为满足不同的工程要求，截面的局部还可能有变化。如图 5.2 所示，矩形截面常用于荷载小跨度小的情况；T 形、I 形截面常用于荷载和跨度较大的情况；而箱形截面由于抗弯刚度和抗扭刚度均很大，适用于荷载大、跨度大且所受扭矩大的情况。

钢筋混凝土受弯构件的具体截面尺寸与很多因素有关，比如构件的支承情况、跨度、构件的类型(主梁还是次梁，梁还是板)、材料的强度等级、荷载情况等，需要经过设计计算来确定。现以工业与民用建筑结构为例，简单介绍如下三方面问题：①受弯构件的最小截面高度；②截面尺寸的模数化；③钢筋混凝土梁的合理高宽比。

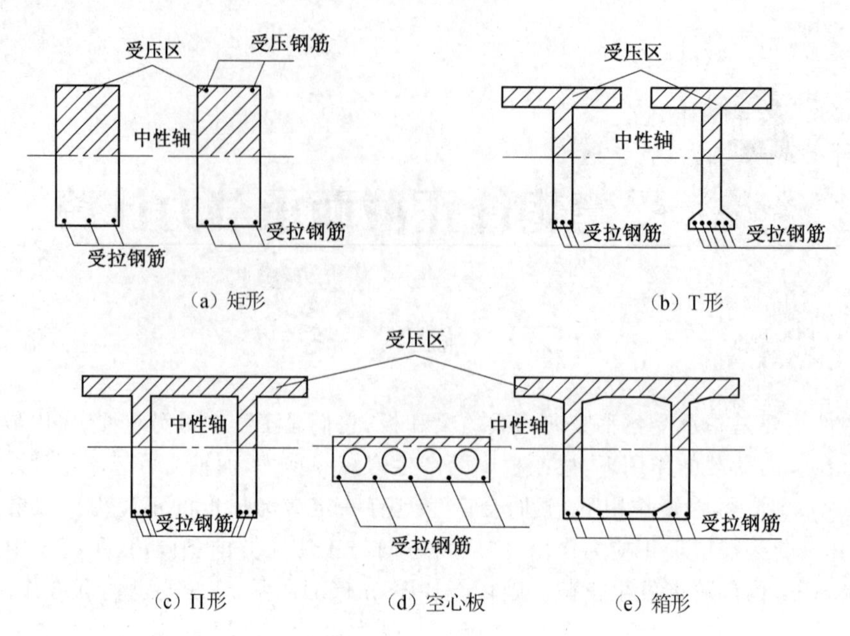

(a) 矩形　(b) T形

(c) Π形　(d) 空心板　(e) 箱形

图 5.2　梁的截面形式

工业与民用建筑中钢筋混凝土受弯构件的最小截面高度可参考表 5.1 和表 5.2。

表 5.1　梁的一般最小截面高度

序　号	构件种类		简支	两端连续	悬臂
1	整体肋形梁	次　梁	$l_0/20$	$l_0/25$	$l_0/15$
		主　梁	$l_0/12$	$l_0/8$	$l_0/6$
2	独　立　梁		$l_0/12$	$l_0/15$	$l_0/6$

注:① l_0 为梁的计算跨度;

② 梁的计算跨度 $l_0 \geqslant 9$ m 时,表中数值应乘以 1.2。

表 5.2　现浇板的最小高跨比(h/l)

序　号	支承情况	板　的　种　类				
		单向板	双向板	悬臂板	无梁楼板	
					有柱帽	无柱帽
1	简支	1/30	1/40	1/12	1/35	1/30
2	连续	1/40	1/50			

注:l 为板的(短边)计算跨度。

为了统一模板尺寸便于施工,一般情况下钢筋混凝土梁的截面尺寸应符合模数化要求,即截面宽度通常为 $b=120$ mm,150 mm,180 mm,200 mm,220 mm,250 mm,300 mm,350 mm 等尺寸;截面高度通常为 $h=250$ mm,300 mm,350 mm,…,750 mm,800 mm,900 mm,1 000 mm 等尺寸。

矩形截面的高宽比 h/b 一般为 2.0～3.5;T 形截面的高宽比 h/b 一般为 2.5～4(此处,b 为梁肋宽度)。

5.1.2　梁和板的构造

1. 梁的构造

钢筋混凝土梁内的钢筋按照其位置及作用不同,一般可分为:纵向受拉钢筋(也称主筋)、箍筋、斜筋(也称弯起钢筋)、纵向受压钢筋(双筋梁)和架立钢筋,如图 5.3 所示。

(1)纵向受力钢筋

如图 5.1 所示,受弯构件的正截面需要承担不均匀分布的拉压应力。如果承担的弯矩符号固定，则根据应力的拉压性质，可以划分为受压区与受拉区。对于受拉区而言，混凝土的抗拉能力差，需要配置适量的纵向钢筋来承担拉力，钢筋的布置方向应该与拉应力方向相同，即平行于梁的中性轴，垂直于梁的正截面。定性来说，受拉区的钢筋与混凝土受力行为可以类比为轴心受拉构件；对于受压区而言，如果混凝土抗压能力不足，可以配置适量的纵向受压钢筋（相应的梁称为双筋梁）来分担压力；类似地，受压区的钢筋与混凝土行为可以定性地类比为轴心受压构件。受拉区与受压区的合力一起形成截面抵抗力偶矩，用于抵抗荷载弯矩。纵向受拉钢筋的另一作用是约束竖向裂缝宽度的开展和长度的延伸，保证受弯构件的正常使用性能。

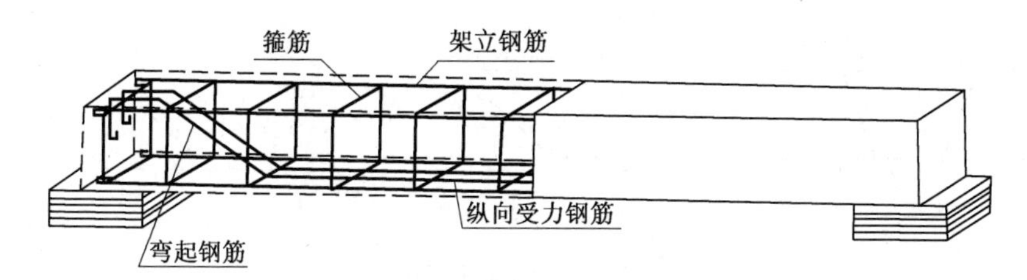

图 5.3　梁的钢筋骨架

纵向受拉钢筋和纵向受压钢筋统称为纵向受力钢筋。纵向受力钢筋的多少根据正截面抗弯承载力经计算确定。

纵向受力钢筋的直径在建筑结构中一般为 10～28 mm，在桥梁结构中一般为 10～32 mm。如果直径太小，一方面布置困难，也难于与其他钢筋形成钢筋骨架，纵向受压钢筋还容易失稳；直径太大，钢筋的质量有所下降，钢筋与混凝土之间的粘结力也较采用小直径钢筋时小（详见第 3 章）。常用的纵向受力钢筋直径为 12 mm、14 mm、16 mm、18 mm、20 mm、22 mm、25 mm。纵向受力钢筋可以用不同直径（就同一侧而言，比如纵向受拉钢筋），但钢筋直径不宜多于两种，且直径相差不小于 2 mm，以免施工中放错位置。

纵向受力钢筋不应少于两根，布置在截面的角部，以便与其他钢筋一起形成钢筋骨架。为保证钢筋与混凝土之间有较好的粘结力，保证钢筋在混凝土中的可靠锚固，并避免因钢筋布置过密而影响混凝土浇筑，梁内纵向受力钢筋的净距及钢筋的最小保护层厚度应满足图 5.4 的要求。当梁的纵向受拉钢筋数量较多，一排布置不下时，可以布置成多排，但应上下对齐，并保持左右对称。

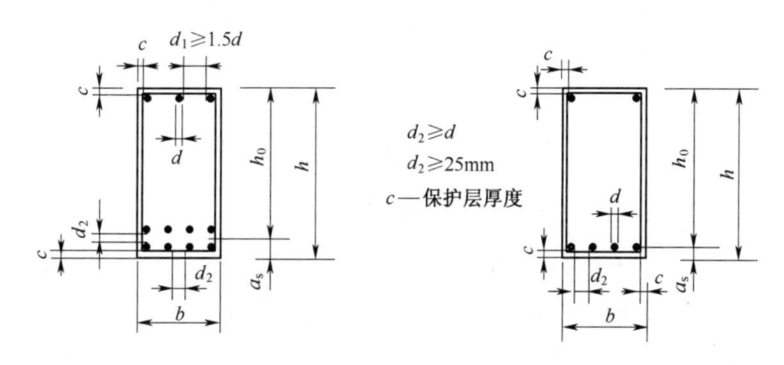

图 5.4　钢筋净距和混凝土保护层厚度

(2)腹筋

腹筋是箍筋和斜筋(又称弯起钢筋)的统称。箍筋垂直于梁轴线布置,其作用除了主要抵抗斜截面上的部分剪力外,还要固定纵向受力钢筋位置,与其他钢筋一起形成钢筋骨架,保证受拉钢筋和混凝土受压区的良好联系以及保证纵向受压钢筋的稳定。斜筋通常由富余的纵向受拉钢筋弯起而成,以抵抗斜截面上的剪力,当富余纵筋弯起后仍不足以抵抗剪力时,也可以另外加设钢筋(称为专用抗剪钢筋)。专用抗剪钢筋如图 5.5(a)和图 5.5(b)所示[图 5.5(c)所示的“浮筋”(即不与钢筋骨架连接的钢筋)不能用作抗剪钢筋]。

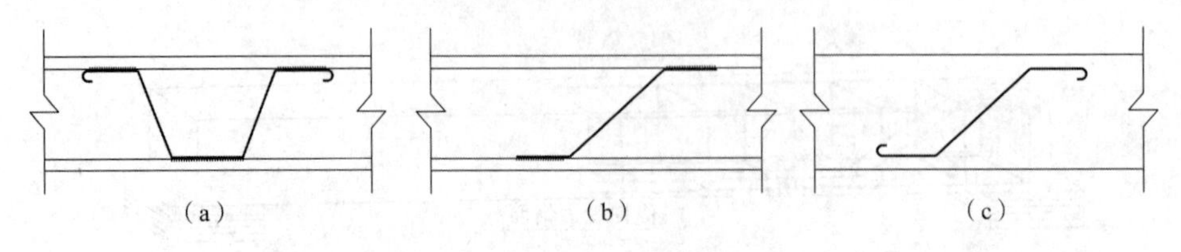

图 5.5　专用抗剪钢筋

箍筋和斜筋的数量由斜截面的抗剪承载力经计算确定。箍筋和斜筋的另一个作用是约束斜裂缝宽度的开展和长度的延伸。

(3)架立钢筋

架立钢筋是为了与其他钢筋一起形成钢筋骨架,按构造要求(不需要计算确定)在受压区布置的纵向钢筋,其数量不少于两根,其直径与梁的跨度有关:当梁的跨度 $l<4$ m 时,其直径不小于 8 mm;当梁的跨度 $l=4\sim6$ m 时,其直径不小于 10 mm;当梁的跨度 $l>6$ m 时,其直径不小于 12 mm。

2. 梁式板的构造

梁式板又称单向板,即认为它只沿一个跨度方向传递荷载。从计算角度来讲,梁式板即为宽度较大而高度较小的梁。

梁式板的钢筋有受力钢筋和分布钢筋两种,如图 5.6 所示。

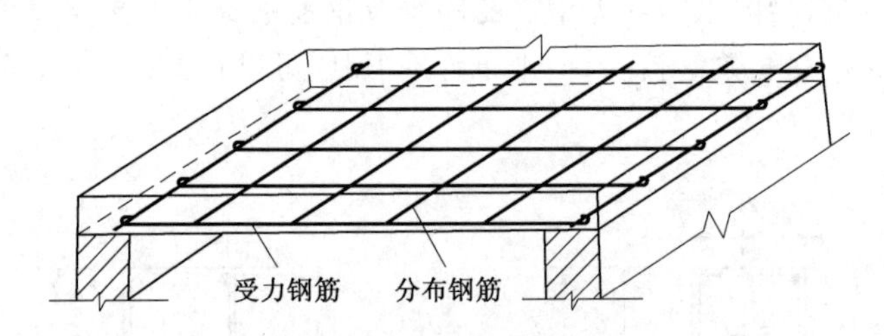

图 5.6　梁式板的钢筋构造

(1)受力钢筋

受力钢筋沿跨度方向(或两个方向中跨度较短方向)布置,其主要作用同梁的纵向受拉钢筋,抵抗荷载弯矩在截面受拉区产生的拉应力。数量也同样由正截面抗弯承载力经计算确定。

板内受力钢筋直径通常采用 6 mm、8 mm、10 mm。

板内受力钢筋间距不宜过密也不宜过稀,过密则不易浇筑混凝土,钢筋与混凝土之间的粘结力也难于保证,过稀则钢筋与钢筋之间的混凝土可能会局部破坏。因此,板内受力钢筋的间距一般不小于 70 mm;当板厚 $h\leqslant150$ mm 时,不宜大于 200 mm;当板厚 $h>150$ mm 时,不应大于 $1.5h$,且不宜大于 250 mm。

(2)分布钢筋

分布钢筋垂直于受力钢筋并分布在受力钢筋内侧。其作用是与受力钢筋一起形成钢筋网，固定受力钢筋位置，将荷载分散传递给受力钢筋，承受因混凝土收缩和温度变化引起的拉应力。

分布钢筋按构造要求布置：其直径不宜小于 6 mm，单位长度内分布钢筋的截面积不小于与其垂直方向单位长度内受力钢筋截面积的 15%及该方向单位长度混凝土截面积的 0.15%，且其间距不大于 250 mm。

5.2 受弯构件正截面性能

在钢筋混凝土受弯构件中，混凝土与钢筋两种材料均受到拉压应力作用。因此，从材料的角度上看，可能存在有：①受拉区的混凝土开裂；②受拉区的纵筋屈服；③受压区的混凝土压溃；④(双筋梁)受压区的纵筋屈服等四种破坏模式。其中，破坏模式④不控制受弯构件的正截面承载力，这是因为受压区纵筋屈服后，混凝土可以继续承担压力。

从构件延性的角度上看，理想的材料破坏模式为：依次发生①、②、③类材料破坏，即受拉区混凝土先开裂，继续承载后受拉区纵筋屈服，最后受压区混凝土压溃。这种梁被称为适筋梁。

同时，还可能存在的破坏模式有：

(1)依次发生①、③类材料破坏。即：受拉区混凝土开裂后，因受拉纵筋配置过多，使得受压区混凝土的压溃先于受拉纵筋屈服发生。这种梁被称为超筋梁。

(2)①与②类破坏同时发生，弯曲受拉裂缝失去控制，迅速贯穿截面。即：因受拉纵筋配置过少，无法承担受拉区混凝土开裂瞬间传递给受拉纵筋的拉力，导致钢筋屈服甚至拉断。这种梁被称为少筋梁。轴心受拉构件中也有类似的行为。

少筋梁与超筋梁的破坏模式均为脆性破坏，在结构设计中，应通过构造措施予以避免(将纵筋配筋率控制在合理范围)。适筋梁的正截面承载力和纵筋用量通过计算确定。

5.2.1 钢筋混凝土适筋梁的试验方案

如图 5.7 所示的钢筋混凝土梁四点对称弯曲加载是正截面受弯试验的经典形式。外荷载通过分配梁集中施加在梁的三分点处。由该荷载作用下梁的内力图可知，梁的中部只受弯矩不受剪力，系一纯弯段。根据纯弯段内混凝土的开裂和压碎情况可研究梁正截面受弯时的破坏机理。

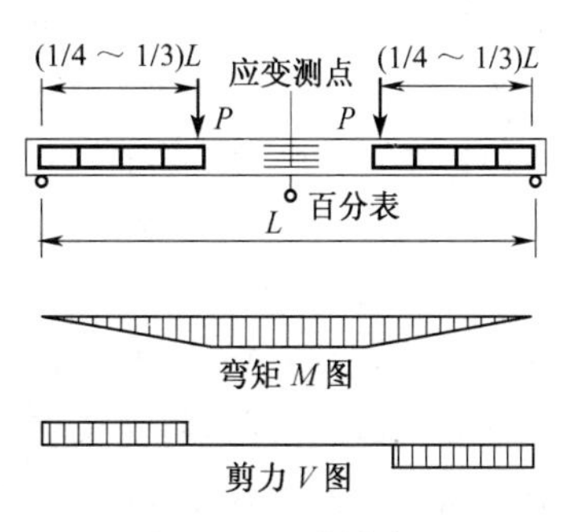

图 5.7 试验梁布置

在梁的中部沿梁的截面高度布置大标距的应变计，根据测得的应变可以研究弯矩作用下梁截面上的应变分布。在梁的中部和两端支座处布置位移计以测试整个受力过程中梁的挠度。试验采用逐级加载，结果如图 5.8 所示。图中 M 为构件所受到的弯矩，M_u 为构件所能承受的最大弯矩，f 为跨中挠度。

在 M/M_u—f 关系曲线上有两个明显的转折点，说明可按照前述材料破坏特征将适筋梁的受力和变形过程划分为三个阶段。

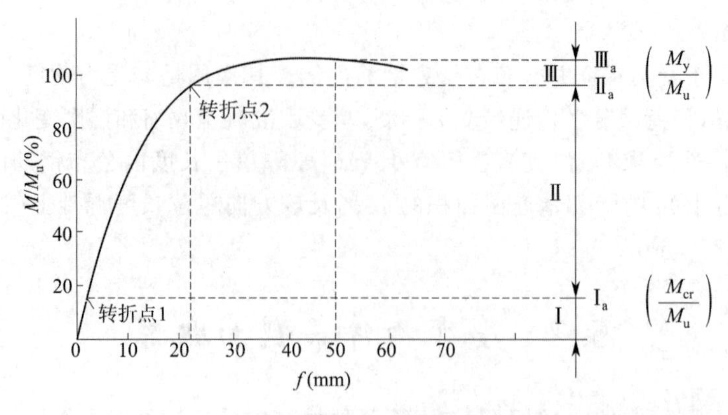

图 5.8 $M/M_u—f$ 关系曲线

5.2.2 适筋梁正截面受力各阶段的实测应变与计算应力

1. 第Ⅰ阶段——截面整体工作阶段

在此阶段初期,截面上的弯矩很小,混凝土的工作与匀质弹性体相似,应力与应变成正比,混凝土截面上的应力呈线性分布,如图 5.9(a)所示。

随着荷载增加,受拉区混凝土的应力—应变关系曲线表现出塑性性质,受拉区混凝土截面的应力呈曲线分布。由于混凝土的抗压强度远高于抗拉强度,在开裂弯矩作用下,受压区混凝土应力仍然呈线性分布,如图 5.9(b)所示。

当梁受拉区混凝土的最大拉应力 σ_t^b 达到混凝土的抗拉强度 f_t,且最大的混凝土拉应变 ε_t^b 超过混凝土的极限受拉应变 ε_{tu}时,在纯弯段某一薄弱截面出现第一条垂直裂缝。梁开裂标志着第一阶段的结束[图 5.9(a)中的阶段 Ⅰ$_a$]。此时,梁承担的弯矩 M_{cr} 称为开裂弯矩,对应于图 5.8 中的转折点 1。

2. 第Ⅱ阶段——带裂缝工作阶段

梁开裂后,裂缝处混凝土退出工作,仅中和轴附近很少一部分混凝土仍未开裂而承担很少一点拉力。拉力几乎全部由纵向受拉钢筋承担,钢筋应力激增,且通过粘结力向未开裂的混凝土传递拉应力,使梁中继续出现受拉裂缝。压区混凝土中压应力也由线性分布逐步转为非线性分布,如图 5.9(b)所示。当受拉钢筋屈服时标志着第Ⅱ阶段的结束(Ⅱ$_a$)。此时,梁承担的弯矩 M_y 称为屈服弯矩,对应于图 5.8 中的转折点 2。

3. 第Ⅲ阶段——破坏阶段

钢筋屈服后,在很小的荷载增量下,梁会产生很大的变形。纵向受拉钢筋屈服后,其拉力大小不变,荷载(弯矩)的增加只能靠裂缝宽度的开展、中和轴上移、受压区混凝土压应力合力作用线上移,从而增大内力偶臂来实现,增幅有限,压区混凝土应力分布曲线渐趋丰满[图 5.9(c)],当受压区混凝土的最大压应变 ε_c 达到混凝土的极限受压应变 ε_{cu}时,压区混凝土压碎,梁正截面受弯破坏(Ⅲ$_a$)。此时,梁承担的弯矩称为极限弯矩 M_u。

值得注意的是,图 5.9 中的平均应变沿截面高度的变化情况是采用应变计实际测量得到的,而应力无法直接测量,是根据实测应变结合混凝土的应力—应变关系换算得到的。实测结果表明:尽管开裂截面一分为二,但从平均应变的意义上来说,从适筋梁开始加载直至破坏的过程中,平截面假定仍成立。而在此过程中,应力是否满足线性分布,就取决于混凝土的应力—应变关系了。

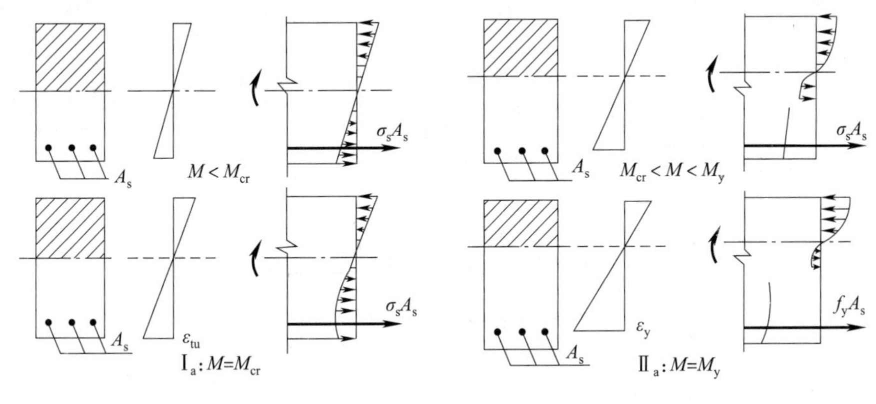

(a)第Ⅰ阶段——截面整体工作阶段　　　　(b)第Ⅱ阶段——带裂缝工作阶段

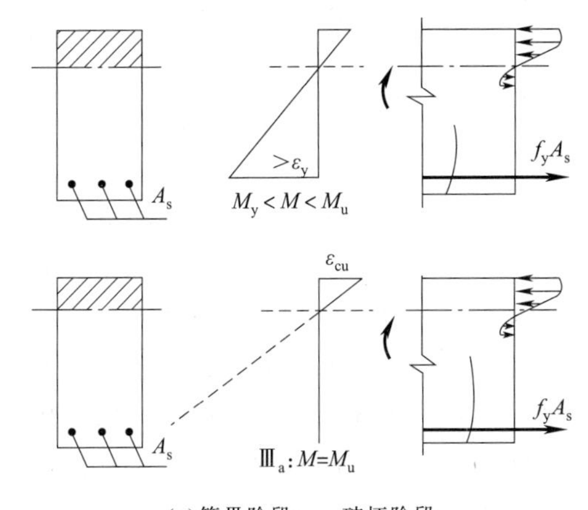

(c)第Ⅲ阶段——破坏阶段

图 5.9　截面各应力阶段

5.2.3　钢筋混凝土受弯构件正截面的破坏形态

钢筋混凝土受弯构件正截面的破坏形态与纵向受拉钢筋面积和混凝土有效截面积的相对多少(称为配筋率,后将定义)等有关。随着配筋率的不同,正截面破坏有三种形式:适筋梁破坏、少筋梁破坏与超筋梁破坏。

1. 少筋梁——“一裂即坏”

与轴心受拉构件类似,钢筋混凝土受弯构件的受拉区混凝土开裂后瞬间,由混凝土承担的拉力,要转移到纵向受拉钢筋来承当,即纵向受拉钢筋应力在受拉区混凝土开裂后产生了“应力突变”$\Delta\sigma_s$。

纵向受拉钢筋配置越少,受拉区混凝土开裂后纵向受拉钢筋的“应力突变”$\Delta\sigma_s$就越大。当纵向受拉钢筋配置过少时,由于纵向受拉钢筋的“应力突变”过大,致使开裂后纵向受拉钢筋的应力 $\sigma_s+\Delta\sigma_s$(几乎不需要增加荷载)大于钢筋的屈服强度而发生破坏,这种情况称为少筋破坏,相应的梁称为少筋梁(或相应截面称为少筋截面)。少筋梁正截面的受弯破坏仅经历弹性阶段(Ⅰ阶段)。受拉裂缝发展至梁顶,梁由于脆性断裂而破坏,混凝土的抗压强度未得到充分发挥。少筋梁钢筋拉断后,梁断为两截,破坏前梁上无裂缝,梁仅产生弹性变形,特征为“一裂即坏”,破坏突然,属于脆性破坏,如图 5.10(a)所示,具有很大的危险性,工程中应避免发生这种破坏。

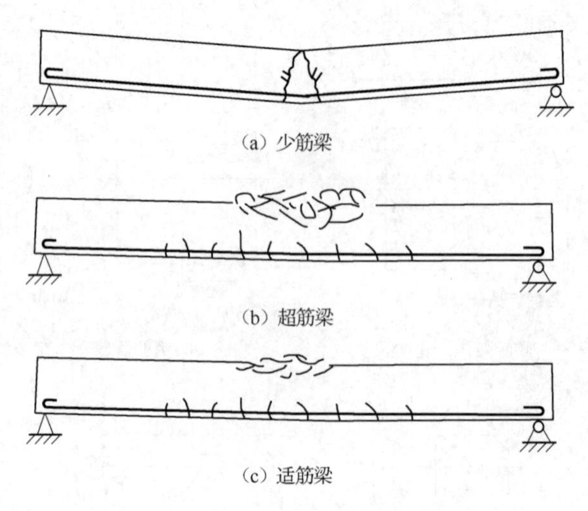

(a) 少筋梁

(b) 超筋梁

(c) 适筋梁

图 5.10 少筋、超筋、适筋梁的破坏形态

2. 超筋梁——纵向受拉钢筋屈服前受压区混凝土先被压坏

当纵向受拉钢筋配置足够时,受拉区混凝土开裂后纵向受拉钢筋的“应力突变”$\Delta\sigma_s$不大,不会引起少筋破坏,可以继续承载。在后续荷载增加过程中,受拉纵筋应力增加的同时,受压区混凝土的压应力也在相应的提高。但是,如果纵向受拉钢筋配置过多,受拉纵筋应力增长较慢,受压区混凝土会在受拉纵筋屈服前压坏,这种梁被称为超筋梁。超筋梁正截面的受弯破坏只经历第Ⅰ阶段与部分第Ⅱ阶段,在第Ⅱ阶段末期,受压区混凝土先压溃,钢筋未达到屈服状态。由于混凝土是脆性材料,破坏前没有明显预兆,破坏突然,属于脆性破坏,如图 5.10(b)所示,工程中也应避免发生这种破坏。

3. 适筋梁——延性破坏

纵向受拉钢筋配置介于少筋梁与超筋梁之间时,受拉区混凝土开裂后纵向受拉钢筋的“应力突变”$\Delta\sigma_s$适量,不会发生少筋破坏。在荷载继续增加时,纵向受拉钢筋和受压区混凝土应力也相应增加,直到纵向受拉钢筋首先屈服。纵向受拉钢筋屈服以后,其应力维持不变,裂缝宽度开展,裂缝长度延伸,挠度增加,但并不立即破坏。它还可以通过中和轴的上移(在受压区面积减少,压应力分布饱满情况下,压应力的合力仍保持与纵向受拉钢筋拉应力的合力相平衡),受压区混凝土压应力的合力作用线上移从而增大内力偶臂来抵抗进一步的荷载弯矩。由于此种破坏在破坏前有明显的预兆(裂缝和变形),破坏不突然,属于延性破坏,如图 5.10(c)所示。

钢筋混凝土受弯构件的设计与正截面承载力计算应建立在适筋梁基础上。

5.2.4 不同破坏形态之间的联系与区别

图 5.11 给出了根据试验荷载和应变计测得的应变换算出的截面弯矩—曲率关系曲线以及根据试验荷载和位移计的记录得出的梁的荷载—位移关系曲线。由图中的结果可以看出,少筋梁的承载能力和变形能力均很差,超筋梁虽有较高的承载力,但其变形能力很差,二者均不是性能良好的结构构件;适筋梁既具有较高的承载力,又具有很好的变形能力,是性能良好的结构构件。

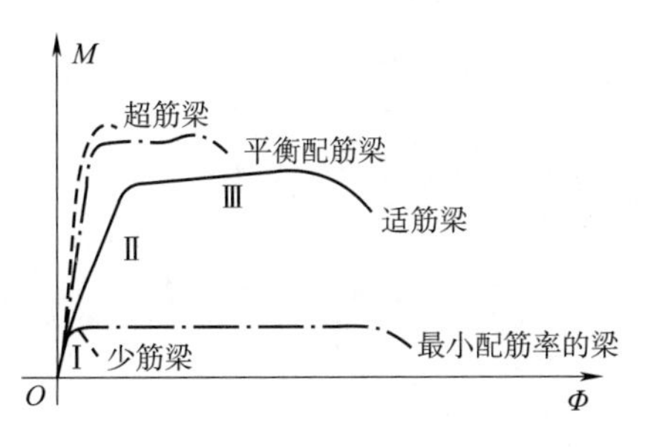

(a)正截面的弯矩—曲率关系曲线

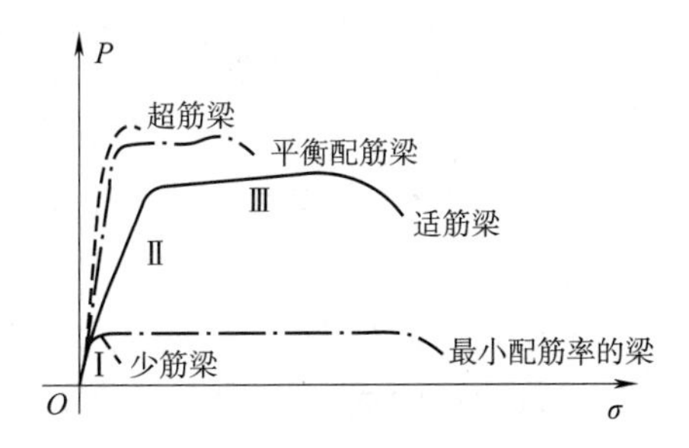

(b)荷载—位移关系曲线

图 5.11 不同钢筋混凝土梁正截面的弯矩—曲率与荷载位移曲线

在超筋破坏和适筋破坏之间存在着一种界限破坏(或称平衡破坏)。其破坏特征是在纵向受拉钢筋屈服的同时,混凝土被压碎。发生界限破坏的受弯构件纵向受力钢筋的配筋率称为界限配筋率(或平衡配筋率),用 ρ_b 表示。ρ_b 是区分适筋破坏和超筋破坏的定量指标,也是适筋构件的最大配筋率。

同样,在少筋破坏和适筋破坏之间也存在着一种"界限"破坏,其特征是构件的屈服弯矩和开裂弯矩相等。这种构件的配筋率实际上是适筋梁的最小配筋率,用 ρ_{min} 表示。ρ_{min} 是区分适筋破坏和少筋破坏的定量指标。配置最小配筋率的钢筋混凝土梁的变形能力最大(图 5.11)。

5.3 受弯构件正截面性能分析基本方程

5.3.1 力学(平衡)方程

对比钢筋混凝土轴心受力构件,受弯构件正截面还受到弯矩作用,因此在轴力平衡方程基础上,还需要补充弯矩平衡方程。

如图 5.12 所示,对于任意形状的钢筋混凝土截面,可建立笛卡尔坐标系,x 为梁高方向的坐标轴,与之垂直的坐标轴为 y,则有

$$N_c + N_s = \iint \sigma_c \mathrm{d}A + \sum_{i=1}^{n} \sigma_{s,i} A_{s,i} = 0 \tag{5.1}$$

$$M_c + M_s = \iint \sigma_c (x - x_0) \mathrm{d}A + \sum_{i=1}^{n} \sigma_{s,i} A_{s,i} (x - x_0) = M \tag{5.2}$$

式中 N_c, N_s——混凝土与钢筋承担的合力;

M_c, M_s——混凝土与钢筋承担的合力产生的弯矩;

$\mathrm{d}A$——正截面上的面积微元;

n——钢筋数量;

$A_{s,i}, \sigma_{s,i}$——第 i 根钢筋的面积与应力。

对于截面轴向合力可忽略的受弯构件而言,N_c 和 N_s 可以对任意一个点取矩,出于书写方便,一般可以对中性轴 x_0 取矩。

对于单向弯矩作用的情况,梁截面上相同高度位置各点的应力相同。因此,式(5.1)与式(5.2)中的二重积分可以转化为一重积分

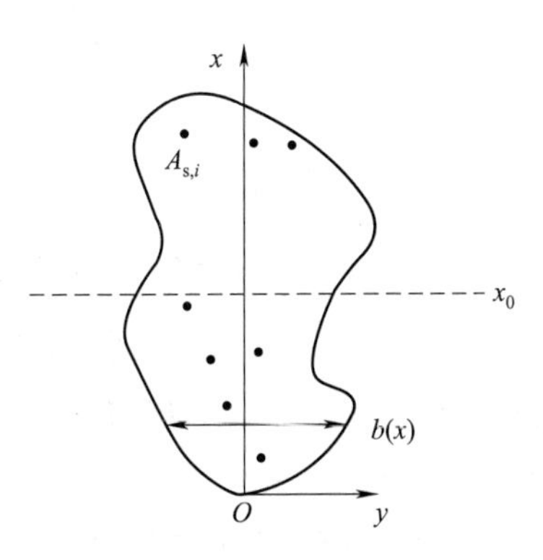

图 5.12 任意的钢筋混凝土截面

$$\int_0^h \sigma_c(x)b(x)\mathrm{d}x + \sum_{i=1}^{n}\sigma_{s,i}A_{s,i} = 0 \tag{5.3}$$

$$\int_0^h \sigma_c(x)b(x)(x-x_0)\mathrm{d}x + \sum_{i=1}^{n}\sigma_{s,i}A_{s,i}(x-x_0) = M \tag{5.4}$$

式中 h——梁高；

$\sigma_c(x)$——x 位置的混凝土应力；

$b(x)$——x 位置梁的宽度。

5.3.2 几何(变形)方程

在未开裂的截面中，在相同位置(x 相同)处钢筋应变 ε_s 与混凝土应变 ε_c 仍应满足变形协调条件式(4.2)，除此之外，第 5.2 节的试验研究表明，适筋梁开始加载直至破坏的过程中，平截面假定仍成立，即应变沿梁高方向的分布 $\varepsilon(x)$ 为

$$\varepsilon(x)=\kappa(x-x_0) \tag{5.5}$$

式中 κ——截面曲率。

5.3.3 物理(本构)方程

钢筋混凝土受弯构件中，钢筋与混凝土受到拉压应力作用。因此，钢筋与混凝土的物理方程均应该包括拉、压应力的情况。对于钢筋而言，取受拉为正，有

$$\sigma_s=\begin{cases}-f'_y & \varepsilon_s<-\varepsilon_y \\ E_s\varepsilon_s & -\varepsilon_y\leqslant\varepsilon_s\leqslant\varepsilon_y \\ f_y & \varepsilon_y<\varepsilon_s\end{cases} \tag{5.6}$$

混凝土的应力应变关系为

$$\sigma_c=\begin{cases}-f_c & -\varepsilon_{cu}\leqslant\varepsilon_c<-\varepsilon_0 \\ -f_c\left[1-\left(1-\dfrac{\varepsilon_c}{\varepsilon_0}\right)^n\right] & -\varepsilon_0\leqslant\varepsilon_c\leqslant 0 \\ \nu_0 E_c\varepsilon_c & 0<\varepsilon_c\leqslant\varepsilon_{t0} \\ 0 & \varepsilon_{t0}<\varepsilon_c\end{cases} \tag{5.7}$$

式中 ε_0——混凝土压应力刚达到 f_c 时的压应变，$\varepsilon_0=0.002+0.05\times(f_{cu,k}-50)\times10^{-5}$，当计算的 ε_0 值小于 0.002 时，取为 0.002；

ε_{cu}——正截面的混凝土极限压应变，受弯构件中，$\varepsilon_{cu}=0.0033-(f_{cu,k}-50)\times10^{-5}$，如计算的 ε_{cu} 值大于 0.003 3，取为 0.003 3；

$f_{cu,k}$——混凝土立方体抗压强度标准值，MPa；

n——系数，$n=2-\frac{1}{60}(f_{cu,k}-50)$，当计算的 n 值大于 2.0 时，取 2.0。

值得注意的是，混凝土的压溃在受弯构件中被定义为应变达到极限压应变 ε_{cu}，而在轴心受压构件中，混凝土的破坏定义为应变达到 ε_0。这是因为，受弯构件与轴压构件最大的不同在于应变沿截面梁高方向非均匀分布。当受弯构件最外层纤维的应变超过峰值应变，对应的应力开始下降时，相邻内侧纤维的应变与应力均还在增长，受压区的合力可以继续提高，满足轴力平衡方程。

求解上述基本方程，可以获得钢筋混凝土受弯构件加载全过程的受力行为。如果仅关心

受弯构件正截面承载力，只需考虑最后的应力阶段，那么混凝土与钢筋的物理方程可以大大简化，相应的承载力计算公式也可以推导而得。

5.4　单筋矩形截面梁正截面承载力计算

单筋矩形截面梁即是在正截面承载力计算中，只计入纵向受拉钢筋的矩形截面梁。

5.4.1　单筋矩形截面梁正截面承载力的计算简图

1. 基本假定

受弯构件正截面承载力计算属于承载能力极限状态，以应力阶段Ⅲ$_a$（图 5.9）为依据。为了简化计算，可以引入下述四个基本假定：

（1）平截面假定。

（2）受拉区混凝土不参与工作假定。

（3）混凝土受压的应力与应变曲线采用曲线加直线段（图 5.13）形式。

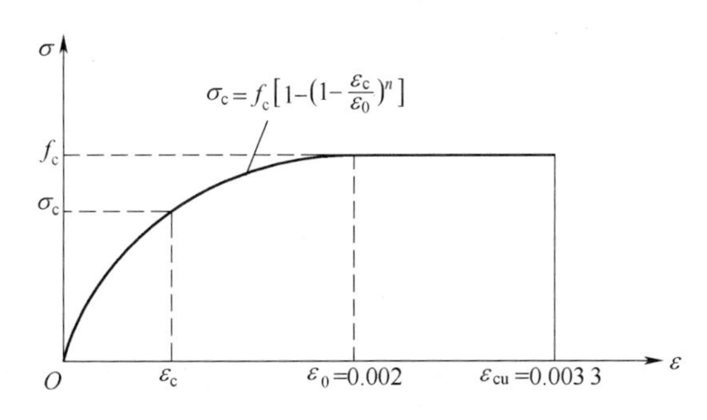

图 5.13　混凝土的应力—应变曲线

（4）纵向受拉钢筋的应力取钢筋应变与其弹性模量的乘积，但其绝对值不应大于其相应的强度设计值。纵向受拉钢筋的极限拉应变取为 0.01。

上述四条基本假定实质上是在定义或简化 5.3 节中的性能分析基本方程的几何方程与物理方程，使得结构设计中仅需要使用平衡方程。其中，第一条假定是定义几何方程，即式（5.5）；第二、第三与第四条假定是定义或简化混凝土与钢筋的物理方程。即将式（5.6）与式（5.7）修改为

$$\sigma_c=\begin{cases}-f_c & -\varepsilon_{cu}\leqslant\varepsilon_c<-\varepsilon_0\\ -f_c\left[1-\left(1-\dfrac{\varepsilon_c}{\varepsilon_0}\right)^n\right] & -\varepsilon_0\leqslant\varepsilon_c\leqslant 0\\ 0 & 0<\varepsilon_c\end{cases}\tag{5.8}$$

$$\sigma_s=\begin{cases}E_s\varepsilon_s & -\varepsilon_y\leqslant\varepsilon_s\leqslant\varepsilon_y\\ f_y & \varepsilon_y<\varepsilon_s\leqslant 0.01\\ 0 & 0.01<\varepsilon_s\end{cases}\tag{5.9}$$

同时，针对具体的矩形截面的承载能力计算，还可以引入更多的简化条件：（1）矩形截面的宽度 b 为定值；（2）受拉钢筋等效为面积为 A_s 的单层钢筋，对于多层钢筋的情况，取其合力点位置为等效钢筋所在位置，距离梁底的距离为 a_s；（3）适筋梁达到极限状态时，钢筋应力取屈

服强度 f_y;(4)弯矩平衡方程对受拉钢筋的合力点取矩,则力学平衡方程,式(5.3)与式(5.4)可简化为

$$b\int_{x_0}^{h}\sigma_c(x)\mathrm{d}x+f_yA_s=0 \tag{5.10}$$

$$b\int_{x_0}^{h}\sigma_c(x)(x-a_s)\mathrm{d}x=M \tag{5.11}$$

利用平截面假定与混凝土的应力应变关系,作为正截面承载力计算的应力阶段Ⅲa[图(5.11)]所对应的实际应力分布图[图 5.14(b)]可以得到,结合基本假定可简化为能够进行理论计算的应力分布图[图 5.14(c)],该图称为理论应力图,式(5.10)与式(5.11)中的积分式也可以计算得出。

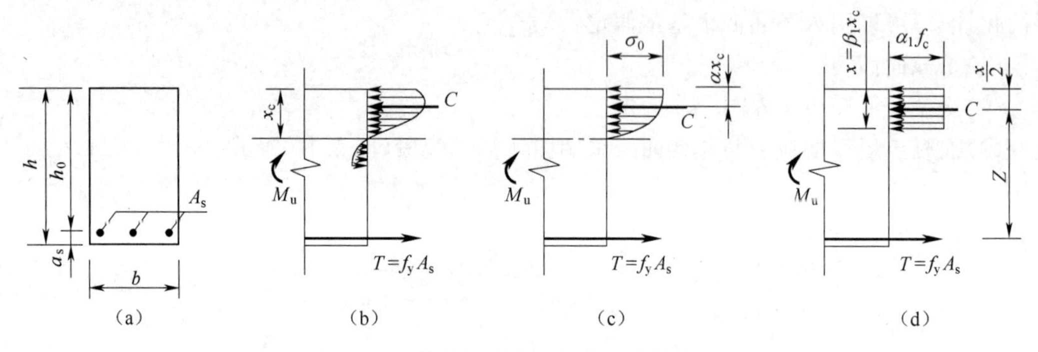

图 5.14 单筋矩形截面正截面计算简图

2. 计算简图

式(5.10)与式(5.11)中积分式所计算的是受压区混凝土的合力与其产生的力矩。如果可以采用等效矩形应力图[均匀分布图,图 5.14(d)]来代替曲线分布的理论应力图[图 5.14(c)],获得受压区混凝土压应力的等效合力,则积分可化为简单乘法,计算可以进一步简化。根据力的三要素包括大小、方向与作用点,等效原则可确定为:

(1)受压区混凝土压应力的合力大小不变,即等效前后受压区混凝土压应力分布图形的面积相等。

(2)受压区混凝土压应力合力 C 的作用线位置不变,即等效前后受压区混凝土压应力分布图形面积的形心位置不变(也即内力偶臂大小不变)。

上述等效原则实际上是建立了两个方程,据此可分别得到计算简图中的受压区高度 x(与理论应力图受压区高度 x_c之间的关系)和计算简图中的应力 $\alpha_1 f_c$(与理论应力图中最大应力 σ_0之间的关系),即

$$x=\beta_1 x_c \tag{5.12}$$

$$\alpha_1 f_c=\gamma\sigma_0 \tag{5.13}$$

式中 β_1——系数,当混凝土强度等级不超过 C50 时,取为 0.8,当混凝土强度等级为 C80 时,取为 0.74,其间按线性内插法确定;

α_1——系数,当混凝土强度等级不超过 C50 时,取为 1.0,当混凝土强度等级为 C80 时,取为 0.94,其间按线性内插法确定;

γ——等效后的应力与 σ_0 的比值,$\gamma=\alpha_1 f_c/\sigma_0$。

最后的计算简图如图 5.14(d)所示。

5.4.2 基本计算公式及适用条件

1. 基本计算公式

对于单筋矩形截面受弯构件的正截面承载力计算，根据图 5.14(d)所示的计算简图，力学平衡方程可简化为

$$\sum N = 0, \alpha_1 f_c bx = f_y A_s \tag{5.14}$$

$$\sum M = 0, M \leqslant M_u = \alpha_1 f_c bx\left(h_0 - \frac{x}{2}\right) \tag{5.15}$$

或

$$M \leqslant M_u = f_y A_s\left(h_0 - \frac{x}{2}\right) \tag{5.16}$$

式中 M——荷载在计算截面上产生的弯矩设计值；

f_c——混凝土轴心抗压强度设计值；

f_y——纵向受拉钢筋的抗拉强度设计值；

A_s——纵向受拉钢筋的截面面积；

b——截面宽度；

x——计算简图中的受压区高度，简称受压区高度；

h_0——截面有效高度，即纵向受拉钢筋合力作用点到截面受压边缘之间的距离，其值为 $h_0=h-a_s$，h 为截面高度，a_s 为纵向受拉钢筋拉力的合力作用点至截面受拉边缘的距离。

值得注意的是，式(5.15)与式(5.16)实质上是等效的，其差别在于对受拉纵筋合力作用点取矩还是对受压区合力点取矩。理论上说，根据取矩点的不同，弯矩平衡方程还可以有无穷多个，但独立的弯矩平衡方程只有一个。因此，上述方程组只能唯一确定两个独立的未知量。

如果令 $\xi=\frac{x}{h_0}$(称为相对受压区高度)，则上述式(5.14)～式(5.16)可分别写成下面的式子

$$\xi = \frac{x}{h_0} = \left(\frac{A_s}{bh_0}\right)\frac{f_y}{\alpha_1 f_c} = \rho\frac{f_y}{\alpha_1 f_c} \tag{5.17}$$

$$M \leqslant M_u = \alpha_1 f_c bh_0^2 \xi(1-0.5\xi) = \alpha_s \alpha_1 f_c bh_0^2 \tag{5.18}$$

或

$$M \leqslant M_u = f_y A_s h_0(1-0.5\xi) = \gamma_s h_0 f_y A_s \tag{5.19}$$

式中 $\alpha_s=\xi(1-0.5\xi)$，$\gamma_s=1-0.5\xi$。

由式(5.17)可以看出，轴力平衡方程决定了受压区的高度(实际上就是确定了中性轴的位置)。对于给定的材料而言，其高度与配筋率 ρ 成正比。而由式(5.18)可以看出，对于给定材料(f_c，f_y)、截面(b，h)与钢筋位置(h_0)的单筋矩形截面梁，其抗弯承载力与 α_s 成正比。

2. 适用条件

第 5.3 节中所介绍的基本方程具有较强的普适性，而本节所介绍的计算公式是根据适筋梁的破坏特征建立起来的，只适用于适筋梁。超筋梁达到承载能力极限时，受拉钢筋应力小于屈服强度 f_y，如果采用本节公式进行计算，会高估超筋梁的抗弯承载力。在实际工程中，必须避免超筋梁和少筋梁。

(1)界限相对受压区高度 ξ_b——非超筋梁的条件

适筋梁与超筋梁达到承载能力极限时，受压区的混凝土均会压溃，即受压区边缘混凝土压

应变达到 ε_{cu}，而两者的差别在于此时受拉钢筋是否已经屈服。根据平截面假定，绘制适筋梁与超筋梁破坏时的截面应变分布情况，如图 5.15 所示。图中，受压区边缘混凝土压应变相同，纵向受拉钢筋的应变越大，受压区高度就越小。由此可见，受压区的高度可以作为适筋梁与超筋梁的判据。

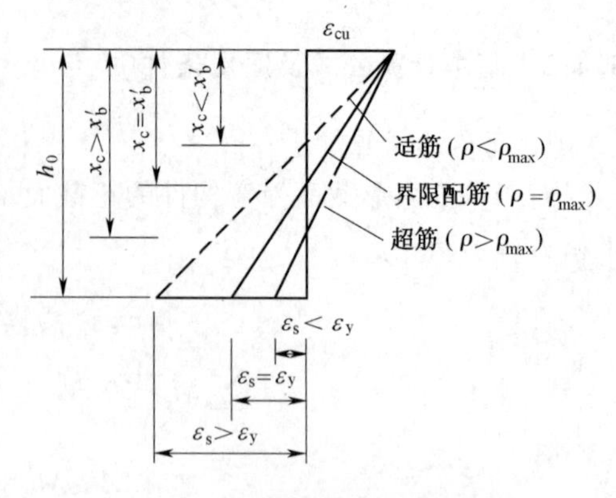

图 5.15　界限破坏时的应变情况

取图 5.15 中的临界情况，即界限配筋时，相对受压区高度（界限相对受压区高度）为

$$\xi_b=\frac{x_b}{h_0}=\frac{\beta_1 x_b'}{h_0}=\frac{\beta_1\varepsilon_{cu}}{\varepsilon_{cu}+\varepsilon_y} \tag{5.20}$$

对于有明显屈服点的热轧钢筋，有 $\varepsilon_y=f_y/E_s$，则式(5.20)可写为

$$\xi_b=\frac{\beta_1}{1+\dfrac{f_y}{\varepsilon_{cu}E_s}} \tag{5.21}$$

常见热轧钢筋对应的相对界限受压区高度 ξ_b 见表 5.3。

表 5.3　相对界限受压区高度 ξ_b 和截面最大抵抗矩系数 $\alpha_{s,max}$

f_{cu}(MPa)	≤C50				C60				C70				C80			
f_{yk}(MPa)	300	335	400	500	300	335	400	500	300	335	400	500	300	335	400	500
ξ_b	0.576	0.550	0.518	0.482	0.557	0.531	0.499	0.464	0.537	0.512	0.481	0.447	0.518	0.493	0.463	0.429
$\alpha_{s,max}$	0.410	0.399	0.384	0.366	0.402	0.390	0.375	0.356	0.393	0.381	0.365	0.347	0.384	0.371	0.356	0.337

对无明显屈服点的钢筋，有 $\varepsilon_y=0.002+f_y/E_s$，即无明显屈服点的钢筋的相对界限受压区高度为

$$\xi_b=\frac{\beta_1}{1+\dfrac{0.002}{\varepsilon_{cu}}+\dfrac{f_y}{\varepsilon_{cu}E_s}} \tag{5.22}$$

从图 5.15 可以看出，非超筋的判据是：($x_c\leqslant x_b'$，进而有 $x\leqslant x_b$) $\xi\leqslant\xi_b$。

值得注意的是，式(5.23)只是非超筋条件的表达方式之一，还有很多不同的表达方式，都是等价的。由于界限配筋是适筋梁的最大配筋，显然可以引入最大配筋率的概念，由式(5.17)有

$$\rho_{max}=\xi_b\frac{\alpha_1 f_c}{f_y} \tag{5.23}$$

同时，$\alpha_s=\xi(1-0.5\xi)$可以变换为

$$\alpha_s=\xi(1-0.5\xi)=\frac{1}{2}[1-(\xi-1)^2] \tag{5.24}$$

根据 ξ 的定义，有 $\xi<1$。在这种情况下，式(5.24)是关于 ξ 的增函数。即当 $\xi=\xi_b$ 时，α_s 取得最大值。将其代入式(5.18)，弯矩最大值 $M_{u,max}$ 为

$$M_{u,max}=\alpha_{s,max}\alpha_1 f_c bh_0^2=\xi_b(1-0.5\xi_b)\alpha_1 f_c bh_0^2 \tag{5.25}$$

即界限配筋梁的正截面承载力是仅改变配筋率而其他条件不变所得到的各种适筋梁的正截面承载力中最大者。如果在这种情况下，承载力仍然不满足荷载需求($M_{u,max}<M$)，就需要增大

截面尺寸或者设计成双筋梁。

综上所述，非超筋的条件可以写为

$$\xi \leqslant \xi_b \tag{5.26}$$

$$x \leqslant \xi_b h_0 \tag{5.27}$$

$$\rho < \rho_{max} \tag{5.28}$$

$$\alpha_s < \alpha_{s,max} \tag{5.29}$$

(2)最小配筋率——非少筋的条件

纵向受拉钢筋的配筋率过小，就会出现少筋破坏。为防止出现少筋破坏，就要规定一个最小配筋率 ρ_{min}。《混规》规定：对受弯构件，最小配筋率取值为

$$\rho_{min} = \max\left(0.2\%, 0.45\frac{f_t}{f_y} \times 100\%\right) \tag{5.30}$$

式中 f_t——混凝土的轴心抗拉强度设计值。

最小配筋率的确定依据是：按钢筋混凝土计算方法计算的破坏弯矩 M_u 等于按素混凝土计算方法计算的破坏弯矩 M_{cr}(即开裂弯矩)。因为正截面强度计算中的配筋率 ρ 是以 bh_0 为基准，最小配筋率 ρ_{min} 是以 bh 为基准(因为素混凝土全截面有效)，所以，验算非少筋的条件为

对矩形截面和翼缘受压的 T 形、I 形截面梁，有

$$\rho_1 = \frac{A_s}{bh} \geqslant \rho_{min} \tag{5.31}$$

对翼缘受拉的 T 形、I 形截面梁，有

$$\rho_1 = \frac{A_s}{bh + (b_f - b)h_f} \geqslant \rho_{min} \tag{5.32}$$

式中 b_f，h_f——T 形、I 形截面梁受拉翼缘的宽度和厚度。

5.4.3 截面设计

设计与复核是钢筋混凝土结构设计的两类主要问题。所谓截面设计，狭义上说就是根据内力需求，设计并布置梁或板的钢筋；广义上说，还包括截面选择与尺寸设计。由于实际的钢筋混凝土结构多为超静定结构，构件的截面选择与尺寸会影响内力分配，因此在设计中需要对截面尺寸反复迭代。通常情况下，可根据设计经验初选截面与拟定尺寸，在此基础上计算结构内力并进行配筋设计。当配筋设计无法完成或明显不合理的时候，要根据计算结果调整截面形式与尺寸，重复结构计算与配筋设计的内容，直至满足结构受力与性能要求为止。

钢筋混凝土梁截面配筋设计时，可在计算公式(5.15)中令 $M = M_u$，求解出受压区高度 x，再将其代入式(5.14)计算受拉钢筋面积。这里有几个需要注意的问题：(1)式(5.15)为一元二次方程，求解可获得两个根，应根据实际情况，选择合适的正根；(2)式(5.15)中 $h_0 = h - a_s$ 的取值依赖于受拉钢筋重心到受拉区混凝土边缘的距离 a_s，而 a_s 与所选的钢筋直径、数量、布置情况、梁所处的环境、混凝土等级等有关，虽然其值只有在选择并布置好钢筋后才能确定，但其影响不大，可以事先估计。方法如下：

按构造要求，对于处于一类环境类别和设计使用年限为 50 年的梁和板，当混凝土的强度等级大于 C25 时，梁内钢筋的混凝土保护层最小厚度(指从构件边缘至最外层钢筋边缘的距离)不得小于 20 mm，板内钢筋的混凝土保护层厚度不得小于 15 mm(当混凝土的强度等级小于和等于 C25 时，梁和板的混凝土保护层最小厚度分别为 25 mm 和 20 mm)。因此，对于一类环境类别和设计使用年限为 50 年，以及混凝土强度等级大于 C25 的受弯构件，截面的有效高

度在构件设计时一般可按假定梁内主筋直径为 20 mm,板内主筋直径为 10 mm,梁内箍筋直径为 6 mm,梁内主筋间距为 25 mm 进行估算(图 5.16):

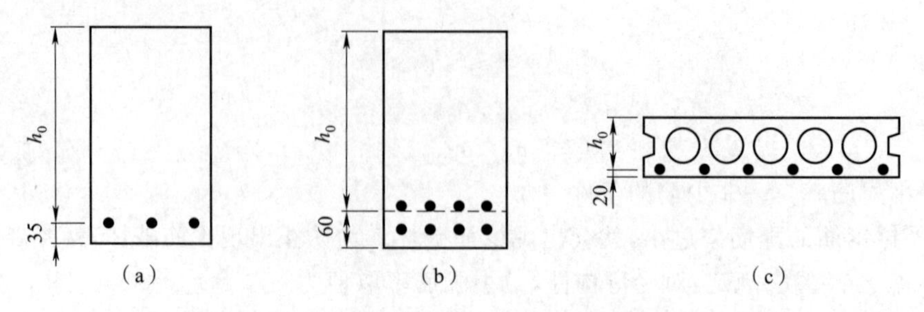

图 5.16　梁板有效高度的确定方法(单位:mm)

梁的纵向受力钢筋按一排布置时,$h_0=h-20-6-\frac{20}{2}\approx h-35$ mm;

梁的纵向受力钢筋按两排布置时,$h_0=h-20-6-20-\frac{25}{2}\approx h-60$ mm;

板的截面有效高度 $h_0=h-15-\frac{10}{2}\approx h-20$ mm。

基于上述估计的截面有效高度与实际采用的 h_0 可能存在有毫米级别的偏差,这相较于梁板的高度 h 而言,对设计结果影响不大。设计完成后,可以代入实际的 h_0 重新进行验算。

根据混凝土截面是否已知,单筋矩形截面梁的设计有以下两种情况。

1. 情况一:给定构件的截面尺寸

已知截面荷载弯矩设计值(M)、混凝土强度等级(f_c,f_t)、钢筋级别(f_y,相对界限受压区高度 ξ_b)、混凝土截面尺寸($b\times h$)。

求:A_s 与 x。

对于这种情况,在估计纵向受拉钢筋重心到受拉混凝土边缘之间的距离 a_s 之后,仍为两个独立未知量而有两个独立的方程(公式),可以直接求解,具体步骤如下。

由式(5.18),有

$$\alpha_s=\frac{M}{\alpha_1 f_c bh_0^2}=\xi(1-0.5\xi) \tag{5.33}$$

解得

$$\xi=1\pm\sqrt{1-\alpha_s} \tag{5.34}$$

取小于 1 的正根,即

$$\xi=1-\sqrt{1-\alpha_s} \tag{5.35}$$

将式(5.35)代入式(5.17)有

$$\rho=\alpha_1\xi\frac{f_c}{f_y}=\alpha_1(1-\sqrt{1-\alpha_s})\frac{f_c}{f_y} \tag{5.36}$$

则受拉纵筋面积为

$$A_s=\rho bh_0 \tag{5.37}$$

最后验算适筋条件并配置钢筋。上述过程也可改为直接求解式(5.14)、式(5.15)或式(5.16)。

解题思路:

(1)基本数据准备,包括 a_s 的估算。

(2)计算设计弯矩(如果未直接给出时)。

(3)计算所需配置的纵向受拉钢筋面积 A_s。

(4)验算适筋条件:既非超筋也非少筋。

【例题 5.1】 已知某钢筋混凝土单筋矩形截面梁承受弯矩设计值 $M=120$ kN·m,环境类别为一类,截面尺寸为 $b\times h=200$ mm×500 mm,安全等级为二级,混凝土强度等级为 C20,配置 HRB335 级纵向受拉钢筋。试设计纵向受拉钢筋截面面积 A_s。

【解】 (1)基本数据准备

因混凝土强度等级为 C20,所以 $\alpha_1=1.0$。

查附表 1 有 $f_c=9.6$ N/mm²,$f_t=1.1$ N/mm²。查附表 6 有 $f_y=300$ N/mm²。

由附表 27 知,环境类别为一类,混凝土强度等级为 C20 时,保护层厚度 $c=25$ mm,预选纵向受拉钢筋直径为Φ22,布置成一排,则 $a_s=25+6(\text{箍筋直径})+\frac{22}{2}=42(\text{mm})$。

$$h_0=h-a_s=500-42=458(\text{mm})$$

(2)计算纵向受拉钢筋面积 A_s

由式(5.33)有

$$\alpha_s=\frac{M}{\alpha_1 f_c b h_0^2}=\frac{120\times10^6}{1.0\times9.6\times200\times458^2}=0.298$$

由式(5.35)有

$$\xi=1-\sqrt{1-2\alpha_s}=1-\sqrt{1-2\times0.298}=0.364$$

由式(5.37)有

$$A_s=\rho b h_0=\frac{\alpha_1\xi f_c b h_0}{f_y}=\frac{1.0\times0.364\times9.6\times200\times458}{300}=1\ 067(\text{mm}^2)$$

(3)验算适用条件

①查表 5.3,$\xi_b=0.550$。

$$\xi=0.364<\xi_b=0.550(\text{非超筋梁})$$

②由式(5.30)有

$$\rho_{min}=\max\left(0.2\%,0.45\frac{f_t}{f_y}\times100\%\right)=\max\left(0.2\%,0.45\times\frac{1.1}{300}\times100\%\right)$$
$$=\max(0.2\%,0.165\%)=0.2\%$$

由式(5.31)知

$$\rho_1=\frac{A_s}{bh}=\frac{1\ 067}{200\times500}=1.1\%>\rho_{min}=0.2\%(\text{非少筋梁})$$

既非超筋梁也非少筋梁,必然为适筋梁,故可按计算所需纵向受拉钢筋面积配筋。可选 3Φ22($A_s=1\ 140$ mm²),布置成一排。

【例题 5.2】 已知:一单跨钢筋混凝土现浇简支板,板厚为 80 mm,计算跨度为 $l=2.4$ m,承受永久荷载标准值 $g_k=0.5$ kN/m²(不包括板的自重),可变荷载标准值为 $q_k=2.17$ kN/m²,混凝土强度等级为 C30,配置 HRB335 级纵向受拉钢筋。永久荷载分项系数为 $\gamma_G=1.3$,可变荷载分项系数为 $\gamma_Q=1.5$,钢筋混凝土容重为 25 kN/m³,环境类别为一类。试求:设计板的纵向受拉钢筋 A_s。

【解】 (1)基本数据准备

因混凝土强度等级为 C30,所以 $\alpha_1=1.0$。查附表 1 有 $f_c=14.3$ N/mm²,$f_t=1.43$ N/mm²。查附表 6 有 $f_y=300$ N/mm²。

由附表27知,环境类别为一类,混凝土强度等级为C30时,$c=15$ mm,预选纵向受拉钢筋直径为Φ10,布置成一排,则 $a_s=c+d/2=15+10/2=20$(mm)。

$$h_0=h-a_s=80-20=60(\text{mm})$$

(2)荷载弯矩设计值计算

取1 m板宽作为计算单元。板的自重标准值 $g_{k1}=25\times0.08=2.0(\text{kN/m}^2)$,则均布荷载设计值为

$$q=1.3(g_k+g_{k1})\times1+1.5q_k\times1=1.3\times(0.5+2.0)+1.5\times2.17=6.5(\text{kN/m})$$

跨中最大弯矩设计值为

$$M=\frac{1}{8}ql_0^2=\frac{1}{8}\times6.5\times2.4^2=4.68(\text{kN}\cdot\text{m})$$

(3)计算受拉钢筋面积 A_s

由式(5.33)有

$$\alpha_s=\frac{M}{\alpha_1 f_c bh_0^2}=\frac{4.68\times10^6}{1.0\times14.3\times1\,000\times60^2}=0.091$$

由式(5.35)有

$$\xi=1-\sqrt{1-2\alpha_s}=1-\sqrt{1-2\times0.091}=0.096$$

由式(5.37)有

$$A_s=\rho bh_0=\frac{\alpha_1\xi f_c bh_0}{f_y}=\frac{1.0\times0.096\times14.3\times1\,000\times60}{300}=275(\text{mm}^2)$$

(4)验算适用条件

①查表5.3,$\xi_b=0.550$。

$$\xi=0.096<\xi_b=0.550(\text{非超筋梁})$$

②由式(5.30)有

$$\rho_{\min}=\max\left(0.2\%,0.45\frac{f_t}{f_y}\times100\%\right)=\max\left(0.2\%,0.45\times\frac{1.43}{300}\times100\%\right)$$
$$=\max(0.2\%,0.21\%)=0.21\%$$

由式(5.31)知

$$\rho_1=\frac{A_s}{bh}=\frac{275}{1\,000\times80}=0.34\%>\rho_{\min}=0.21\%(\text{非少筋梁})$$

既非超筋梁也非少筋梁,必然为适筋梁,故可按计算所需纵向受拉钢筋面积配筋。可选Φ8钢筋,间距170 mm(查附表25,$A_s=296\ \text{mm}^2>275\ \text{mm}^2$),如图5.17所示。

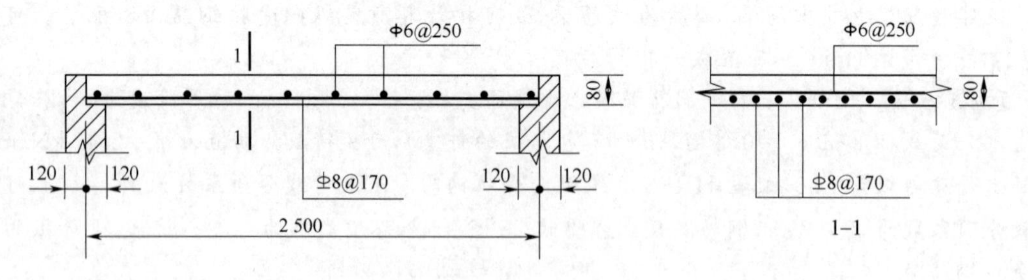

图5.17 截面配筋图(单位:mm)

2. 情况二：未给定构件的截面尺寸

已知截面荷载弯矩设计值(M)、混凝土强度等级(f_c，f_t)、钢筋级别(f_y，相对界限受压区高度 ξ_b)。

求：$b\times h$，A_s，x。

对于这种情况，在估计纵向受拉钢筋重心到受拉混凝土边缘之间的距离 a_s之后，仍然有四个未知量，而只有两个独立的方程(公式)，只有在确定其中两个未知量的情况下，才能得到唯一解答。

根据表 5.1(或表 5.2)可以初选梁(板)截面高度 h，再由梁截面的高宽比初选截面宽度 b。初定梁截面尺寸 $b\times h$ 后，余下的计算同情况一。当然，必要时需作适当修改。

解题思路：

(1)基本数据准备，包括 a_s的估算。

(2)初拟截面尺寸。

(3)计算设计弯矩(如果未直接给出时)。

(4)计算所需配置的纵向受拉钢筋面积 A_s。

(5)验算适筋条件：既非超筋也非少筋。

【例题 5.3】 已知某钢筋混凝土单筋矩形截面梁简支梁(主梁)，计算跨度为 $l_0=6.9$ m，承受均布永久荷载设计值 $g=30$ kN/m，均布可变荷载设计值 $q=18$ kN/m，环境类别为一类，安全等级为二级，混凝土强度等级为 C30，配置 HRB400 级纵向受拉钢筋。试设计混凝土截面 $b\times h$ 和纵向受拉钢筋 A_s。

【解】 (1)初定梁的截面尺寸 $b\times h$

根据表 5.1 有

$$h=\frac{l_0}{12}=\frac{6\ 900}{12}=575(\text{mm})，取\ h=600\ \text{mm}$$

取

$$b=\frac{h}{2}=300(\text{mm})$$

(2)基本数据准备

因混凝土强度等级为 C30，所以 $\alpha_1=1.0$。查附表 1 有 $f_c=14.3\ \text{N/mm}^2$，$f_t=1.43\ \text{N/mm}^2$。查附表 6 有 $f_y=360\ \text{N/mm}^2$。

由附表 27 知，环境类别为一类，混凝土强度等级为 C30 时，$c=20$ mm，预选纵向受拉钢筋直径为 ⌀20，布置成一排，则 $a_s=20+6$(箍筋直径)$+20/2=36$(mm)。

$$h_0=h-a_s=600-36=564(\text{mm})$$

(3)最大弯矩设计值 M

$$M=\frac{1}{8}(g+q)l_0^2=\frac{1}{8}\times(30+18)\times 6.9^2=285.66(\text{kN}\cdot\text{m})$$

(4)计算纵向受拉钢筋面积 A_s

由式(5.33)有

$$\alpha_s=\frac{M}{\alpha_1 f_c b h_0^2}=\frac{285.66\times 10^6}{1.0\times 14.3\times 300\times 564^2}=0.209$$

由式(5.35)有

$$\xi=1-\sqrt{1-2\alpha_s}=1-\sqrt{1-2\times 0.209}=0.237$$

由式(5.37)有

$$A_s=\rho bh_0=\frac{\alpha_1\xi f_c bh_0}{f_y}=\frac{1.0\times0.237\times14.3\times300\times564}{360}=1\ 593(\text{mm}^2)$$

(5)验算适用条件

查表5.3,$\xi_b=0.518$。

$$\xi=0.237<\xi_b=0.518(\text{非超筋梁})$$

由式(5.30)有

$$\rho_{min}=\max\left(0.2\%,0.45\frac{f_t}{f_y}\times100\%\right)=\max\left(0.2\%,0.45\times\frac{1.43}{360}\times100\%\right)$$
$$=\max(0.2\%,0.18\%)=0.2\%$$

由式(5.31)知

$$\rho_1=\frac{A_s}{bh}=\frac{1\ 593}{300\times600}=0.89\%>\rho_{min}=0.2\%(\text{非少筋梁})$$

既非超筋梁也非少筋梁,必然为适筋梁,故可按计算所需纵向受拉钢筋面积配筋。可选2⌀25+2⌀20[$A_s=982+628=1\ 610(\text{mm}^2)>1\ 596\ \text{mm}^2$]。

从上面例题可以看出,无论哪种情况,都需要验算适用条件。对单筋梁而言,适用条件就是适筋梁条件。其实,所有梁都必须满足适筋条件。当出现少筋梁时,说明混凝十截面尺寸过大,可以修改的话,应减小混凝土截面尺寸。若为了满足其他方面要求,如构造要求,混凝土截面不能改变,也必须按最小配筋率配足纵向受拉钢筋。当出现超筋梁时,修改设计的方法从理论上讲有:提高混凝土强度等级、增大混凝土截面尺寸或采用双筋梁。实用上多采用增大混凝土截面尺寸,必要时采用双筋梁。

5.4.4 截面复核

若截面设计内力、材料强度等级、截面尺寸和配筋等都已知,校核截面是否安全和经济的问题称为截面复核。截面复核的核心是正确计算出正截面承载力M_u,然后根据其与荷载设计弯矩M的相对大小关系判断是否安全与经济,必要时需修改设计。当$M\leqslant M_u$时,安全;反之,当$M>M_u$时,不安全;当$M\ll M_u$时,说明不经济。单筋矩形截面梁复核的具体方式如下。

已知:截面设计弯矩(M)、混凝土强度等级(f_c)、钢筋级别(f_y,相对界限受压区高度ξ_b)、混凝土截面尺寸($b\times h$)、纵向受拉钢筋面积及布置位置(A_s,a_s)。

求:M_u,x。

这种情况,有两个独立未知量,有两个独立的方程(公式),可以直接求解。

解题思路:

(1)基本数据准备。

(2)验算公式适用条件:非少筋、非超筋。

(3)利用适筋梁正截面承载力计算公式计算极限弯矩M_u。

(4)比较设计弯矩M与极限弯矩M_u的大小,判断构件是否安全。

【例题5.4】 已知某钢筋混凝土单筋矩形截面梁截面尺寸为$b\times h=300\ \text{mm}\times600\ \text{mm}$,环境类别为二a类,混凝土强度等级为C30,配置HRB400级纵向受拉钢筋4⌀25+2⌀20,如图5.18所示。求:该梁所能承受的极限弯矩设计值M_u。

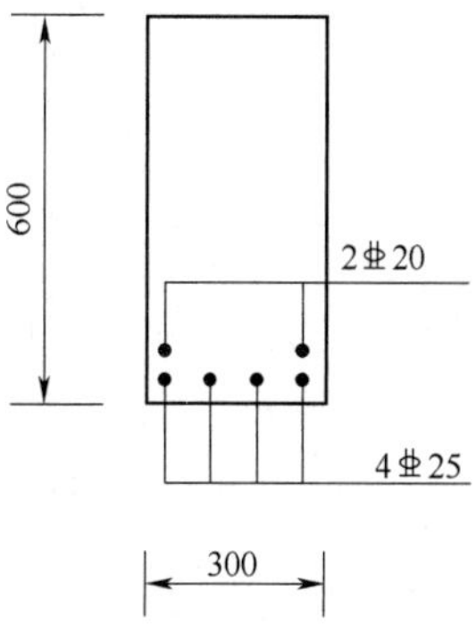

【解】 (1)基本数据准备

因为混凝土强度等级为C30,所以 $\alpha_1=1.0$。查本教材附表1有 $f_c=14.3\ \text{N/mm}^2$,$f_t=1.43\ \text{N/mm}^2$。查本教材附表6有 $f_y=360\ \text{N/mm}^2$。

4Φ25+2Φ20钢筋截面面积 $A_s=1\,964+628=2\,592(\text{mm}^2)$。纵向受拉钢筋合力点到受拉混凝土边缘的距离(最外排纵筋混凝土保护层厚度取为30 mm,两层钢筋的净距为25 mm)为

$$a_s=\frac{1\,964\times(30+0.5\times25)+628\times(30+25+25+0.5\times20)}{1\,964+628}$$

$$=54(\text{mm})$$

$$h_0=h-a_s=600-54=546(\text{mm})$$

图5.18 截面配筋图
(单位:mm)

(2)验算适用条件

由式(5.14),有

$$x=\frac{f_yA_s}{\alpha_1f_cb}=\frac{360\times2\,592}{1.0\times14.3\times300}=218(\text{mm})$$

查表5.3,$\xi_b=0.518$,有

$$\xi=\frac{x}{h_0}=\frac{218}{546}=0.399<\xi_b\text{(非超筋梁)}$$

由式(5.30),有

$$\rho_{\min}=\max\left(0.2\%,0.45\frac{f_t}{f_y}\times100\%\right)=\max\left(0.2\%,0.45\times\frac{1.43}{360}\times100\%\right)$$

$$=\max(0.2\%,0.18\%)=0.2\%$$

$$\rho_1=\frac{A_s}{bh}=\frac{2\,592}{300\times600}=1.44\%>\rho_{\min}\text{(非少筋梁)}$$

既非超筋梁也非少筋梁,必然为适筋梁。

(3)计算极限弯矩设计值 M_u

由式(5.15),有

$$M_u=\alpha_1f_cbx\left(h_0-\frac{x}{2}\right)=1.0\times14.3\times300\times218\times\left(546-\frac{218}{2}\right)$$

$$=408.7\times10^6(\text{N·mm})=408.7(\text{kN·m})$$

故该梁的极限弯矩设计值 M_u 为408.7 kN·m。

以上计算表明,梁的破坏特征(属于少筋梁、适筋梁、超筋梁)与梁实际承受荷载大小无关。

上述例题仅就如何应用基本计算公式及应满足的适用条件给出一个示范,还可以进一步延伸,比如:

(1)当梁的荷载和支承条件为已知时,可以计算出截面荷载弯矩设计值 M,根据荷载弯矩设计值 M 与极限弯矩设计值 M_u 之间的相对大小,判断梁正截面强度是否安全。

(2)当梁的荷载形式(比如匀布荷载)和支承条件(比如简支梁)已知,根据荷载弯矩设计值 M 与极限弯矩设计值 M_u 相等,可以计算梁所能承受的最大荷载设计值。

(3)在上述例题中,改变某个量的数值大小(其他条件不变),可以看出该量对极限弯矩设计值 M_u 的影响大小,进而分析影响单筋矩形截面梁极限弯矩设计值最大的因素。

5.5 双筋矩形截面梁

在正截面抗弯设计中，在受压区设置纵向钢筋(称为纵向受压钢筋)和受压区混凝土一起抵抗压力的梁称为双筋梁。就梁本身而言，设计成双筋梁是不经济的，故应少采用，通常只有在以下几种情况采用：

(1)当梁的截面尺寸受到限制，在已采用最大截面的情况下，设计成单筋梁时出现超筋。

(2)当梁截面受到变号弯矩作用时。

(3)因某种原因，在构件受压区已经布置了一定数量的钢筋。

第一种情况的双筋梁，更多是出于经济考虑，不过，不是对双筋梁本身，而是对整个工程而言。第二种情况的双筋梁，则是受力需要。第三种情况中，受压区的纵向钢筋实际上是要参与受力的，设计时考虑其受力不仅是合理的，也是经济的。

5.5.1 双筋矩形截面梁正截面承载力的计算简图

与单筋截面相比，双筋梁增加了纵向受压钢筋，其受力基本方程需在式(5.14)与式(5.15)基础上，额外考虑受压钢筋的影响，即

$$\alpha_1 f_c bx + \sigma'_s A'_s = f_y A_s \tag{5.38}$$

$$M_u = \alpha_1 f_c bx\left(h_0 - \frac{x}{2}\right) + \sigma'_s A'_s (h_0 - a'_s) \tag{5.39}$$

式中 A'_s, a'_s——受压钢筋的面积与受压钢筋合力点到受压边缘的距离；

σ'_s——截面破坏时受压钢筋的应力(以受拉为正)。

双筋梁受弯破坏时，受压区混凝土边缘应变达到极限压应变 ε_{cu}，令其实际的受压区高度与等效矩形块的受压区高度分别为 x_c 与 x，根据平截面假定，受压纵向钢筋的应变 ε'_s 为

$$\varepsilon'_s = \varepsilon_{cu}\left(1 - \frac{a'_s}{x_c}\right) = \varepsilon_{cu}\left(1 - \beta\frac{a'_s}{x}\right) \tag{5.40}$$

相应的受压纵向钢筋应力 σ'_s，可以利用钢筋的应力—应变关系[式(5.6)]获得。由此，将 σ'_s 写成了未知数 x 的函数。与单筋梁类似，通过联立式(5.38)～式(5.40)，可以求解双筋截面梁的承载力。

观察式(5.40)，受压纵向钢筋的应变与受压区高度成正相关。当混凝土等级≤C50 时，受压区混凝土边缘的压应变为 $\varepsilon_{cu}=0.003\ 3$ 且 $\beta=0.8$。当 $x=2a'_s$ 时，$\varepsilon'_s=0.6\varepsilon_{cu}\approx 0.002$，相应的应力可达 400 MPa，超过了屈服强度标准值为 300 MPa、335 MPa、400 MPa 等级钢筋抗压强度设计值。即当 $x\geqslant 2a'_s$ 时，这些等级的钢筋应力可以达到抗压强度设计值。HRB500、HRBF500 级钢筋设计强度为 410 MPa，由于实际构件中混凝土变形受到钢筋约束，其极限压应变较素混凝土大，试验表明，$x\geqslant 2a'_s$ 时，HRB500、HRBF500 级钢筋也能达到抗压强度设计值。综上所述，对于 $x\geqslant 2a'_s$ 的情况下，双筋矩形截面的计算简图如图 5.19(a)所示，受压纵向钢筋应力取值为 $\sigma'_s=f'_y$。

对于 $x<2a'_s$ 的情况，可以将图 5.19 中的 $f'_y A'_s$ 换为 $\sigma'_s A'_s$，并结合式(5.41)计算受压纵向钢筋应力，也可以利用图 5.20，偏于保守地将受压区高度取为 $x=2a'_s$ 来进行计算。这是因为，当 $x<2a'_s$ 时，受压混凝土与受压钢筋的合力点比单纯受压钢筋的合力点更靠近受压边缘。如果对受压混凝土与受压纵向钢筋合力点取矩的话，将此合力点移动到受压钢筋合力所在位置，

相当于减小了内力偶臂，也就减小了截面的抵抗矩。

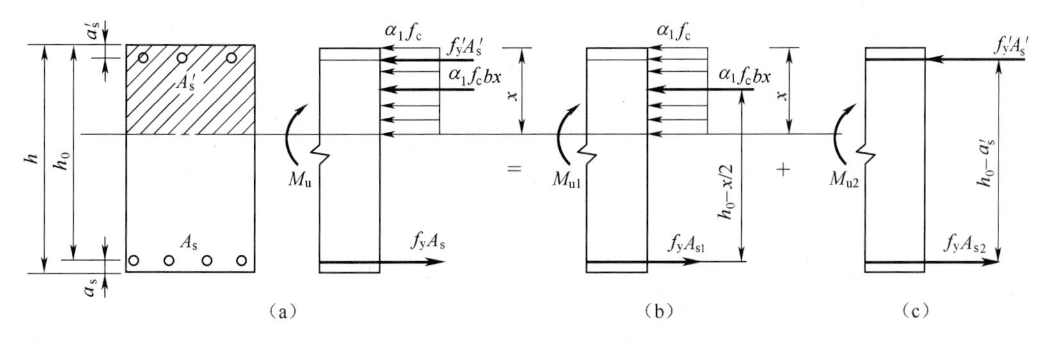

图 5.19　双筋矩形截面计算简图($x\geqslant 2a_s'$)

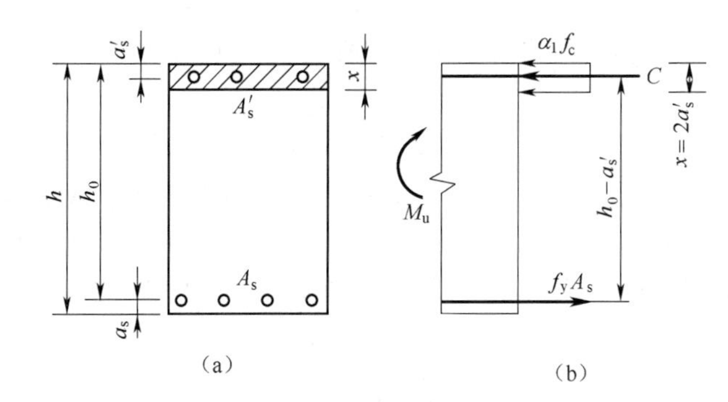

图 5.20　双筋矩形截面计算简图($x<2a_s'$)

5.5.2　基本计算公式及适用条件

1. 基本计算公式

当 $x\geqslant 2a_s'$时，根据计算简图(图 5.19)，可建立基本计算公式如下：

$$\sum N=0,\alpha_1 f_c bx+f'_y A'_s=f_y A_s \tag{5.41}$$

$$\sum M=0,M\leqslant M_u=\alpha_1 f_c bx\left(h_0-\frac{x}{2}\right)+f'_y A'_s(h_0-a'_s) \tag{5.42}$$

或

$$\sum N=0,\alpha_1 f_c bh_0\xi+f'_y A'_s=f_y A_s \tag{5.43}$$

$$\sum M=0,M\leqslant M_u=\alpha_1 f_c bh_0^2\xi(1-0.5\xi)+f'_y A'_s(h_0-a'_s) \tag{5.44}$$

将式(5.43)两端除以 bh_0，并设 $f_y=f_y'$，$\rho'=A_s'/(bh_0)$，$\xi=\xi_b$，可得矩形截面双筋梁最大配筋率公式，即

$$\rho_{\max}=\frac{A_s}{bh_0}=\frac{\alpha_1 f_c\xi_b}{f_y}+\rho' \tag{5.45}$$

与单筋矩形截面梁最大配筋率公式(5.23)比较，可知设置受压钢筋后，最大配筋率增大了，增加的数量恰好等于受压钢筋的配筋率 ρ'。实际上，在受压区布置受压钢筋，可以分担受压区混凝土所承担的压力，因此可以在受拉区布置更多钢筋而不会超筋。

当 $x<2a_s'$时，根据计算简图(图 5.20)，对受压区混凝土与受压纵向钢筋的合力点取矩，则有

$$\sum M=0,M\leqslant M_u=f_y A_s(h_0-a'_s) \tag{5.46}$$

值得注意的是，在求解基本方程前，受压区高度 x 的取值并不知道。在结构计算中，可以

先假设其满足 $x \geqslant 2a'_s$ 的条件,进行受压区高度试算;如果试算结果不满足 $x \geqslant 2a'_s$,则可换式(5.46)进行计算。

2. 适用条件

上述基本方程的适用条件是保证构件必须为适筋梁,即

$$\rho_1 = \frac{A_s}{bh} \geqslant \rho_{\min} \tag{5.47}$$

$$x \leqslant \xi_b h_0 \tag{5.48}$$

当不满足 $x \leqslant \xi_b h_0$ 时,说明纵向受压钢筋截面面积过少,修改设计可增加纵向受压钢筋配置(情况允许时,也可增大混凝土截面尺寸)。

另外,运用式(5.41)~式(5.44)时应满足纵向受压钢筋达到其抗压强度设计值的条件,即

$$x \geqslant 2a'_s \tag{5.49}$$

当不满足式(5.49)时,说明纵向受压钢筋可能达不到其抗压强度设计值 f'_y,此时应利用式(5.46)计算。

应用式(5.41)~式(5.44)进行计算(复核和设计)比较简洁,但双筋梁与单筋梁的关系不太清晰。为了更清楚地理解双筋梁与单筋梁的关系,可将纵向受拉钢筋 A_s 分解为 A_{s1} 和 A_{s2}($A_s = A_{s1} + A_{s2}$):A_{s1} 与受压区混凝土形成单筋矩形截面梁,抵抗弯矩 M_{u1};A_{s2} 与受压钢筋抵抗弯矩 M_{u2},两者抵抗弯矩之和即为双筋矩形截面梁的抗弯能力设计值 M_u($M_u = M_{u1} + M_{u2}$)。

对前者,与单筋矩形截面梁一样建立计算公式如下:

$$\xi = \frac{x}{h_0} = \left(\frac{A_{s1}}{bh_0}\right)\frac{f_y}{\alpha_1 f_c} = \rho_1 \frac{f_y}{\alpha_1 f_c} \tag{5.50}$$

$$M_{u1} = \alpha_1 f_c b h_0^2 \xi (1 - 0.5\xi) = \alpha_s \alpha_1 f_c b h_0^2 \tag{5.51}$$

对后者,很容易建立其平衡方程如下:

$$\sum N = 0, f_y A_{s2} = f'_y A'_s \tag{5.52}$$

$$\sum M = 0, M_{u2} = f_y A_{s2}(h_0 - a'_s) = f'_y A'_s (h_0 - a'_s) \tag{5.53}$$

一般而言,截面复核应用式(5.41)~式(5.44)更为简洁,截面设计应用式(5.50)~式(5.53)思路更清晰。

5.5.3 截面设计

双筋矩形截面设计根据纵向受压钢筋 A'_s 是否已知,有两种情况。

1. 情况一:A'_s 已知

已知截面荷载弯矩设计值(M)、混凝土强度等级(f_c,f_t)、钢筋级别(f_y,f'_y 相对界限受压区高度 ξ_b)、混凝土截面尺寸($b \times h$)、受压钢筋面积及布置位置(A'_s,a'_s)。

求:A_s,x。

对于这种情况,在估计纵向受拉钢筋重心到受拉混凝土边缘之间的距离 a_s 之后,仍为两个独立未知量而有两个独立的方程(公式),可以直接求解。具体步骤如下。

由式(5.52)有

$$A_{s2} = \frac{f'_y A'_s}{f_y} \tag{5.54}$$

由式(5.53)可计算出由受压钢筋与部分受拉钢筋形成的抵抗矩 M_{u2}。令 $M_u = M_{u1} + M_{u2} = M$,有 $M_{u1} = M - M_{u2}$。这部分 M_{u1} 就是剩余的受拉钢筋与受压区混凝土形成的抵抗矩。

采用单筋矩形截面的设计方法，可以计算得到此部分的受拉钢筋面积 A_{s1}。受拉钢筋的总面积为 $A_s=A_{s1}+A_{s2}$。

此外，受拉钢筋的总面积 A_s 也可以按基本公式(5.41)～式(5.44)直接求解。

最后，还需要由式(5.47)、式(5.48)与式(5.49)验算适用条件。当适用条件都满足时，选配纵向受拉钢筋。当条件式(5.47)或式(5.48)不满足时，须作前述修改设计。当条件式(5.49)不满足时，由式(5.46)计算纵向受拉钢筋面积。

【例题 5.5】 已知某钢筋混凝土双筋矩形截面梁，承受荷载弯矩设计值 $M=380$ kN·m，混凝土截面尺寸 $b\times h=250$ mm×600 mm，环境类别为一类，安全等级为二级，混凝土强度等级为 C20，配置 HRB335 级纵向受压钢筋 3⌀25($A'_s=1\ 473$ mm^2，$a'_s=45.5$ mm)。试设计纵向受拉钢筋 A_s。

【解】 (1)基本数据准备

因混凝土强度等级为 C20，所以 $\alpha_1=1.0$。查附表 1 有 $f_c=9.6$ N/mm^2，$f_t=1.1$ N/mm^2；查附表 6 有 $f_y=300$ N/mm^2，$f'_y=300$ N/mm^2。

估计受拉钢筋布置成两排，$a_s=65$ mm。

$$h_0=h-a_s=600-65=535(\text{mm})$$

(2)计算纵向受拉钢筋面积 A_s

由式(5.54)有

$$A_{s2}=\frac{f'_yA'_s}{f_y}=\frac{300\times 1\ 473}{300}=1\ 473(\text{mm}^2)$$

由式(5.53)有

$$M_{u2}=f_yA_{s2}(h_0-a'_s)=300\times 1\ 473\times(535-45.5)=216.3\times 10^6(\text{N}\cdot\text{mm})=216.3(\text{kN}\cdot\text{m})$$

$$M_{u1}=M-M_{u2}=380-216.3=163.7(\text{kN}\cdot\text{m})$$

由式(5.51)有

$$\alpha_s=\frac{M_{u1}}{\alpha_1 f_c bh_0^2}=\frac{163.7\times 10^6}{1.0\times 9.6\times 250\times 535^2}=0.238$$

$$\xi=1-\sqrt{1-2\alpha_s}=1-\sqrt{1-2\times 0.238}=0.276$$

$$\gamma_s=1-0.5\xi=1-0.5\times 0.276=0.862$$

由式(5.19)有

$$A_{s1}=\frac{M_{u1}}{\gamma_s h_0 f_y}=\frac{163.7\times 10^6}{0.862\times 535\times 300}=1\ 183(\text{mm}^2)$$

$$A_s=A_{s1}+A_{s2}=1\ 183+1\ 473=2\ 656(\text{mm}^2)$$

(3)验算适用条件

$\rho_1=\frac{A_s}{bh}=\frac{2\ 654}{250\times 600}=1.8\%>\rho_{min}=\max(0.002,0.45f_t/f_y)=0.002$，非少筋

查表 5.3，$\xi_b=0.550$。

$\xi=0.276<\xi_b$(非超筋梁，非少筋，即为适筋)

$$x=\xi h_0=0.276\times 535=147.7(\text{mm})\geqslant 2a'_s=2\times 45.5=91(\text{mm})$$

纵向受压钢筋应力能达到其抗压强度设计值。

可根据计算所需钢筋面积选配 4⌀25+2⌀22[$A_s=1\ 964+760=2\ 724$(mm^2)]，布置如图 5.21 所示。

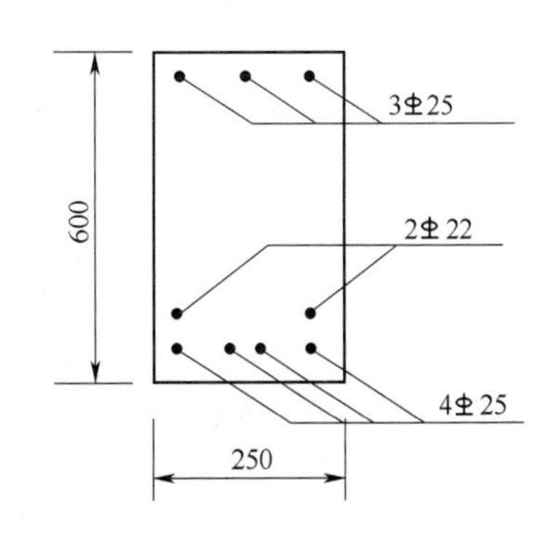

图 5.21 截面配筋图(单位：mm)

按图 5.21 钢筋布置复核,$a_s=59\ \text{mm}\approx60\ \text{mm}$,$h_0=540\ \text{mm}$,按此重新计算得 $x=156.4\ \text{mm}$,$\xi=0.290<\xi_b$,$M_u=392.1\ \text{kN}\cdot\text{m}>M=380\ \text{kN}\cdot\text{m}$,合格。

2. 情况二:A_s'未知

已知截面荷载弯矩设计值(M)、混凝土强度等级(f_c,f_t)、钢筋级别(f_y,f_y'相对界限受压区高度 ξ_b)、混凝土截面尺寸($b\times h$)。

求:A_s,A_s',x。

由于独立方程只有两个,而未知量却有三个,因此,必须补充一个条件才能求解。为了节约钢筋,充分发挥混凝土的抗压强度,可以假定 $\xi=\xi_b$,计算得到受压区混凝土的合力,然后按如下步骤设计:

(1)由式(5.51)计算 M_{u1}。

(2)再由式(5.50)计算 A_{s1}。

(3)计算 $M_{u2}=M-M_{u1}$。

(4)由式(5.53)计算 A_{s2}。

(5)又由式(5.52)计算 A_s'。

(6)计算 $A_s=A_{s1}+A_{s2}$并最后选配纵向受拉、受压钢筋。

按基本公式计算更为简洁,即

$$A_s'=\frac{M-\alpha_1 f_c b h_0^2 \xi_b(1-0.5\xi_b)}{f_y'(h_0-a_s')} \tag{5.55}$$

$$A_s=\frac{\alpha_1 f_c b h_0 \xi_b+f_y' A_s'}{f_y} \tag{5.56}$$

对这种情况的设计可不验算适用条件。因为已取 $\xi=\xi_b$,必然满足式(5.48),在选配钢筋时,纵向受压钢筋适当多选点,必然满足 $\xi\leqslant\xi_b$。值得指出的是,为了使构件具有较好的延性,有文献建议设计时取 $\xi=0.75\xi_b\sim0.8\xi_b$。虽然经济性稍差,但构件的性能可得到改善,尤其有利于结构抗震。

【例题 5.6】 已知条件除纵向受压钢筋外其余均与例题 5.5 相同。试设计纵向受拉钢筋 A_s、纵向受压钢筋 A_s'。

【解】 (1)基本数据准备(同例题 5.5)

(2) 计算纵向受拉、受压钢筋面积

查表 5.3,取 $\xi=\xi_b=0.550$。

$$\alpha_s=\xi(1-0.5\xi)=0.55\times(1-0.5\times0.55)=0.399$$

$$\gamma_s=1-0.5\xi=1-0.5\times0.55=0.725$$

由式(5.51)有

$$M_{u1}=\alpha_s\alpha_1 f_c b h_0^2=0.399\times1.0\times9.6\times250\times535^2=274\times10^6(\text{N}\cdot\text{mm})=274(\text{kN}\cdot\text{m})$$

由式(5.19)有

$$A_{s1}=\frac{M_{u1}}{\gamma_s h_0 f_y}=\frac{274\times10^6}{0.725\times535\times300}=2\ 355(\text{mm}^2)$$

$$M_{u2}=M-M_{u1}=380-274=106(\text{kN}\cdot\text{m})$$

由式(5.53)有

$$A_{s2}=\frac{M_{u2}}{f_y(h_0-a_s')}=\frac{106\times10^6}{300\times(535-45.5)}=722(\text{mm}^2)$$

由式(5.52)有

$$A_s' = \frac{f_y A_{s2}}{f_y'} = \frac{300 \times 722}{300} = 722(\text{mm}^2)$$

$$A_s = A_{s1} + A_{s2} = 2\ 355 + 722 = 3\ 077(\text{mm}^2)$$

比较例题 5.5 和例题 5.6 可见，前者的钢筋总需要量为 $A_s + A_s' = 2\ 656 + 1\ 473 = 4\ 129(\text{mm}^2)$，后者的钢筋总需要量为 $A_s + A_s' = 3\ 075 + 721 = 3\ 796(\text{mm}^2)$。由此验证结论：充分利用混凝土的抗压能力所进行的设计，其总用钢量最省。

【例题 5.7】 一矩形截面框架梁，支座截面在不同荷载组合下承受正弯矩设计值 $M = 370\ \text{kN} \cdot \text{m}$，负弯矩设计值 $M = 160\ \text{kN} \cdot \text{m}$，截面尺寸 $b = 250\ \text{mm}$，$h = 550\ \text{mm}$；采用 C30 等级混凝土及 HRB400 级钢筋。试进行配筋。

【解】 (1)基本数据准备

$\alpha_1 = 1.0$，$f_c = 14.3\ \text{N/mm}^2$，$f_t = 1.43\ \text{N/mm}^2$，$f_y = f_y' = 360\ \text{N/mm}^2$，$\xi_b = 0.518$，$A_{s,\min} = \max(0.002, 0.45 f_t / f_y) bh = 0.002 \times 250 \times 550 = 275(\text{mm}^2)$。假定承受正弯矩的受拉钢筋排二层，$a_s = 65\ \text{mm}$，$h_0 = 485\ \text{mm}$；承受负弯矩的受拉钢筋(梁顶层钢筋)排一排，$a_s = 40\ \text{mm}$，$h_0 = 510\ \text{mm}$。

(2)计算梁顶受拉钢筋 A_s^{T}

因为负弯矩小，所以梁底配置的钢筋面积 A_s^{B} 必将大于 A_s^{T}，即($A_s^{\text{T}} < A_s^{\text{B}}$)，所以，

$$f_c bx = f_y A_s - f_y' A_s' = f_y (A_s^{\text{T}} - A_s^{\text{B}}) \rightarrow x < 0 < 2a_s'$$

可以知道配置较小数值弯矩对应的钢筋，应该按式(5.46)计算，

$$A_s^{\text{T}} = \frac{M}{f_y (h_0 - a_s')} = \frac{160 \times 10^6}{360 \times (510 - 65)} = 999(\text{mm}^2) > \rho_{\min} bh = 275(\text{mm}^2)$$

双筋梁 ξ 值很小时，可以忽略受压钢筋，按照单筋梁计算受拉钢筋，故也可按单筋梁计算较小弯矩对应的梁顶受拉钢筋 A_s^{T}。

$$\alpha_s = \frac{M}{\alpha_1 f_c b h_0^2} = \frac{160 \times 10^6}{1 \times 14.3 \times 250 \times 510^2} = 0.172$$

$$\xi = 1 - \sqrt{1 - 2\alpha_s} = 1 - \sqrt{1 - 2 \times 0.172} = 0.190 < \xi_b = 0.518$$

$$A_s^{\text{T}} = \frac{\alpha_1 f_c b h_0 \xi}{f_y} = \frac{1 \times 14.3 \times 250 \times 510 \times 0.190}{360} = 962(\text{mm}^2)$$

梁顶配置 4⌀18 钢筋 $A_s = 1\ 017\ \text{mm}^2$。

(3)计算正弯矩 $370\ \text{kN} \cdot \text{m}$ 对应的梁底受拉钢筋 A_s^{B}(按照双筋梁设计)

$$\alpha_s = \frac{M - f_y' A_s' (h_0 - a_s')}{\alpha_1 f_c b h_0^2} = \frac{370 \times 10^6 - 360 \times 1\ 017 \times (485 - 40)}{1 \times 14.3 \times 250 \times 485^2} = 0.246$$

$$\xi = 1 - \sqrt{1 - 2\alpha_s} = 1 - \sqrt{1 - 2 \times 0.246} = 0.287 < \xi_b = 0.518$$

$$x = \xi h_0 = 0.287 \times 485 = 139.2(\text{mm}) > 2a_s' = 80(\text{mm})$$

$$A_s^{\text{B}} = \frac{\alpha_1 f_c b h_0 \xi + f_y' A_s'}{f_y} = \frac{1 \times 14.3 \times 250 \times 485 \times 0.287 + 360 \times 1\ 017}{360} = 2\ 399(\text{mm}^2)$$

梁底配置 5⌀25 钢筋 $A_s = 2\ 454\ \text{mm}^2$。

讨论：

(1)按照单筋计算得到的梁顶层钢筋用量反而少于按照双筋计算得出的钢筋用量，这是由于采用的双筋计算公式为偏安全的近似公式。

(2)对称配筋的双筋梁,也应该按式(5.46)计算,因为此时必有 $x<2a_s'$。

5.5.4 截面复核

已知:截面设计弯矩(M)、混凝土强度等级(f_c)、钢筋级别(f_y,相对界限受压区高度 ξ_b)、混凝土截面尺寸($b\times h$)、纵向受拉和纵向受压钢筋面积及布置位置(A_s,A_s',a_s,a_s')。

求:M_u,x。

这种情况,有两个独立未知量,有两个独立的方程(公式),可以直接求解。

解题思路:

(1)基本数据准备。

(2)利用式(5.41)求解受压区高度 x,并验算是否满足非超筋条件。

(3)验算配筋率是否满足非少筋条件。

(4)若既非超筋也非少筋,则利用式(5.42)计算极限弯矩 M_u。

【例题 5.8】 已知某钢筋混凝土双筋矩形截面梁,承受荷载弯矩设计值 $M=125$ kN·m,混凝土截面尺寸为 $b\times h=200$ mm×400 mm,安全等级为二级,混凝土强度等级为 C25,配置 HRB335 级纵向受拉钢筋 3Φ25($A_s=1\ 473$ mm^2),HRB335 级纵向受压钢筋 2Φ16($A_s'=402$ mm^2)。$a_s=45$ mm,$a_s'=39$ mm。试求:该梁所能承受的极限弯矩设计值 M_u 并判断是否安全。

【解】 (1)基本数据准备

因混凝土强度等级为 C25,所以 $\alpha_1=1.0$。查附表 1 有 $f_c=11.9$ N/mm^2,$f_t=1.27$ N/mm^2;查附表 6 有 $f_y=300$ N/mm^2,$f_y'=300$ N/mm^2。

$$h_0=h-a_s=400-45=355(\text{mm})$$

(2)验算适用条件

由式(5.41)有

$$x=\frac{f_yA_s-f_y'A_s'}{\alpha_1 f_c b}=\frac{300\times1\ 473-300\times402}{1.0\times11.9\times200}=135(\text{mm})$$

①查表 5.3,$\xi_b=0.550$。

$$\xi=\frac{x}{h_0}=\frac{135}{355}=0.380<\xi_b \quad (\text{非超筋梁})$$

②$x=135\text{ mm}\geqslant 2a_s'=2\times39=78(\text{mm})$(纵向受压钢筋应力能达到抗压强度设计值 f_y')。

③$\rho_1=\dfrac{A_s}{bh}=\dfrac{1\ 437}{200\times400}=1.8\%>\rho_{min}=\max(0.002,0.45f_t/f_y)=0.002$(非少筋梁,即为适筋)。

(3)计算极限弯矩设计值 M_u

由式(5.42)有

$$\begin{aligned}M_u&=\alpha_1 f_c bx\left(h_0-\frac{x}{2}\right)+f_y'A_s'(h_0-a_s')\\&=1.0\times11.9\times200\times135\times\left(355-\frac{135}{2}\right)+300\times402\times(355-39)\\&=130.5\times10^6(\text{N}\cdot\text{mm})\\&=130.5(\text{kN}\cdot\text{m})\end{aligned}$$

上述分析计算表明,该梁所能承受的极限弯矩设计值为 130.5 kN·m,大于荷载弯矩设计值 125 kN·m,正截面抗弯安全。

5.6 T形及I形截面梁

5.6.1 概　　述

由于受拉区混凝土不参与抵抗弯矩，如果把矩形截面受弯构件受拉区的混凝土挖去一部分，这就形成如图5.22所示的T形截面。这样，该T形截面的正截面受弯承载力与原矩形截面相同，但节省了混凝土，也减轻了构件自重(实际上，因采用T形截面，自重及其弯矩相应减少，抵抗外荷载及其弯矩的能力还会增加)。当然，T形截面梁施工略为复杂。所以，从经济角度讲，荷载大、跨度大的梁，宜设计成T形截面梁。T形截面由腹板(也称梁肋)$b \times h$和挑出的翼缘两部分组成，翼缘厚度用h_f'表示，翼缘宽度用b_f'表示。

图5.22　T形截面

图5.23所示为空心板、槽形板、I形截面、箱形截面。

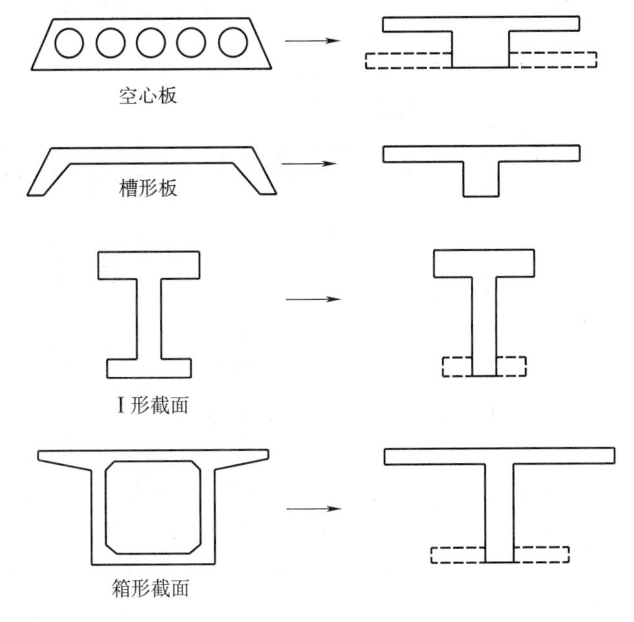

图5.23　其他空心截面

与T形截面相比，I形截面多一个下翼缘，它主要便于布置纵向受拉钢筋。受拉翼缘在正截面抗弯中不起作用，所以，I形截面梁的正截面抗弯计算同翼缘在受压区的T形截面。对于平面问题而言，在单向弯矩作用下，同一截面高度位置沿宽度方向正应力相等，因此，如图5.23所示，箱形截面、空心板与槽形截面均可将侧壁合并，形成类似T形截面的腹板，其受拉区对正截面抗弯也不起作用，仅为纵向钢筋布置提供空间，其正截面抗弯计算与T形截面原理相同。在这个意义上说，T形截面是相较于矩形截面(矩形截面也可算是一种特殊的T形截面)更一般的截面形式。

在矩形截面的基本方程推导过程中，利用截面宽度b为定值的特点，将一般方程式(5.3)与式(5.4)简化为了式(5.10)与式(5.11)，进一步利用等效矩形块，将受压区混凝土的合力计算简化为矩形块面积与混凝土设计强度乘积的形式[式(5.14)与式(5.15)]。对于T形截面或更一般的截面形式而言,其受压区的截面宽度存在变化,因此,式(5.10)与式(5.11)中的简化不再成立,应结合T形截面的特点,另外寻找简化方式。值得指出的是,上述的截面宽度是否变化是针对受压区混凝土而言的[观察式(5.10)与式(5.11)中的积分上下限为受压边缘至中和轴],至于受拉区混凝土的截面是否变化,不改变截面的性质与基本方程的简化条件(根据混凝土受拉区不参与工作的基本假设)。

此外,还需要注意的是:T形截面的翼缘处于受拉区还是受压区,不可以仅仅根据几何外形来判断,而应该考虑其受力性质。如图5.24所示的钢筋混凝土梁,沿梁长方向采用相同的截面形式,但承担着不同的正负弯矩。其中,截面1-1承担负弯矩,上缘受拉、下缘受压;截面2-2承担正弯矩,上缘受压、下缘受拉。

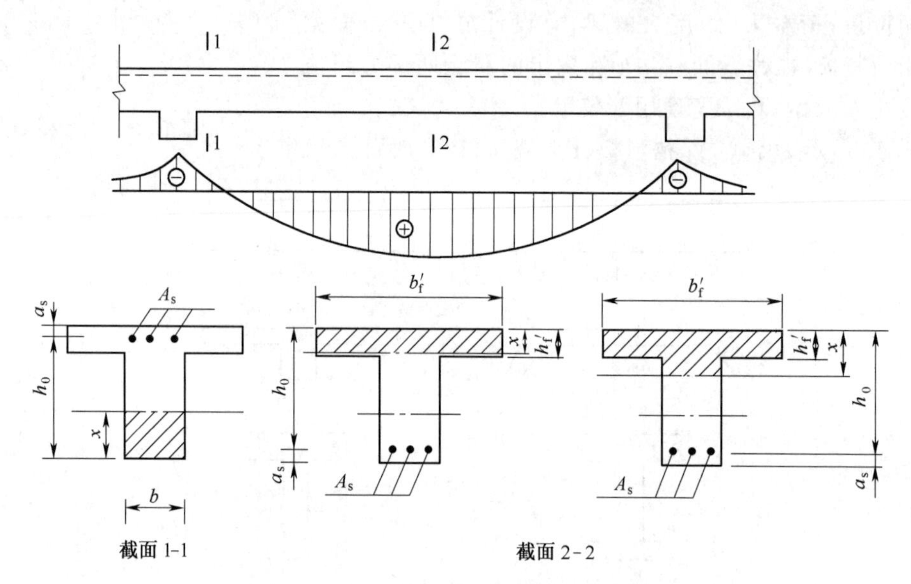

图5.24 T形截面梁可能出现的情况

对于截面1-1而言,其翼缘位于受拉区,受压区位于T形截面的底部。在负弯矩作用下,该截面的抗弯承载能力计算相当于宽度为b的矩形截面。对于截面2-2而言,其翼缘位于受压区,可能需考虑截面宽度的问题。观察图5.24,当受压区高度小于翼缘厚度时,受压区的宽度仍然为定值b'_f,在正弯矩作用下,该截面的抗弯承载能力计算相当于宽度为b'_f的矩形截面;当受压区高度大于翼缘厚度时,受压区的宽度会有一次突变(由b'_f变为b),由于式(5.3)与式(5.4)中的积分计算满足线性叠加原理,可以考虑将受压区的合力积分计算分解为两个矩形块合力的叠加,从而简化计算。为叙述方便,受压区高度不大于翼缘厚度的T形截面被称为第一类T形截面;受压区高度大于翼缘厚度的T形截面被称为第二类T形截面。

理论上说,T形截面受压翼缘宽度b'_f越大,截面的抗弯性能越好。因为,若在受拉区配置的钢筋面积A_s相同,则受压区混凝土的合力相同,此时,b'_f越大,受压区高度越小,内力偶臂越大,截面的抗弯承载力越高。但是,试验研究表明,随着受压翼缘宽度的增大,受压翼缘的压应力在距中和轴同一距离的水平线上分布不均匀性也逐渐增大,距离腹板越远,应力越小(这种现象称为剪力滞后,因为这种不均匀的应力分布是由于剪切变形导致的),如图5.25所示。这种不均匀分布的程度与翼缘板厚度h'_f、梁的计算跨度l_0、梁肋净距S_n等许多因素有关,按均匀分布考虑并以达到其抗压强度计算必然不安全。因此,《混规》把翼缘宽度限制在一定范围内,称为计算宽度b'_f,取值详见表5.4,在这一范围内,假定应力均匀分布,而在此范围外的那部分翼缘,认为对正截面抗弯不起作用。

表5.4 T形及倒L形截面受弯构件翼缘计算宽度b'_f

序号	考虑情况		T形截面		倒L形截面
			肋形梁(板)	独立梁	肋形梁(板)
1	计算跨度l_0考虑		$l_0/3$	$l_0/3$	$l_0/6$
2	按梁(肋)净距S_n考虑		$b+S_n$	—	$b+S_n/2$
3	按翼缘高度h'_f考虑	$h'_f/h_0\geqslant 0.1$	—	$b+12h'_f$	—
		$0.1>h'_f/h_0\geqslant 0.05$	$b+12h'_f$	$b+6h'_f$	$b+5h'_f$
		$h'_f/h_0<0.05$	$b+12h'_f$	b	$b+5h'_f$

注:①表中b为梁腹板宽度;

②如肋形梁在梁跨内设有间距小于纵肋间距的横肋时,则可不遵守表列三种情况的规定;

③对有加肋的T形和倒L形截面,当受压区加肋的高度$h_h\geqslant h_f$且加肋的宽度$b_h\leqslant 3h'_h$时,则其翼缘的宽度可按表列第三种情况规定分别增加$2b_h$(T形截面)和b_h(倒L形截面);

④独立梁受压区的翼缘板在荷载作用下验算沿纵肋方向可能产生裂缝时,其计算宽度应取用腹板宽度b。

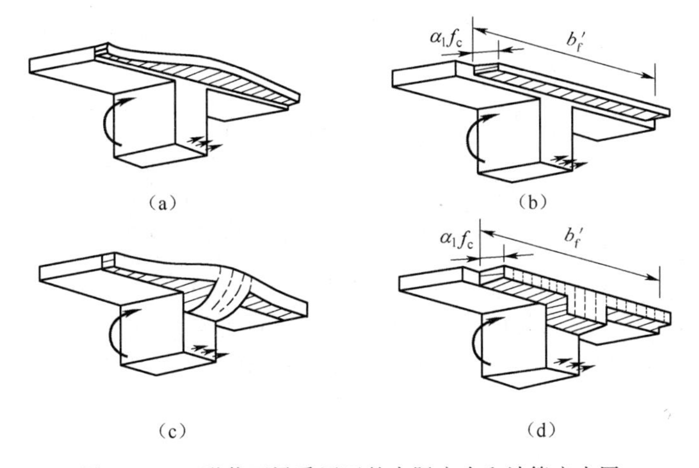

图5.25 T形截面梁受压区的实际应力和计算应力图

5.6.2 两类T形截面的判别

前已述及,翼缘位于受压区的T形截面,按计算受压区高度x的不同,可分为:①第一类T形截面,计算中和轴在翼缘内,即$x\leqslant h'_f$;②第二类T形截面,计算中和轴穿过梁肋,即$x>h'_f$。

当计算中和轴恰好位于翼缘与梁肋交界处,即$x=h'_f$时,是两类T形截面的分界情况,归入第一类T形截面,如图5.26所示。其轴力与弯矩平衡方程为

$$\sum N=0,\alpha_1 f_c b'_f h'_f=f_y A_s \tag{5.57}$$

$$\sum M=0,M_u=\alpha_1 f_c b'_f h'_f\left(h_0-\frac{h'_f}{2}\right) \tag{5.58}$$

由上述两式可以得出T形截面梁的判别式如下:

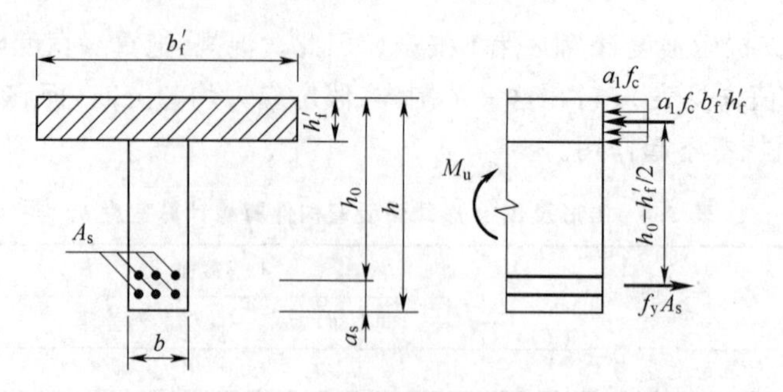

图 5.26 $x=h_f'$的情况

在进行截面复核时,当

$$f_y A_s \leqslant \alpha_1 f_c b_f' h_f' \tag{5.59}$$

为第一类 T 形截面;当

$$f_y A_s > \alpha_1 f_c b_f' h_f' \tag{5.60}$$

为第二类 T 形截面。

在进行截面设计时,当

$$M \leqslant \alpha_1 f_c b_f' h_f' \left(h_0 - \frac{h_f'}{2}\right) \tag{5.61}$$

为第一类 T 形截面;当

$$M > \alpha_1 f_c b_f' h_f' \left(h_0 - \frac{h_f'}{2}\right) \tag{5.62}$$

为第二类 T 形截面。

实际应用时,可以更灵活。比如,在截面复核时,先假定属于某一类 T 形截面,并按相应的计算公式计算受压区高度 x,再根据 x 与 h_f'的相对大小关系判断先前的假定是否正确,如果正确,说明 x 之值也正确,可据此计算 M_u 并判断截面是否安全。当与先前的假定不符时,说明不属于假定那类 T 形截面,由于只有两类 T 形截面,必然属于另外一类 T 形截面,按该类 T 形截面计算公式计算 x、M_u 并判断截面是否安全。

5.6.3 第一类 T 形截面

1. 计算公式

第一类 T 形截面的计算简图如图 5.27 所示。由于正截面承载力计算中受拉区混凝土不参与工作,第一类 T 形截面实际上相当于 $b=b_f'$的矩形截面。用 b_f'代替单筋矩形截面计算式(5.14)、式(5.15)中的 b,即得到第一类 T 形截面的正截面强度计算公式如下:

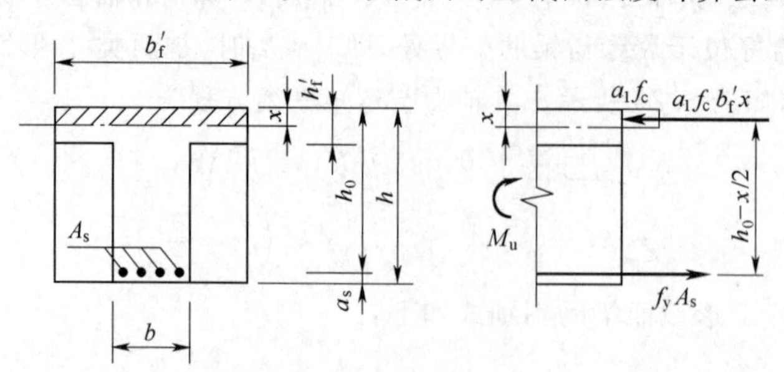

图 5.27 第一类 T 形截面

$$\sum N = 0, \alpha_1 f_c b'_f x = f_y A_s \tag{5.63}$$

$$\sum M = 0, M \leqslant M_u = \alpha_1 f_c b'_f x \left(h_0 - \frac{x}{2}\right) \tag{5.64}$$

2. 适用条件

$$x \leqslant \xi_b h_0 \tag{5.65}$$

$$\rho_1 = \frac{A_s}{bh} \geqslant \rho_{min} \tag{5.66}$$

值得一提的是,第一类 T 形截面在正截面承载力方面等同于宽度为翼缘宽度的矩形截面,所以正截面承载力计算公式只需用 b'_f代替单筋矩形截面中的 b,但在验算非少筋时,根据最小配筋率的确定原则,截面宽度应为受拉区截面宽度,即梁肋宽度 b。另外,因为属第一类 T 形截面($x \leqslant h'_f$),非超筋条件 $\xi \leqslant \xi_b$ 通常能满足,实用上可不验算。

【例题 5.9】 已知某钢筋混凝土 T 形截面梁,承受荷载弯矩设计值 $M=280$ kN·m,混凝土截面尺寸为 $b'_f=500$ mm,$b=250$ mm,$h'_f=80$ mm,$h=600$ mm,安全等级为二级,混凝土强度等级为 C30,配置 HRB400 级纵向受拉钢筋($A_s=1\ 571$ mm^2),$a_s=36$ mm。试求该梁所能承受的极限弯矩设计值 M_u 并判断是否安全。

【解】 (1)基本数据准备

因混凝土强度等级为 C30,所以 $\alpha_1 = 1.0$。查附表 1 有 $f_c = 14.3$ N/mm^2,$f_t = 1.43$ N/mm^2;查附表 6 有 $f_y=360$ N/mm^2。

$$h_0=h-a_s=600-36=564(\text{mm})$$

(2)判断所属截面类型

因为 $\alpha_1 f_c b'_f h'_f=1.0\times14.3\times500\times80=572\ 000(\text{N})>f_y A_s=360\times1\ 571=565\ 560(\text{N})$

由式(5.59)知,属于第一类 T 形截面。

(3)计算极限弯矩设计值 M_u

由式(5.63)有

$$x=\frac{f_y A_s}{\alpha_1 f_c b'_f}=\frac{565\ 560}{1.0\times14.3\times500}=79(\text{mm})$$

由式(5.64)有

$$M_u=\alpha_1 f_c b'_f x\left(h_0-\frac{x}{2}\right)=1.0\times14.3\times500\times79\times\left(564-\frac{79}{2}\right)$$

$$=296.3\times10^6(\text{N}\cdot\text{mm})=296.3(\text{kN}\cdot\text{m})$$

(4)验算适用条件

查表 5.3,$\xi_b=0.518$。

$$\xi=\frac{x}{h_0}=\frac{79}{564}=0.140<\xi_b(\text{非超筋梁})$$

由式(5.30)有

$$\rho_{min}=\max\left(0.2\%,0.45\frac{f_t}{f_y}\times100\%\right)=\max\left(0.2\%,0.45\times\frac{1.43}{360}\times100\%\right)$$

$$=\max(0.2\%,0.18\%)=0.2\%$$

$$\rho_1=\frac{A_s}{bh}=\frac{1\ 571}{250\times600}=1.05\%\geqslant\rho_{min}(\text{非少筋梁})$$

该梁所能承受的极限弯矩设计值为 296.3 kN·m,大于荷载弯矩设计值 280 kN·m,正截面抗弯安全。

5.6.4 第二类T形截面

1. 计算公式

第二类T形截面的计算简图如图5.28所示,利用平衡条件可得计算公式如下:

$$\sum N=0,\alpha_1 f_c bx+\alpha_1 f_c(b'_f-b)h'_f=f_y A_s \tag{5.67}$$

$$\sum M=0,M\leqslant M_u=\alpha_1 f_c bx\left(h_0-\frac{x}{2}\right)+\alpha_1 f_c(b'_f-b)h'_f\left(h_0-\frac{h'_f}{2}\right) \tag{5.68}$$

$$\alpha_1 f_c bh_0\xi+\alpha_1 f_c(b'_f-b)h'_f=f_y A_s \tag{5.69}$$

$$M\leqslant M_u=\alpha_1 f_c bh_0^2\xi(1-0.5\xi)+\alpha_1 f_c(b'_f-b)h'_f\left(h_0-\frac{h'_f}{2}\right) \tag{5.70}$$

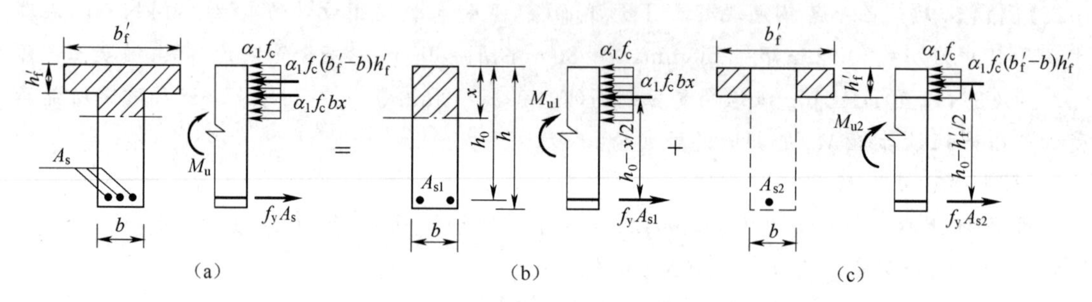

图5.28 第二类T形截面

2. 适用条件

适用条件同第一类T形截面,即式(5.65)和式(5.66)。

值得注意的是:因为受压区高度x与纵向受拉钢筋数量有关,受压区高度越大,说明纵向受拉钢筋越多。既然已是第二类T形截面,说明受压区高度不是太小(即纵向受拉钢筋不是太少),不会出现少筋,可以不验算非少筋条件。

5.6.5 截面设计

已知截面荷载弯矩设计值(M)、混凝土强度等级(f_c,f_t)、钢筋级别(f_y)、相对界限受压区高度ξ_b、混凝土截面尺寸(b'_f,h'_f,b,h)。

求:A_s,x。

对于这种情况,将挑出部分翼缘(截面尺寸已知)视为纵向受压钢筋,则其设计与受压钢筋面积及布置已知的双筋矩形截面梁设计类似,具体设计步骤如下(参见图5.28):

(1)由图5.28(c),$\sum N=0$,则

$$A_{s2}=\frac{\alpha_1 f_c(b'_f-b)h'_f}{f_y} \tag{5.71}$$

(2)由图5.28(c),$\sum M=0$,则

$$M_{u2}=f_y A_{s2}\left(h_0-\frac{h'_f}{2}\right) \tag{5.72}$$

(3)令$M_u=M_{u1}+M_{u2}=M$,有$M_{u1}=M-M_{u2}$。

(4)取弯矩设计值M_{u1},按照单筋矩形截面计算α_s[式(5.33)]与ξ[式(5.34)]。

(5)由式(5.36)与式(5.37),计算 A_{s1},即

$$A_{s1}=\alpha_1\xi\frac{f_c}{f_y}bh_0 \tag{5.73}$$

(6)计算受拉钢筋总面积

$$A_s=A_{s1}+A_{s2} \tag{5.74}$$

也可以按照基本公式(5.69)和式(5.70)直接计算如下:

$$\alpha_s=\frac{M-\alpha_1 f_c(b_f'-b)h_f'(h_0-0.5h_f')}{\alpha_1 f_c bh_0^2} \tag{5.75}$$

$$\xi=1-\sqrt{1-2\alpha_s} \tag{5.76}$$

$$A_s=\frac{\alpha_1 f_c bh_0\xi+\alpha_1 f_c(b_f'-b)h_f'}{f_y} \tag{5.77}$$

(7)验算适用条件。当适用条件都满足时,选配纵向受拉钢筋。当条件式不满足时,须修改设计。

【例题 5.10】 已知某钢筋混凝土 T 形截面梁,承受荷载弯矩设计值 $M=650$ kN·m,混凝土截面尺寸为 $b_f'=600$ mm,$b=300$ mm,$h_f'=120$ mm,$h=700$ mm,安全等级为二级,混凝土强度等级为 C30,配置 HRB335 级纵向受拉钢筋。试求:所需纵向受拉钢筋的截面面积 A_s。

【解】 (1)基本数据准备

因混凝土强度等级为 C30,所以 $\alpha_1=1.0$。查附表 1 有 $f_c=14.3\ \text{N/mm}^2$,$f_t=1.43\ \text{N/mm}^2$;查附表 6 有 $f_y=300\ \text{N/mm}^2$。

假设钢筋布置成两排,取 $a_s=60$ mm,则

$$h_0=h-a_s=700-60=640(\text{mm})$$

(2)判断所属截面类型

因为

$$\begin{aligned}\alpha_1 f_c b_f'h_f'\left(h_0-\frac{h_f'}{2}\right)&=1.0\times14.3\times600\times120\times\left(640-\frac{120}{2}\right)\\&=597\times10^6(\text{N}\cdot\text{mm})\\&<M=650\times10^6(\text{N}\cdot\text{mm})\end{aligned}$$

由式(5.62)知,属于第二类 T 形截面。

(3)计算纵向受拉钢筋面积 A_s

由式(5.71)有

$$A_{s2}=\frac{\alpha_1 f_c(b_f'-b)h_f'}{f_y}=\frac{1.0\times14.3\times(600-300)\times120}{300}=1\ 716(\text{mm}^2)$$

由式(5.72)有

$$M_{u2}=f_yA_{s2}\left(h_0-\frac{h_f'}{2}\right)=300\times1\ 716\times\left(640-\frac{120}{2}\right)=298.58\times10^6(\text{N}\cdot\text{mm})$$

$$M_{u1}=M-M_{u2}=650-298.58=351.42(\text{kN}\cdot\text{m})$$

由式(5.51)有

$$\alpha_s=\frac{M_{u1}}{\alpha_1 f_c bh_0^2}=\frac{351.42\times10^6}{1.0\times14.3\times300\times640^2}=0.2$$

$$\xi=1-\sqrt{1-2\alpha_s}=1-\sqrt{1-2\times0.2}=0.225$$

$$\gamma_s=1-0.5\xi=1-0.5\times0.225=0.888$$

由式(5.19)有

$$A_{s1}=\frac{M_{u1}}{\gamma_s h_0 f_y}=\frac{351.42\times10^6}{0.888\times640\times300}=2\ 061(mm^2)$$

$$A_s=A_{s1}+A_{s2}=2\ 061+1\ 716=3\ 777(mm^2)$$

也可以按式(5.75)和式(5.77)直接求解如下:

$$\alpha_s=\frac{M-\alpha_1 f_c(b_f'-b)h_f'(h_0-0.5h_f')}{\alpha_1 f_c bh_0^2}$$

$$=\frac{650\times10^6-1\times14.3\times(600-300)\times120\times(640-0.5\times120)}{1\times14.3\times300\times640^2}=0.200$$

$$\xi=1-\sqrt{1-2\alpha_s}=1-\sqrt{1-2\times0.2}=0.225$$

$$A_s=\frac{\alpha_1 f_c bh_0\xi+\alpha_1 f_c(b_f'-b)h_f'}{f_y}=\frac{1\times14.3\times[300\times640\times0.225+(600-300)\times120]}{300}$$

$$=3\ 775(mm^2)$$

(4) 验算适用条件

①查表5.3,$\xi_b=0.550$。

$$\xi=0.225<\xi_b(非超筋梁)$$

②由式(5.30)有

$$\rho_{min}=\max\left(0.2\%,0.45\frac{f_t}{f_y}\times100\%\right)=\max\left(0.2\%,0.45\times\frac{1.43}{300}\times100\%\right)$$

$$=\max(0.2\%,0.215\%)=0.215\%$$

$$\rho_1=\frac{A_s}{bh}=\frac{3\ 777}{300\times700}=1.80\%\geqslant\rho_{min}(非少筋梁)$$

适用条件满足,可根据所需钢筋面积选配钢筋8⏀25($A_s=3\ 927\ mm^2$)。

【例题5.11】 已知:某钢筋混凝土T形截面外伸梁,承受永久集中荷载标准值$G_{k1}=35$ kN,$G_{k2}=20$ kN(包括T形截面梁翼板自重),可变集中荷载标准值$Q_{k1}=62$ kN,$Q_{k2}=31$ kN。受力情况、计算简图及混凝土截面如图5.29(a)所示。结构安全等级为二级,混凝土强度等级为C20,配置HRB335级纵向受拉钢筋。试对各控制截面进行纵向受拉钢筋设计。

【解】 控制截面有两个:一个是跨内最大正弯矩截面;一个是支座最大负弯矩截面。

梁肋自重实际是均匀分布的荷载,其标准值为$25\times0.25\times(0.6-0.08)=3.25$(kN/m),由于其值相对较小,为简化计算,可近似将其就近按集中荷载考虑,这样,折算至G_1+Q_1下的梁肋自重集中荷载标准值为$2\times3.25=6.5$(kN),折算至G_2+Q_2下的梁肋自重集中荷载标准值为$(1+0.2)\times3.25=3.9$(kN)。

(1)控制截面的弯矩设计值及弯矩包络图

由于涉及可变荷载是否应参与组合以及永久荷载分项系数的取值,必须首先搞清楚什么情况下什么荷载是有利荷载,什么荷载是不利荷载。

①对于该梁来说,跨内荷载越大,悬臂部分荷载越小,则跨内正弯矩值越大。所以跨内荷载为不利荷载,悬臂部分荷载为有利荷载。因此,当计算跨内最大正弯矩时

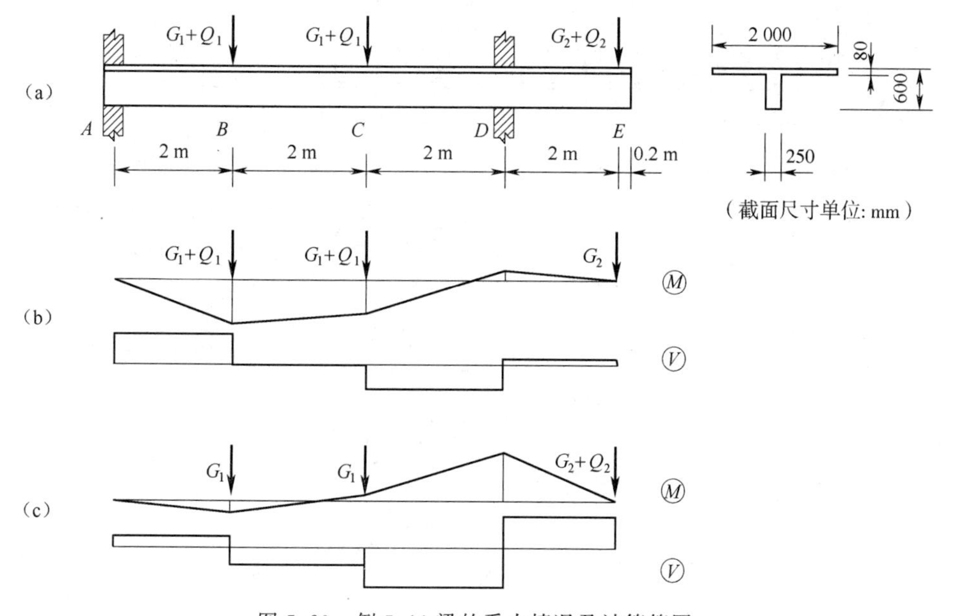

图 5.29　例 5.11 梁的受力情况及计算简图

$$G_1+Q_1=1.3\times(35+6.5)+1.5\times62=147(\mathrm{kN})$$

$$G_2+Q_2=1.0\times(20+3.9)=23.9(\mathrm{kN})$$

该荷载组合的弯矩图及剪力图(剪力图备后用)如图 5.30(b)所示。

②对于该梁来说,悬臂部分荷载越大,则支座截面负弯矩值越大,所以,悬臂部分荷载为不利荷载。跨内荷载大小并不影响支座截面负弯矩值,但要影响弯矩包络图(影响负弯矩区段的大小),也要影响跨内截面剪力。所以,分两种情况计算。

情况一:将跨内荷载视为有利荷载,结合悬臂不利荷载,则

$$G_1+Q_1=1.0\times(35+6.5)=41.5(\mathrm{kN})$$

$$G_2+Q_2=1.3\times(20+3.9)+1.5\times31=77.6(\mathrm{kN})$$

该荷载组合的弯矩图及剪力图(剪力图备后用)如图 5.30(c)所示。

情况二:将跨内荷载视为不利荷载,结合悬臂不利荷载,则

$$G_1+Q_1=1.3\times(35+6.5)+1.5\times62=147(\mathrm{kN})$$

$$G_2+Q_2=1.3\times(20+3.9)+1.5\times31=77.6(\mathrm{kN})$$

该荷载组合的弯矩图及剪力图(剪力图备后用)如图 5.30(d)所示。

将图 5.30(b)、(c)、(d)的弯矩图(剪力图)按同一比例画在一张图上,就成为弯矩包络图(剪力包络图),如图 5.30(e)所示。

(2)基本数据准备

因混凝土强度等级为 C20,所以 $\alpha_1=1.0$。查附表 1 有 $f_c=9.6\ \mathrm{N/mm^2}$,$f_t=1.1\ \mathrm{N/mm^2}$。查附表 6 有 $f_y=300\ \mathrm{N/mm^2}$。

假设跨内正弯矩截面钢筋布置成两排,取 $a_s=50$ mm,则

$$h_0=h-a_s=600-50=550(\mathrm{mm})$$

假设支座负弯矩截面钢筋布置一排,取 $a_s=45$ mm,则

$$h_0=h-a_s=600-45=555(\mathrm{mm})$$

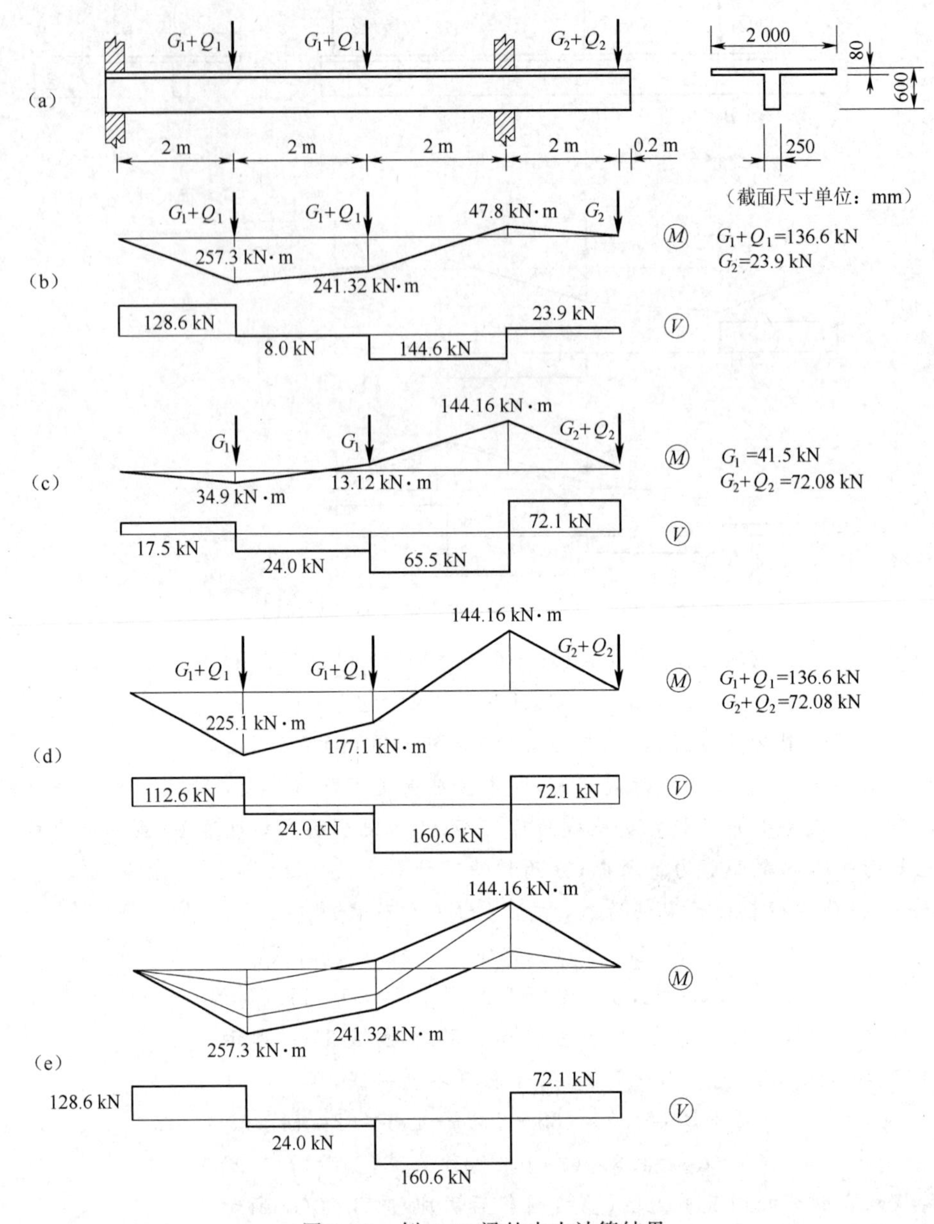

图 5.30　例 5.11 梁的内力计算结果

(3)判断跨内正弯矩截面所属截面类型

按表 5.4,该梁翼缘计算宽度 $b_f'=b+12h_f'=250+12\times80=1\ 210(\text{mm})$

因为

$$\alpha_1 f_c b_f' h_f'\left(h_0-\frac{h_f'}{2}\right)=1.0\times9.6\times1\ 210\times80\times\left(550-\frac{80}{2}\right)\times10^{-6}$$

$$=473.9(\text{kN}\cdot\text{m})>M=278\ \text{kN}\cdot\text{m}$$

属于第一类 T 形截面。

(4)计算纵向受拉钢筋面积 A_s

①跨内正弯矩截面。由于属于第一类 T 形截面,按 $b_f'\times h$ 的矩形截面计算如下:

由式(5.33)有

$$\alpha_s=\frac{M}{\alpha_1 f_c b_f' h_0^2}=\frac{278\times10^6}{1.0\times9.6\times1\ 210\times550^2}=0.079$$

由式(5.35)有

$$\xi=1-\sqrt{1-2\alpha_s}=1-\sqrt{1-2\times0.079}=0.082$$

由式(5.14)有

$$A_s=\frac{\alpha_1\xi f_c b_f' h_0}{f_y}=\frac{1.0\times0.082\times9.6\times1\ 210\times550}{300}=1\ 746(\text{mm}^2)$$

②支座负弯矩截面。由于属于倒T形截面，按 $b\times h$ 的矩形截面计算如下：

由式(5.33)有

$$\alpha_s=\frac{M}{\alpha_1 f_c b h_0^2}=\frac{155.2\times10^6}{1.0\times9.6\times250\times555^2}=0.210$$

由式(5.35)有

$$\xi=1-\sqrt{1-2\alpha_s}=1-\sqrt{1-2\times0.210}=0.238$$

由式(5.14)有

$$A_s=\frac{\alpha_1\xi f_c b h_0}{f_y}=\frac{1.0\times0.238\times9.6\times250\times555}{300}=1\ 057(\text{mm}^2)$$

(5)验算适用条件

查表5.3，$\xi_b=0.550$。跨内截面相对受压区高度 $\xi=0.082<\xi_b=0.550$(非超筋梁)。支座截面 $\xi=0.238<\xi_b=0.550$(非超筋梁)。

由式(5.30)有

$$\rho_{min}=\max\left(0.2\%,0.45\frac{f_t}{f_y}\times100\%\right)=\max\left(0.2\%,0.45\times\frac{1.1}{300}\times100\%\right)$$
$$=\max(0.2\%,0.165\%)=0.2\%$$

由式(5.32)知，跨内截面配筋率为

$$\rho_1=\frac{A_s}{bh}=\frac{1\ 746}{250\times600}=1.16\%>0.2\%(\text{非少筋梁})$$

支座截面配筋率：

$$\rho_1=\frac{A_s}{bh}=\frac{1\ 057}{250\times520+2\ 000\times80}=0.36\%>0.2\%(\text{非少筋梁})$$

既非超筋梁也非少筋梁，必然为适筋梁，故可按计算所需纵向受拉钢筋面积配筋。跨内最大正弯矩截面可选7根直径18 mm的钢筋($A_s=1\ 781\ \text{mm}^2>1\ 746\ \text{mm}^2$)；支座最大负弯矩截面可选配5根直径18 mm的钢筋($A_s=1\ 272\ \text{mm}^2>1\ 057\ \text{mm}^2$)。钢筋布置情况如图5.31和图5.32所示。

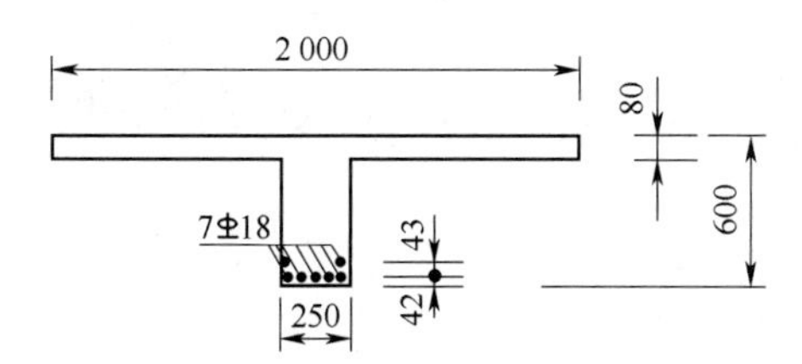

图5.31　例题5.11最大正弯矩截面配筋图(单位：mm)

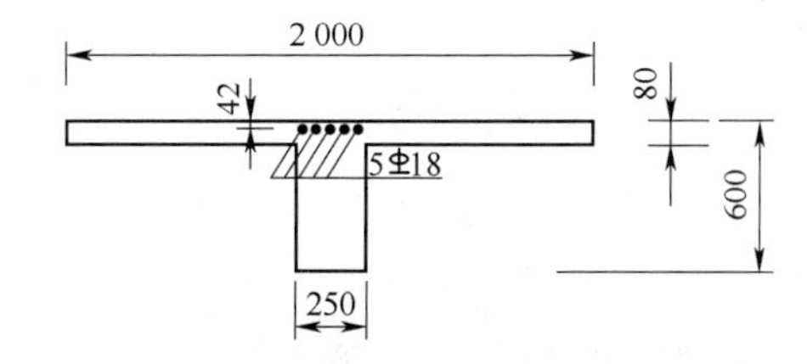

图5.32　例题5.11最大负弯矩截面配筋(单位：mm)

5.6.6 截面复核

已知:截面设计弯矩(M)、混凝土强度等级(f_c)、钢筋级别(f_y,相对界限受压区高度 ξ_b)、混凝土截面尺寸(b_f',h_f',b,h)、纵向受拉钢筋面积及布置位置(A_s,a_s)。

求:M_u,x。

截面复核问题,有两个未知量,可以直接求解。具体步骤如下:

(1)由式(5.59)或式(5.60)判断属于 T 形截面类别。

(2)对于第一类 T 形截面,按照宽度为 b_f'的矩形截面进行复核,详见 5.6.3 节。

(3)对于第二类 T 形截面,由式(5.67)计算受压区高度

$$x=\frac{f_yA_s-\alpha_1 f_c(b_f'-b)h_f'}{\alpha_1 f_c b} \tag{5.78}$$

(4)代入式(5.68)计算 M_u。

(5)判断适筋梁条件。

(6)如果适筋梁条件满足,上述计算的 M_u之值正确,最后根据其与荷载弯矩设计值之间的大小关系判断是否安全。

【例题 5.12】 已知某钢筋混凝土 T 形截面梁,承受荷载弯矩设计值 $M=500$ kN·m,混凝土截面尺寸为 $b_f'=600$ mm,$b=250$ mm,$h_f'=100$ mm,$h=800$ mm,安全等级为二级,混凝土强度等级为 C20,配置 HRB335 级纵向受拉钢筋 8 ϕ 20($A_s=2\ 513\ mm^2$),$a_s=63.5$ mm。

试求:该梁所能承受的极限弯矩设计值 M_u 并判断是否安全。

【解】 (1)基本数据准备

因混凝土强度等级为 C20,所以 $\alpha_1=1.0$。查附表 1 有 $f_c=9.6\ N/mm^2$,$f_t=1.1\ N/mm^2$;查附表 6 有 $f_y=300\ N/mm^2$。

$$h_0=h-a_s=800-63.5=736.5(mm)$$

(2)判断所属截面类型

因为 $\alpha_1 f_c b_f' h_f'=1.0\times9.6\times600\times100=576\ 000(N)<f_yA_s=300\times2\ 513=753\ 900(N)$ 由式(5.60)知,属于第二类 T 形截面。

(3)计算极限弯矩设计值 M_u

由式(5.79)有

$$\begin{aligned}x&=\frac{f_yA_s-\alpha_1 f_c(b_f'-b)h_f'}{\alpha_1 f_c b}\\&=\frac{300\times2\ 513-1.0\times9.6\times(600-250)\times100}{1.0\times9.6\times250}=174(mm)\end{aligned}$$

由式(5.70)有

$$\begin{aligned}M_u&=\alpha_1 f_c bx\left(h_0-\frac{x}{2}\right)+\alpha_1 f_c(b_f'-b)h_f'\left(h_0-\frac{h_f'}{2}\right)\\&=1.0\times9.6\times250\times174\times\left(736.5-\frac{174}{2}\right)+1.0\times9.6\times(600-250)\times100\times\left(736.5-\frac{100}{2}\right)\\&=501.9\times10^6(N\cdot mm)=501.9(kN\cdot m)\end{aligned}$$

(4)验算适用条件

①查表 5.3,$\xi_b=0.550$。

$$\xi=\frac{x}{h_0}=\frac{174}{736.5}=0.236<\xi_b\text{(非超筋梁)}$$

②由式(5.30)有

$\rho_{\min}=\max\left(0.2\%,0.45\dfrac{f_t}{f_y}\times100\%\right)=\max\left(0.2\%,0.45\times\dfrac{1.1}{300}\times100\%\right)=\max(0.2\%,$ $0.165\%)=0.2\%$

$$\rho_1=\frac{A_s}{bh}=\frac{2\ 513}{250\times800}=1.257\%\geqslant\rho_{\min}\text{（非少筋梁）}$$

该梁所能承受的极限弯矩设计值为 501.9 kN·m，大于荷载弯矩设计值 500 kN·m，正截面抗弯安全。

5.7　《公路桥规》关于受弯构件正截面承载力计算简介

《公路桥规》和《混规》一样，设计方法均为极限状态法，加上受弯构件正截面承载力计算方法较为成熟，所以，虽然两个规范不同，但计算方法甚至计算公式却相差无几。两个规范主要在两方面有所不同：①符号体系和名称不完全相同；②各量的取值大小和来源不同。现将两者不同之处的对应关系列出：

《混规》…………………………………………………《公路桥规》

M（设计弯矩）…………………………………………M_d（设计弯矩）

$\alpha_1 f_c$（混凝土抗压强度设计值）…………………………f_{cd}（混凝土抗压强度设计值）

f_y，f'_y（钢筋抗拉、抗压强度设计值）…………………f_{sd}，f'_{sd}（钢筋抗拉、抗压强度设计值）

比如，《混规》关于单筋矩形截面梁正截面受弯承载力的计算式(5.15)、式(5.16)、式(5.17)对《公路桥规》变为

$$\sum N=0,f_{cd}bx=f_{sd}A_s$$

$$\sum M=0,M_d\leqslant M_u=f_{cd}bx\left(h_0-\frac{x}{2}\right)$$

或

$$M\leqslant M_u=f_{sd}A_s\left(h_0-\frac{x}{2}\right)$$

计算公式的适用条件（非超筋、非少筋）、形式也与《混规》相同，余类推。

5.8　小　　结

(1)钢筋混凝土受弯构件正截面的破坏形态有三种：①适筋截面（梁）破坏——纵向受拉钢筋先屈服，然后受压区混凝土被压坏，破坏前有较大的裂缝宽度和挠度，有明显的预兆，破坏不突然，属于延性破坏，钢筋混凝土梁必须设计成适筋梁。②超筋截面（梁）破坏——纵向受拉钢筋未屈服而受压区混凝土先被压坏。由于混凝土是脆性材料，破坏突然且没有明显预兆，属于脆性破坏，工程中不允许出现这种梁。③少筋截面（梁）破坏——受拉区混凝土一旦开裂，受拉钢筋就屈服，甚至进入强化阶段而破坏，破坏前不仅没有明显预兆，能承受的荷载也很小，也属于脆性破坏，工程中不允许出现这种梁。

(2)工程中既然只允许出现适筋梁，其正截面承载力就以适筋梁这种破坏模式来建立计算公式，以排除少筋、超筋作为计算公式的基本适用条件。

(3)适筋梁从加载到破坏的全过程可分为三个阶段：

第Ⅰ阶段为混凝土全截面整体工作阶段。在这一阶段初期，受拉、受压区混凝土都可认为是弹性的(钢筋自然是弹性的)，混凝土截面应力为直线分布，这是预应力混凝土梁弹性阶段计算的依据。在这一阶段末，受压区混凝土接近弹性，应力可认为是按三角形分布，而受拉区混凝土的塑性已充分表现出来，应力接近均匀分布，它是抗裂(开裂弯矩)计算的依据。

第Ⅱ阶段为带裂工作阶段。在裂缝截面处，受拉区混凝土大部分都退出工作，受拉区的拉力由纵向受拉钢筋承担，受压区混凝土有一定的塑性表现，但仍可近似按弹性考虑。这一阶段是正常使用极限状态(裂缝宽度和挠度)计算的依据。

第Ⅲ阶段为破坏阶段。在这一阶段，纵向受拉钢筋先屈服，裂缝宽度开展，长度延伸，中和轴上移，受压区混凝土面积减少，应力趋于均匀。破坏前，受压区混凝土压应力的合力始终与受拉钢筋拉应力的合力平衡。由于受压区混凝土面积的减少，受压区混凝土应力分布趋于均匀，受压区混凝土压应力的合力作用线上移，从而增加内力偶臂，还可以进一步抵抗荷载，所以并不一定是钢筋一屈服构件就破坏，最后破坏是因为受压区混凝土被压坏。破坏时，受压区混凝土的塑性已充分表现出来，应力分布可简化为均匀分布，它是受弯构件正截面强度计算(承载能力极限状态)的依据。

(4)受弯构件正截面承载力计算的四个基本假定实质上是简化的几何方程与物理方程，便于利用力学平衡方程进行求解。同时，基于四个基本假定，还可以得到受压区混凝土计算(简化)图形和界限相对受压区高度，从而简化计算。

(5)钢筋级别、纵向受力钢筋的配筋量和混凝土强度等级对受弯构件正截面承载力有如下影响：在配筋率较低时，正截面抗弯承载力随钢筋级别的提高和配筋率的增大而增大，几乎呈线性关系。但随着配筋率的增大，正截面受弯承载力的增大幅度有所减小，当达到最大配筋率(适筋与超筋的界限状态)以后，再增大配筋率则不能有效增加受弯构件的正截面承载力，反而成为超筋。换言之，超筋梁(工程中当然不允许)虽然多配了纵向受拉钢筋，但其正截面承载力与界限配筋时相差不多。

在配筋率较低时，混凝土强度等级对正截面受弯承载力影响很小。随着配筋率的增加，其影响逐渐增加。当接近或达到最大配筋率时，混凝土强度等级成为影响受弯构件正截面承载力的决定因素之一。

(6)受弯构件正截面承载力计算包括：①由计算简图建立平衡方程(基本计算公式)，计算承载力并进行截面复核或设计；②检查适用条件。

任何截面形式的受弯构件有且只有两个独立的平衡方程，可以求解两个独立未知量。凡是只有两个独立未知量的情况，都可由基本计算公式直接求解，凡是独立未知量个数多于独立平衡方程个数时，都需要补充条件(方程)。补充条件可能是根据工程经验(比如混凝土截面尺寸的确定)，也可能是理论分析上出于某方面的考虑(比如，双筋矩形截面梁当受拉、受压钢筋均需要设计，加上受压区高度，有三个未知量，只有两个独立方程，补充条件 $x=\xi_b h_0$ 是为了钢筋总用量最省)。

理论上讲，受弯构件的任何截面都必须是适筋截面。因此，适筋条件是钢筋混凝土构件任何截面都必须验算的条件——计算公式的适用条件，不妨叫作一级适用条件，即

$$\xi \leqslant \xi_b \text{(非超筋)}, \rho_1 \geqslant \rho_{\min} \text{(非少筋)}$$

工程实践中，可以判定满足的适用条件也可不验算(比如对双筋梁，可不验算是否少筋；对第二类 T 形截面，也可不验算是否少筋)。

有些计算公式的适用条件，只适用于特定的情况，不妨称为二级适用条件（比如，双筋矩形截面梁基本计算公式的适用条件 $x \geqslant 2a_s'$）。要搞清楚满足这些条件时用什么公式计算，不满足这些条件时又如何建立计算公式，如何计算。

(7)单筋矩形截面梁正截面承载力复核（未知量为 x 和 M_u）、混凝土截面已知的单筋矩形截面梁的设计（未知量为 x 和 A_s）、单筋矩形截面梁混凝土截面设计（在根据经验确定截面尺寸以后，未知量为 x 和 A_s）、A_s'为已知的双筋矩形截面梁设计（未知量为 x 和 A_s）、T 形截面梁的复核（未知量为 x 和 M_u）及设计（未知量为 x 和 A_s）都是两个未知量，未知量个数等于独立平衡方程个数，可以联立求解两个独立基本计算公式（方程）直接求解，有的可以分解（比如双筋矩形截面梁、第二类 T 形截面梁）并用相应公式计算。受拉、受压钢筋面积均需设计的双筋矩形截面梁（未知量为 x、A_s、A_s'），未知量有三个，而独立的基本公式（方程）只有两个，需要补充一个条件，较为经济的补充条件是 $x=\xi_b h_0$，然后可以根据基本公式直接求解，也可分解并按相应公式求解。

(8)单筋矩形截面梁、双筋矩形截面梁和 T 形截面梁（甚至任何截面梁）正截面承载力计算基本公式的适用条件都有适筋条件（基本计算公式的一级适用条件）；双筋矩形截面基本计算公式除满足适筋条件外，还应满足 $x \geqslant 2a_s'$（二级适用条件）。

T 形截面梁应该分清是哪一类 T 形截面（不管是事先判断还是后来确认），所用的计算公式应与所属类别一致；不满足条件 $x \geqslant 2a_s'$的双筋矩形截面，可近似且偏安全地取 $x=2a_s'$，并对纵向受压钢筋重心取矩建立计算公式进行计算。

思考与练习题

5.1　在外荷载作用下，受弯构件任意截面上存在哪些可能的内力？

5.2　钢筋混凝土梁有哪几种破坏形式？各自的破坏特点是什么？

5.3　适筋梁从加载到破坏经历了哪几个应力阶段？各是什么情况计算的依据？

5.4　什么是配筋率？配筋率对钢筋混凝土梁正截面破坏有何影响？

5.5　最小配筋率是根据什么原则确定的？界限受压区高度是根据什么情况得出的？

5.6　根据最小配筋率的确定原则如何计算开裂弯矩？又如何计算超筋梁的正截面受弯承载力？

5.7　受弯构件正截面承载力计算的基本假定有哪些？这些假定是否可用于其他构件的正截面承载力计算？

5.8　钢筋混凝土梁正截面承载力计算经由实际应力分布→理论应力分布→计算简图，从实际应力分布→理论应力分布的根据是什么？从理论应力分布→计算简图的根据（或原则）又是什么？

5.9　钢筋混凝土梁设计成单筋梁而出现超筋时，理论上修改设计的方法有哪些？工程中又有哪些方法？

5.10　双筋梁就其本身是不经济的，在什么情况采用双筋梁？各自可能出于什么方面的考虑？

5.11　T 形截面梁为什么要规定计算宽度？计算宽度考虑了哪些方面的因素？

5.12　外形上的 T 形截面梁有哪几类？何为倒 T 形截面？第一、二类 T 形截面如何判别？

5.13　已知某钢筋混凝土单筋矩形截面梁截面尺寸 $b\times h=300\ \text{mm}\times 450\ \text{mm}$,安全等级为二级,环境类别为一类,混凝土强度等级为C40,配置HRB500级纵向受拉钢筋4⌀16($A_s=804\ \text{mm}^2$),$a_s=35$ mm。求该梁所能承受的极限弯矩设计值 M_u。

5.14　已知某钢筋混凝土单跨简支板,计算跨度为2.25 m,承受匀布荷载设计值 $g+q=6.5\ \text{kN/m}^2$ 筋(包括自重),安全等级为二级,混凝土强度等级为C25,配置HRB335级纵向受拉钢筋,环境类别为一类。试确定现浇板的厚度及所需受拉钢筋面积并配筋。

5.15　已知某钢筋混凝土单筋矩形截面梁截面尺寸 $b\times h=250\ \text{mm}\times 500\ \text{mm}$,安全等级为二级,环境类别为一类,混凝土强度等级为C25,配置HRB335级纵向受拉钢筋,承受荷载弯矩设计值 $M=275\ \text{kN}\cdot\text{m}$。试计算所需受拉钢筋截面面积。

5.16　已知某钢筋混凝土简支梁,计算跨度5.9 m,承受匀布荷载,其中:永久荷载标准值为12 kN/m(不包括梁自重),可变荷载标准值为13 kN/m,安全等级为二级,环境类别为一类,混凝土强度等级为C30,配置HRB335级纵向受拉钢筋。试确定梁的截面尺寸及纵向受拉钢筋的截面面积(钢筋混凝土容重为25 kN/m^3)。

5.17　已知某钢筋混凝土双筋矩形截面梁,承受荷载弯矩设计值 $M=260\ \text{kN}\cdot\text{m}$,混凝土截面尺寸 $b\times h=200\ \text{mm}\times 500\ \text{mm}$,安全等级为二级,混凝土强度等级为C30,配置HRB500级纵向受拉钢筋3⌀25($A_s=1\ 473\ \text{mm}^2$),HRB500级纵向受压钢筋2⌀16($A_s'=402\ \text{mm}^2$)。$a_s=56$ mm,$a_s'=51$ mm。试求该梁所能承受的极限弯矩设计值 M_u,并判断是否安全。

5.18　已知某钢筋混凝土双筋矩形截面梁,承受荷载弯矩设计值 $M=450\ \text{kN}\cdot\text{m}$,混凝土截面尺寸 $b\times h=300\ \text{mm}\times 650\ \text{mm}$,环境类别为一类,安全等级为二级,混凝土强度等级为C20,配置HRB335级纵向受压钢筋3⌀25($A_s'=1\ 473\ \text{mm}^2$,$a_s'=45.5$ mm)。试设计纵向受拉钢筋 A_s。

5.19　已知条件除纵向受压钢筋外与习题5.18相同。试设计纵向受拉钢筋 A_s、纵向受压钢筋 A_s'。

5.20　已知某钢筋混凝土T形截面独立梁,承受荷载弯矩设计值 $M=220\ \text{kN}\cdot\text{m}$,混凝土截面尺寸 $b_f'=550$ mm,$b=250$ mm,$h_f'=80$ mm,$h=600$ mm,安全等级为二级,混凝土强度等级为C30,配置HRB335级纵向受拉钢筋5⌀20($A_s=1\ 571\ \text{mm}^2$),$a_s=38$ mm。试求该梁所能承受的极限弯矩设计值 M_u 并判断是否安全。

5.21　已知某钢筋混凝土T形截面独立梁,承受荷载弯矩设计值 $M=500\ \text{kN}\cdot\text{m}$,混凝土截面尺寸 $b_f'=600$ mm,$b=250$ mm,$h_f'=100$ mm,$h=800$ mm,安全等级为二级,混凝土强度等级为C25,配置HRB335级纵向受拉钢筋8⌀20($A_s=2\ 513\ \text{mm}^2$),$a_s=65.5$ mm。试求该梁所能承受的极限弯矩设计值 M_u 并判断是否安全。

5.22　已知某钢筋混凝土T形截面独立梁,承受荷载弯矩设计值 $M=700\ \text{kN}\cdot\text{m}$,混凝土截面尺寸 $b_f'=700$ mm,$b=350$ mm,$h_f'=130$ mm,$h=750$ mm,安全等级为二级,混凝土强度等级为C25,配置HRB335级纵向受拉钢筋。试求所需纵向受拉钢筋的截面面积 A_s。

偏心受力构件正截面承载力计算与设计

6.1 概　　述

本书第 4 章介绍了轴心受力构件，该类构件仅受轴力作用，轴力的作用线与构件换算截面形心轴重合，正截面上产生均匀分布的应力。如果轴力的作用线与构件换算截面形心轴发生偏离，该构件就被称为偏心受力构件。

偏心受压构件是最常见的钢筋混凝土偏心受力构件之一。如图 6.1 所示，偏心受压构件受轴力 N_c作用，偏心距为 e_0，如果在形心位置施加一组大小均等于 N_c且方向相反的轴力，根据受力平衡关系，其受力特性与原构件等效。此时，可将偏心压力与形心位置的拉力看成一组力偶对 $M=N_ce_0$，此偏心受压构件可等效为轴向压力 N_c与弯矩 $M=N_ce_0$联合作用下的构件。根据叠加原理，偏心受压构件的截面应力图形，也可视为 N_c作用下轴心受压构件与 $M=N_ce_0$作用下的弯曲构件的叠加。偏心受拉构件也具有类似的性质。

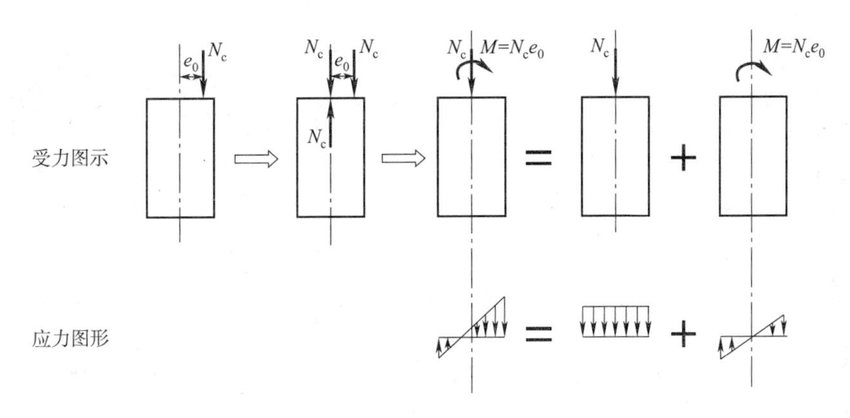

图 6.1　偏心受压构件受力图示与截面应力图形

由此可见，与第 4、5 章类似，钢筋混凝土偏心受力构件的正截面承载力计算与设计，仍然是如何抵抗截面正应力的问题。差别在于，截面上的正应力分布需考虑轴力与弯矩的联合作用。

6.2　工程应用实例与配筋形式

在实际工程中，大量构件处于偏心受力状态。如工业厂房的排架柱[图 6.2(a)]、混凝土框架结构中的框架柱[图 6.2(b)]、桥梁结构中的拱桥主拱[图 6.2(f)]等，在正常使用状态下均处于偏心受压状态。此外，桁架或屋架的下弦杆是偏心受拉构件。

偏心受力构件中，一般配有纵向受力钢筋和横向箍筋(图 6.3 与图 6.4)。纵向钢筋主要用于抵抗截面受到的弯矩和轴力，箍筋除了对混凝土提供约束作用外，还可以提高构件的抗剪能力。偏心受力构件一般为结构中的竖向构件,其对钢筋直径、间距、混凝土保护层厚度等构造有比较细致的要求,尤其对于需要进行抗震设计的结构,偏心受力构件的构造措施要求比较严格。

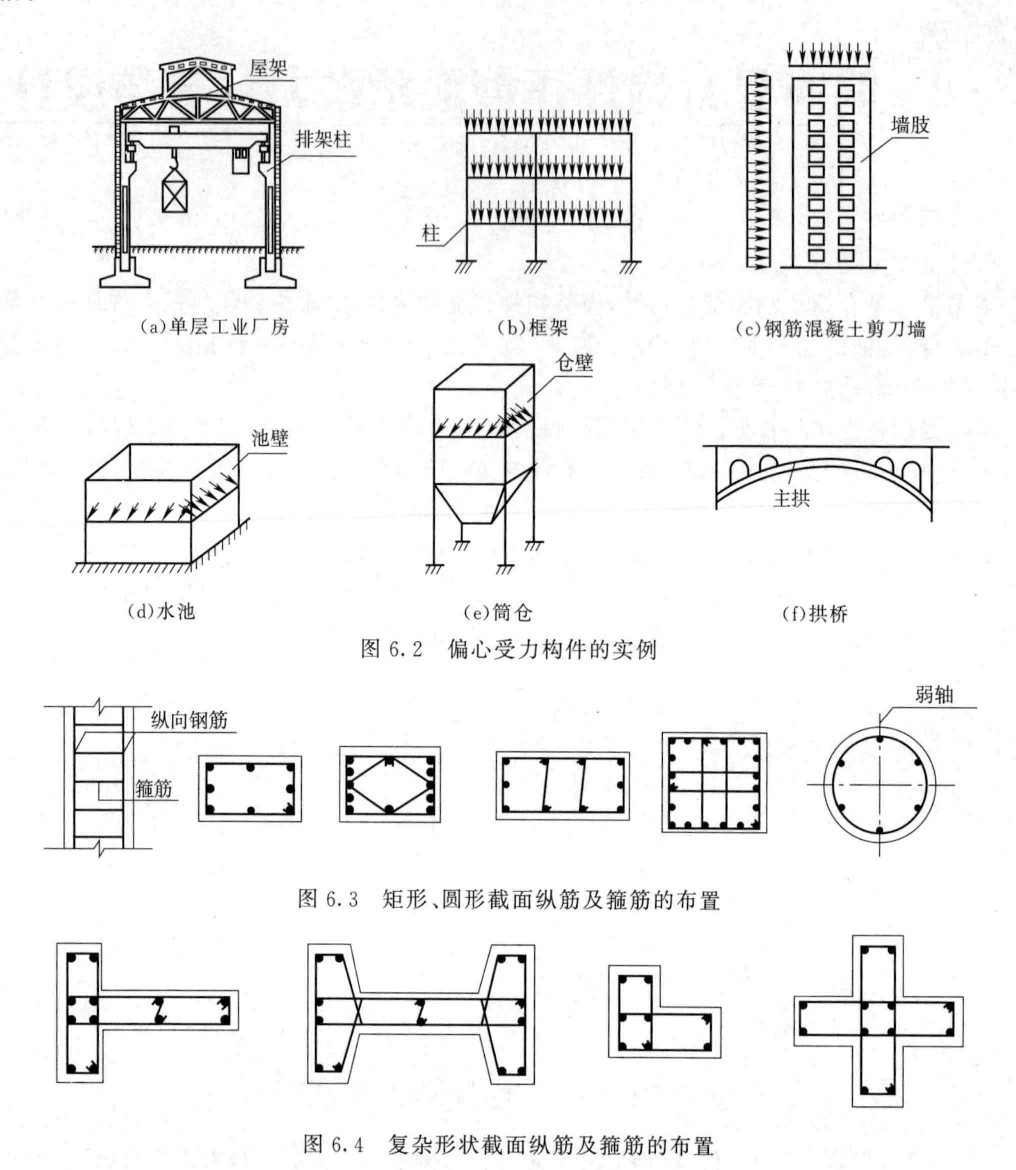

图 6.2 偏心受力构件的实例

图 6.3 矩形、圆形截面纵筋及箍筋的布置

图 6.4 复杂形状截面纵筋及箍筋的布置

6.3 轴力—弯矩关系曲线

如 6.1 节所述,偏心受力构件的截面应力状态乃至受力行为是由轴力与弯矩共同决定的,不同的轴力与弯矩的组合,可能导致不同的受力行为或者破坏模式。

本节将从线弹性分析出发,以抗压强度为 f_c、抗拉强度为 f_t 的理想材料为例,讨论偏心受力构件破坏时的轴力—弯矩关系。

考虑构件受轴力 N_c 与弯矩 M 的联合作用,根据材料力学原理,截面近力边缘 $\sigma_{c,1}$ 与远力边缘 $\sigma_{c,2}$ 应力,分别为

$$\sigma_{c,1}=\frac{N_c}{A}+\frac{M}{W} \tag{6.1}$$

$$\sigma_{c,2}=\frac{N_c}{A}-\frac{M}{W} \tag{6.2}$$

式中　A——截面积；

W——截面抗弯模量；

N_c——轴力，定义压力为正；

M——弯矩，正方向如图 6.5 所示。

对于偏心受压构件而言，式(6.1)与式(6.2)中各个参数均取正值，则有

$$|\sigma_{c,1}|>|\sigma_{c,2}| \tag{6.3}$$

如果材料的拉压强度相等($f_t=-f_c$)，则该截面一定发生受压破坏，且近力边缘先达到极限状态，即

$$\sigma_{c,1}=\frac{N_c}{A}+\frac{M}{W}=f_c \tag{6.4}$$

用 f_c除以式(6.4)的两端得

$$\frac{N_c}{Af_c}+\frac{M}{Wf_c}=1 \tag{6.5}$$

对于给定截面与材料，式(6.5)中的 A、W 与 f_c均为常量，则当 $M=0$ 时，N_c取得最大值 N_{cmax}，且有 $N_{cmax}=N_{cu0}=Af_c$；当 $N_c=0$ 时，M 取得最大值 M_{max}，且有 $M_{max}=M_{u0}=Wf_c$；在式(6.5)引入 N_{cu0}和 M_{u0}有

$$\frac{N_c}{N_{cu0}}+\frac{M}{M_{u0}}=1 \tag{6.6}$$

式(6.6)表示的即为偏心受压构件发生受压破坏时的轴向压力和弯矩的相关关系，如图 6.5的直线 AB 所示。图中，A 点与 B 点分别对应弯矩为 0 与轴力为 0 的情况。

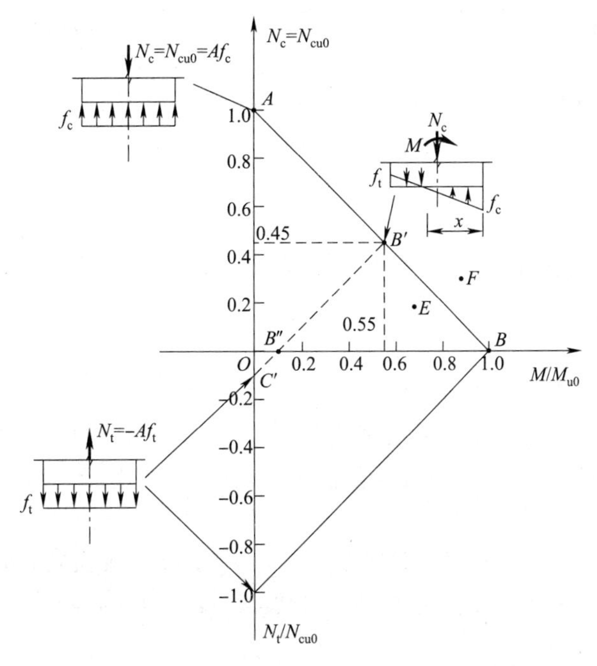

图 6.5　当 $f_t=-f_c$或 $f_t=-0.1f_c$时弹性偏心受力构件的轴力—弯矩关系曲线

作类似的分析可得构件受拉破坏时(由 f_t 控制)轴向拉力 N_t 和弯矩 M 的相关关系，如图 6.5 的直线 BC 所示。从上述分析可以看出，当材料为拉压等强的理想线弹性材料时，其轴力—弯矩的相关关系为对称菱形。

在轴力—弯矩关系曲线上的任意一点，代表构件在该轴力和弯矩的组合作用下，达到截面的临界承载力。若轴力和弯矩组合作用位于相关曲线内部(E 点)，则截面安全，构件不会发生破坏；反之，若轴力和弯矩组合作用位于相关曲线外部(F 点)，构件会破坏。

对于拉压不等强的材料来说，例如抗拉强度仅为抗压强度的 1/10($f_t=-0.1f_c$)，重新观察式(6.1)与式(6.2)，可发现：偏心受压构件不一定因为近力点应力 $\sigma_{c,1}$ 达到 f_c 发生受压破坏，有可能在远力点应力 $\sigma_{c,2}$ 达到 f_t 发生受拉破坏，即

$$\sigma_{c,2}=\frac{N_c}{A}-\frac{M}{W}=f_t \tag{6.7}$$

仍然将 N_{cu0} 和 M_{u0} 代入式(6.7)，则偏心受压构件发生受拉破坏的控制方程为

$$\frac{N_c}{N_{cu0}\dfrac{f_t}{f_c}}-\frac{M}{M_{u0}\dfrac{f_t}{f_c}}=-\frac{N_c}{0.1N_{cu0}}+\frac{M}{0.1M_{u0}}=1 \tag{6.8}$$

对比式(6.6)与式(6.8)，可发现：

(1)式(6.8)在图 6.5 中表达的直线与式(6.6)表达的直线 AB 斜率异号。

(2)在轴力较小时，偏心受压构件可能发生受拉破坏。特别地，当 $N_c=0$ 时，受拉破坏的极限弯矩值为 $0.1M_{u0}<M_{u0}$，即为图 6.5 中的 B'' 点。

(3)式(6.8)表达的直线与直线 AB 存在交点 B'，该点的坐标可以通过联立式(6.6)与式(6.8)求解，得：(0.55,0.45)。

综合考虑偏心受拉的情况，图 6.5 中的相关曲线中的下半部分会向上移动，曲线变为 AB' 和 $B'C'$，相关曲线不再沿 M/M_{u0} 轴对称。直线 AB' 表示材料应力达到 f_c，出现受压引起的破坏，也被称为小偏心破坏；直线 $B'C'$ 表示材料应力达到 f_t，出现受拉引起的破坏，也被称为大偏心破坏。点 B' 表示平衡破坏，此处，截面两最外侧边缘的应力同时达到抗拉强度 f_t 和抗压强度 f_c。

混凝土是非弹性材料，且其抗拉强度远小于抗压强度。然而，钢筋混凝土构件中，钢筋可以提供一定的拉力，钢筋混凝土的轴力—弯矩相关曲线的计算过程比线弹性材料复杂，但其整体形状特征与图 6.5 中的 $AB'C'$ 相似。

6.4 偏心受压构件的结构行为

6.4.1 偏心受压试验

1. 受拉破坏——大偏心受压破坏

图 6.6 表示了某短柱的大偏心受压试验结果，试验可分为典型的 4 个阶段：

(1)弹性阶段：荷载较小时，构件处于弹性阶段，全截面内混凝土和钢筋的应力都较小，构件中部的水平挠度随荷载线性增长。

(2)混凝土开裂阶段：随着荷载继续增加，受拉区混凝土出现横向裂缝，远轴力侧的钢筋应力增速加快；在该阶段，受拉区不断增加，裂缝宽度、深度快速发展，截面受压区高度逐渐减小，受压区混凝土应力增大。

(3)钢筋屈服阶段：当远轴力侧钢筋达到屈服应力时，钢筋屈服，截面处形成一主裂缝，构

件中部的水平挠度快速增加。

(4)混凝土压溃:当受压侧的混凝土达到极限压应变时,受压区出现纵向裂缝,混凝土压碎,构件丧失承载力。此时,近轴力侧的钢筋也达到抗压屈服强度。构件的最终破坏形态如图 6.7 所示,混凝土压碎区大致呈三角形。

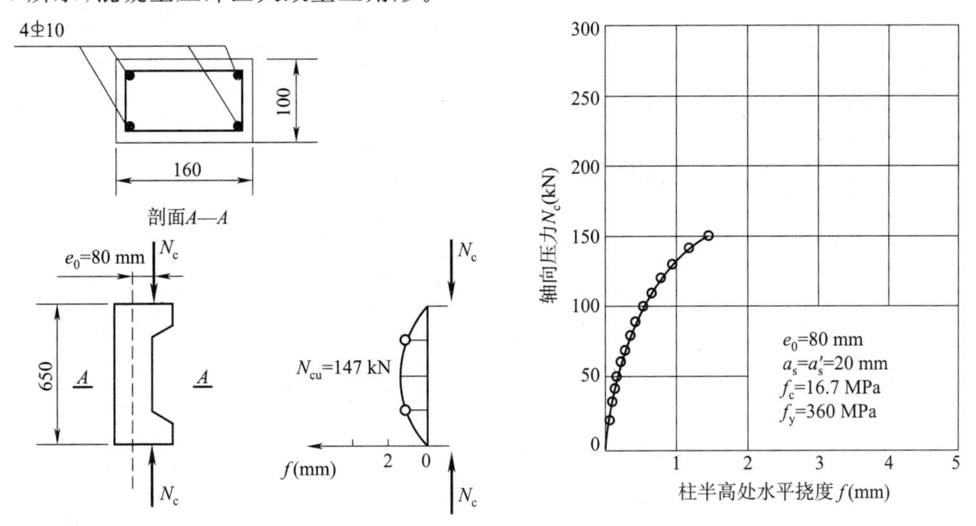

图 6.6 短柱大偏压实验结果(单位:mm)

这种破坏过程和特征与适筋梁的双筋受弯构件相似,破坏前裂缝与变形充分发展,有明显的破坏预兆,为延性破坏,其破坏始于远力侧钢筋受拉屈服,因此被称为受拉破坏。同时,这种破坏一般发生在偏心距较大的情况,故习惯上称之为大偏心受压破坏(注意:偏心距并不是决定偏心受压柱破坏形态的唯一因素,偏心距较大时并不总是发生受拉破坏或大偏心受压破坏。)

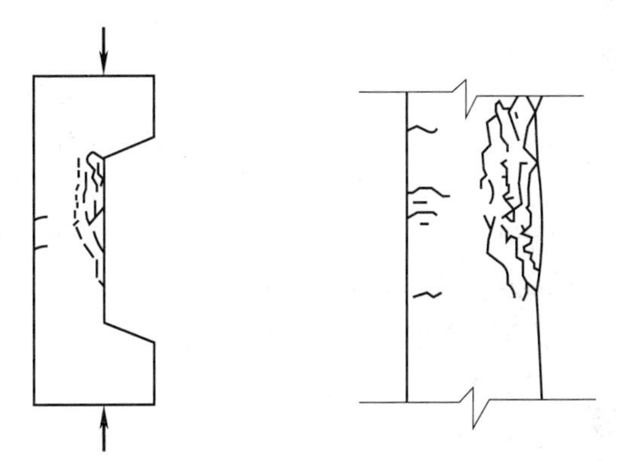

图 6.7 短柱的大偏压破坏形态

2. 受压破坏——小偏心受压破坏

图 6.8 表示了某短柱的小偏心受压试验结果。随着荷载的增大,靠轴力侧的混凝土直接发生受压破坏。混凝土受压破坏时,受压侧钢筋应力已经达到屈服强度,而远轴力侧混凝土及钢筋的应力均较小。构件破坏时开裂荷载与破坏荷载很接近,破坏前无明显预兆,最终破坏形态如图 6.9 所示。

观察上述实验现象,其与受拉破坏(大偏心受压破坏)最显著差别在于:近力侧混凝土压溃状态,远力侧的钢筋并未受拉屈服,远力侧混凝土也未充分开裂,柱子的横向变形也无明显增长,属于典型的脆性破坏。这种破坏形态始于混凝土压溃,因此被称为受压破坏。同时,这种破坏一般发生在偏心距较小的情况,故习惯上称之为小偏心受压破坏。

实际上偏心受压构件的破坏形态除了与偏心距有关外,还与构件的纵向钢筋配置有关。

(1)如图 6.10(a)所示,当偏心距 e_0 很小且近、远力侧钢筋配置相当时,构件全截面受压,破坏时近力侧的钢筋 A_s' 能受压屈服,远力侧钢筋A_s处于受压状态,但一般不屈服。此时,发生受压破坏。

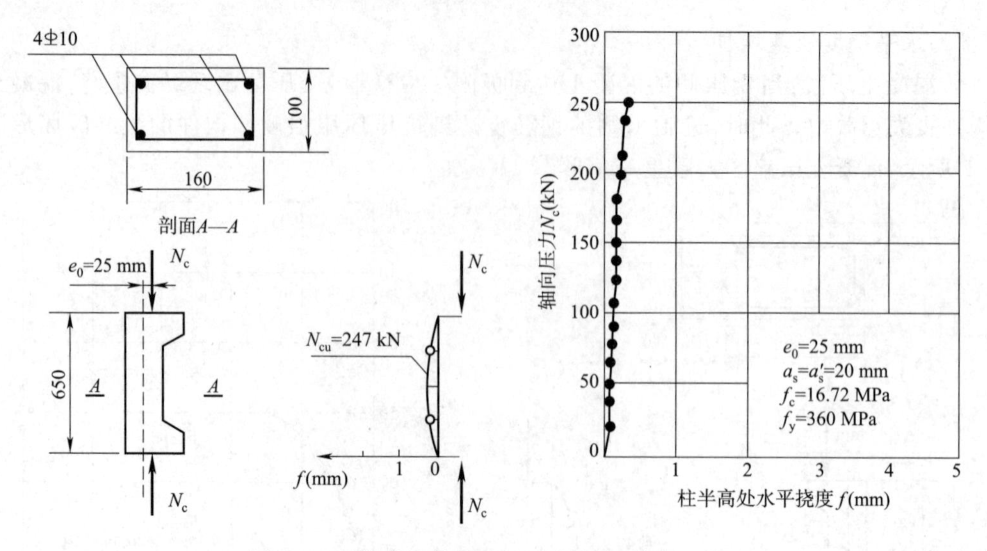

图 6.8 短柱的小偏压破坏试验结果(单位:mm)

当远力侧钢筋面积 A_s 远小于近力侧 A_s' 时,尽管在几何上轴力 N_c 略微靠近 A_s' 一侧,但远力侧钢筋面积 A_s 能分担压力有限,远力侧混凝土可能首先被压碎而使构件破坏,这也属于受压破坏,且被称为反向破坏。

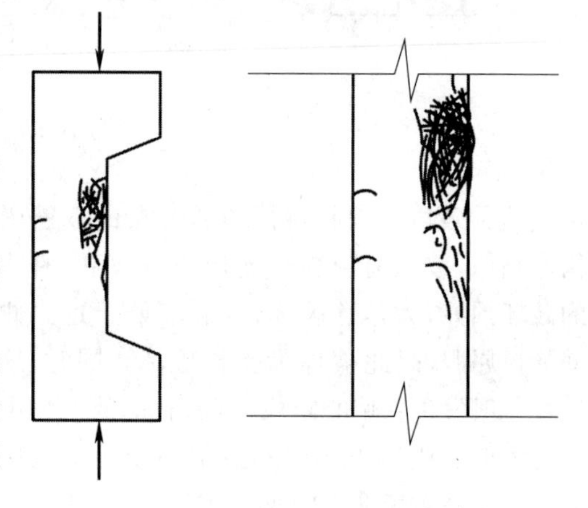

图 6.9 短柱的小偏压破坏形态

(2)如图 6.10(b)所示,当偏心距 e_0 较小,截面弯矩较小,破坏时 A_s 可能受拉,但不会屈服。

(3)如图 6.10(c)所示,当偏心距 e_0 较大,且远力侧钢筋面积 A_s 较大时,尽管截面弯矩较大,但受拉钢筋较多,破坏时远力侧受拉钢筋仍可能不屈服(其行为类似超筋梁),这也属于受压破坏。

(4)如图 6.10(d)所示,当偏心距 e_0 较大,且远力侧钢筋面积 A_s 适量时,较大的弯矩会在远力侧钢筋中产生较大的拉应力,使得受拉钢筋先屈服,然后受压区混凝土压碎,发生所谓的受拉破坏。

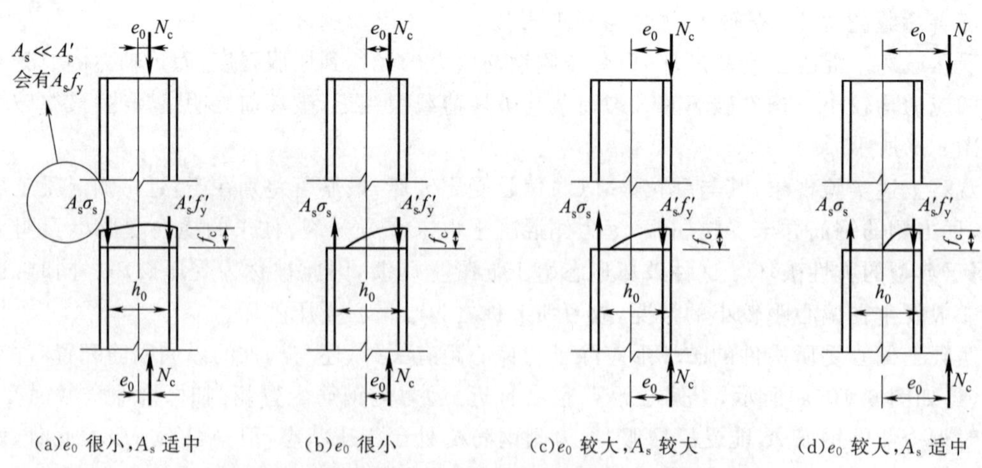

(a)e_0 很小,A_s 适中　(b)e_0 很小　(c)e_0 较大,A_s 较大　(d)e_0 较大,A_s 适中

图 6.10 不同偏心距、不同配筋时偏压构件的破坏形态

其中图 6.10(a)所示的受力状况更接近轴心受压，而图 6.10(d)所示的情况更接近受弯。

3. 受拉破坏与受压破坏界限与判据

综合上述两个试验结果，偏心受压构件破坏时，具有以下性质：

(1)无论是受拉破坏还是受压破坏，最终破坏时，受压区边缘混凝土压应变一般可以认为达到极限压应变($\varepsilon_c=\varepsilon_{cu}$)而压碎。特殊地，当全截面受压时，受压区边缘混凝土压应变界于峰值应变 ε_0 与极限应变 ε_{cu}之间。

(2)受拉破坏存在受拉区，受拉区钢筋先屈服($\varepsilon_s=\varepsilon_y$)，受压区混凝土后压碎。

(3)受压破坏可能存在也可能不存在受拉区，近力侧边缘混凝土压碎时，远力侧钢筋未受拉屈服。

显然，存在类似图 6.5 中的临界状态，即：受拉区钢筋屈服时，受压区边缘混凝土恰好压碎，这被称为“界限破坏”或“平衡破坏”。

根据相关试验结果，偏心受压构件从加载到破坏，截面应变近似符合平截面假定。图 6.11 给出了截面应变分布图。图中斜线 ac 表示界限破坏时的应变分布情况，此时受压边缘混凝土满足 $\varepsilon_c=\varepsilon_{cu}$且受拉钢筋满足 $\varepsilon_s=\varepsilon_y$，相对受压区高度为 ξ_b。由上述性质(2)可知，偏压构件破坏时，受压边缘混凝土应变恒为 ε_{cu}，此时若钢筋应变 $\varepsilon_s>\varepsilon_y$，则为受拉破坏(大偏心受压)，即为图中斜线 ab 所示情况，其相对受压区高度 $\xi\leqslant\xi_b$；若钢筋应变$\varepsilon_s<\varepsilon_y$，则为受压破坏(小偏心受压)，即为图中斜线 ad、ae 等所示情况，其相对受压区高度 $\xi>\xi_b$。

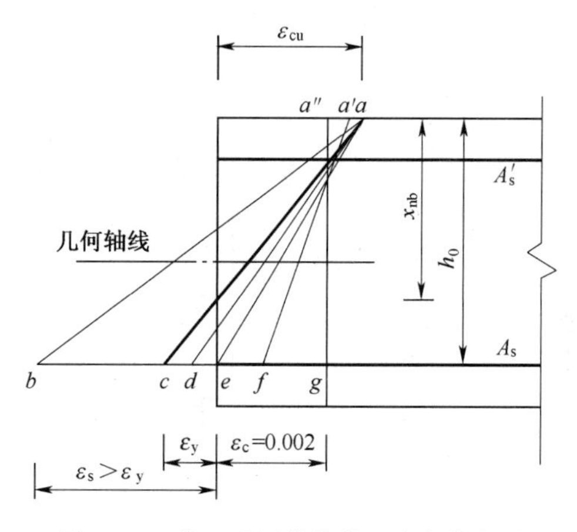

图 6.11 偏心受压构件截面应变分布图

如果破坏时为全截面受压，混凝土受压较大一侧的极限压应变将随着轴向力 N 的偏心距减小而逐步下降，其截面应力分布如斜线 ae、af'和 $a''g$ 所示顺序编号，在此变化过程中，受压边缘的极限压应变将由 ε_{cu}逐步下降到接近轴心受压时的 0.002。

由此可知，偏心受压构件破坏特征的物理判据为：受压边缘混凝土达到极限压应变时，远力侧钢筋是否受拉屈服。此判据可利用相对受压区高度进行判定。

6.4.2 N_u-M_u相关曲线

对某特定截面，考察其在不同偏心距 e_0下破坏时的轴向力 N_u和弯矩 M_u组合，即得到该截面的轴力—弯矩相关曲线。图 6.12 为试验得到的某钢筋混凝土截面的 N_u-M_u 相关曲线(曲线 ACB)。尽管 N_u和 M_u之间的关系曲线并非直线，但曲线 ACB 的形状和图 6.5 中的折线 $AB'B''$的形状非常相似。该试验曲线表明，在“小偏心受压破坏”时，随着轴向力 N_u 的增大，构件的抗弯能力减小；而在“大偏心受压破坏”时，轴向力 N_u的增大反而会提高构件

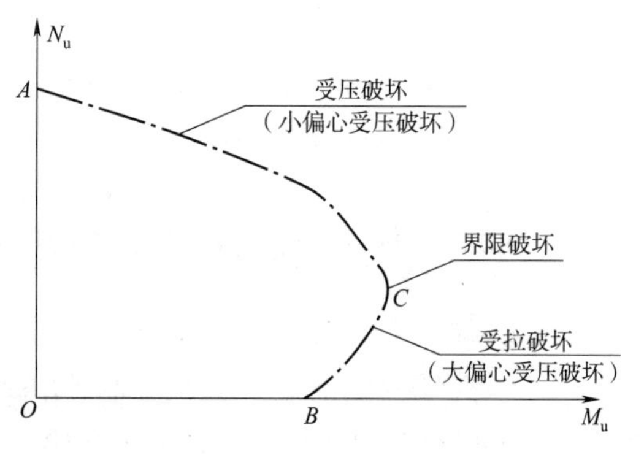

图 6.12 N_u—M_u试验关系曲线

的抗弯承载力。主要是因为轴向压力可抵消部分由弯矩引起的拉应力,推迟了构件的受拉破坏。界限破坏时,构件的抗弯承载力达到最大值,即图 6.12 中的 C 点。

6.4.3 构件长细比的影响

偏心受压构件的跨中会产生横向挠度 f,构件跨中截面的实际弯矩 $M=N_c(e_0+f)$,大于初始弯矩 $M_0=N_c\cdot e_0$。这种由于加载后构件的变形而引起的内力增大称为"二阶效应"。

一般来说,短柱的挠度发展有限,可忽略"二阶效应",而长柱则必须考虑横向挠度 f 的影响。通常根据构件的长细比来区分短柱、长柱和细长柱。当 $l_0/h\leqslant 5$(矩形截面)或当 $l_0/d_c\leqslant 5$(圆形截面)属短柱,此时二阶效应引起的附加弯矩一般不会超过一阶弯矩的 5%;当 l_0/h 或 l_0/d_c 为 5~30 之间时,属长柱;当 l_0/h 或 $l_0/d_c>30$ 时,则为细长柱。

若构件的截面尺寸、材料等级和截面配筋完全相同,但长度各不相同,那么承载力也不相同。图 6.13 给出了这样三个试件从加荷至破坏的加荷路径示意图,图中的包络线为短柱破坏时的 N_{cu}—M_u 相关曲线。

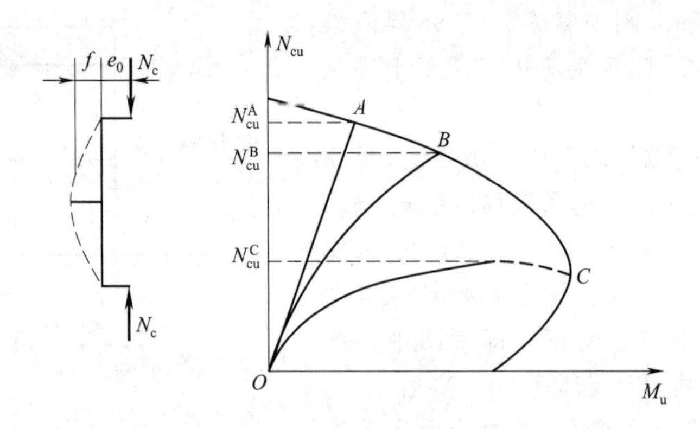

图 6.13 不同长细比构件的 N_{cu}—M_u 关系曲线

对长细比很小的"短柱",由于 f 值很小($f\ll e_0$),截面弯矩 N_ce_0 与考虑二阶效应的截面弯矩 $N_c(e_0+f)$ 区别并不明显,因此从加荷至破坏的 N_c—M 关系可用直线 OA 表示,即跨中截面的真实偏心距在加载过程中保持不变。

对长柱,荷载的增大将使其产生较大的横向挠度,从而出现较大的附加弯矩。挠度和弯矩相互促进使 N_c—M 不再保持线性关系,如图中 OB 曲线所示。破坏荷载与 N_{cu}—M_u 相关曲线交于 B 点。显然,由于"二阶效应"带来的附加弯矩,使构件的轴向承载力有所降低,承载能力为 N_{cu}^{B}。

对于 $l_0/h>30$ 的"细长柱","二阶效应"的影响更加明显,其 N_c—M 相关曲线如 OC 所示。加荷至构件的最大承载力 N_{cu}^{C} 时,构件因为失稳发生破坏,材料本身的强度,尚未完全发挥。

6.5 偏心受压构件的附加偏心距和弯矩增大系数

6.5.1 附加偏心距 e_a

实际工程存在大量的不确定性,如荷载作用位置、混凝土浇筑质量、钢筋制作的施工偏差等。偏心受压构件的实际偏心距 e_0 值存在一定误差,即使是轴心受压构件,也不存在 $e_0=0$ 的情形。显然,不确定性导致的偏心距增加使截面的弯矩也增加。为了考虑上述不利影响,现取定:

$$e_i = e_0 + e_a \tag{6.9}$$

式中　e_i——实际的初始偏心距；

e_0——轴向力的偏心距，$e_0 = \dfrac{M}{N_c}$；

e_a——附加偏心距。

不同规范对 e_a 的取值有所不同,《混凝土结构设计规范》(GB 50010)建议 e_a 取为 20 mm 和弯矩作用方向的截面最大尺寸 1/30 中的较大值。

6.5.2　弯矩增大系数 η_{ns}

1. 标准柱

第 6.4.3 节已阐释了长细比对于构件偏心受压能力的影响。在计算中，一般采用弯矩增大系数考虑"二阶效应"带来的影响。首先考虑一个标准柱的弯矩增大系数，所谓标准柱是指两端铰接且轴向压力为等偏心距的压杆。设 $N_c(e_i+f)=\eta_{ns}N_ce_i$，则

$$\eta_{ns} = 1 + \frac{f}{e_i} \tag{6.10}$$

式中，η_{ns} 为考虑二阶效应的弯矩增大系数，表示考虑二阶效应的总弯矩 $N_c(e_i+f)$ 与初始弯矩 N_ce_i 的比值；f 为由初始弯矩 N_ce_i 引起的柱的横向挠度。大量试验表明，两端铰接柱的挠度曲线非常接近半波正弦曲线，如图 6.14 所示。

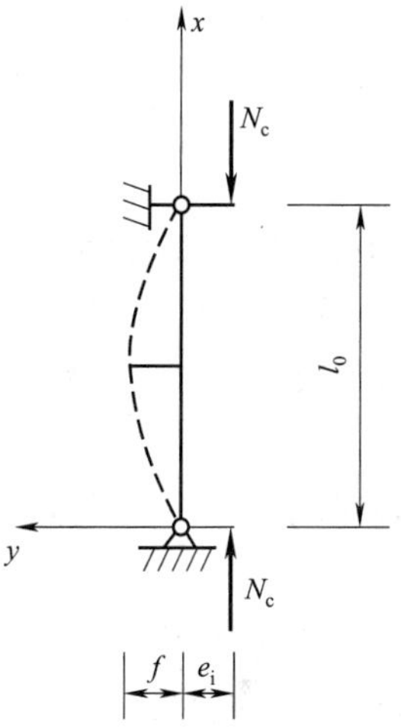

图 6.14　柱的变形曲线

该曲线的数学表达式为

$$y = f\sin\frac{\pi x}{l_0} \tag{6.11}$$

在弯矩作用下的截面曲率近似可写为

$$\phi = -\frac{\mathrm{d}^2 y}{\mathrm{d}x^2} \tag{6.12}$$

将式(6.11)求二阶导数，代入式(6.12)；考虑柱中截面，即 $x=\dfrac{l_0}{2}$ 时，$y=f$，则有

$$\phi = f\cdot\frac{\pi^2}{l_0^2} \approx 10\cdot\frac{f}{l_0^2} \tag{6.13}$$

由试验统计结果可知，偏心受压构件截面的平均应变符合平截面假定，如图 6.15 所示。于是

$$\phi = \frac{\varepsilon_c + \varepsilon_s}{h_0} \tag{6.14}$$

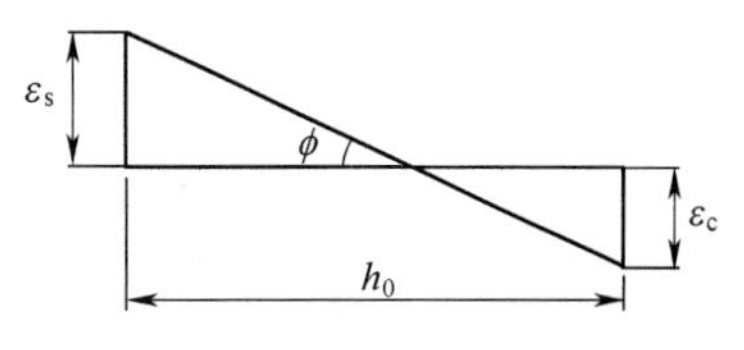

图 6.15　柱的变形曲线

以发生界限破坏的柱为例，则发生破坏时截面的曲率为

$$\phi_b = \frac{K\varepsilon_{cu} + \varepsilon_y}{h_0} \tag{6.15}$$

式中，K 为长期荷载作用下由于混凝土徐变使压应变增大的修正系数，一般取 $K=1.25$。$\varepsilon_y = f_yE_y \approx 0.002\ 25$(近似按照 HRB400 与 HRB500 级钢筋屈服强度标准值的平均值考虑)，当混凝土的立方体抗压强度 $f_{cu} \leqslant 50\ \text{N/mm}^2$ 时，$\varepsilon_{cu}=0.003\ 3$，于是有

$$\phi_b = \frac{1.25\times 0.003\ 3 + 0.002\ 25}{h_0} = \frac{1}{156.9h_0} \tag{6.16}$$

实际上,偏心受压构件并不一定发生界限破坏,但在其他破坏状态下,截面弯矩总是小于界限破坏时的截面弯矩,因而截面曲率一般也小于 ϕ_b。考虑上述因素后对 ϕ_b 进行修正,得一般情况下偏心受压构件最大弯矩截面的曲率:

$$\phi=\phi_b\zeta_c=\frac{1}{156.9h_0}\zeta_c \tag{6.17}$$

式中,ζ_c 为截面曲率修正系数。

将式(6.17)代入式(6.13)得

$$f=\frac{1}{1\ 569}\times\frac{l_0^2}{h_0}\times\zeta_c \tag{6.18}$$

将式(6.18)代入式(6.10),并取 $h=1.1h_0$,得到

$$\eta_{ns}\approx1+\frac{1}{1\ 300\times\dfrac{e_i}{h_0}}\left(\frac{l_0}{h}\right)^2\zeta_c \tag{6.19}$$

式中 l_0——偏心受压构件的计算长度;

h_0——截面的有效高度,计算方法与受弯构件类似。

《混规》就是采用式(6.14)作为基本方法来计算弯矩增大系数 η_{ns} 的,且根据有关的试验结果,并参考国外的相关资料,取

$$\zeta_c=\frac{0.5f_cA}{N_c} \tag{6.20}$$

式中 A——构件的截面积。

按式(6.20)计算时,若 $\zeta_c>1.0$,取 $\zeta_c=1.0$。对于 $l_0/h\leqslant5$,$l_0/d_c\leqslant5$ 或 $l_0/i\leqslant17.5$ 的情形,可取 $\eta_{ns}=1.0$。

在公路和铁路混凝土桥梁等结构中,如何考虑二阶效应的影响,可参见有关规范,具体计算参数上根据工程特点有所不同,但基本原理相同。

2. 柱的计算长度 l_0

实际结构中的柱不一定是标准柱。这包括两方面的含义:(1)柱子的两端未必是铰接约束;(2)轴向压力沿柱方向未必是等偏心距。

对于第一个问题,通常根据柱端约束条件,将其等效为两端铰接的情况,其等效长度称为柱的计算长度 l_0。图 6.16 与图 6.17 给出了一些独立构件和框架柱的压曲方式和计算长度,图中 $l_0=kl$。

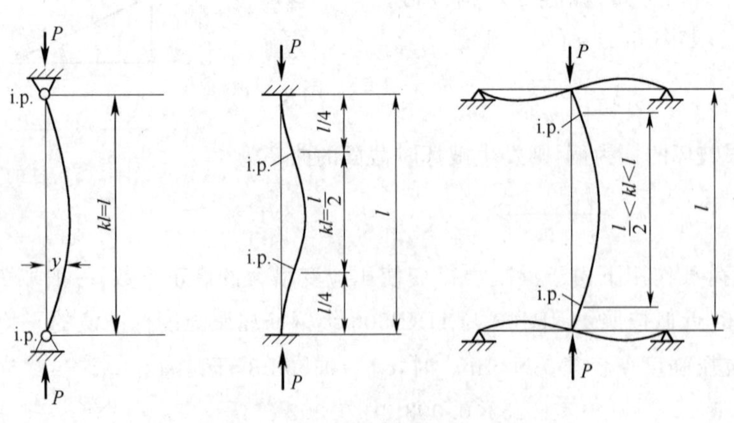

图 6.16

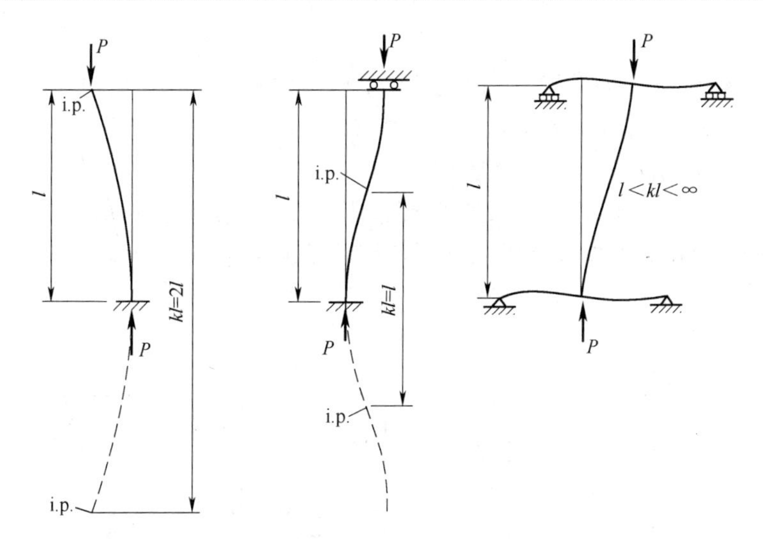

图 6.16 独立构件的压曲方式和计算长度(i. p. 为反弯点)

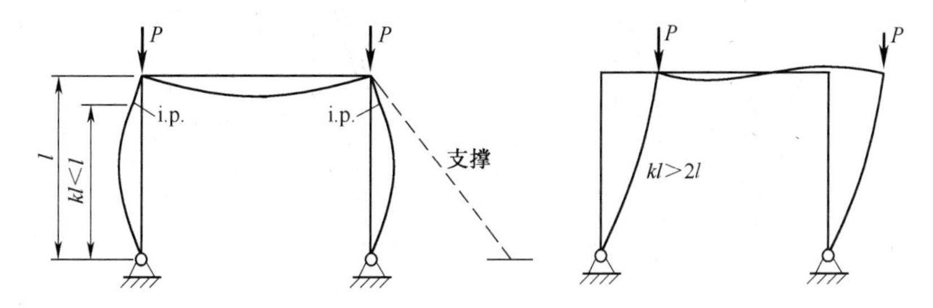

图 6.17 基础铰接框架的压曲方式和计算长度(i. p. 为反弯点)

3. 一般柱的柱端弯矩与截面弯矩

对于一般的偏心受压构件，在杆端同号弯矩 M_1 与 M_2 和轴力 N 共同作用产生单曲率弯曲，不失一般性，可假设 $M_2 \geqslant M_1$，如图 6.18 所示。

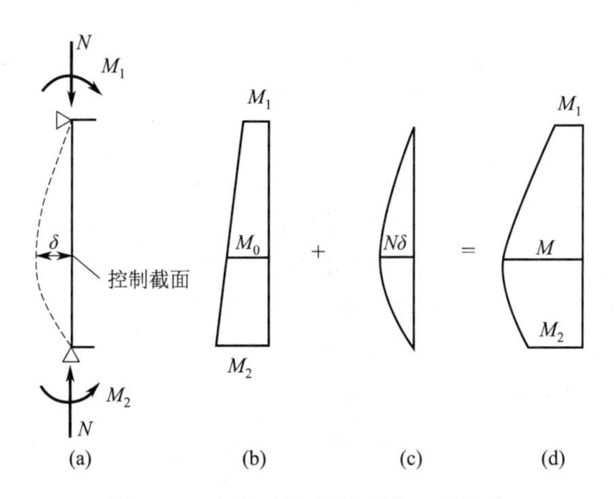

图 6.18 杆端弯矩同号时的二阶效应

如果轴向力 $N=0$ 时，杆件的弯矩图如图 6.18(b)所示，该杆件中最大弯矩为 M_2。当轴向力 $P\neq0$ 时，由于二阶效应，其弯矩图应叠加由于杆件挠曲导致的附加二阶弯矩 $N\delta$[图 6.18(c)]，δ 为任意截面位置的挠度。最终的总弯矩为 $M=M_0+N\delta$[图 6.18(d)]，M_0 为任意截面位置的一阶弯矩。

当杆件柔度较大且轴力较大[即轴压比 $N/(Af_c)$较大]时，二阶效应比较明显，叠加后的弯矩 M 可能会超过一阶最大弯矩M_2，特别是当M_1与M_2很接近时，M 将会超过M_2很多。此时必须考虑二阶效应，采用 M 作为设计弯矩。

如果杆端弯矩符号相反，杆件为双曲率弯曲，杆端长度内有反弯点，如图 6.19 所示。轴向压力对杆件各个截面仍产生附加弯矩，但叠加后的总弯矩通常不会超过杆端弯矩M_2[图 6.19(d)]，或少许超过M_2[图 6.19(e)]。

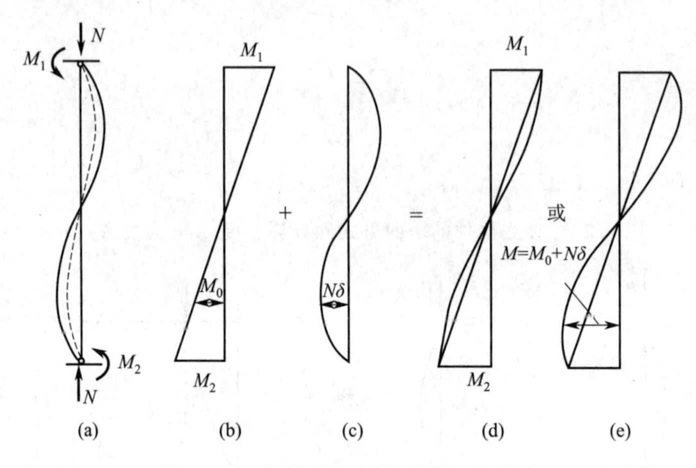

图 6.19　杆端弯矩异号时的二阶效应

杆件长度范围内某截面的弯矩是否超过杆端弯矩，与杆件长细比、轴压比以及杆件两端的弯矩比值M_1/M_2有关。《混规》规定，同时满足下列三个条件时，可不考虑轴向压力在该方向挠曲杆件中产生的附加弯矩影响：

$$\frac{M_1}{M_2}\leqslant 0.9 \tag{6.21}$$

$$\frac{N}{Af_c}\leqslant 0.9 \tag{6.22}$$

$$\frac{l_0}{i}\leqslant 34-12\frac{M_1}{M_2} \tag{6.23}$$

式中　M_1，M_2——已考虑侧移影响的偏心受压构件两端截面按结构弹性分析确定的对同一主轴的组合弯矩设计值，绝对值较大端为M_2，绝对值较小端为M_1，当构件单曲率弯曲时，M_1/M_2取正值，否则取负值；

i——偏心方向的截面回转半径。

当式(6.21)～式(6.23)任意一个条件不满足时，就应该考虑轴向压力在挠曲杆件中的二阶效应，并计算控制截面的弯矩值(排架柱除外)：

$$M=C_m\eta_{ns}M_2 \tag{6.24}$$

$$C_m=0.7+0.3\frac{M_1}{M_2} \tag{6.25}$$

$$\eta_{ns}=1+\frac{1}{1\,300\times(M_2/N+e_a)/h_0}\left(\frac{l_0}{h}\right)^2\zeta_c \tag{6.26}$$

$$\zeta_c=\frac{0.5f_cA}{N} \tag{6.27}$$

式中 C_m——构件端截面偏心距调节系数，当小于 0.7 时取 0.7；

η_{ns}——弯矩增大系数；

N——与弯矩设计值M_2相应的轴向压力设计值；

ζ_c——截面曲率修正系数，当大于 1.0 时取 1.0；

h——截面高度，对圆形截面取直径，对环形截面取外径；

h_0——截面有效高度，对圆形截面 $h_0=r+r_s$，对环形截面 $h_0=r_2+r_s$；

A——构件截面积。

当 $C_m\eta_{ns}$ 小于 1.0 时，取 1.0；对剪力墙及核心筒墙，二阶效应不明显，取 $C_m\eta_{ns}=1.0$。

6.6 偏心受压构件正截面分析的一般方法

第 6.5 节利用弯矩增大系数计算截面附加弯矩，来考虑受压杆件侧向变形对承载力的影响。接下来，需要进一步分析偏心受压构件截面的承载力。

与第 4 章、5 章类似的分析方法，可以写成偏心受力构件正截面分析时的平衡方程、几何方程与物理方程。其中，几何方程与物理方程与第 5.3 节中受弯构件的几何方程与物理方程相同，此处仅需单独考虑偏心受压构件的平衡方程。

1. 平衡方程

偏心受压构件的正截面上，仍需满足轴力平衡与弯矩平衡，其控制方程为

$$\iint \sigma_c \mathrm{d}A + \sum_{i=1}^{n} \sigma_{s,i} A_{s,i} = N_c \tag{6.28}$$

$$\iint \sigma_c (x - x_0) \mathrm{d}A + \sum_{i=1}^{n} \sigma_{s,i} A_{s,i} (x - x_0) = M' \tag{6.29}$$

对比受弯构件，偏心受力构件的正截面合力等于外荷载所施加的轴力 N_c，即等式(6.28)的右侧不为 0，而等于 N_c。另外，因为轴向力的存在，弯矩平衡方程对不同点取矩会得到不一样的弯矩结果。一般而言，结构弹性分析得到的弯矩设计值 M 是对轴力 N_c的作用点取矩计算得到的(通常为初始换算截面的几何中心)，若等式(6.29)中采用的取矩点位置 x_0(中性轴位置)与 N_c的作用点不重合，则等式右侧的弯矩值 M'应考虑 N_c对取矩点的弯矩。

2. 几何方程(同 5.3 节，略)

3. 物理方程(同 5.3 节，略)

上述偏压构件的基本方程可以通过数值分析的方法求解。对于给定的荷载设计值 N 与 M，求解上述基本方程，就可以得到该荷载组作用下截面的应变分布、应力状态与截面曲率等行为。如果给定轴压比 N_c/f_cA，也可以求解弯矩逐渐增大直至破坏的全过程截面行为。与第 5 章类似，如果仅需考虑偏压构件的正截面承载力，则可以针对最后的受力状态，简化混凝土与钢筋的物理方程，推导相应的承载力计算公式。

6.7 矩形截面偏心受压构件正截面承载力的基本方程

在矩形截面偏心受压构件正截面承载力计算中，也可引入与受弯构件正截面承载力计算类似的假设条件，来简化式(6.28)与式(6.29)，即

(1)受压区的应力图形等效为矩形应力图形，等效方式同第 5 章。

(2)远力点侧与近力点侧钢筋等效为面积分别为 A_s 与 A_s' 的单层钢筋，对于多层钢筋取其合力点位置为等效钢筋层位置，距离截面边缘的距离分别为 a_s 与 a_s'。

利用上述假设，式(6.28)与式(6.29)可变为

$$\sum N = 0, \alpha_1 f_c bx + \sigma'_s A'_s - \sigma_s A_s = N_c \tag{6.30}$$

$$\sum M = 0, \alpha_1 f_c bx \left(h_0 - \frac{x}{2}\right) + \sigma'_s A'_s (h_0 - a'_s) = N_c e \tag{6.31}$$

$$e = e_i + \frac{h}{2} - a_s \tag{6.32}$$

在此方程中，截面的取矩点为远力点侧的钢筋，故偏心距应按照式(6.32)重新计算。

对于已知材料(f_c、f_y、α_1)、截面(b、h、h_0、a_s、a_s')与偏心距(e_i)的情况，方程式(6.30)与式(6.31)中含有 4 个未知数：x、N_c、σ_s' 与 σ_s，需引入额外的方程，才可以得到求解。

考虑平截面假定、偏压构件破坏时受压边缘混凝土的应变状态(图 6.11)，近力侧钢筋应变 ε_s' 与远力侧钢筋的应变 ε_s 可写为

$$\varepsilon_s' = \varepsilon_{cu}\left(1 - \frac{\beta_1 a_s'}{x}\right) \tag{6.33}$$

$$\varepsilon_s = \varepsilon_{cu}\left(\frac{\beta_1 h_0}{x} - 1\right) \tag{6.34}$$

利用式(6.33)、式(6.34)与钢筋的物理方程，则可以将 σ_s' 与 σ_s 写成受压区高度 x 的函数，即将方程式(6.30)与式(6.31)中独立的未知数减少为 2 个。至此，方程式可以得到唯一解。

利用上述方程式可以求解矩形截面偏心受压构件正截面承载力。但观察式(6.31)与式(6.33)，两者联立后，会出现关于 x 的 3 次方程，手算求解比较烦琐。在设计过程中，可根据 6.4 节中受压破坏与受拉破坏特征，引入更多的假设条件来简化计算。

6.7.1 大偏心受压(受拉破坏)时截面的承载力

根据偏压构件受拉破坏特征可知：构件破坏时，受压侧边缘混凝土应变达到极限压应变($\varepsilon_c = \varepsilon_{cu}$)且受拉钢筋达到屈服($\sigma_s = f_y$)，则只需要知道 σ'_s 就可以求解方程式(6.30)与式(6.31)。

当 $x \geqslant 2a_s'$ 时，式(6.33)可写为

$$\varepsilon_s' \geqslant \varepsilon_{cu}\left(1 - \frac{\beta_1 a_s'}{2a_s'}\right) \geqslant 0.6\varepsilon_{cu} \approx 0.002 \tag{6.35}$$

则与双筋截面梁抗弯承载力计算类似，当 $x \geqslant 2a_s'$ 时，可认为受压钢筋应力达到抗压强度设计值，即 $\sigma_s' = f_y'$。

至此，矩形截面大偏心受压构件的承载力计算图如图 6.20 所示，计算公式可写为

$$\sum N = 0, \gamma_0 N \leqslant N_u = \alpha_1 f_c bx + f'_y A'_s - f_y A_s \tag{6.36}$$

$$\sum M = 0, \gamma_0 Ne \leqslant N_u e = \alpha_1 f_c bx \left(h_0 - \frac{x}{2}\right) + f'_y A'_s (h_0 - a'_s) \tag{6.37}$$

$$e = e_i + \frac{h}{2} - a_s \tag{6.38}$$

以上公式的适用条件为：

(1)破坏形态为大偏心受压破坏，即 $\xi \leqslant \xi_b$。

(2)最小配筋率要求，单侧纵筋满足

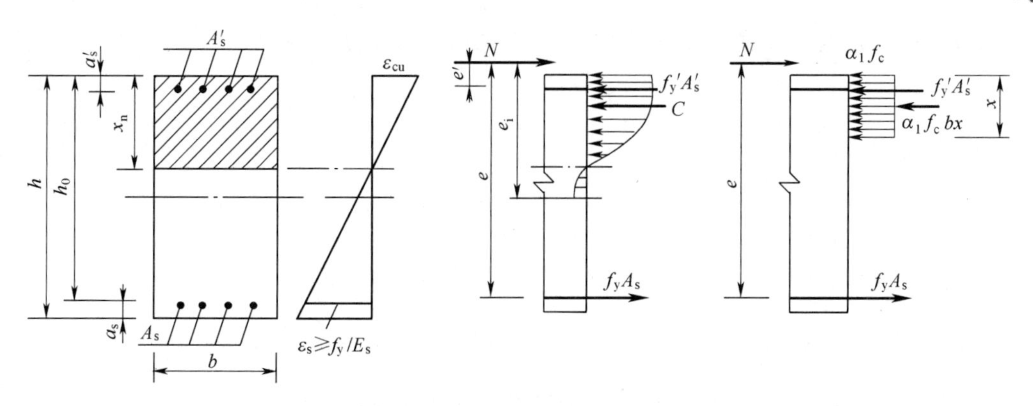

图 6.20 矩形截面大偏心受压构件正截面抗压承载力计算图($x\geqslant 2a'_s$)

$$\rho=\frac{A_s}{bh}\geqslant\rho_{min}=0.002 \tag{6.39}$$

$$\rho'=\frac{A'_s}{bh}\geqslant\rho_{min}=0.002 \tag{6.40}$$

全部纵筋满足

$$\frac{A_s+A'_s}{bh}\geqslant\rho_{min}=\begin{cases}0.005 & f_{yk}=500\ \text{MPa}\\ 0.0055 & f_{yk}=400\ \text{MPa}\\ 0.006 & f_{yk}=300\ \text{MPa、}335\ \text{MPa}\end{cases} \tag{6.41}$$

“单侧钢筋”指弯矩作用平面的柱两对边之一的纵筋(图 6.20 中的 A_s 或 A'_s);“全部纵筋”指柱截面内全部受力纵筋。当混凝土为 C60 及以上强度时,式(6.41)中的最小配筋率应增加 0.1%。

(3)受压区钢筋应达到抗压强度设计值,即满足 $x\geqslant 2a'_s$。

对于 $x<2a'_s$ 的情况,受压钢筋距离中性轴很近,破坏时,其应力无法达到抗压强度设计值,此时有以下两种处理办法。

(1)利用式(6.33),将受压钢筋应力转化为受压区高度 x 的函数后,代入方程式(6.30)与式(6.31)求解。

(2)偏于安全地令 $x=2a'_s$,即认为受压钢筋作用点与混凝土受压区合力点重合,并对此点取矩,如图 6.21 所示,式(6.31)、式(6.32)和式(6.38)变为

$$\sum M=0,\gamma_0 Ne'\leqslant N_u e'=f_yA_s(h_0-a'_s) \tag{6.42}$$

$$e'=e_i-\frac{h}{2}+a'_s \tag{6.43}$$

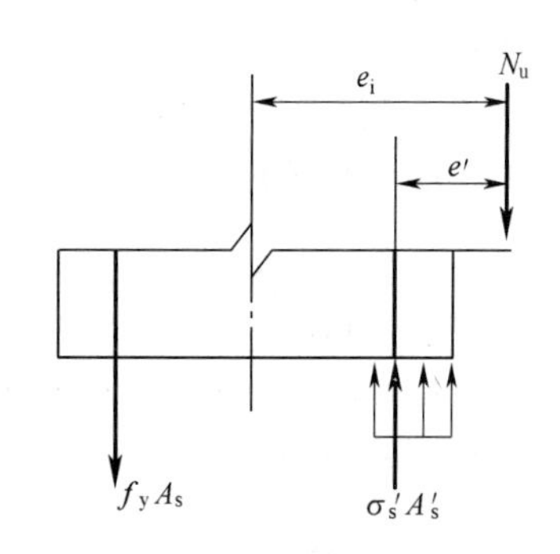

图 6.21 矩形截面大偏心受压构件正截面抗压承载力计算图($x<2a'_s$)

把上述大偏心受压构件承载力公式中的 Ne、N_ue' 改为 M,可以发现它与双筋截面受弯构件承载力公式完全一致。因此大偏心受压构件的计算步骤与双筋截面受弯构件基本相同。

【例题 6.1】 求图 6.6 短柱大偏压实验结果所示试验柱的极限承载力($b\times h=100\ \text{mm}\times 160\ \text{mm}$,$h_0=140\ \text{mm}$,$a_s=a'_s=20\ \text{mm}$,$f_c=16.72\ \text{MPa}$,$f_y=f'_y=360\ \text{MPa}$,$A_s=A'_s=157\ \text{mm}^2$,$e_0=80\ \text{mm}$,$l_0=650\ \text{mm}$)。

【解】 该试验柱的加载偏心距为 30 mm,考虑附加偏心距 e_a 为

$$e_a=\max\left(\frac{h}{30},20\right)=\max\left(\frac{160}{30},20\right)=20(\text{mm})$$

则初始偏心距 e_i 可写为

$$e_i=80+20=100(\text{mm})$$

因为 $l_0/h=4.125<5$,故 $\eta_{ns}=1.0$。

对受拉侧钢筋取矩,则偏心距 e 为

$$e=\eta_s e_i+\frac{h}{2}-a_s=1.0\times100+\frac{160}{2}-20=160(\text{mm})$$

先按照大偏心条件考虑,则根据轴力平衡方程式(6.36)得

$$N_u=16.72\times100\times x+157\times360-157\times360=1\ 672x$$

根据弯矩平衡方程(6.37)得

$$N_u\times160=16.72\times100\times x\times(140-0.5\times x)+157\times360\times(140-20)$$

整理得

$$x^2+40x-8\ 112.92=0$$

解得

$$x_1=72.27\ \text{mm},x_2=-112.27\ \text{mm}$$

取正根,验算大偏心条件($40\ \text{mm}=2a_s'<x_1<\xi_b h_0=73\ \text{mm}$),并计算极限承载力:

$$N_u=16.72\times100\times72.27=120\ 835.4(\text{N})=120.84\ \text{kN}$$

与图 6.6 短柱大偏压实验结果所示的试验结果(147 kN)比较可知,计算误差为 -18.37%,结果偏于安全。引起较大计算误差的主要原因是 $e_a=20$ mm 的取值对截面尺寸较小的构件偏于保守。

6.7.2 小偏心受压(受压破坏)时截面的承载力

1. 一般情况

根据小偏心受压构件破坏的判别条件 $x=\xi h_0>\xi_b h_0$,显然满足 $x>2a_s'$,即近力侧钢筋达到抗压强度设计值,$\sigma_s'=f_y'$。在这种情况下,远力侧钢筋未屈服,可能受压也可能受拉,其应力状态 σ_s 应根据式(6.34)确定。

由式(6.34)的形式可以看出,其有两个不动点。当 $x=\beta_1 h_0$ 时,$\varepsilon_s=0$,即 $\sigma_s=0$;当 $x=\xi_b h_0$ 时,远力侧的钢筋可以屈服,即 $\sigma_s=f_y$。利用这两个不动点,可以进行线性插值,即假定:小偏心受压情况下,远力侧钢筋应力 σ_s 与 ξ 之间为线性关系。可近似地按照式(6.44)计算 σ_s:

$$\sigma_s=\begin{cases}f_y & \xi\leqslant\xi_b\\ \dfrac{\beta_1-\xi}{\beta_1-\xi_b}f_y & \xi_b<\xi\leqslant2\beta_1-\xi_b\\ -f_y' & 2\beta_1-\xi_b<\xi\leqslant h/h_0\end{cases}\qquad(6.44)$$

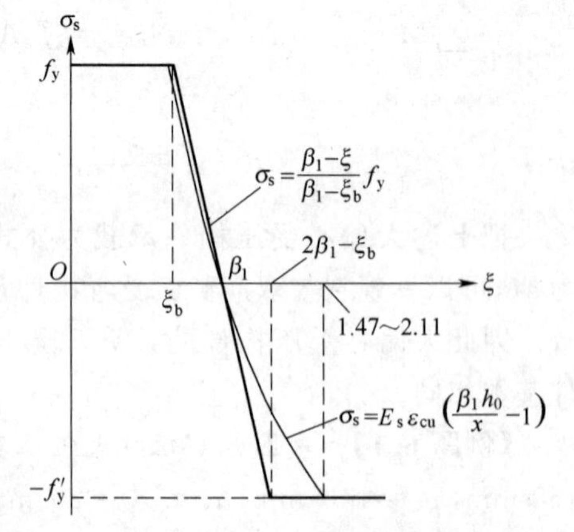

图 6.22 ξ—σ_s 关系曲线

对比式(6.34),式(6.44)将受压区高度 x,放置于分子上($\xi=x/h_0$),从而避免了 3 次方程。图 6.22 将 σ_s 按照计算式(6.34)与式(6.44)的图形画在一起

比较,可以发现:当远力侧钢筋受拉时,式(6.34)与式(6.44)得到的结果比较接近;当远力侧钢筋受压时,两条曲线的偏差随着 ξ 的增加而逐渐变大。当 σ_s 接近受压屈服强度时,式(6.44)与式(6.34)的计算结果相差较大。

至此,矩形截面小偏心受压构件的承载力计算图如图 6.23 所示,计算公式可写为

$$\sum N = 0,\gamma_0 N \leqslant N_u = \alpha_1 f_c bx + f'_y A'_s - \sigma_s A_s \tag{6.45}$$

$$\sum M = 0,$$

$$\gamma_0 Ne \leqslant N_u e = \alpha_1 f_c bx \left(h_0 - \frac{x}{2}\right) + f'_y A'_s (h_0 - a'_s) \tag{6.46}$$

$$e = e_i + \frac{h}{2} - a_s \tag{6.47}$$

式中,σ_s 按照式(6.34)或式(6.44)计算得到。以上公式的适用条件为:

(1)破坏形态为小偏心受压破坏,即 $\xi_b < \xi \leqslant h/h_0$。

(2)满足最小配筋率要求,式(6.39)~式(6.41)。

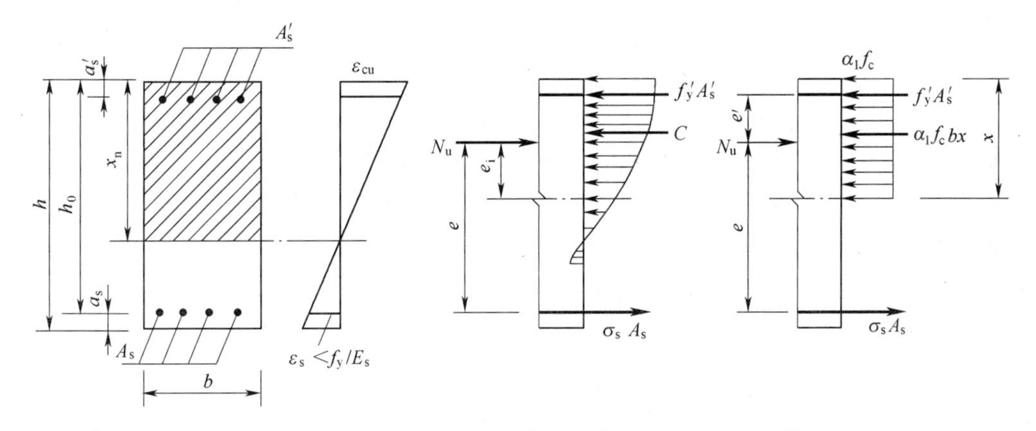

图 6.23 矩形截面小偏心受压构件正截面抗压承载力计算图

2."反向破坏"的情况

当小偏心受压构件轴向力的偏心距 e_0 很小,全截面分布有较均匀的压应力,同时,远力点一侧的钢筋配置不够多时,远离轴向力一侧的混凝土可能承担较大的压应力而首先被压坏(对称配筋不会出现这种破坏)。此时,远力侧的钢筋受压先屈服,应力 σ_s 达到抗压强度设计值 f'_y。图 6.24 为与这种情况相对应的受力简图,其计算公式为

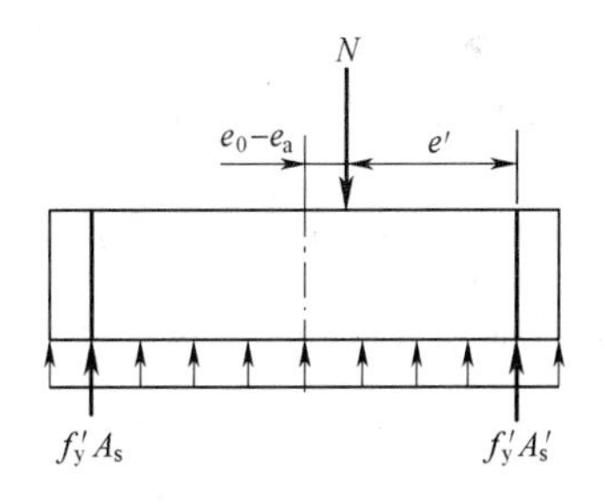

图 6.24 矩形截面小偏心受压构件正截面抗压承载力计算图("反向破坏")

$$\sum M = 0,\gamma_0 Ne' \leqslant N_u e' = f_c bh\left(h'_0 - \frac{h}{2}\right) + f'_y A_s (h'_0 - a_s) \tag{6.48}$$

$$e' = h/2 - a'_s - (e_0 - e_a) \tag{6.49}$$

式(6.48)中,$h'_0 = h - a'_s$。从式(6.49)可看出,为保证安全,应取附加偏心距为负偏差,初始偏心距为 $e_i = e_0 - e_a$,不考虑二阶效应。

对采用非对称配筋的小偏心受压构件,《混规》规定,当 $N > f_c A$ 时,可能发生上述远力侧

钢筋被压坏的情况，应按式(6.48)进行验算。《公路桥规》规定，当轴向力作用近力侧与远力侧钢筋合力点之间时，也应按“反向破坏”进行验算。

偏心受压构件除应该计算弯矩作用平面内的受压承载力外，还应该按轴心受压构件验算垂直于弯矩作用平面的抗压承载力，此时可不计入弯矩作用。按轴心受压构件计算时，应考虑稳定系数的影响。

【例题 6.2】 求图 6.8 所示的柱的极限抗压承载力 N_{cu}（$b\times h=100\ \text{mm}\times 160\ \text{mm}, h_0=140\ \text{mm}, a_s=a'_s=20\ \text{mm}, f_c=16.72\ \text{MPa}, f_y=f'_y=360\ \text{MPa}, A_s=A'_s=157\ \text{mm}^2, e_0=25\ \text{mm}, l_0=650\ \text{mm}$）。

【解】 该试验柱的加载偏心距为 30 mm，考虑附加偏心距 e_a 为

$$e_a=\max\left(\frac{h}{30},20\right)=\max\left(\frac{160}{30},20\right)=20(\text{mm})$$

则初始偏心距 e_i 可写为

$$e_i=25+20=45(\text{mm})$$

因为 $l_0/h=4.125<5$，故 $\eta_{ns}=1.0$。

对受拉侧钢筋取矩，则偏心距 e 为

$$e=\eta_s e_i+\frac{h}{2}-a_s=1.0\times 45+\frac{160}{2}-20=105(\text{mm})$$

先按照大偏心条件考虑，则根据轴力平衡方程(6.36)得

$$N_u=16.72\times 100\times x+157\times 360-157\times 360=1\ 672x$$

根据弯矩平衡方程(6.37)得

$$N_u\times 105=16.72\times 100\times x\times(140-0.5\times x)+157\times 360\times(160-20)$$

整理得

$$x^2-73.33x-9\ 915.79=0$$

解得

$$x_1=142.78\ \text{mm}, x_2=-69.45\ \text{mm}$$

取正根，验算大偏心条件($x_1>\xi_b h_0=77$ mm)，条件不满足。

应按照小偏心条件考虑，根据式(6.34)，远力侧钢筋应力 σ_s 写为

$$\sigma_s=E_s\varepsilon_{cu}\left(\frac{\beta_1 h_0}{x}-1\right)=0.003\ 3\times 2\times 10^5\times\left(\frac{0.8\times 140}{x}-1\right)=\frac{73\ 920}{x}-660$$

根据轴力平衡方程(6.45)得

$$N_u=16.72\times 100\times x+157\times 360-157\times\left(\frac{73\ 920}{x}-660\right)$$

根据弯矩平衡方程(6.46)得

$$N_u\times 105=16.72\times 100\times x\times(140-0.5\times x)+157\times 360\times(140-20)$$

联立求解以上两式，整理得

$$x^3-70x^2+12\ 003.23x-1\ 457\ 964.82=0$$

解得唯一的实数根

$$x=98.47\ \text{mm}>\xi_b h_0=73\ \text{mm}$$

则远力侧钢筋应力 σ_s 为

$$\sigma_s=\frac{73\ 920}{x}-660=90.69(\text{MPa})$$

极限承载力 N_u 为

$$N_u = 16.72\times100\times98.47+157\times360-157\times90.69=206\ 923.5(\mathrm{N})\approx206.9\ \mathrm{kN}$$

与图 6.8 所示的试验结果(247 kN)比较表明计算结果偏小(相对误差为−14.45%)。引起较大计算误差的主要原因是 $e_a=20$ mm 的取值对截面尺寸较小的构件偏于保守。

在上述计算中,远力侧钢筋应力 σ_s 也可以采用近似公式(6.44)表示,即

$$\sigma_s=\frac{\beta_1-\xi}{\beta_1-\xi_b}f_y=\frac{0.8-x/h_0}{0.8-0.518}f_y=1\ 021.28-9.12x$$

将其代入轴力平衡方程并与弯矩平衡方程联立,整理得

$$x^2+109.84x-21\ 152.37=0$$

解得

$$x=100.54\ \mathrm{mm}$$

$$\sigma_s=1\ 021.28-9.12\times100.54=104.36(\mathrm{MPa})$$

这个结果与直接采用式(6.34)得到钢筋应力比较接近,说明简化方法是可行的。

6.8 矩形截面偏心受压构件正截面承载力计算公式的应用

6.8.1 不对称配筋偏心受压构件基于承载力的截面设计

远轴力侧的钢筋用量和近轴力侧的钢筋用量不同的偏心受压构件($A_s\neq A_s'$),称为不对称配筋偏心受压构件。不对称配筋偏心受压构件的截面设计问题往往是已知作用在截面的内力 N_u 及偏心距 e_0(或 N_c 及 M,$e_0=M/N_c$),构件的计算长度 l_0,构件的截面尺寸 $b\times h$,材料设计强度 f_c,f_y 和 f_y',求配筋 A_s 和 A_s'。有时 A_s' 也已知,而要求 A_s。

为使所设计截面在给定的荷载下满足承载力的要求,设计时应保证:$N_c\leqslant N_{cu}$,$M\leqslant N_{cu}e_0$。由于大小偏心受压构件的受力特征和破坏形态有明显的区别,因此,在进行截面设计之前必须首先判断是大偏心受压还是小偏心受压,然后再用不同的方法进行分析计算。

1. 应用于截面设计时的实用大小偏心受压判别法

一般建议采用截面相对受压区高度作为大小偏心的判别标准,即当 $\xi\leqslant\xi_b$ 时为大偏心受压,当 $\xi>\xi_b$ 时为小偏心受压。但是在进行构件的正截面设计时,并不知道 ξ 的大小,基于 ξ 的判别标准难以直接应用,故采用两步判别法:(1)首先根据偏心距作初步判断;(2)再根据 ξ 作进一步的判断。

根据以往的工程经验,一般认为当 $\eta_{ns}e_i>0.3h_0$ 时,可初步判定为大偏心受压;当 $\eta_{ns}e_i\leqslant0.3h_0$ 时,可初步判定为小偏心受压。根据初步判断结果,由相应的基本公式可求出 ξ,再由 ξ 作最终判断。

2. 大偏心受压构件

根据前面确定的设计原则,可得大偏心受压的截面设计基本公式为式(6.36)~式(6.38)。

大偏心受压构件截面设计一般分两种情形:情形Ⅰ是 A_s 和 A_s' 均未知,情形Ⅱ是已知 A_s' 求 A_s。

(1)情形Ⅰ

对于情形Ⅰ,基本公式(6.36)~式(6.38)中有 A_s、A_s'、x 三个未知量。显然,无法由两个方程式唯一确定三个未知量的值。为了求解上述方程,引入充分利用混凝土承载力的条件,即取 $x=\xi_bh_0$。

基于上述,可按下列步骤进行截面设计:

①若 $l_0h\leqslant5$，$\eta_{ns}=1.0$；否则，由式(6.26)求 η_{ns}。

②由式(6.9)求 e_i。

③初步判断大小偏心受压：当 $\eta_{ns}e_i>0.3h_0$ 时，初步按大偏心受压计算；否则，按小偏心受压计算(具体步骤见小偏心受压构件一节)。

④取 $x=\xi_b h_0$ 或 $\xi=\xi_b$。

⑤由式(6.36)计算 A_s'。

⑥由式(6.37)计算 A_s。

⑦验算 $\rho\geqslant\rho_{min}$，$\rho'\geqslant\rho_{min}'$。与受压构件、受弯构件的正截面设计类似，偏心受压构件中同样也有最小配筋率的限制要求，即式(6.39)～式(6.41)，详见《混规》。若 $\rho<\rho_{min}$，可直接取 $A_s=\rho_{min}bh$；若 $\rho'<\rho_{min}'$ 说明 $\xi=\xi_b$ 的取值太大，可选定 $A_s'=\rho_{min}'bh$，然后再按 A_s' 已知求 A_s(下面将要介绍的情形Ⅱ)。

⑧根据已求得的配筋，对平面外(垂直于弯矩作用平面的方向)的承载力按轴心受压构件进行复核。若不满足要求，应增加配筋、扩大截面尺寸或提高混凝土的强度。

(2)情形Ⅱ

对于情形Ⅱ，由于 A_s' 已知，只有 A_s 和 x(或者 ξ)两个未知数，可直接用基本方程进行设计计算，具体步骤如下：

①验算 $\rho'\geqslant\rho_{min}'$。若 $\rho'<\rho_{min}'$ 按 A_s' 未知(情形Ⅰ)进行设计计算。

②若 $l_0h\leqslant5$，$\eta_s=1.0$；否则，由式(6.26)求 η_s。

③由式(6.9)求 e_i。

④初步判断大小偏心受压：当 $\eta_s e_i>0.3h_0$ 时，初步按大偏心受压计算；否则，按小偏心受压计算。

⑤由式(6.37)求 ξ。

⑥验算 $\xi\leqslant\xi_b$，若成立说明第(4)步初步判断结果正确，确为大偏心受压，继续下面的计算；否则，按小偏心受压计算。

⑦若 $x=\xi h_0>2a_s'$，则由式(6.36)求 A_s。

⑧若 $x<2a_s'$，说明 A_s' 不能屈服，可采用如下任一种方法：其一是利用补充方程式(6.35)计算 σ_s'，并将式(6.36)和式(6.37)中的 f_y' 换成 σ_s' 再求 ξ、A_s；其二是令 $x=2a_s'$，利用式(6.42)与式(6.43)求 A_s。

⑨若 $A_s<\rho_{min}bh$，取 $A_s=\rho_{min}bh$。

⑩平面外承载力的复核。

3. 小偏心受压构件

根据前面确定的设计原则，可得应用于小偏心受压的截面设计基本公式为式(6.45)～式(6.47)。显然，将式(6.34)代入式(6.45)后，式(6.45)～式(6.47)中仍然有三个未知量 A_s、A_s'、x。注意到，小偏心受压时远轴力侧钢筋应力达不到屈服，意味着钢筋的受拉强度未被充分利用。故可按最小配筋率先取远轴力侧钢筋面积 $A_s=\rho_{min}bh$，然后再按式(6.45)～式(6.47)求解 A_s'、ξ。具体步骤如下：

(1)若 $l_0h\leqslant5$，$\eta_{ns}=1.0$；否则，由式(6.26)求 η_{ns}。

(2)由式(6.9)求 e_i。

(3)初步判断大小偏心受压：当 $\eta_{ns}e_i\leqslant0.3h_0$ 时，初步按小偏心受压计算；否则，按大偏心受压计算。

(4)取 $A_s=\rho_{min}bh$。

(5)将式(6.34)代入式(6.45),联立求解方程式(6.45)~式(6.47)解得 A_s'、x。

(6)验算 $\xi>\xi_b$,若成立说明初步判断正确,确为小偏心受压;否则按大偏心受压计算。

(7)验算 $A_s'\geqslant\rho_{min}'bh$,若不满足,取 $A_s'=\rho_{min}'bh$。

(8)对 A_s 的用量进行补充验算,防止出现反向破坏,即满足式(6.48)与式(6.49)的要求,即

$$A_s\geqslant\frac{N_u e'-\alpha_1 f_c bh\left(h_0'-\frac{h}{2}\right)}{f_y(h_0'-a_s)} \tag{6.50}$$

(9)根据已求得的配筋,对平面外的承载力按轴心受压构件进行复核,若不满足要求应增加配筋或扩大截面尺寸或提高混凝土的强度。

【例题 6.3】 已知某矩形截面偏心受压柱,采用 C35 混凝土,并配置 HRB335 纵筋。该柱的几何尺寸为:$b\times h=400\ \text{mm}\times500\ \text{mm}$,$a_s=a_s'=40\ \text{mm}$,$l_0=4.5\ \text{m}$。荷载设计值为 $N=1\ 000\ \text{kN}$,$M=400\ \text{kN}\cdot\text{m}$,求 A_s'、A_s。

【解】 按《混规》准备设计参数,即 $f_c=16.7\ \text{MPa}$,$f_y'=f_y=300\ \text{MPa}$,$\xi_b=0.550$,$\alpha_1=1.0$,$\beta=0.8$。

(1)计算 e_i、η_{ns}、e:

$$h_0=h-a_s=500-40=460(\text{mm})$$

$$\frac{l_0}{h}=\frac{4\ 500}{500}=9>5$$

需考虑偏心距增大效应。

$$e_0=\frac{M}{N}=\frac{400}{1\ 000}=0.4(\text{m})=400\ \text{mm}$$

$$e_a=\max\left(\frac{h}{30},20\ \text{mm}\right)=\max\left(\frac{500}{30},20\ \text{mm}\right)=20(\text{mm})$$

$$e_i=e_0+e_a=400+20=420(\text{mm})$$

$$\frac{e_i}{h_0}=\frac{420}{460}=0.913$$

$$\zeta_c=\frac{0.5f_cA}{N}=\frac{0.5\times16.7\times400\times500}{1\ 200\ 000}=1.67>1.0$$

取 $\zeta_c=1.0$。

$$\eta_{ns}=1+\frac{1}{1\ 300\times0.913}\times9^2\times1.0=1.068$$

$$e=\eta_{ns}e_i+\frac{h}{2}-a_s=1.068\times420+\frac{500}{2}-40=658.66(\text{mm})$$

(2)判别大小偏心受压:

$$\eta_{ns}e_i=1.068\times420=449(\text{mm})>0.3h_0=138(\text{mm})$$

初步判断为大偏心受压。

(3)计算 A_s'、A_s:

取 $\xi=\xi_b=0.550$,有

$$A_s'=\frac{Ne-\alpha_1 f_c bh_0^2(\xi-0.5\xi^2)}{f_y'(h_0-a_s')}$$

$$=\frac{1\ 000\times10^3\times658.66-16.7\times400\times460^2\times(0.55-0.5\times0.55^2)}{300\times(460-40)}$$

$$=754.22(\text{mm}^2)$$

由式(6.40)知,近力侧最小配筋率 $\rho'_{\min}=0.2\%$,验算:

$$A'_s=754\ \text{mm}^2>\rho'_{\min}bh=0.002\times400\times500=400(\text{mm}^2)$$

$$A_s=\frac{\alpha_1 f_c bh_0\xi+f'_yA'_s-N}{f_y}=\frac{16.7\times400\times460\times0.55+300\times754-1\ 000\times10^3}{300}=3\ 054(\text{mm}^2)$$

由式(6.39)知,远力侧最小配筋率 $\rho_{\min}=0.2\%$,验算:

$$A_s=3\ 054\ \text{mm}^2>\rho_{\min}bh=0.002\times400\times500=400(\text{mm}^2)$$

(4)出平面方向(b 方向)的约束条件和偏心方向(h 方向)的约束条件相同,则 $l_0=4.5$ m,有

$$\frac{l_0}{b}=\frac{4\ 500}{400}=11.25$$

由表4.1得 $\varphi=0.96$

$$\frac{A'_s}{bh}=\frac{754+3\ 054}{400\times500}\times100\%=1.904\%<3\%$$

故

$N_u=\varphi(Af_c+f'_yA'_s)=0.96\times(400\times500\times16.7+3\ 808\times300)=4\ 303\ 276(\text{N})=4\ 303.276\ \text{kN}>N=1\ 000\ \text{kN}$,满足要求。

【例题 6.4】 同[例题 6.3],已知 $A'_s=1\ 200\ \text{mm}^2$,求 A_s。

【解】 数据准备同上。

(1)验算近力侧最小配筋率

$$A'_s=1\ 200\ \text{mm}^2>\rho'_{\min}bh=0.002\times400\times500=400(\text{mm}^2)$$

近力侧最小配筋率满足要求。

(2)计算 e_i、η_{ns}、e

同[例题 6.3],$e_i=420$ mm,$\eta_{ns}=1.068$,$e=659$ mm。

(3)判别大小偏心受压

$$\eta_{ns}e_i=1.068\times420=449(\text{mm})>0.3h_0=138(\text{mm})$$

初步判断为大偏心受压。

(4)计算 A_s

$$A'_s=1\ 200\ \text{mm}^2$$

$$\xi=1-\sqrt{1-2\times\frac{Ne-f'_yA'_s(h_0-a'_s)}{\alpha_1 f_c bh_0^2}}$$

$$=1-\sqrt{1-2\times\frac{1\ 000\times10^3\times659-300\times1\ 200\times(460-40)}{1.0\times16.7\times400\times460^2}}=0.469<\xi_b=0.55$$

确为大偏心受压。且 $x=\xi h_0=0.469\times460=216(\text{mm})>2a'_s=80(\text{mm})$,于是

$$A_s=\frac{\alpha_1 f_c bh_0\xi+f'_yA'_s-N}{f_y}=\frac{1.0\times16.7\times400\times460\times0.469+300\times1\ 200-1\ 000\times10^3}{300}$$

$$=2\ 670(\text{mm}^2)>\rho_{\min}bh=0.002\times400\times500=400(\text{mm}^2)$$

远力侧最小配筋率满足要求

(5)出平面方向的验算(略)

在条件相同的情况下,与[例题 6.3]相比,[例题 6.4]中的纵向钢筋总面积多 62 mm²。这表明,[例题 6.3]中充分发挥混凝土抗压能力,是基本符合($A_s+A'_s$)值最小的条件,其他配置方式均可能造成浪费。

【例题 6.5】 已知某矩形截面偏心受压柱，采用 C35 混凝土，并配置 HRB335 纵筋。该柱的几何尺寸为：$b\times h=300\ \text{mm}\times 450\ \text{mm}$，$a_s=a_s'=40\ \text{mm}$，$l_0=3.9\ \text{m}$。荷载设计值为 $N=360\ \text{kN}$，$M=250\ \text{kN}\cdot\text{m}$，求 A_s'、A_s。

【解】 数据准备同[例题 6.3]。

(1)计算 e_i、η_{ns}、e

$$h_0=h-a_s=450-40=410(\text{mm})$$

$$\frac{l_0}{h}=\frac{3\ 900}{450}=8.7>5$$

需考虑偏心距增大效应。

$$e_0=\frac{M}{N}=\frac{250}{360}=0.694(\text{m})=694\ \text{mm}$$

$$e_a=\max\left(\frac{h}{30},20\ \text{mm}\right)=\max(\frac{450}{30},20\ \text{mm})=20(\text{mm})$$

$$e_i=e_0+e_a=694+20=714(\text{mm})$$

$$\frac{e_i}{h_0}=\frac{714}{410}=1.741$$

$$\zeta_c=\frac{0.5f_cA}{N_c}=\frac{0.5\times 16.7\times 300\times 450}{360\ 000}=3.1>1.0$$

取 $\zeta_c=1.0$

$$\eta_{ns}=1+\frac{1}{1\ 300\times 1.741}\times 8.7^2\times 1.0=1.033$$

$$e=\eta_{ns}e_i+\frac{h}{2}-a_s=1.033\times 714+\frac{450}{2}-40=923(\text{mm})$$

(2)判别大小偏心受压

$$\eta_s e_i=1.033\times 714=738(\text{mm})>0.3h_0=123(\text{mm})$$

初步判定为大偏心受压。

(3)计算 A_s'、A_s

取 $\xi=\xi_b=0.55$

$$A_s'=\frac{Ne-\alpha_1 f_c bh_0^2(\xi-0.5\xi^2)}{f_y'(h_0-a_s')}$$

$$=\frac{360\times 10^3\times 923-16.7\times 300\times 410^2\times(0.55-0.5\times 0.55^2)}{300\times(410-40)}=-31(\text{mm}^2)<0$$

取 $A_s'=\rho_{\min}'bh=0.002\times 300\times 450=270(\text{mm}^2)$

$$\xi=1-\sqrt{1-2\times\frac{Ne-f_y'A_s'(h_0-a_s')}{\alpha_1 f_c bh_0^2}}$$

$$=1-\sqrt{1-2\times\frac{360\times 10^3\times 923-300\times 270\times(410-40)}{16.7\times 300\times 410^2}}=0.469<\xi_b$$

确为大偏心受压。

$$A_s=\frac{\alpha_1 f_c bh_0\xi+f_y'A_s'-N}{f_y}=\frac{16.7\times 300\times 410\times 0.469+300\times 270-360\times 10^3}{300}$$

$$=2\ 281(\text{mm}^2)>\rho_{\min}bh=0.002\times 300\times 450=270(\text{mm}^2)$$

远力侧钢筋最小配筋率满足要求。

(4)出平面方向的验算

$$\frac{l_0}{b}=\frac{3\ 900}{300}=13$$

由表 4.1 得 $\varphi=0.935$

$$\frac{A_s'}{bh}=\frac{270+2\ 281}{300\times 450}\times 100\%=1.890\%<3\%$$

故 $N_u=\varphi(Af_c+f_y'A_s')=0.935\times(16.7\times 300\times 450+2\ 551\times 300)=282\ 351(\text{N})=2\ 823.51\ \text{kN}>N=360\ \text{kN}$,满足要求。

【例题 6.6】 同[例题 6.5],轴向力 $N=460$ kN,求 A_s'、A_s。

【解】 数据准备同[例题 6.3]。

(1)计算 e_i、η_{ns}、e

$$h_0=h-a_s=450-40=410(\text{mm})$$

$$\frac{l_0}{h}=\frac{3\ 900}{450}=8.7>5$$

需考虑偏心距增大效应。

$$e_0=\frac{M}{N}=\frac{250}{160}=1.562(\text{m})=1\ 562\ \text{mm}$$

$$e_a=\max\left(\frac{h}{30},20\ \text{mm}\right)=\max\left(\frac{450}{30},20\ \text{mm}\right)=20(\text{mm})$$

$$e_i=e_0+e_a=1\ 562+20=1\ 582(\text{mm})$$

$$\frac{e_i}{h_0}=\frac{1\ 582}{410}=3.860$$

$$\zeta_c=\frac{0.5f_cA}{N_c}=\frac{0.5\times 16.7\times 300\times 450}{160\ 000}=7.045>1.0$$

取 $\zeta_c=1.0$

$$\eta_s=1+\frac{1}{1\ 300\times 3.860}\times 8.7^2\times 1.0=1.015$$

$$e=\eta_s e_i+\frac{h}{2}-a_s=1.015\times 1\ 582+\frac{450}{2}-40=1\ 791(\text{mm})$$

(2)判别大小偏心受压

$$\eta_s e_i=1.015\times 1\ 582=1\ 605(\text{mm})>0.3h_0=0.3\times 410=123(\text{mm})$$

初步判定为大偏心受压。

(3)计算 A_s'、A_s

取 $\xi=\xi_b=0.55$

$$A_s'=\frac{Ne-\alpha_1 f_c bh_0^2(\xi-0.5\xi^2)}{f_y'(h_0-a_s)}$$

$$=\frac{160\times 10^3\times 1\ 791-16.7\times 300\times 410^2\times(0.55-0.5\times 0.55^2)}{300\times(410-40)}=-443(\text{mm}^2)$$

$$A_s'<\rho_{\min}'bh=0.002\times 300\times 450=270(\text{mm}^2),\text{取 } A_s'=270\ \text{mm}^2$$

$$\xi=1-\sqrt{1-2\times\frac{Ne-f_y'A_s'(h_0-a_s')}{\alpha_1 f_c bh_0^2}}$$

$$=1-\sqrt{1-2\times\frac{160\times 10^3\times 1\ 791-300\times 270\times(410-40)}{16.7\times 410^2\times 300}}=0.375<\xi_b$$

确为大偏心受压。

$$A_s=\frac{\alpha_1 f_c b h_0 \xi+f_y' A_s'-N}{f_y}=\frac{16.7\times300\times410\times0.375+300\times270-160\times10^3}{300}$$

$$=2\ 304(\text{mm}^2)>\rho_{\min}bh=0.002\times300\times450=270(\text{mm}^2)$$

远力侧钢筋最小配筋率满足要求。

(4)出平面方向的验算

$$\frac{l_0}{b}=\frac{3\ 900}{300}=13$$

由表 4.1 得 $\varphi=0.935$

$$\frac{A_s'}{bh}=\frac{270+2\ 304}{300\times270}\times100\%=1.907\%<3\%$$

故 $N_{cu}=\varphi(A_c f_c+A f_s+f_y' A_s')=0.935\times(16.7\times300\times450+2\ 574\times300)=2\ 829\ 965(\text{N})=2\ 829.96\ \text{kN}>N_c=460\ \text{kN}$,满足要求。

与[例题 6.5]比较,本例轴向力减少 100 kN,而所需的钢筋总量反而增加。说明在大偏心受压状态下,轴向力在一定范围内增加反而能减少钢筋用量。这与前面在讨论 $N_{cu}-M_u$ 相关曲线时的分析是吻合的。

【例题 6.7】 已知某矩形截面偏心受压柱,采用 C40 混凝土,并配置 HRB400 纵筋。该柱的几何尺寸为:$b\times h=300\ \text{mm}\times450\ \text{mm}$,$a_s=a_s'=40\ \text{mm}$,$l_0=3.9\ \text{m}$。荷载设计值为 $N=2\ 400\ \text{kN}$,$M=200\ \text{kN}\cdot\text{m}$,求 A_s'、A_s

【解】按《混规》准备设计参数,即 $f_c=19.1\ \text{MPa}$,$f_y'=f_y=360\ \text{MPa}$,$\xi_b=0.518$,$\alpha_1=1.0$,$\beta=0.8$。

(1)计算 e_i、η_{ns}、e

$$h_0=h-a_s=450-40=410(\text{mm})$$

$$\frac{l_0}{h}=\frac{3\ 900}{450}=8.7>5$$

需考虑偏心距增大效应。

$$e_0=\frac{M}{N}=\frac{200}{2\ 400}=0.083(\text{m})=83\ \text{mm}$$

$$e_a=\max\left(\frac{h}{30},20\ \text{mm}\right)=\max\left(\frac{450}{30},20\ \text{mm}\right)=20(\text{mm})$$

$$e_i=e_0+e_a=83+20=103(\text{mm})$$

$$\frac{e_i}{h_0}=\frac{103}{410}=0.252$$

$$\zeta_c=\frac{0.5f_c A}{N_c}=\frac{0.5\times19.1\times300\times450}{2\ 400\ 000}=0.537$$

$$\eta_s=1+\frac{1}{1\ 300\times0.252}\times8.7^2\times0.537=1.123$$

$$e=\eta_s e_i+\frac{h}{2}-a_s=1.123\times103+\frac{450}{2}-40=301(\text{mm})$$

(2)判别大小偏心受压

$$\eta_{ns}e_i=1.123\times103=116(\text{mm})<0.3h_0=0.3\times410=123(\text{mm})$$

初步判定为小偏心受压。

(3)计算 A_s'、A_s

取 $A_s=\rho_{\min}bh=0.002\times300\times450=270(\text{mm}^2)$

$$\xi=-B_1+\sqrt{B_1^2-2C_1}$$

$$B_1=\frac{f_yA_s(h_0-a_s')}{\alpha_1 f_c bh_0^2(0.8-\xi_b)}-\frac{a_s'}{h_0}=\frac{360\times270\times(410-40)}{19.1\times300\times410^2\times(0.8-0.518)}-\frac{40}{410}=0.035$$

$$C_1=\frac{N(e-h_0+a_s')(0.8-\xi_b)-0.8f_yA_s(h_0-a_s')}{\alpha_1 f_c bh_0^2(0.8-\xi_b)}$$

$$=\frac{2\ 400\times10^3\times(301-410+40)\times(0.8-0.518)-0.8\times360\times270\times(410-40)}{19.1\times300\times410^2\times(0.8-0.518)}$$

$$=-0.278$$

$$\xi=-0.035+\sqrt{0.035^2-2\times(-0.278)}=0.711>\xi_b=0.518$$

确为小偏心受压,于是

$$A_s'=\frac{N_ce-\alpha_1 f_c bh_0^2(\xi-0.5\xi^2)}{f_y'(h_0-a_s')}$$

$$=\frac{2\ 400\times10^3\times301-19.1\times300\times410^2\times(0.711-0.5\times0.711^2)}{360\times(410-40)}$$

$$=2\ 110(\text{mm}^2)>\rho_{\min}'bh=0.002\times300\times450=270(\text{mm}^2)$$

近力侧钢筋最小配筋率满足要求。

(4)反向破坏验算

$$e_i'=e_0-e_a=83-20=63(\text{mm})$$

$$e'=\frac{h}{2}-e_i'-a_s'=\frac{450}{2}-63-40=122(\text{mm})$$

$$h_0'=h-a_s'=450-40=410(\text{mm})$$

$$A_s\geqslant\frac{N_ce'-a_1 f_c bh(h_0'-\frac{h}{2})}{f_y(h_0'-a_s)}=\frac{2\ 400\times10^3\times122-19.1\times300\times450\times(410-225)}{360\times(410-40)}$$

$$=-1\ 383(\text{mm}^2)$$

因此,由第(3)步确定的 A_s 合适。

(5)出平面方向的验算

$$\frac{l_0}{b}=\frac{3\ 900}{300}=13$$

由表 4.1 得 $\varphi=0.935$

$$\frac{A_s'}{bh}=\frac{270+2\ 110}{300\times450}\times100\%=1.76\%<3\%$$

故 $N_u=\varphi(Af_c+f_y'A_s')=0.935\times(19.1\times300\times450+2\ 380\times360)=3\ 212\ 006(\text{N})=3\ 202.006\ \text{kN}>N_c=2\ 400\ \text{kN}$,满足要求。

【例题 6.8】 同[例题 6.7],设计荷载变为 $N=3\ 500\ \text{kN}$,$M=40\ \text{kN}\cdot\text{m}$

【解】 数据准备同[例题 6.7]。

(1)计算 e_i、η_{ns}、e

$$h_0=h-a_s=450-40=410(\text{mm}),\ \frac{l_0}{h}=\frac{3\ 900}{450}=8.7>5$$

需考虑偏心距增大效应。

$$e_a=\max\left(\frac{h}{30},20\ \text{mm}\right)=\max\left(\frac{450}{30},20\ \text{mm}\right)=20(\text{mm})$$

$$e_i=e_0+e_a=11+20=31(\text{mm})$$

$$\frac{e_i}{h_0}=\frac{31}{410}=0.077$$

$$\zeta_c=\frac{0.5f_cA}{N_c}=\frac{0.5\times19.1\times300\times450}{3\ 500\ 000}=0.368$$

$$\eta_s=1+\frac{1}{1\ 300\times0.077}\times8.7^2\times0.368=1.278$$

$$e=\eta_s e_i+\frac{h}{2}-a_s=1.278\times31+\frac{450}{2}-40=225(\text{mm})$$

(2)判别大小偏心受压

$$\eta_s e_i=1.278\times31=40(\text{mm})<0.3h_0=0.3\times410=123(\text{mm})$$

初步判定为小偏心受压。

(3)计算A_s'、A_s

取$A_s=\rho_{\min}bh=0.002\times300\times450=270(\text{mm}^2)$

$$\xi=-B_1+\sqrt{B_1^2-2C_1}$$

$$B_1=\frac{f_yA_s(h_0-a_s')}{\alpha_1f_cbh_0^2(0.8-\xi_b)}-\frac{a_s'}{h_0}=\frac{360\times270\times(410-40)}{19.1\times300\times410^2\times(0.8-0.518)}-\frac{40}{410}=0.035$$

$$C_1=\frac{N(e-h_0+a_s')(0.8-\xi_b)-0.8f_yA_s(h_0-a_s')}{\alpha_1f_cbh_0^2(0.8-\xi_b)}$$

$$=\frac{3\ 500\times10^3\times(225-410+40)\times(0.8-0.518)-0.8\times360\times270\times(410-40)}{19.1\times300\times410^2\times(0.8-0.518)}$$

$$=-0.632$$

$$\xi=-0.035+\sqrt{0.035^2-2\times(-0.632)}=1.090>\xi_b=0.518$$

确为小偏心受压,于是

$$A_s'=\frac{N_ce-\alpha_1f_cbh_0^2(\xi-0.5\xi^2)}{f_y'(h_0-a_s')}$$

$$=\frac{3\ 500\times10^3\times225-19.1\times300\times410^2\times(1.09-0.5\times1.09^2)}{360\times(410-40)}$$

$$=2\ 326(\text{mm}^2)>\rho_{\min}'bh=0.002\times300\times450=270(\text{mm}^2)$$

近力侧钢筋最小配筋率满足要求。

(4)对A_s补充验算

$$e_i'=e_0-e_a=11-20=-9(\text{mm})$$

$$e'=\frac{h}{2}-e_i'-a_s'=\frac{450}{2}-(-9)-40=194(\text{mm}),h_0'=450-40=410(\text{mm})$$

$$A_s\geqslant\frac{N_ce'-\alpha_1f_cbh\left(h_0-\frac{h}{2}\right)}{f_y(h_0'-a_s)}=\frac{3\ 500\times10^3\times194-19.1\times300\times450\times(410-0.5\times450)}{360\times(410-40)}$$

$$=1\ 516(\text{mm}^2)$$

显然,由第(3)步确定的A_s偏小。故取$A_s=1\ 516\ \text{mm}^2$。

(5)垂直弯矩平面承载力验算(按轴心受压验算)

$$N_c=3\ 500\ \text{kN}$$

$$l_0/b=13$$

查表4.1得 $\varphi=0.935$

$$A'_s=2\ 326+1\ 516=3\ 842(\text{mm}^2)$$

$$\rho'=\frac{3\ 842}{300\times450}\times100\%=2.846\%<3\%$$

$N_{cu}=\varphi(Af_c+f'_yA'_s)=0.935\times(19.1\times300\times450+360\times3\ 842)=3\ 704\ 115(\text{N})=3\ 704.115\ \text{kN}>N_e=3\ 500\ \text{kN}$,满足要求。

6.8.2 既有不对称配筋偏心受压构件正截面承载力计算

除了截面设计,一般可能遇到的问题为承载力计算,即给定截面的几何尺寸、材料信息、配筋信息,求截面的极限承载力。一般来说承载力计算分为两类问题:(1)已知 e_0,求 N_u;(2)已知 N,求 M_u。由于极限状态下外荷载的不确定性,无法在计算伊始即确定大小偏心的工况,需要在计算过程中进行试算,并校验最终的计算结果是否满足试算假设,若不满足需要重新假设破坏状态再次计算。

1. 已知 e_0,求 N_u

一般已知构件的计算长度 l_0,截面尺寸 $b\times h$,初始偏心距 e_0,材料的力学指标 f_c、f_y、f'_y、E_s,配筋 A_s和 A'_s,求 N_u。可按下列步骤进行:

(1)若$\dfrac{l_0}{h}\leqslant5$,$\eta_{ns}=1.0$;否则,由式(6.26)求 η_{ns}。

(2)由式(6.9)求e_i。

(3)先假定为大偏心受压,由式(6.36)~式(6.38)求 x。

(4)若 $\xi\leqslant\xi_b$且 $\xi h_0\geqslant2a'_s$,说明确为大偏心受压且 A'_s能屈服,于是根据 x 由式(6.36)可求出 N_u。

(5)若 $\xi\leqslant\xi_b$且 $x<2a'_s$,说明确为大偏心受压且 A'_s不能屈服,于是可采取如下任一种方法求 N_u:其一是利用补充方程(6.35)计算 σ'_s,并将式(6.36)和式(6.37)中的 f'_y换成 σ'_s再求 x,N_u;其二是令 $x=2a'_s$,利用式(6.42)与式(6.43)求 N_u。

(6)若 $\xi>\xi_b$,说明第(4)步的假定不正确,为小偏心受压,由式(6.44)~式(6.48)联立求解 x 和 N_c。求解时应注意:按式(6.44)求出的 σ_s有正负号。

(7)按平面外的轴心受压构件,求轴压承载力 N_u。

(8)取平面内偏压承载力和平面外轴压承载力二者之间的小值作为柱的最终承载力。[例题6.1]和[例题6.2]已给出了具体的计算。

值得指出的是,当需要考虑偏心距增大效应时,计算弯矩增大系数 η_{ns}所需的 ζ_c与轴力 N 有关。当 N 为未知数时,η_{ns}也是未知数。从数学上说,可以将式(6.26)与平衡方程组联立求解,但这样会导致方程非常烦琐,求解困难。此时,可以采用迭代法求解,即假设 ζ_c的初值为

$$\zeta_c=0.2+2.7e_0h_0 \tag{6.51}$$

并利用式(6.26)求 η_{ns}的初值;执行上述步骤(2)~(8),计算得到极限轴力 N_u,利用此 N_u、式(6.26)与式(6.27)重新计算 ζ_c与 η_{ns},再次重复步骤(2)~(8),计算得到新的极限轴力 N_u;不断重复上述步骤,直到两次计算结果 N_u相差很小为止。

2. 已知 N，求 M_u

此类问题一般已知构件的计算长度 l_0，截面尺寸 $b\times h$，材料的力学指标 f_c、f_y、f'_y、E_s，配筋 A_s 和 A'_s，作用在构件上的轴向力 N，求 M_u。

在推导偏心受压构件承载力计算公式时，式(6.31)是对远力侧钢筋取矩，式中的 e 是相对于远力侧钢筋且考虑了偏心距增大效应的，而在这个问题中所求的 M_u 对应的偏心距应该是实际的初始偏心距，其值为

$$M_u=Ne_0 \tag{6.52}$$

联立式(6.9)与式(6.32)并考虑偏心距增大效应，初始偏心距 e_0 可写为

$$e_0=\frac{e+a_s-h/2-e_a\eta_{ns}}{\eta_{ns}} \tag{6.53}$$

将式(6.31)与式(6.53)代入式(6.52)，得

$$\begin{aligned}M_u&=\frac{Ne-N(e_a\eta_{ns}+h/2-a_s)}{\eta_{ns}}\\&=\frac{\alpha_1 f_c bx\left(h_0-\dfrac{x}{2}\right)+\sigma'_s A'_s(h_0-a'_s)-N(e_a\eta_{ns}+h/2-a_s)}{\eta_{ns}}\end{aligned} \tag{6.54}$$

由此，可按下列步骤求 M_u：

(1)验算 N_c 是否超过构件的轴压承载力，若超过了 $M_u=0$，否则继续下面的计算。

(2)若 $\dfrac{l_0}{h}\leqslant 5$，$\eta_s=1.0$；否则，由式(6.26)求 η_s。

(3)求 e_a。

(4)先假定为大偏心受压，由式(6.36)求出 x(或 ξ)。

(5)$\xi\leqslant\xi_b$ 且 $x=\xi h_0\geqslant 2a'_s$，说明确为大偏心受压且 A'_s 能屈服，取 $\sigma'_s=f'_y$，由式(6.54)求出 M_u。

(6)若 $\xi\leqslant\xi_b$ 且 $x=\xi h_0<2a'_s$，说明确为大偏心受压但 A'_s 不能屈服，于是可采取如下任一种方法求 M_u：其一是利用补充方程式(6.35)描述 σ'_s，并代入式(6.36)，重新求 x 与 σ'_s 后代入式(6.54)求出 M_u；其二是令 $x=2a'_s$，则

$$M_u=Ne_0=\frac{f_yA_s(h_0-a'_s)-N_c\left(\eta_{ns}e_a-\dfrac{h}{2}+a'_s\right)}{\eta_{ns}} \tag{6.55}$$

(7)若 $\xi>\xi_b$，说明第(4)步的假设不正确，为小偏心受压，将式(6.44)代入式(6.45)求出 x(或 ξ)，再取 $\sigma'_s=f'_y$ 并由式(6.54)求出 M_u。

6.8.3　对称配筋偏心受压构件基于承载力的截面设计

在实际工程中，偏心受压构件的受弯方向是无法确定的，例如在地震荷载、风荷载等作用下。为了适应这种情况，上述偏心受压构件截面一般采用对称配筋，即截面两侧采用规格相同、面积相等的钢筋。事实上，实际工程中的大多数偏心受压构件均采用对称配筋的方式，可以有效减少施工错误带来的不利影响。对称配筋偏心受压构件的截面设计仍然需要进行大小偏心受压的判别，然后根据大小偏心受压的特点进行设计。

1. 大小偏心的判别

由于采用 $A'_s=A_s$，同时，$f'_y=f_y$，因而在截面设计时，大偏心受压基本公式(6.36)和式(6.37)中的独立未知量只有两个，可以直接联立解出，不再需要附加条件。注意到，大偏心

受压时远轴力侧钢筋受拉屈服,近轴力侧钢筋受压屈服,且两者面积相等,钢筋的力刚好抵消,并不对截面承担轴力作出贡献。同时,ξ值可直接得到

$$\xi=\frac{N_u}{\alpha_1 f_c b h_0} \tag{6.56}$$

显然,当$\xi\leqslant\xi_b$时,属大偏心受压;当$\xi>\xi_b$时,属小偏心受压。但若为小偏心受压,由式(6.56)求出的ξ不正确,应用小偏心受压的基本计算公式,重新计算ξ。

在界限状态下,由于$\xi=\xi_b$,利用式(6.36)还可得

$$N_b=\alpha_1 f_c b h_0 \xi_b' \tag{6.57}$$

当$N\leqslant N_b$时,属大偏心受压;$N>N_b$时,属小偏心受压。

利用式(6.56)或式(6.57)均可直接判定截面的受力状态,在实际计算中可根据实际情况选用其中的一种。

2. 大偏心受压构件

已知N、M、l_0、b、h、f_c、f_y、f_y'($f_y'=f_y$)、E_s,求A_s'、A_s($A_s'=A_s$)。可按下列步骤进行:

(1)若$l_0/h\leqslant 5$,$\eta_s=1.0$;否则,由式(6.26)求η_s。

(2)由式(6.9)求e_i。

(3)用式(6.56)计算ξ或式(6.57)计算N_b。

(4)若$\xi\leqslant\xi_b$(或$N\leqslant N_b$)时,为大偏心受压,继续下面的计算;否则按小偏心受压进行计算分析。

(5)若$\xi h_0\geqslant 2a_s'$,由计算x并代入式(6.37)求$A_s'=A_s$。

(6)若$\xi h_0<2a_s'$,可采取如下任一种方法:其一是利用补充方程(6.35)描述σ_s',并替代式(6.36)和式(6.37)中的f_y',再求解ξ和$A_s'=A_s$;其二是令$x=2a_s'$,按式(6.42)与式(6.43)求$A_s'=A_s$。

(7)若$A_s=A_s'<\rho_{min}bh(\rho_{min}'bh)$,取$A_s=A_s'=\rho_{min}bh$。

(8)按轴心受压构件进行平面外承载力复核。

3. 小偏心受压构件

已知N、M、l_0、b、h、f_c、f_y、f_y'($f_y'=f_y$)、E_s,求A_s'、A_s($A_s'=A_s$)。

小偏心受压时,由于$\sigma_s<f_y$,ξ值需由式(6.44)~式(6.46)联立求解。按式(6.44)求得σ_s后代入式(6.45),由于有$f_y'A_s'=f_yA_s$,可以得到

$$f_y'A_s'=\frac{(N-\alpha_1 f_c b h_0 \xi)(\beta_1-\xi_b)}{\xi-\xi_b} \tag{6.58}$$

代入式(6.46),得到一个三次方程,表达式为

$$A\xi^3+B\xi^2+C\xi+D=0 \tag{6.59}$$

其中

$$A=0.5 \tag{6.60}$$

$$B=-(1+0.5\xi_b) \tag{6.61}$$

$$C=\frac{N_c e}{\alpha_1 f_c b h_0^2}+(\beta_1-\xi_b)\left(1-\frac{a_s'}{h_0}\right)+\xi_b \tag{6.62}$$

$$D=-\alpha_1\frac{N_c}{f_c b h_0}\left[\frac{e}{h_0}\xi_b+(\beta_1-\xi_b)\left(1-\frac{a_s'}{h_0}\right)\right] \tag{6.63}$$

式(6.59)为三次方程,利用求根公式或者相关计算软件,ξ值可以求解。若将基本方程中的$\xi-0.5\xi^2$替换为一个关于ξ的一次方程或为一常数,则可将式(6.59)降阶。经过统计发现,

小偏心受压范围内($\xi>\xi_b$),$\xi-0.5\xi^2$和ξ间的数值关系如图6.25所示。

在小偏心受压范围内,$\xi-0.5\xi^2$的变化幅度并不大,为了简化ξ值的计算式,现近似取$\xi-0.5\xi^2=0.43$,即图中点画线所示,该值大致是在小偏心受压范围内0.375～0.5的上、下限平均值。利用这个简化,重新整理式(6.44)～式(6.46)联立方程,可以得到ξ的近似计算式

$$\xi=\frac{N-\alpha_1 f_c bh_0\xi_b}{\dfrac{Ne-0.43\alpha_1 f_c bh_0^2}{(\beta_1-\xi_b)(h_0-a_s')}+\alpha_1 f_c bh_0}+\xi_b \tag{6.64}$$

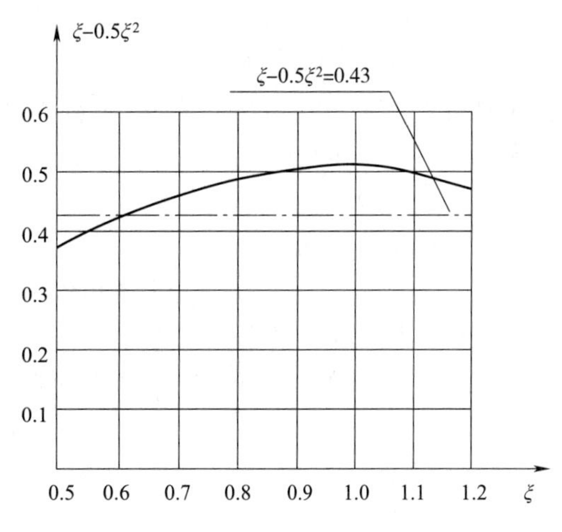

图6.25 $\xi-0.5\xi^2$与ξ的关系

由式(6.64)可以直接得到ξ,这样可以免去解三次方程的麻烦。根据以上分析,可知该近似计算式的误差不会很大,在工程设计中可以忽略。构件设计的具体计算步骤如下:

(1)若$l_0/h\leqslant5$,$\eta_s=1.0$;否则,由式(6.26)求η_s。

(2)由式(6.9)求e_i。

(3)用式(6.56)计算ξ或式(6.57)计算N_b。

(4)若$\xi>\xi_b$(或$N>N_{cb}$)时,为小偏心受压,继续下面的计算;否则按大偏心受压进行计算分析。

(5)由式(6.64)或式(6.59)重新计算ξ。

(6)由式(6.46)求A_s'。

(7)求$A_s=A_s'$。由于采用对称配筋,一般不会反向破坏的现象。

(8)若$A_s=A_s'<\rho_{min}bh(\rho_{min}'bh)$,取$A_s=A_s'=\rho_{min}bh$。

(9)按轴心受压构件进行平面外承载力复核。

【例题6.9】 同[例题6.5],按对称配筋计算。

【解】 数据准备同[例题6.5]

(1)计算e_i、η_{ns}、e

由[例题6.5],可得

$$h_0=410\ \text{mm}$$

$$\eta_{ns}=1.033$$

$$e_0=694\ \text{mm},e_a=20\ \text{mm},e_i=714\ \text{mm},e=923\ \text{mm}$$

(2)判别大小偏心受压

$$\xi=\frac{N}{f_c bh_0}=\frac{360\times10^3}{16.7\times300\times410}=0.175<\xi_b=0.55$$

属大偏心受压。

(3)计算A_s'、A_s

$$x=\xi h_0=0.175\times410=72(\text{mm})<2a_s'=80(\text{mm})$$

$$e'=e_i-0.5h+a_s'=714-0.5\times450+40=529(\text{mm})$$

$$A_s'=\frac{N_c e'}{f_y(h_0-a_s')}=\frac{360\times10^3\times529}{300\times(410-40)}=1\ 716(\text{mm}^2)>\rho_{min}'bh=0.002\times300\times450=270(\text{mm}^2)$$

最小配筋率满足要求。

$$A_s = A'_s = 1\ 716\ \text{mm}^2$$

(4)出平面方向的验算(略)。

【例题 6.10】 同[例题 6.7],按对称配筋计算。

【解】 数据准备同[例题 6.7]

(1)计算 e_i、η_{ns}、e

由[例题 6.7]可得

$$e_i = 103\ \text{mm}, \eta_s = 1.123, e = 301\ \text{mm}$$

(2)判别大小偏心受压

$$N_b = f_c b h_0 \xi_b = 19.1 \times 400 \times 410 \times 0.518 = 1\ 622.58(\text{kN})$$

$$N = 2\ 500\ \text{kN} > N_b$$

属小偏心受压。

(3)计算 ξ 值

先按式(6.59)计算,将已知参数代入,得到的三次方程为

$$\xi^3 - 2.518\xi^2 + 3.045\xi - 1.297 = 0$$

解得 $\xi = 0.758$

由式(6.59)计算得

$$\xi = \frac{N - \alpha_1 f_c b h_0 \xi_b}{\dfrac{N_c e - 0.43\alpha_1 f_c b h_0^2}{(\beta_1 - \xi_b)(h_0 - a'_s)} + \alpha_1 f_c b h_0} + \xi_b$$

$$= \frac{2\ 400 \times 10^3 - 19.1 \times 300 \times 410 \times 0.518}{\dfrac{2\ 400 \times 10^3 \times 301 - 0.43 \times 19.1 \times 300 \times 410^2}{(0.8 - 0.518)(410 - 40)} + 19.1 \times 300 \times 410} + 0.518 = 0.741$$

(4)计算 A'_s

当 $\xi = 0.758$ 时,有

$$A'_s = \frac{Ne - \alpha_1 f_c b h_0^2 (\xi - 0.5\xi^2)}{f'_y (h_0 - a'_s)}$$

$$= \frac{2\ 400 \times 10^3 \times 301 - 19.1 \times 300 \times 410^2 \times (0.758 - 0.5 \times 0.758^2)}{360 \times (410 - 40)}$$

$$= 2\ 019(\text{mm}^2) > \rho'_{\min} bh = 0.002 \times 400 \times 500 = 400(\text{mm}^2)$$

当 $\xi = 0.741$ 时,有

$$A'_s = \frac{Ne - \alpha_1 f_c b h_0^2 (\xi - 0.5\xi^2)}{f'_y (h_0 - a'_s)}$$

$$= \frac{2\ 400 \times 10^3 \times 301 - 19.1 \times 400 \times 410^2 \times (0.741 - 0.5 \times 0.741^2)}{360 \times (410 - 40)}$$

$$= 2\ 050(\text{mm}^2) > \rho'_{\min} bh = 0.002 \times 400 \times 500 = 400(\text{mm}^2)$$

比较 ξ 值不同取值的钢筋用量,相差仅为 $\dfrac{2\ 050 - 2\ 019}{2\ 019} = 1.5\%$。同时,按近似公式计算,配筋量稍大,是偏安全的。

(5)出平面方向的验算(略)

对上述计算结果进行比较分析,可以得到以下两点看法:

(1)一般讲,采用对称配筋的截面钢筋用量总是比不对称配筋时大。因此,从节省钢筋角

度看，对称配筋的方案并不好。

(2)小偏心受压时，不管采用何种配筋方案，近轴力侧的钢筋用量均相差不大。如[例题6.7]与[例题6.10]，条件相同，用两种方案计算的近轴力侧钢筋用量几乎相同。这主要是因为此时远轴力侧的钢筋应力较小，对称配筋时，钢筋用量虽然增加，但对提高截面承载力所起的作用并不大。

6.9 偏心受拉构件正截面受力分析

偏心受拉构件纵筋布置方式和偏心受压构件相同，离纵向力较远一侧的钢筋用A_s'表示，离纵向力较近一侧的钢筋用A_s表示。

根据轴向拉力在截面作用位置的不同，偏心受拉构件有两种破坏形态：(1)轴向拉力N在A_s与A_s'之间时为小偏心受拉破坏[图6.26(a)]；(2)轴向拉力N在A_s外侧时为大偏心受拉破坏[图6.26(b)]。

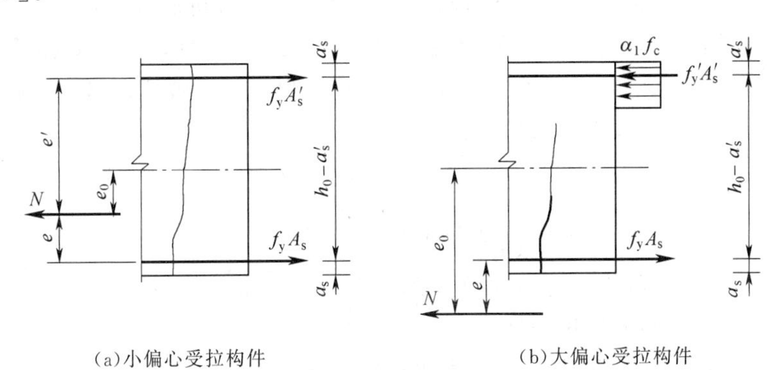

图6.26 偏心受拉构件正截面受拉承载力计算图

6.9.1 小偏心受拉构件($e_0 \leqslant h/2-a_s$)

若轴向拉力N距离截面几何中心偏心距$e_0 \leqslant h/2-a_s$，则轴向力N作用在钢筋A_s合力点与A_s'合力点之间，在拉力作用下，全截面受拉，但A_s一侧拉应力较大，A_s'一侧拉应力较小。随着拉力的增大，A_s一侧首先开裂，且裂缝很快贯通整个截面，破坏时，混凝土全部退出工作，拉力全部由钢筋承担，且A_s和A_s'均能达到屈服强度(对于非对称配筋)，这种构件称为小偏心受拉构件。当偏心距$e_0=0$时，就是轴心受拉构件。

在图6.26(a)中，分别对A_s合力点与A_s'合力点取矩，得到小偏心受拉构件正截面极限承载力计算公式，即

$$Ne \leqslant N_u e = f_y A_s'(h_0 - a_s') \tag{6.65}$$

$$Ne' \leqslant N_u e' = f_y A_s(h_0' - a_s) \tag{6.66}$$

式中，e、e'分别为N至A_s合力点和A_s'合力点的距离，计算公式如下：

$$e = 0.5h - a_s - e_0 \tag{6.67}$$

$$e' = 0.5h - a_s' + e_0 \tag{6.68}$$

将e、e'及$e_0=M/N$代入式(6.65)和式(6.66)，同时设$a_s=a_s'$，则有

$$A_s = \frac{N(h-2a_s')}{2f_y(h_0-a_s')} + \frac{M}{f_y(h_0-a_s)} = \frac{N}{2f_y} + \frac{M}{f_y(h_0-a_s)} \tag{6.69}$$

$$A_s'=\frac{N(h-2a_s')}{2f_y(h_0-a_s')}-\frac{M}{f_y(h_0-a_s)}=\frac{N}{2f_y}-\frac{M}{f_y(h_0-a_s)} \tag{6.70}$$

上式第一项代表轴心受拉构件所需要的配筋,第二项反映了弯矩对配筋的影响。显然弯矩使 A_s 增大,使 A_s' 减小。因此,设计中若有不同内力组合(M,N)时,应选取使 A_s 为最大的荷载组合计算配筋,同时还应选取使 A_s' 为最大的荷载组合计算配筋。请回顾“有利荷载”和“不利荷载”的概念,计算 A_s' 时,M 为有利荷载。

对称配筋时,远离轴向力 N 一侧的钢筋 A_s' 应力达不到屈服强度,故设计时可按式(6.66)计算配筋,即

$$A_s'=A_s=\frac{Ne'}{f_y(h_0-a_s')} \tag{6.71}$$

以上设计应满足最小配筋率要求,即 A_s 和 A_s' 均不能小于 $\rho_{min}A$,A 为构件的全截面面积。

6.9.2 大偏心受拉构件($e_0>h/2-a_s$)

若轴向拉力 N 距离截面几何中心的偏心距 $e_0>h/2-a_s$,则轴向力 N 作用在 A_s 合力点与 A_s' 合力点之外,根据截面内力平衡可知,截面必然存在受压区,混凝土开裂后不会形成贯通整个截面的裂缝,截面远离轴向力较近的一侧受拉,另一侧受压。破坏时,钢筋应力达到屈服强度,受压区混凝土压碎,承载力公式如下:

$$N\leqslant N_u=f_yA_s-f_y'A_s'-\alpha_1 f_cbx \tag{6.72}$$

$$Ne\leqslant N_ue=\alpha_1 f_cbx\left(h_0-\frac{x}{2}\right)+f_y'A_s'(h_0-a_s') \tag{6.73}$$

式中,e 为轴力 N 至受拉钢筋 A_s 合力点的距离,$e=e_0-0.5h+a_s$。

式(6.72)和式(6.73)的适用条件:

(1)$x\leqslant\xi_bh_0$——保证受拉钢筋 A_s 应力达到屈服强度。

(2)$x\geqslant 2a_s'$——保证受压钢筋 A_s' 应力达到屈服强度。

若 $\xi=x/h_0>\xi_b$,受拉钢筋不屈服,说明受拉钢筋配置过多,与超筋梁类似,应避免采用。

若 $x<2a_s'$,可取 $x=2a_s'$,并对 A_s' 形心取矩,则

$$Ne'\leqslant N_ue'=f_yA_s(h_0-a_s') \tag{6.74}$$

对称配筋时,由式(6.72)可知,x 为负值,故 $x<2a_s'$,所以应按式(6.74)计算。以上设计仍应满足最小配筋率要求,即

对受拉钢筋:

$$\rho=A_s/A\geqslant\rho_{min} \tag{6.75}$$

式中,A 为构件全截面面积扣除受压翼缘面积 $(b_f'-b)h_y'$ 后的截面面积。

对受压钢筋:

$$\rho'=A_s'/A\geqslant\rho_{min}'=0.002 \tag{6.76}$$

式中,A 为构件的全截面面积。

大偏心受拉构件一般为受拉破坏,轴向力 N 和弯矩 M 越大,截面越危险。所以,应选取一组或若干组最不利荷载组合计算配筋。

大偏心受拉构件与大偏心受压构件计算公式相似,其计算方法与设计步骤可参照大偏心受压构件,具体如下:

(1)截面设计

当 A_s 和 A_s' 均未知时,可取 $x=\xi_bh_0$,代入式(6.73)解出钢筋截面面积。若求得的 $A_s'<$

$\rho'_{\min}bh$，取 $A'_s=\rho'_{\min}bh$，再将其代入式(6.73)解出 x 值，若 $x>2a'_s$，按式(6.72)计算 A_s，否则，按式(6.74)计算 A_s。

(2)截面复核

联立求解式(6.72)和式(6.73)求出 x，如满足 $2a'_s\leqslant x\leqslant\xi_b h_0$，可将 x 代入式(6.72)求出承载力 N_u；如 $x<2a'_s$，则按式(6.74)求解 N_u。如 $x>\xi_b h_0$，说明受拉钢筋 A_s 配置过多，破坏时其拉力未达到屈服强度，此时，用式(6.44)计算受拉钢筋应力 σ_s，σ_s 用代替基本公式(6.72)和式(6.73)中的 f_y，重新求解 x 和 N_u。

【例题 6.11】 矩形截面偏心受拉构件，截面尺寸 $b=300$ mm，$h=400$ mm，承受轴向拉力设计值 $N=600$ kN，弯矩设计值 $M=45$ kN·m。采用 C25 混凝土，HRB335 级钢筋。试计算构件截面配筋面积。

【解】 查《混规》，相关数据为 $f_c=11.9\ \text{N/mm}^2$，$f_y=f'_y=300\ \text{N/mm}^2$。根据第 5 章相关内容知，$\alpha_1=1.0$，$\xi_b=0.518$。

取 $a_s=a'_s=40$ mm，则 $h_0=360$ mm。

$$\rho_{\min}=\max(0.45f_t/f_y,0.002)=\max(0.45\times1.27/300,0.002)=0.002$$

$$e_0=\frac{M}{N}=\frac{45}{600}\times10^3=75(\text{mm})<\frac{h}{2}-a_s=160(\text{mm})\text{，为小偏心受拉}$$

$$e'=0.5h-a'_s+e_0=200-40+75=235(\text{mm})$$

$$e=0.5h-a'_s-e_0=200-40-75=85(\text{mm})$$

代入式(6.65)和式(6.66)有

$$A_s=\frac{Ne'}{f_y(h'_0-a_s)}=\frac{600\times10^3\times235}{300\times320}=1\ 468(\text{mm}^2)$$

$$A'_s=\frac{Ne}{f_y(h_0-a'_s)}=\frac{600\times10^3\times85}{300\times320}=531(\text{mm}^2)>\rho_{\min}bh=240(\text{mm}^2)$$

实际选用 $A_s=1\ 473\ \text{mm}^2$(3 Φ 25)，$A'_s=760\ \text{mm}^2$(2 Φ 22)。

【例题 6.12】 矩形截面偏心受拉构件，截面尺寸 $b=250$ mm，$h=400$ mm，承受轴向拉力设计值 $N=30$ kN，弯矩设计值 $M=45$ kN·m。采用 C25 混凝土，HRB335 级钢筋。试计算构件截面配筋面积。

【解】 查《混规》，相关数据为 $f_c=11.9\ \text{N/mm}^2$，$f_y=f'_y=300\ \text{N/mm}^2$。根据第 5 章相关内容知，$\alpha_1=1.0$，$\xi_b=0.550$。

取 $a_s=a'_s=40$ mm，则 $h_0=360$ mm。

$$\rho_{\min}=\max(0.45f_t/f_y,0.002)=\max(0.45\times1.27/300,0.002)=0.002$$

$$\alpha_{sb}=\xi_b(1-0.5\xi_b)=0.55(1-0.5\times0.55)=0.399$$

$$e_0=\frac{M}{N}=\frac{45}{30}\times10^3=1\ 500(\text{mm})>\frac{h}{2}-a_s=160(\text{mm})\text{，为大偏心受拉构件。}$$

$$e=e_0-0.5h+a'_s=1\ 500-200+40=1\ 340(\text{mm})$$

$$e'=0.5h-a'_s+e_0=200-40+1\ 500=1\ 660(\text{mm})$$

按式(6.73)得

$$A'_s=\frac{Ne-\alpha_1f_cbh_0^2\alpha_{sb}}{f'_y(h_0-a'_s)}$$

$$=\frac{30\ 000\times1\ 340-11.9\times250\times360^2\times0.399}{300\times(360-40)}=-1\ 183(\text{mm})^2<0$$

按最小配筋率配筋，则

$$A_s' = \rho_{min}' bh = 0.002 \times 250 \times 400 = 200(\text{mm}^2)$$

受压钢筋选 2 Φ 12，$A_s' = 226\ \text{mm}^2$。将 $A_s' = 226\ \text{mm}^2$ 及 $\alpha_s = \xi(1-0.5\xi)$ 代入式(6.72)和式(6.73)得

$$\alpha_s = \frac{Ne - f_y' A_s'(h_0 - a_s')}{\alpha_1 f_c b h_0^2}$$

$$= \frac{30\ 000 \times 1\ 340 - 300 \times 226 \times 320}{1 \times 11.9 \times 250 \times 360^2} = 0.048$$

解出 $\xi = 0.049$，则

$$x = \xi h_0 = 0.049 \times 360 = 17.6(\text{mm}) < 2a_s' = 80(\text{mm})$$

所以应按式(6.10)计算 A_s，即

$$A_s = \frac{Ne'}{f_y(h_0 - a_s')} = \frac{30 \times 10^3 \times 1\ 660}{300 \times 320} = 518(\text{mm}^2) > 0.002bh_0$$

受拉钢筋实际选取 3 Φ 16，$A_s = 603\ \text{mm}^2$。

6.10 小　结

(1)偏心受压构件正截面破坏有受拉破坏和受压破坏两种形态，细长柱还可能发生失稳破坏。轴向力的相对偏心距 e_0/h_0 较大，且 A_s 不过多时发生受拉破坏，也称大偏心受压破坏，其特征为破坏始于受拉钢筋屈服，而后受压边缘混凝土达到极限压应变，受压钢筋应力也达到屈服强度，破坏具有一定的延性。当 e_0/h_0 较小，或者虽然 e_0/h_0 较大，但 A_s 配置过多时，发生受压破坏，也称小偏心受压破坏，其特征为受压区混凝土先被压坏，压应力较大一侧钢筋能达到屈服强度，受拉或者受压较小一侧的钢筋可能受压也可能受拉，但一般达不到屈服强度，破坏具有脆性。

(2)大小偏心受压破坏的判别条件是：$\xi \leqslant \xi_b$ 属于大偏心受压破坏；反之，属于小偏心受压破坏。$\xi = \xi_b$ 时，受拉钢筋达到屈服强度时，受压边缘混凝土恰好达到极限压应变，称为界限破坏。大小偏心破坏的物理本质是混凝土压坏时，是否存在钢筋受控屈服。

(3)偏心距是影响破坏特征的重要因素，但不是唯一因素，截面尺寸、配筋率、材料强度、构件计算长度、杆端弯矩比值、轴压比、荷载大小及加载方式等因素都对破坏特征有影响。

(4)结构或构件产生侧向位移或挠曲变形时，轴向力将在构件中引起附加内力，设计计算时，必须考虑由受压构件自身挠曲产生的 $P-\delta$ 二阶效应及由侧移产生的 $P-\Delta$ 二阶效应。

(5)对各种形式的截面设计与复核，应掌握基本计算公式，直接利用基本公式求解。计算时，一定要注意公式的适用条件，出现不满足适用条件或其他“不正常”的情况时，应对基本公式做相应变化后求解。

(6)对已知材料强度、截面形状及尺寸、配筋、计算长度的偏心受压构件，可按基本计算公式得出相应的 $N-M$ 相关曲线，$N-M$ 相关曲线是基本计算公式的图形化，反映了构件在轴向力和弯矩共同作用下的承载规律。对于大偏心受压构件，轴向压力 N 为有利荷载。

(7)大偏心受压构件的破坏具有一定的延性。增加受压钢筋 A_s' 可以减小 ξ，提高延性。增加轴向压力将导致 ξ 增大，延性减小。轴向压力较大时，$\xi > \xi_b$(小偏心受压)，很难通过配置纵向受力钢筋改善延性，需要增加箍筋来约束混凝土，或者采用其他有效约束措施改善延性。横

向约束对提高延性很有意义。

(8)偏心受拉构件根据轴向力作用位置的不同,可分为大偏心受拉和小偏心受拉两种破坏情况。大偏心受拉构件破坏时,其截面仍有部分混凝土受压,其设计计算方法与偏心受压构件类似。

(9)计算偏心受压(拉)构件斜截面受剪承载力,必须考虑轴向力的作用。轴向压力会提高构件斜截面受剪承载力,轴向拉力则会降低构件斜截面受剪承载力。应注意,轴向压力对受剪承载力的有利作用是有限度的。

扩展阅读

(1)I形截面偏心受压构件正截面受力分析。

(2)圆形截面偏心受压构件正截面受力分析。

思考与练习题

6.1　偏心受力构件截面上同时作用有轴向力和弯矩,除教材中列出,请再举出实际工程中的偏心受压构件和偏心受拉构件各5种。

6.2　对比偏心受压构件与受弯构件正截面的应力及应变分布,说明其相同之处与不同之处。

6.3　在极限状态时,小偏心受压构件与受弯构件中超筋截面均为受压脆性破坏,为什么不能采用限制配筋率的方法来避免小偏心受压破坏?

6.4　怎样区分大、小偏心受压破坏?

6.5　为什么不可以采用偏心距来判定大、小偏心受压?

6.6　既然偏心受压构件截面采用对称配筋会多用钢筋,那么为何实际工程中还大量采用这种配筋方法?请作对比分析。

6.7　长细比对偏心受压构件的承载力有直接影响,请说明基本计算公式中是如何来考虑这一问题的。

6.8　请根据 N_u—M_u 相关曲线说明大偏心受压及小偏心受压时轴向力与弯矩的关系。偏压构件在什么情况下的抗弯承载力最大?

6.9　N_u—M_u 相关曲线有哪些用途?

6.10　观察弯矩增大系数 η_{ns} 的表达式(6.26),在其他条件相同的情况下,随着 e_i 值的增大,η_{ns}值反而减小,请分析说明原因。

6.11 为什么要引入附加偏心距 e_a?

6.12 矩形截面大、小偏心受压构件正截面受压承载力如何计算?

6.13 大偏心受拉构件截面上存在受压区,根据力的平衡说明其必然性。

6.14 偏心受压构件为什么会出现远轴力侧的钢筋先屈服,进而混凝土被压碎的破坏形态?如何避免这种破坏形态?

6.15 某矩形截面钢筋混凝土柱,$b\times h=400\ \text{mm}\times 600\ \text{mm}$,$a_s=a_s'=40\ \text{mm}$,$l_0=3\ \text{m}$,混凝土 C40,纵向钢筋 HRB400,$A_s'=603\ \text{mm}^2$,$A_s=1\ 521\ \text{mm}^2$。试求:

(1)试计算该柱受轴心受压时的极限承载力 N_u^0。

(2)试计算该柱受纯弯曲时的极限承载力 M_u^0(受拉区钢筋面积为 A_s)。

(3)试计算该柱受偏心压力作用,并达到界限破坏时的承载力(N_b,M_b)。

(4)试计算该柱受偏心压力作用,当 $e_0=50\sim500\ \text{mm}$(间距 50 mm)时,构件的极限承载力(N_u,M_u),并绘出 N_u—M_u的相关曲线。

6.16 练习题 6.15 中,当 $N_c=0\sim4\ 000\ \text{kN}$(间距 500 kN)时,分别计算构件的极限承载力 M_u,并绘出 N_u—M_u的相关关系曲线。

6.17 某矩形截面偏心受压柱,$b\times h=400\ \text{mm}\times 600\ \text{mm}$,$a_s=a_s'=40\ \text{mm}$,$l_0=5\ \text{m}$,混凝土 C40,纵向钢筋 HRB400,承受设计轴向力 $N_c=1\ 000\ \text{kN}$,设计弯矩 $M=600\ \text{kN}\cdot\text{m}$,采用不对称配筋。试求:

(1)求远力侧与近力侧钢筋面积 A_s,A_s',并选配钢筋。

(2)如果近力侧钢筋已配置 4 ⌀ 20($A_s'=1\ 257\ \text{mm}^2$),计算远力侧钢筋面积 A_s,并选配钢筋。

(3)比较两种情形的计算结果,分析原因。

6.18 某矩形截面偏心受压柱,$b\times h=500\ \text{mm}\times 800\ \text{mm}$,$a_s=a_s'=40\ \text{mm}$,$l_0=12.5\ \text{m}$,混凝土 C30,纵向钢筋 HRB400,承受设计轴向力 $N_c=1\ 900\ \text{kN}$,设计弯矩 $M=1\ 080\ \text{kN}\cdot\text{m}$,采用不对称配筋。试求 A_s,A_s'。

6.19 某矩形截面偏心受压柱,$b\times h=400\ \text{mm}\times 600\ \text{mm}$,$a_s=a_s'=40\ \text{mm}$,$l_0=5\ \text{m}$,混凝土 C40,纵向钢筋 HRB400,承受设计轴向力 $N_c=3\ 200\ \text{kN}$,设计弯矩 $M=100\ \text{kN}\cdot\text{m}$,采用不对称配筋。试求:

(1)求远力侧与近力侧钢筋面积 A_s,A_s',并选配钢筋。

(2)如果近力侧钢筋已配置 3 ⌀ 20($A_s'=942\ \text{mm}^2$),计算远力侧钢筋面积 A_s,并选配钢筋。

(3)比较计算结果并分析原因。

6.20 某矩形截面偏心受压柱,$b\times h=500\ \text{mm}\times 800\ \text{mm}$,$a_s=a_s'=40\ \text{mm}$,$l_0=5\ \text{m}$,混凝土 C30,纵向钢筋 HRB400,承受设计轴向力 $N_c=7\ 000\ \text{kN}$,设计弯矩 $M=175\ \text{kN}\cdot\text{m}$,采用不对称配筋。试求 A_s,A_s':

6.21 练习题 6.18 中,采用对称配筋,求 $A_s=A_s'$。

6.22 练习题 6.20 中,采用对称配筋,求 $A_s=A_s'$。

6.23 某矩形截面偏心受压柱,$b\times h=400\ \text{mm}\times 600\ \text{mm}$,$a_s=a_s'=40\ \text{mm}$,$l_0=3\ \text{m}$,混凝土 C30,纵向钢筋 HRB400,$A_s=2\ 036\ \text{mm}^2$,$A_s'=1\ 527\ \text{mm}^2$,轴向力的偏心距 $e_0=450\ \text{mm}$。要求针对以下情形计算该柱所能承受的轴向力设计值 N。

(1)杆端弯矩 $M_1/M_2=-1$。

(2)杆端弯矩 $M_1/M_2=1$。

6.24 某矩形截面偏心受压柱,$b\times h=400\ \text{mm}\times600\ \text{mm}$,$a_s=a_s'=40\ \text{mm}$,$l_0=6\ \text{m}$,混凝土C30,纵向钢筋HRB400,$A_s=A_s'=2\ 036\ \text{mm}^2$,轴向力的偏心距 $e_0=450\ \text{mm}$。要求针对以下情形计算该柱所能承受的轴向力设计值 N。

(1)杆端弯矩 $M_1/M_2=-1$。

(2)杆端弯矩 $M_1/M_2=1$。

6.25 某矩形截面偏心受压柱,$b\times h=400\ \text{mm}\times600\ \text{mm}$,$a_s=a_s'=40\ \text{mm}$,$l_0=5.4\ \text{m}$,混凝土C30,纵向钢筋HRB400,$A_s=1\ 140\ \text{mm}^2$,$A_s'=2\ 281\ \text{mm}^2$,承受轴向力设计值 $N=880\ \text{kN}$。要求针对以下情形计算该柱所能承受的弯矩设计值 M。

(1)杆端弯矩 $M_1/M_2=-1$。

(2)杆端弯矩 $M_1/M_2=1$。

6.26 某矩形截面偏心受压柱,$b\times h=400\ \text{mm}\times600\ \text{mm}$,$a_s=a_s'=40\ \text{mm}$,$l_0=6\ \text{m}$,混凝土C30,纵向钢筋HRB400,$A_s=1\ 900\ \text{mm}^2$,$A_s'=2\ 661\ \text{mm}^2$,承受轴向力设计值 $N=3\ 200\ \text{kN}$。要求针对以下情形计算该柱所能承受的弯矩设计值 M。

(1)杆端弯矩 $M_1/M_2=-1$。

(2)杆端弯矩 $M_1/M_2=1$。

6.27 请详细列出双向偏心受压构件基于承载力的正截面设计步骤。

6.28 请详细列出既有双向偏心受压构件正截面承载力的计算步骤。

6.29 请详细列出圆形截面偏心受压构件基于承载力的正截面设计步骤。

6.30 请详细列出圆形截面偏心受压构件正截面承载力的计算步骤。

受弯构件斜截面性能与承载力计算

7.1 概　　述

前面的章节,无论是轴心受压构件、受弯构件,还是偏心受压构件,都是在讨论钢筋混凝土构件如何抵抗由轴力、弯矩,或两者联合作用下产生的正应力问题。当弯矩产生的正应力大于混凝土的抗拉强度时,钢筋混凝土构件的截面上会产生垂直于正应力方向(中和轴方向)的竖向裂缝,称之为正截面开裂,如果其正截面抗弯承载力不足,它将沿正截面(近似竖直裂缝)方向发生破坏。所以,设计钢筋混凝土受弯构件时,必须满足正截面承载力要求。

实际工程中的构件很少承担恒定不变的弯矩。由弯矩与剪力的关系,可以知道:弯矩变化的位置,就存在有剪力的作用。在这种情况下,除了轴力与弯矩产生的正应力外,剪力会在截面上产生剪应力。在正应力与剪应力的联合作用下,构件内形成的二维应力场,可以合成相互垂直的两个方向的主应力(主压应力与主拉应力)。当主拉应力超过混凝土抗拉强度时,垂直于主拉应力方向就会出现裂缝。在正应力与剪应力的联合作用下,主拉应力方向通常不垂直于正截面,此时产生的裂缝就是斜裂缝,进而发生破坏就是所谓的斜截面破坏。与此相关的承载力计算,也被称为斜截面承载力计算。

值得指出的是,钢筋混凝土构件的剪切破坏并不是截面中的剪应力超过了混凝土的直剪强度而发生的破坏,而是由剪应力与正应力联合作用下的斜向主拉应力导致的混凝土斜向受拉破坏。特别的,对于正应力独立作用的情况,主应力就退化为了正应力。例如,无剪力作用的纯弯段或者剪应力水平较低的受拉边缘。从这个意义上说,混凝土正截面与斜截面受拉开裂原因,可以统一为:主拉应力超过混凝土抗拉强度。

根据钢筋混凝土构件的设计理念,混凝土受拉时可以沿着拉应力方向布置一定的受拉钢筋,来抵抗受拉区的拉力,约束裂缝的开展和延伸,从而提高混凝土构件的承载能力。对于正应力开裂后的承载能力问题,是通过布置适量的垂直于正截面的纵向受拉钢筋来解决的。显然,对于弯剪联合作用下的主拉应力引发的斜向开裂问题,也可以通过布置相应的钢筋来解决。

弯剪联合作用下,斜裂缝何时出现?斜裂缝出现后,斜截面的受力特点与破坏形态如何?如何布置对应的钢筋以提高斜截面承载能力?斜截面承载能力如何计算?这些问题构成了本章内容的主线。

7.2 斜截面受力特点及破坏形态

第 5 章讲过,梁中的箍筋和弯起钢筋(斜筋)统称为腹筋。腹筋的存在可以约束斜向裂缝的发展,提高钢筋混凝土梁的斜截面承载能力。只有纵筋没有腹筋的梁称为无腹筋梁;既有纵筋又有腹筋的梁称为有腹筋梁。工程实际中的梁可以没有弯起钢筋,但不能没有箍筋,因为箍筋还要用来联结并固定纵向受拉钢筋和受压区钢筋，形成钢筋骨架。也就是说，无腹筋梁在工程实际中是不存在的，只是在研究工作中采用。

假设有腹筋梁的受剪承载力是由混凝土承担的剪力和腹筋承担的剪力构成，而且假设混凝土和腹筋的贡献相互独立。而混凝土承担的剪力可以由无腹筋梁受剪性能研究得到，因此，梁的受剪承载力研究可以分两部分进行。先开展无腹筋梁的试验，得到混凝土对其受剪承载力的贡献；再做有腹筋梁的试验，通过与无腹筋梁试验结果的比较，即可得到腹筋对受剪承载力的贡献。在这种思维引导下，国内外进行了大量的无腹筋梁剪切性能研究工作。

7.2.1　无腹筋梁斜裂缝出现前后的受力特点

1. 无腹筋梁裂缝出现前的受力特点

以 7.1(a)所示的无腹筋钢筋混凝土简支梁为例，先介绍有关概念。

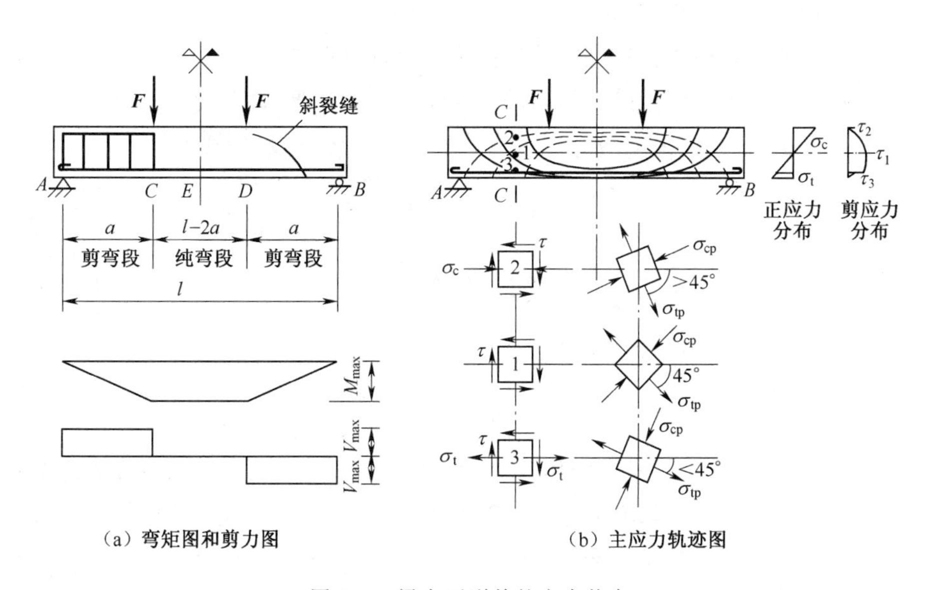

图 7.1　梁在开裂前的应力状态

若作用有两个对称的集中荷载，集中荷载之间的 CD 段只有弯矩(当忽略自重时)没有剪力时，称为纯弯段。AC 和 DB 段既有弯矩又有剪力，称为弯剪段。

当梁上荷载较小，受拉区混凝土尚未开裂时，可将混凝土视为匀质弹性体。钢筋本身就是匀质弹性体，但钢筋和混凝土是两种物理力学性能完全不同的材料，钢筋混凝土梁不是匀质体，不能直接按材料力学公式计算其应力。要用材料力学公式计算其应力，就必须将钢筋和混凝土这两种材料换算成同一种材料(通常是将钢筋换算成混凝土)，即所谓的换算截面。换算截面的换算原则是：

(1)换算前后的变形不变，即 $\varepsilon_s=\varepsilon_{Ec}$($\varepsilon_s$为钢筋应变，$\varepsilon_{Ec}$为换算成混凝土后的应变)。

(2)换算前后的钢筋合力大小和作用位置不变，即 $A_s\sigma_s=A_{Ec}\sigma_{Ec}$($A_s$、$\sigma_s$分别为钢筋面积和钢筋应力，$A_{E_c}$、$\sigma_{E_c}$分别为钢筋换算成混凝土后的面积和应力)。

由换算原则(1)有

$$\sigma_s=E_s\varepsilon_s=E_s\varepsilon_{E_c}=\frac{E_s}{E_c}\sigma_{E_c}=\alpha_E\sigma_{Ec} \tag{7.1}$$

由换算原则(2)有

$$A_s\sigma_s=A_s\alpha_E\sigma_{E_c}=A_{E_c}\sigma_{E_c} \tag{7.2}$$

从而

$$A_{E_c}=\alpha_E A_s \tag{7.3}$$

式中 E_s——钢筋的弹性模量；

E_c——混凝土的弹性模量。

这样,换算后的钢筋混凝土截面就成为匀质混凝土截面——换算截面。

对换算截面上的任意点,都可用材料力学公式计算其弯曲正应力 σ 和剪应力 τ。

$$\sigma=\frac{M}{I_0}y_0 \tag{7.4}$$

$$\tau=\frac{VS_0}{bI_0} \tag{7.5}$$

式中 I_0——换算截面惯性矩；

y_0——计算弯曲正应力位置到换算截面形心之间的距离；

S_0——计算剪应力位置以外或以内的换算截面面积对换算截面形心的面积矩。

由于正应力和剪应力的共同作用,产生主拉应力和主压应力,分别为

$$\sigma_{tp}=\frac{\sigma}{2}-\sqrt{\left(\frac{\sigma}{2}\right)^2+\tau^2} \tag{7.6}$$

$$\sigma_{cp}=\frac{\sigma}{2}+\sqrt{\left(\frac{\sigma}{2}\right)^2+\tau^2} \tag{7.7}$$

主应力作用方向与梁纵轴线的夹角为

$$\alpha=\frac{1}{2}\arctan\left(-\frac{2\tau}{\sigma}\right) \tag{7.8}$$

图 7.1(b)分别表示按上述公式计算所得的主应力迹线(实线表示主拉应力迹线,虚线表示主压应力迹线)以及集中荷载截面的应力分布图。从中可关注以下两点:

(1)在纯弯段(*CD* 段),因为剪力为零,故剪应力也为零,主应力即为弯曲正应力,方向为平行梁纵轴的水平方向。最大主拉应力出现在截面的下缘。

(2)在弯剪段(*AC* 和 *DB* 段)的主拉应力方向为:在受拉区边缘,由于剪应力为零,主拉应力即是弯曲拉应力,方向为水平方向;在其他位置,既有弯曲正应力,又有剪应力,主拉应力方向是倾斜的,其与水平轴夹角从下边缘的 0°连续变化到中性轴处的 45°,再连续变化到上边缘的 90°(此处主拉应力数值变为 0)。

2. 无腹筋梁斜裂缝出现后的受力特点

在纯弯段(*CD* 段),随着荷载增加,受拉区边缘的最大主拉应力(弯曲拉应力)首先达到并超过混凝土的极限抗拉强度,垂直于主拉应力方向的裂缝(竖直裂缝)从受拉边缘开始并竖直向上发展。

在弯剪段(*AC* 和 *DB* 段),如果受拉边缘的主拉应力最大,则裂缝将从这里开始,方向为竖直方向,并斜向向上发展,这样的斜裂缝称为弯剪斜裂缝[图 7.2(a)]。对Ⅰ形截面梁,在受拉翼缘与腹板(梁肋)交界处既有较大的弯曲正应力,又有较大的剪应力,其主拉应力有可能大于受拉边缘的主拉应力(弯曲拉应力),在这种情况下,斜裂缝将在受拉翼缘与腹板交界处开始出现,并斜向分别向上向下延伸(至受拉边缘时变为竖直),这样的斜裂缝称为腹剪斜裂缝[图 7.2(b)]。不管出现哪一种斜裂缝,斜裂缝出现后,梁上的应力状态都发生了很大变化。

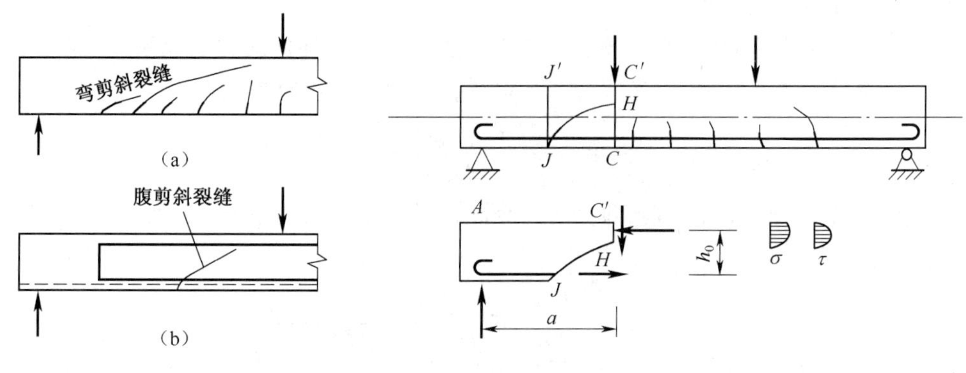

图 7.2　梁的裂缝

图 7.3　斜截面受力状态

图 7.3 表示了无腹筋简支梁斜截面的受力状态,可见:

(1)斜裂缝出现前,剪力 V 由整个截面 CC'(图 7.3)承担,但斜裂缝出现后,CH 面不再承受剪力,剪力主要由 $C'H$ 面承担。$C'H$ 面既受剪又受压,所以称为剪压面(区)。

(2)斜裂缝出现前,JJ'截面纵向受拉钢筋承受自身截面弯矩引起的拉力,但斜裂缝出现后,JJ'截面的纵向受拉钢筋要承受 JC'截面(即 CC'截面)弯矩引起的拉力,且后者大于前者,故纵向受拉钢筋在斜裂缝出现后便产生了应力增量。

3. 无腹筋梁斜向开裂的临界剪力

由第 1 部分介绍可知,钢筋混凝土梁出现斜向开裂的判断依据是主拉应力大于混凝土的极限抗拉强度。根据式(7.6)与式(7.7),主应力的计算需要知道混凝土中任意位置的正应力与剪应力。由第 2 部分介绍可知,钢筋混凝土梁的斜裂缝可能晚于弯曲裂缝发生。因此,混凝土的正应力与剪应力的计算必须考虑弯曲开裂后钢筋混凝土梁的状态,很难按照匀质弹性体(材料力学)进行计算。

由第 3 章可知,出现弯曲裂缝的钢筋混凝土梁中混凝土的弯曲拉应力与正截面开裂截面钢筋应力相关。作为定性分析,可以利用钢筋混凝土的变形协调关系,将混凝土弯曲拉应力 σ_c写成正截面开裂截面钢筋应力 σ_s 的函数,即

$$\sigma_c = K\frac{\sigma_s}{\alpha_E} = K\frac{M}{\alpha_E \rho \gamma_s b h_0^2} \tag{7.9}$$

式中　M——截面所承受的弯矩;

ρ——纵向受拉钢筋的配筋率;

γ_s——纵向受拉钢筋的内力偶臂系数;

b,h_0——矩形截面的宽度与有效高度;

α_E——钢筋与混凝土弹性模量的比值($\alpha_E = E_s/E_c$)。

K 为无量纲常数,用于反映截面上混凝土弯曲拉应力与开裂截面钢筋应力的关系。如果将内力偶臂系数与无量纲常数 K 合并,引入新的无量纲常数 F_1,则式(7.9)可以改写为

$$\sigma_c = F_1\frac{M}{\alpha_E \rho b h_0^2} \tag{7.10}$$

类似地,混凝土的剪应力 τ_c 也不直接采用材料力学公式进行计算,而写成截面平均剪应力的函数,即

$$\tau_c = F_2\frac{V}{b h_0} \tag{7.11}$$

式中　V——截面所承受的剪力;

F_2——无量纲常数,用于反映截面上混凝土剪应力与平均剪应力的关系。

将式(7.10)与式(7.11)代入式(7.6),可以得到截面的主拉应力 σ_{tp} 为

$$\sigma_{tp}=F_1\frac{M}{2\alpha_E\rho bh_0^2}-\sqrt{\left(F_1\frac{M}{2\alpha_E\rho bh_0^2}\right)^2+\left(F_2\frac{V}{bh_0}\right)^2} \tag{7.12}$$

为了考察斜裂缝出现时的临界剪力 V_c,令 $\sigma_{tp}=f_t$,可将剪力从式(7.12)中提取出来,并无量纲化整理可以得到

$$\frac{V_c}{bh_0 f_t}=\frac{1}{F_1\frac{1}{2\alpha_E}\frac{M}{\rho Vh_0}-\sqrt{\left(F_1\frac{1}{2\alpha_E}\frac{M}{\rho Vh_0}\right)^2+F_2^2}} \tag{7.13}$$

将 $\alpha_E=E_s/E_c$ 代入式(7.13),可以得到

$$\frac{V_c}{bh_0 f_t}=\frac{1}{F_1\frac{E_c}{2E_s}\frac{M}{\rho Vh_0}-\sqrt{\left(F_1\frac{E_c}{2E_s}\frac{M}{\rho Vh_0}\right)^2+F_2^2}} \tag{7.14}$$

考虑到钢筋的弹性模量 E_s 通常可认为是常量,而混凝土的弹性模量 E_c 与抗拉强度 f_t 均可以写成混凝土强度的平方根的形式 $\sqrt{f_c}$,将其代入式(7.14),并合并相关无量纲常数,式(7.14)可以改写为

$$\frac{V_c}{bh_0\sqrt{f_c}}=\frac{1}{C_1\frac{\sqrt{f_c}}{\rho}\frac{M}{Vh_0}-\sqrt{\left(C_1\frac{\sqrt{f_c}}{\rho}\frac{M}{Vh_0}\right)^2+C_2^2}} \tag{7.15}$$

虽然式(7.15)中存在有未知的无量纲常数,但仍然可以定性地看出,斜裂缝出现的临界剪力 V_c 与三个因素有关:(1)混凝土的强度等级。应该注意到的是式(7.15)中临界剪力与混凝土抗压强度的开平方 $\sqrt{f_c}$ 成正比。随着混凝土强度等级的提高,式(7.13)中的抗拉强度 f_t 相应提高,从而临界剪力逐渐增大。(2)纵向受力钢筋的配筋率 ρ。临界剪力随着配筋率的增大而增大。(3)$M/(Vh_0)$。临界剪力随着 $M/(Vh_0)$ 的增大而减小。

将式(7.15)中的 $M/(Vh_0)$ 定义为剪跨比 λ

$$\lambda=\frac{M}{Vh_0} \tag{7.16}$$

剪跨比是一个无量纲的参数,它反映截面所受的弯矩与剪力的相对大小。如果将式(7.10)与式(7.11)代入,剪跨比 λ 可以写为

$$\lambda=\frac{M}{Vh_0}=\frac{F_2}{F_1}\frac{\alpha_E\rho bh_0^2\sigma_c}{\tau_c bh_0 h_0}=\alpha_E\rho\frac{F_2}{F_1}\frac{\sigma_c}{\tau_c} \tag{7.17}$$

由此可见,对于给定的钢筋混凝土梁而言,剪跨比实质上是反映的梁中正应力与剪应力的比值,影响了主应力的方向[式(7.8)],进而影响了斜截面破坏的形式(详见本节 7.2.2)。

对如图 7.4 所示的集中荷载作用下的简支梁,截面 $B_{左}$ 的剪跨比为

$$\lambda_{B左}=\frac{M_B}{V_{B左}h_0}=\frac{V_A a}{V_A h_0}=\frac{a}{h_0} \tag{7.18}$$

式中　a——第一个集中荷载作用点至支座的距离,即剪跨的长度。

对第一个集中荷载作用点的截面,剪跨比既可按式(7.16),也可按式(7.18)计算,两者的计算结果是相同的。但式(7.18)对第二个或第三个集中荷载作用点的截面并不适用,而应按式(7.16)计算。对于承受均布荷载的梁(图 7.5),由于沿梁跨度方向各截面的弯矩和剪力都

是变化的，式(7.18)也不适用，同样要用式(7.16)计算。承受非对称集中荷载时，因集中荷载作用处截面的左右两边承受的弯矩和剪力比例不同，应分别考虑其剪跨比。由式(7.16)所定义的称为广义剪跨比，由式(7.18)所定义的称为计算剪跨比。

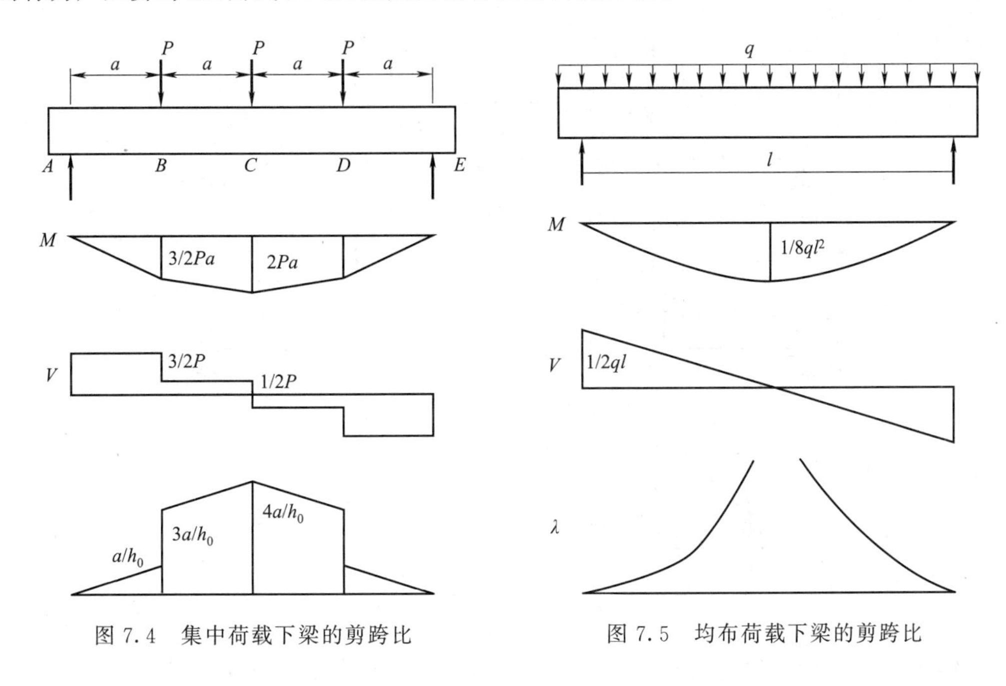

图 7.4 集中荷载下梁的剪跨比

图 7.5 均布荷载下梁的剪跨比

在 20 世纪 60 年代，式(7.15)被美国混凝土协会(ACI)采用为临界剪力的基本公式，并利用大量实验数据拟合无量纲常数，得到

$$\frac{V}{bh_0}=1.9\sqrt{f_c}+2\,500\frac{\rho}{\sqrt{f_c}}\frac{Vh_0}{M} \tag{7.19}$$

其中，$\sqrt{f_c}$ 与 2 500 的单位均是英制单位 psi，1 psi= 0.006 894 8 MPa。将应力单位转换为国际单位制(MPa)后，式(7.15)写为

$$\frac{V}{bh_0}=0.158\sqrt{f_c}+17.237\frac{\rho}{\sqrt{f_c}}\frac{Vh_0}{M} \tag{7.20}$$

其中，$\sqrt{f_c}$ 的单位规定 MPa，例如，若混凝土的轴心抗压强度 f_c 为 36 MPa，$\sqrt{f_c}=6$ MPa。

4. 无腹筋的抗剪机制

无腹筋梁斜裂缝出现后，梁的受力状态发生质的变化。以发生剪压破坏的无腹筋梁为例，纯弯区段的垂直裂缝和剪弯区段的斜裂缝，使梁形成一个梳状结构(图 7.6)，其下面由纵筋相连接。

试验表明随着荷载的增加，在很多斜裂缝中将形成一条主要斜裂缝，它将梁划分成有联系的上下两部分。上面部分相当于一个带有拉杆的变截面两铰拱，纵筋为其拉杆，拱的支座就是梁的支座；下面部分被裂缝分割成若干个梳状齿，齿根与拱内圈相连，每个齿相当于一根悬臂梁。以一个齿 $GHKJ$ 为例(图 7.6)，GH 端与梁上部拱相联系，相当于一个悬臂梁的固定端，JK 相当于自由端，J 和 K 处分别作用有纵筋的拉力，J 处拉力小，K 处拉力大。由 K 及 J 两个截面的弯矩差引起的拉力差，即是作用在自由端的水平力，相当于齿的外力，使悬臂梁既受弯又受剪，所以齿的受弯和受剪反映了梁中剪力的作用，即梁的剪力的一部分由齿的悬臂梁来承担。在斜裂缝出现的初期,钢筋与混凝土的粘结性能好,拉力差较大,梁的剪力主要由齿的悬臂梁承受;在加载后期,接近剪压破坏时,粘结力破坏,J 处拉力接近 K 处拉力,拉力差减小,齿的受剪作用削弱,梁的剪力将主要由拱承担。

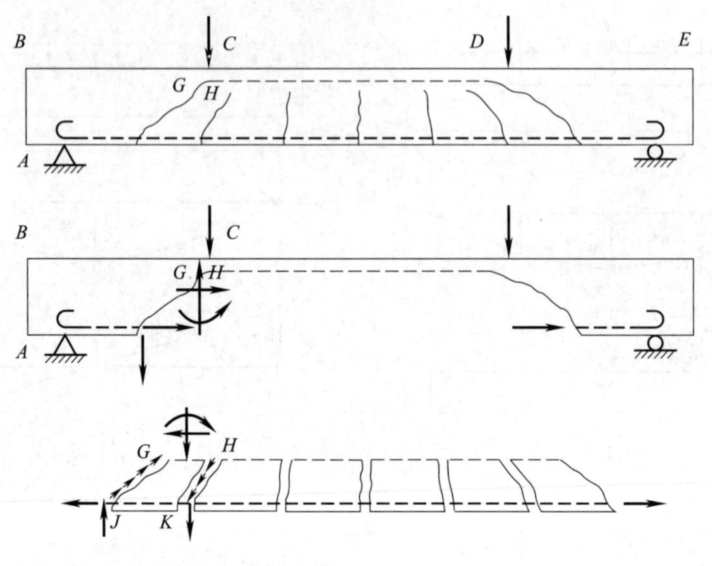

图 7.6　无腹筋梁开裂后的受力机制

斜裂缝出现后,梁内的正截面的应变分布如图 7.7 所示。可见,平截面假定不再成立。从竖向力平衡的角度,可认为无腹筋梁的抗剪来自三方面的贡献(图 7.8):①剪压区混凝土承受的剪力 V_i;②斜裂缝交界面上骨料咬合与摩擦力的竖向分量 V_a;③纵筋的销栓力 V_d。这三种抗力机制中,V_i和 V_d的数值很难估计。但是随着裂缝的发展,V_a不断减小,V_d不断增加,二者量值的变化有相互抵消的作用。因此,对于无腹筋梁而言,剪压区混凝土的抗剪贡献是主要的。

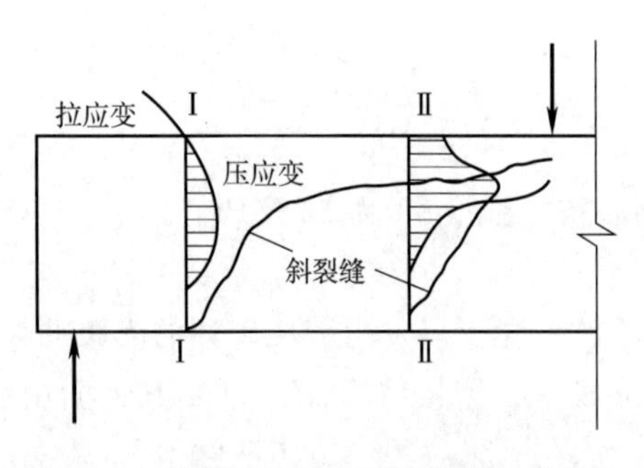

图 7.7　斜裂缝出现后正截面的应变分布

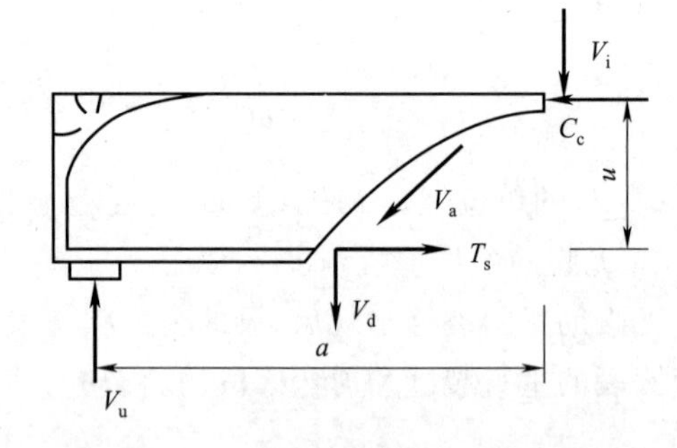

图 7.8　斜裂缝出现后隔离体的受力

7.2.2　无腹筋梁斜截面破坏形态

无腹筋梁的斜裂缝出现后,随着荷载的增大,裂缝的长度和宽度都会不断增大,且不断有新的裂缝出现,最终导致梁发生斜截面破坏。需注意的是,斜裂缝出现后,无腹筋梁可能立即破坏,也可能按新形成的剪力承载机构继续保持其承载能力。

剪跨比 λ 是影响钢筋混凝土无腹筋梁抗剪承载能力的重要因素。同时,剪跨比反映了截面中正应力与剪应力的比值，影响了主拉应力的方向。具体而言，剪跨比越大，正应力（弯矩）的影响越大，主拉应力方向与梁中和轴方向夹角越小，越有可能因抗弯承载力不足而破坏。试验表明，当剪跨比大于 6 时，梁通常不会被剪坏而由正截面抗弯承载力控制；剪跨比越小，剪力的影响越大，越有可能因抗剪承载力不足而破坏，当剪跨比小于 6 时，才有可能发生剪坏（斜截面破坏）。斜截面剪坏又分三种情况：斜拉破坏、斜压破坏和剪压破坏（分别与正截面抗弯中的少筋梁、超筋梁和适筋梁破坏类似），如图 7.9 所示。

现以承受两个对称集中荷载作用的无腹筋梁为例加以说明，三种破坏形式的特征如下：

1. 斜拉破坏——“少筋破坏”

当剪跨比较大（3～6 之间）时，斜裂缝方向（大致沿支座到集中荷载作用点的连线方向）与梁纵轴线之间的夹角很小[图 7.9(a)]，斜裂缝很平，如果穿过斜裂缝的纵向受拉钢筋不能有效约束斜裂缝宽度的开展和长度的延伸，则会出现和正截面抗弯中少筋梁类似的“一裂即坏”，它属于脆性破坏，工程中应避免发生此种破坏。

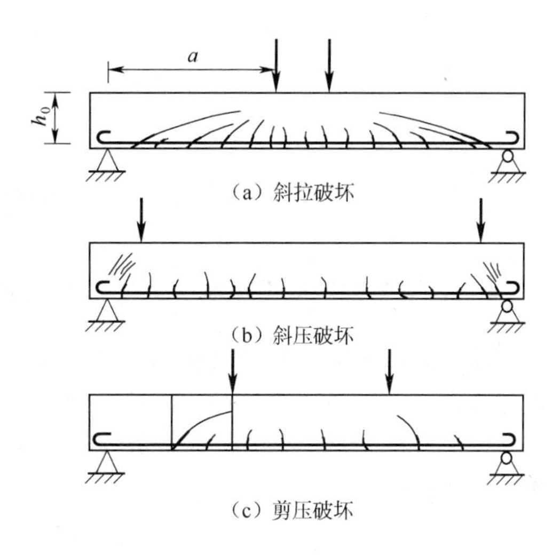

图 7.9　无腹筋梁的剪切破坏形态

2. 斜压破坏——“超筋破坏”

当剪跨比过小（<1.0）时，斜裂缝很陡[图 7.9(b)]，被支座和集中荷载作用点连线附近若干条大致平行的斜裂缝分割出来的混凝土斜柱在斜压力（集中荷载与剪压区混凝土压力的合力）作用下首先被压坏。由于破坏始于混凝土，所以和正截面抗弯中的超筋梁破坏类似，也是脆性破坏，工程中也应避免发生此种破坏。

3. 剪压破坏——“适筋破坏”

当剪跨比适度（1～3 之间）时，斜裂缝既不很平也不很陡[图 7.9(c)]，穿过斜裂缝的纵向受拉钢筋在一定程度上约束斜裂缝宽度的开展和长度的延伸，又能在剪压区混凝土破坏前屈服。因此，斜裂缝宽度的开展和长度的延伸有一个进一步增加荷载的过程，破坏前有比较明显的预兆，和正截面抗弯中的适筋梁破坏类似，其破坏时的延性好于斜拉破坏和斜压破坏。斜截面受剪承载力计算公式以此种破坏形式来建立。

需要指出的是，剪切变形远小于弯曲变形，剪切破坏中即便是破坏前变形最明显的剪压破坏，其破坏前的变形也很小，严格说来也是脆性破坏。这里类比于正截面抗弯中的适筋梁，主要基于：第一，相对而言，剪压破坏变形较大；第二，斜截面抗剪计算公式以剪压破坏为依据，便于和正截面抗弯类比。

应该注意的是，上面仅仅是说明了无腹筋梁三种破坏形式的一些特征，并不是判断哪种形式破坏的方法。影响工程中有腹筋梁破坏形式的因素除了上述的剪跨比之外，还有很多其他因素，这就是后续几个小节的内容。

7.2.3 有腹筋梁的抗剪机制

当梁配置箍筋（有时也设置弯起钢筋）时，梁的受力状态和破坏形态将发生很大的变化。在斜裂缝出现前，箍筋应力很小，表明腹筋对开裂荷载影响不大。斜裂缝出现后，与斜裂缝相交的箍筋应力显著增大,限制了斜裂缝的开展,提高了裂缝间的骨料咬合力,使裂缝分散成多条细小裂缝。由于纵筋由封闭形的箍筋固定,纵筋承受的销栓力也相应地增大,从而使梁截面的剪弯承载力得到提高。

斜裂缝出现后,有腹筋梁的受力机制可看作一个平面桁架(图 7.10):上部和下部纵筋起着桁架弦杆的作用,箍筋起着竖向受拉杆的作用,斜裂缝间的混凝土则相当于斜向受压腹杆。此时,箍筋还能减小纵筋在斜裂缝截面的相对滑移,延缓沿纵筋的粘结劈裂裂缝的发展。

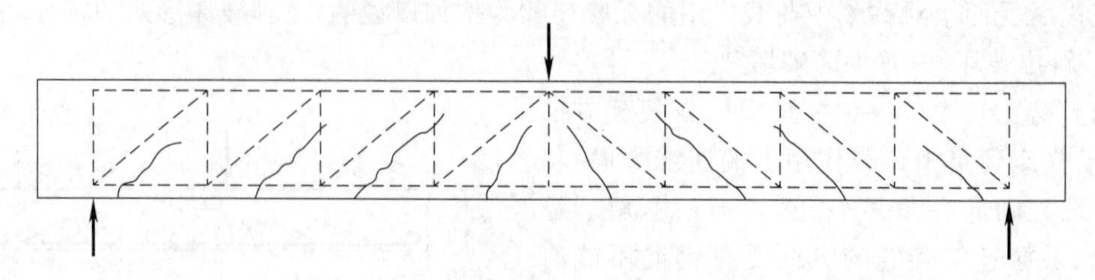

图 7.10 有腹筋梁开裂后的受力机制

7.2.4 有腹筋梁斜截面承载力的主要影响因素

对于无腹筋梁而言,斜裂缝出现后,虽然可能可以按新形成的剪力承载机构继续保持其承载能力,但承载力的提高非常有限且延性很差。因此,可以近似地将无腹筋梁斜向开裂的临界剪力用于表征无腹筋梁的抗剪承载能力。由式(7.15)可知,无腹筋梁的斜截面承载力的影响因素有:前面提到的剪跨比、混凝土强度等级、纵向受拉钢筋的配筋率,以及混凝土截面形式及尺寸等。对于有腹筋梁而言,还应该考虑腹筋(箍筋与弯起钢筋)的贡献。

下面仅就计算中考虑的主要影响因素分述如下。

1. 剪跨比 λ

试验表明,剪跨比($\lambda=a/h_0=M/Vh_0$)反映了截面上正应力 σ 和剪应力 τ 的相对关系。剪跨比大时,发生斜拉破坏,斜裂缝一旦出现就直通梁顶;剪跨比小时,荷载下的受压区的正应力 σ 将会阻止斜裂缝的发展,使其发生剪压破坏,受剪承载力提高。剪跨比很小时,荷载与支座间被斜裂缝分割出来的混凝土像一根短柱,在 σ_y 作用下被压坏,即斜压破坏,其受剪承载力很高。

如前所述,剪跨比反映了截面上正应力和剪应力的相对大小关系,进而影响主应力的大小和方向,影响剪压区混凝土的抗剪强度,并最终影响梁的受剪承载力和斜截面受剪破坏的形态。

试验表明,剪跨比越大,梁的抗剪承载力越低(图 7.11)。

理论分析[式(7.15)]与试验均表明,当箍筋配置较多时,剪跨比对斜截面抗剪承载力的影响有所减弱。当剪跨比 $\lambda>3$ 时,剪跨比对斜截面抗剪承载力的影响变得不明显。

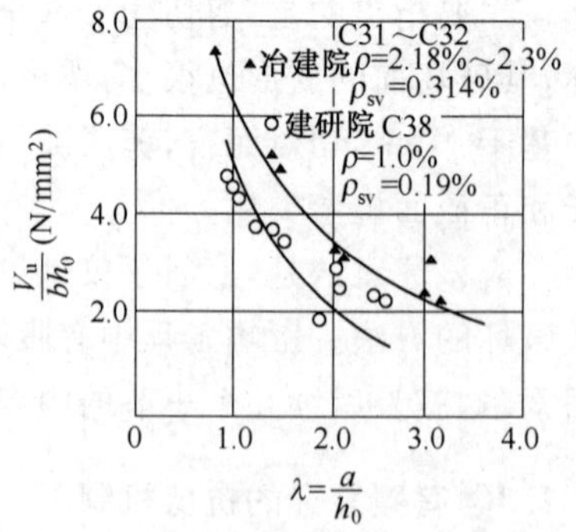

图 7.11 剪跨比对有腹筋梁斜截面抗剪承载力的影响

2. 混凝土强度等级

从图 7.12 的试验结果可以看出,当剪跨比固定、钢筋用量相同时,梁的抗剪承载力随混凝土立方强度 f_{cu} 的提高而提高,呈线性变化,但不同剪跨比下的增长率却不同。

3. 纵向受拉钢筋的配筋率

图 7.13 验证了式(7.15)中纵向受拉钢筋的配筋率 ρ 对抗剪承载力的影响，二者大体呈线性关系。纵向受拉钢筋的配筋量越大，梁的抗剪承载力也越大。这是因为纵筋能抑制斜裂缝的扩展，使斜裂缝上端的残留剪压区截面保留较大面积，从而增强抗剪能力。同时纵筋本身也有一定抗剪作用，即所谓“销栓作用”。剪跨比 λ 较小时，销栓作用明显，ρ 对抗剪承载力影响较大；剪跨比 λ 较大时，属斜拉破坏，ρ 的影响程度较弱。

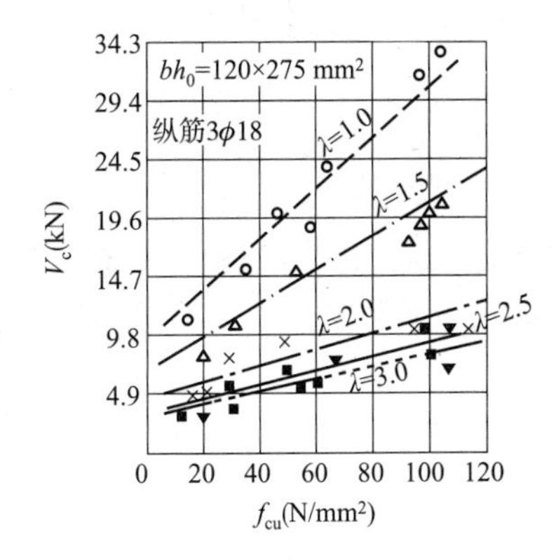

图 7.12 混凝土强度等级对有腹筋梁斜截面抗剪承载力的影响

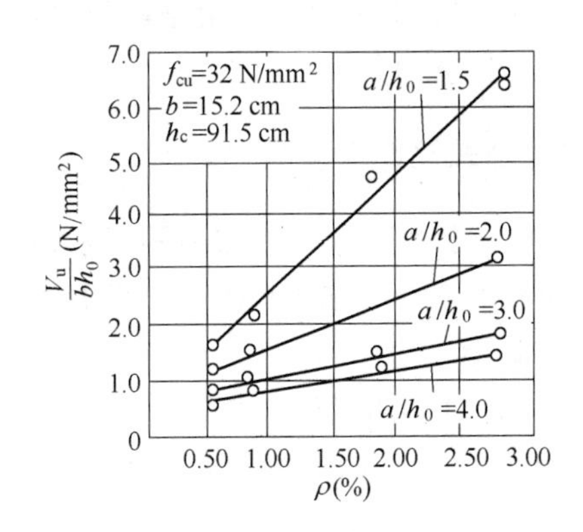

图 7.13 纵向受拉钢筋的配筋率对有腹筋梁斜截面抗剪承载力的影响

4. 腹筋

(1)箍筋的配筋率和强度

有腹筋梁斜裂缝出现后，箍筋不仅直接承担相当一部分剪力，还约束斜裂缝宽度的开展和长度的延伸，从而抑制了剪压区面积的减少，保证剪压区混凝土的抗剪能力。所以，箍筋数量越多，强度越高，梁斜截面的抗剪承载力就越高。箍筋数量通常用箍筋配筋率 ρ_{sv} 表示，即

$$\rho_{sv}=\frac{A_{sv}}{bs} \tag{7.21}$$

式中 ρ_{sv}——箍筋配筋率；

b——构件截面肋宽；

s——沿构件长度箍筋间距；

A_{sv}——配置在同一截面内箍筋各肢的全截面面积，$A_{sv}=nA_{sv1}$。n 为同一截面内箍筋的肢数，A_{sv1} 为单肢箍筋的截面面积。

图 7.14 所示为箍筋配筋率和箍筋强度的乘积与梁斜截面抗剪承载力之间的关系，两者大致呈线性关系。

(2)弯起钢筋

穿过斜裂缝的弯起钢筋受拉，其竖向分力提供了抵抗剪力的能力。因此，弯起钢筋的截面面积越大，强度越高，斜截面的抗剪承载力就越大。

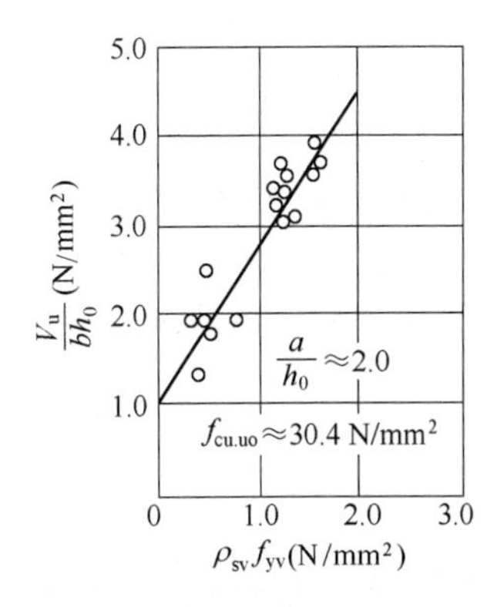

图 7.14 箍筋的配筋率与强度对有腹筋梁斜截面抗剪承载力的影响

7.3 斜截面抗剪承载力

与防止正截面受弯三种破坏(通过正截面承载力计算公式验算防止适筋破坏、通过配筋率验算防止少筋破坏、通过相对受压区高度验算防止超筋破坏)类似,防止斜截面受剪三种破坏(剪压、斜拉和斜压破坏)分别是通过斜截面抗剪承载力公式计算防止剪压破坏,通过箍筋配筋率验算防止斜拉破坏,通过截面限制条件验算防止斜压破坏。据前者建立计算公式,据后两者得出计算公式的适用条件。

7.3.1 计算公式及适用条件

由于影响梁斜截面抗剪承载力的因素很多,影响机理也很复杂,精确计算相当困难,故通常采用半经验半理论的方法解决梁斜截面的抗剪承载力计算问题。

1. 基本假定

(1)梁斜截面发生剪压破坏时,斜截面的抗剪承载力由式(7.22)所示三部分组成(图7.15),即

$$V_u=V_c+V_{sv}+V_{sb} \tag{7.22}$$

式中 V_u——斜截面抗剪承载力;

V_c——剪压区混凝土(无腹筋梁)的抗剪能力;

V_{sv}——与斜裂缝相交的箍筋的抗剪能力总和;

V_{sb}——与斜裂缝相交的弯起钢筋的抗剪能力总和。

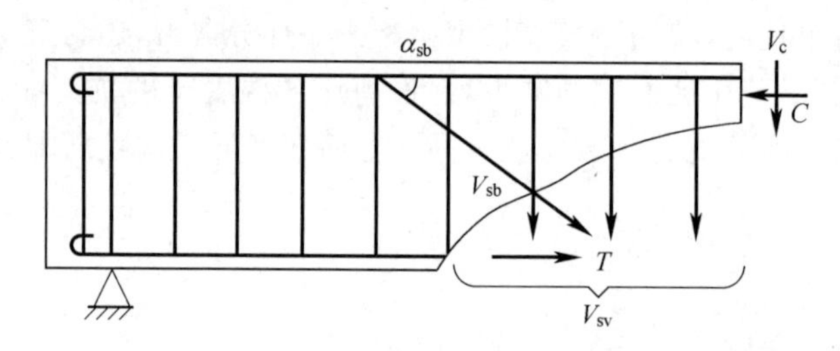

图7.15 斜截面抗剪承载力计算简图

(2)斜截面发生剪压破坏时,与斜裂缝相交的箍筋和弯起钢筋的拉应力大多能达到其屈服强度,但应考虑拉应力可能不均匀,特别是靠近剪压区的腹筋有可能达不到屈服强度。

(3)为了简化计算,忽略剪跨比和纵向受拉钢筋对斜截面抗剪承载力的影响,仅对以集中荷载作用为主的梁才适当考虑剪跨比的影响。

2. 无腹筋梁的抗剪承载力

将式(7.14)做变换,并代入剪跨比的定义式,可以得到

$$V_c=\frac{1}{F_1\dfrac{1}{2\alpha_E\rho}\lambda-\sqrt{\left(F_1\dfrac{1}{2\alpha_E\rho}\lambda\right)^2+F_2^2}}bh_0f_t \tag{7.23}$$

我国《混规》考虑剪跨比的影响大小,将无腹筋梁分为一般无腹筋梁与以集中荷载作用为主的无腹筋梁两类。将式(7.23)写成式(7.24)形式,并利用试验结果校核无量纲系数 K_1,则

$$V_c=K_1bh_0f_t \tag{7.24}$$

对于一般梁而言，忽略剪跨比的影响，根据不同高跨比梁的试验（图 7.16），考虑剪切破坏是脆性破坏，因此选择试验结果的下包络线，校核系数 $K_1=0.7$，得到一般梁抗剪承载能力计算公式，即

$$V_c=0.7f_tbh_0 \tag{7.25}$$

以集中荷载为主的独立梁（集中荷载在支座截面所产生的剪力占总剪力值的 75%以上），校核系数 K_1 时需要考虑剪跨比的影响。类似地，根据不同剪跨比梁试验（图 7.17），选择试验结果的下包络线，得到

$$V_c=\frac{1.75}{\lambda+1.0}f_tbh_0 \tag{7.26}$$

其中，当 $\lambda<1.5$ 时，取 $\lambda=1.5$；当 $\lambda>3$ 时，取 $\lambda=3$，此时，在计算截面与支座之间，箍筋应均匀布置。

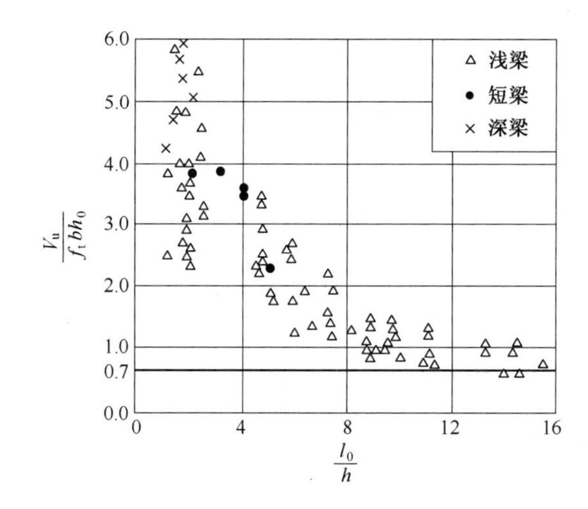

图 7.16　一般无腹筋梁的抗剪承载力试验结果与计算结果对比

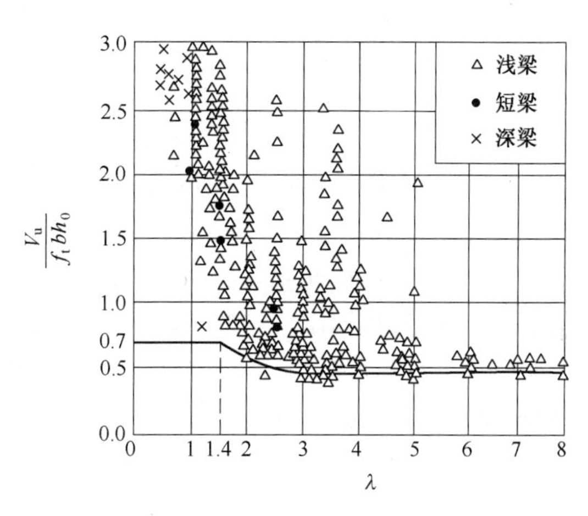

图 7.17　以集中荷载作用为主的梁的抗剪承载力试验结果与计算结果对比

此外，对不配置箍筋和弯起钢筋的一般板类（单向板）受弯构件

$$V_c=0.7\beta_hf_tbh_0 \tag{7.27}$$

$$\beta_h=\left(\frac{800}{h_0}\right)^{1/4} \tag{7.28}$$

式中　β_h——截面高度影响系数。当 $h_0<800$ m 时，取 $h_0=800$ mm；当 $h_0>2\ 000$ m 时，取 $h_0=2\ 000$ mm。

3. 仅配有箍筋的梁的斜截面抗剪承载力

（1）箍筋的抗剪承载力

设箍筋间距为 s，一道箍筋的截面面积为 A_{sv}，剪压破坏时，斜裂缝既不很平也不很陡，近似地取斜裂缝的水平投影长度为梁截面的有效高度 h_0，则穿过斜裂缝的箍筋道数为 h_0/s，进而得穿过斜裂缝的全部箍筋面积为 $(h_0/s)A_{sv}$。又由本节基本假定（2），可以认为穿过斜裂缝的箍筋应力达到其抗拉强度设计值 f_{yv}，于是，斜截面上箍筋的抗剪承载力为

$$V_{sv}=\frac{h_0}{s}A_{sv}f_{yv} \tag{7.29}$$

(2)仅配有箍筋的梁的斜截面抗剪承载力

仅配有箍筋的梁的斜截面抗剪承载力由式(7.30)计算：

$$V_u=V_c+V_{sv} \tag{7.30}$$

将各表达式(值)代入式(7.28)，得仅有箍筋的梁的斜截面抗剪承载力计算公式如下：

对于一般梁

$$V\leqslant V_{cs}=0.7f_t bh_0+\frac{h_0}{s}A_{sv}f_{yv} \tag{7.31}$$

或

$$\frac{V}{f_t bh_0}\leqslant\frac{V_{cs}}{f_t bh_0}=0.7+\frac{\rho_{sv}f_{yv}}{f_t} \tag{7.32}$$

对以集中荷载为主的独立梁

$$V\leqslant V_{cs}=\frac{1.75}{\lambda+1.0}f_t bh_0+\frac{h_0}{s}A_{sv}f_{yv} \tag{7.33}$$

或

$$\frac{V}{f_t bh_0}\leqslant\frac{V_{cs}}{f_t bh_0}=\frac{1.75}{\lambda+1.0}+\frac{\rho_{sv}f_{yv}}{f_t} \tag{7.34}$$

式中 ρ_{sv}——箍筋配筋率(配箍率)，$\rho_{sv}=A_{sv}/(bs)$。

式(7.34)中，f_{yv}按附表6中f_y值采用，其数值大于360 N/mm^{2}时应取360 N/mm^2。

配置箍筋后，箍筋将限制斜裂缝的展开，增大了混凝土剪压区面积，从而提高了混凝土剪压区受剪承载力，即配置箍筋后，混凝土承载力大于V_c，超过V_c的部分反映在V_{sv}项，即V_{sv}中大部分属于箍筋承载力，小部分属于混凝土承载力。因此，应该将$V_u=V_{cs}=V_c+V_{sv}$理解为混凝土和箍筋共同承担的剪力。

图7.18为梁斜截面抗剪承载力计算结果与试验结果的比较。

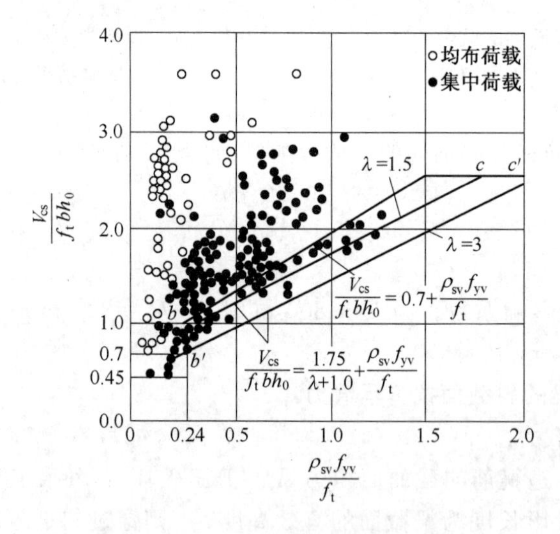

图7.18 仅配箍筋的梁的斜截面抗剪承载力计算结果与试验结果比较

4. 既配有箍筋又配有弯起钢筋的梁的斜截面抗剪承载力

(1)弯起钢筋的抗剪承载力

为了承受较大的设计剪力，梁中除配置一定数量的箍筋外，有时还需要设置弯起钢筋。试验表明,弯起钢筋仅在穿过斜裂缝时才可能屈服,当弯起钢筋在斜裂缝顶端穿过时,因靠近受压区,弯起钢筋有可能达不到屈服强度,计算时应考虑这一不利因素,一般用一个 0.8 的应力不均匀系数来考虑该因素。所以,弯起钢筋所承受的剪力等于它的拉力在垂直于梁纵轴线方向的分力乘以 0.8,即

$$V_{sb}=0.8f_yA_{sb}\sin\alpha_{sb} \tag{7.35}$$

式中 A_{sb}——穿过计算斜截面的弯起钢筋截面面积;

α_{sb}——弯起钢筋与梁纵轴的夹角,一般取 $\alpha_{sb}=45°$,当梁截面较高时,可取 $\alpha_{sb}=60°$;

f_y——弯起钢筋的抗拉强度设计值。

(2)既配有箍筋又配有弯起钢筋的梁的抗剪承载力

对于同时配置箍筋和弯起钢筋的梁,其斜截面抗剪承载力等于仅配箍筋梁的抗剪承载力与弯起钢筋抗剪承载力之和。

对于一般梁

$$V\leqslant V_{cs}=0.7f_tbh_0+\frac{h_0}{s}A_{sv}f_{yv}+0.8f_yA_{sb}\sin\alpha_{sb} \tag{7.36}$$

对以集中荷载为主的独立梁

$$V\leqslant V_{cs}=\frac{1.75}{\lambda+1.0}f_tbh_0+\frac{h_0}{s}A_{sv}f_{yv}+0.8f_yA_{sb}\sin\alpha_{sb} \tag{7.37}$$

5. 计算公式的适用条件

上述钢筋混凝土梁斜截面抗剪承载力计算公式是建立在剪压破坏基础之上的,因此,这些公式的适用条件也就是剪压破坏时所应具备的条件。从图 7.18 可知,计算公式适用于图中斜线部分(即图中 bc 段和 $b'c'$ 段)。也就是说,当配箍系数 $\rho_{sv}f_{yv}/f_t$ 大于或小于某一数值时,计算公式不再适用。所以,上述公式的适用条件即公式的上、下限。

(1)上限值——最小截面尺寸

试验和分析结果都表明,当梁的截面尺寸确定后,斜截面的抗剪承载力并不随腹筋用量的增加而无限提高,这是因为当梁的截面过小,配置的腹筋过多时,腹筋在混凝土斜压破坏时达不到屈服强度,就像梁正截面抗弯当出现超筋时,增加纵向受拉钢筋用量并不能提高其抗弯能力一样。在这种情况下,决定梁斜截面抗剪承载力的主要因素是梁的截面尺寸和混凝土的轴心抗压强度。

根据工程实践经验及试验结果,为防止出现斜压破坏,并限制在使用荷载作用下斜裂缝的宽度。对矩形、T 形、I 形截面受弯构件,设计时必须满足下列截面尺寸限制条件:

对一般梁($h_w/b\leqslant4.0$)

$$V\leqslant0.25\beta_cf_cbh_0 \tag{7.38}$$

对薄腹梁($h_w/b\geqslant6.0$)

$$V\leqslant0.2\beta_cf_cbh_0 \tag{7.39}$$

当 $4.0<h_w/b<6.0$ 时,按直线内插法计算,即

$$V\leqslant0.025\left(14-\frac{h_w}{b}\right)\beta_cf_cbh_0 \tag{7.40}$$

式中 V——构件斜截面上的最大剪力设计值;

β_c——混凝土强度影响系数,当混凝土强度等级不超过 C50 时,取 $\beta_c=1.0$,当混凝土强度等级为 C80 时,取 $\beta_c=0.8$,其间按直线内插法计算;

f_c——混凝土轴心抗压强度设计值;

b——矩形截面宽度,对于T形截面和I形截面为腹板宽度;

h_w——截面的腹板高度,对矩形截面取有效高度 h_0,对T形截面取有效高度减去上翼缘高度($h_0-h'_f$),对I形截面取腹板净高度($h_0-h'_f-h_f$)。

以上各式表示梁在相应情况下斜截面抗剪承载力的上限值。当上述条件满足时,说明不会出现斜压破坏,腹筋多少可根据其剪力设计值大小经计算确定;当上述条件不满足时,必须加大截面尺寸或提高混凝土的强度等级。

(2)下限值——箍筋最小配筋率

与规定纵向受拉钢筋的配筋率不小于其最小配筋率来保证不发生少筋梁破坏一样,为了避免发生斜拉破坏,穿过斜裂缝的钢筋(腹筋)不能太少,由于可能没有弯起钢筋,规范是通过规定箍筋的配筋率不低于箍筋的最小配筋率来防止发生斜拉破坏的,具体规定如下。

①当梁的剪力设计值满足 $V\leqslant V_c$ 时,即

一般梁

$$V\leqslant 0.7f_tbh_0 \tag{7.41}$$

以集中荷载为主的梁

$$V\leqslant \frac{1.75}{\lambda+1}f_tbh_0 \tag{7.42}$$

理论上混凝土本身就能抵抗其剪力,不需要按计算设置腹筋,但工程上仍需按构造要求配置箍筋,即箍筋的最小直径应满足表7.1的构造要求,箍筋的最大间距应满足表7.2的构造要求。

②当梁的剪力设计值不满足 $V\leqslant 0.7f_tbh_0$ 时,需要经计算来确定腹筋数量,其中,所选配的箍筋除满足表7.1、表7.2关于直径和间距的构造要求外,还要满足下面关于最小配筋率的要求,即

$$\rho_{sv}=\frac{A_{sv}}{bs}\geqslant 0.24\frac{f_t}{f_{yv}} \tag{7.43}$$

表7.1 梁内箍筋的最小直径

梁高 h	箍筋最小直径	梁高 h	箍筋最小直径
$h\leqslant 800$ mm	6 mm	$h>800$ mm	8 mm
		有计算的纵向受压钢筋	$d/4$(d 为受压钢筋直径)

表7.2 梁中箍筋最大间距 s_{max}(mm)

项　次	梁高 h(mm)	$V>0.7f_tbh_0$	$V\leqslant 0.7f_tbh_0$
1	$150<h\leqslant 300$	150	200
2	$300<h\leqslant 500$	200	300
3	$500<h\leqslant 800$	250	350
4	$h>800$	300	400

7.3.2 斜截面抗剪承载力计算方法

1. 计算位置

控制梁斜截面抗剪承载力的位置应该是那些剪力设计值较大而抗剪承载力又较小的斜截

面或斜截面抗剪承载力改变处的斜截面。设计中一般取下列斜截面作为梁抗剪承载力的计算截面。

(1)支座边缘处的截面[图 7.19(a)截面 1-1]。

(2)受拉区弯起钢筋起弯点截面[图 7.19(a)截面 2-2、3-3]。

(3)箍筋截面面积或间距改变处的截面[图 7.19(b)截面 4-4]。

(4)腹板宽度改变处的截面。

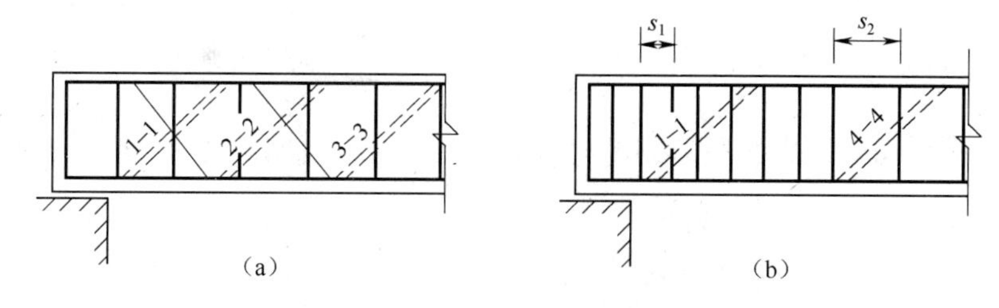

图 7.19 斜截面抗剪承载力的计算位置

2. 截面复核

已知:截面剪力设计值(V),混凝土强度等级(f_c,f_t),钢筋级别(f_y,f_{yv}),混凝土截面尺寸(b,h_0),箍筋配置情况(n,A_{sv1},s),弯起钢筋截面面积及弯起角度(A_{sb},α_{sb})。

求:V_u并验算 $V \leqslant V_u$。

第一步:由式(7.38)~式(7.40)检查截面限制条件,如不满足,应修改截面尺寸;如满足则进行下步计算。

第二步:验算箍筋直径和间距。当 $V > 0.7 f_t b h_0$时,检查是否满足条件式(7.43),如不满足,说明箍筋配置不符合规范要求,应修改箍筋配置;如满足要求,则进行下一步计算。

第三步:在以上检查都通过的情况下,对于既配有箍筋又配有弯起钢筋的梁,将各已知数据代入式(7.36)或式(7.37),对于仅配有箍筋的梁,则代入式(7.31)与式(7.32)或式(7.33)与式(7.34),检验不等式条件是否满足,若满足则斜截面抗剪承载力足够,否则需修改设计,重新复核。

【例题 7.1】 已知某承受均布荷载的钢筋混凝土矩形截面简支梁,混凝土截面尺寸为 $b \times h = 200\ \text{mm} \times 400\ \text{mm}$,$a_s = 40\ \text{mm}$,安全等级为二级,环境类别为一类,混凝土强度等级为C20,箍筋采用 HPB300 级,双肢Φ 8,间距 $s = 200\ \text{mm}$。

求:(1)该梁所能承受的最大剪力设计值 V_u。

(2)若梁的净跨 $l_n = 4.26\ \text{m}$,求按斜截面抗剪条件所能承受的均布荷载设计值 q。

【解】 (1)基本数据准备

查附表 1 得 $f_t = 1.1\ \text{N/mm}^2$,$f_c = 9.6\ \text{N/mm}^2$。因为 C20<C50,所以 $\beta_c = 1.0$。

查附表 6 得 $f_{yv} = 270\ \text{N/mm}^2$。

$$h_0 = h - a_s = 400 - 40 = 360(\text{mm})$$

$$A_{sv} = nA_{sv1} = 2 \times 50.3 = 100.6(\text{mm}^2)$$

(2)验算适用条件

①上限值验算——非斜压破坏

由于此梁尚未计算出 V_u,可以先假定最小截面尺寸满足要求。

②下限值验算——非斜拉破坏

由表 7.1,知箍筋直径满足要求;由表 7.2,知箍筋间距满足要求。同样由于此梁没有明确荷载大小,加上已配置箍筋,可以认为属于 $V>V_c$ 的情况,因此应由式(7.45)判断:

$$\rho_{sv}=\frac{A_{sv}}{bs}=\frac{100.6}{200\times 200}=0.25\%\geqslant 0.24\frac{f_t}{f_{yv}}=0.24\times\frac{1.1}{270}=0.098\%$$

既非斜压破坏,又非斜拉破坏,斜截面只可能是剪压破坏。

(3)计算 V_u

将已知数据代入式(7.31),有

$$V_u=V_{cs}=\frac{A_{sv}}{bs}=0.7f_tbh_0+\frac{h_0}{s}A_{sv}f_{yv}$$

$$=0.7\times 1.1\times 200\times 360+\frac{360}{200}\times 100.6\times 270=104\,331.6\text{ N}\approx 104.3(\text{kN})$$

[有了 V_u 后,按式(7.38),有 $V_u=104.3\text{ kN}\leqslant 0.25\beta_c f_c bh_0=0.25\times 1.0\times 9.6\times 200\times 360=172\,800(\text{N})$,说明前面最小截面尺寸满足,假定正确,其后的计算结果正确。]

(4)按抗剪承载力计算所能承受的均布荷载设计值 q

$$q=\frac{2V_u}{l_n}=\frac{2\times 104.3}{4.26}=49.0(\text{kN/m})$$

【例题 7.2】 已知某承受集中荷载的钢筋混凝土矩形截面简支梁(独立梁),$L=3.2$ m,集中荷载设计值 $P=200$ kN。荷载作用位置、混凝土截面尺寸、配筋情况如图 7.20 所示。已知:$a_s=41$ mm,安全等级为二级,环境类别为一类,混凝土强度等级为 C30,箍筋采用 HPB300 级,双肢Φ8,间距 $s=150$ mm。试验算该梁的抗剪承载力。

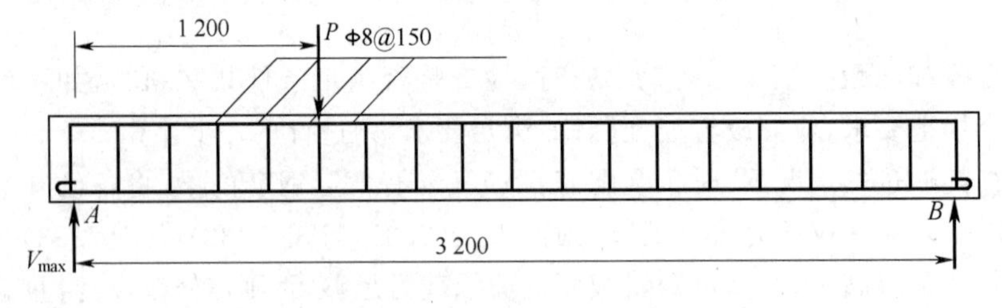

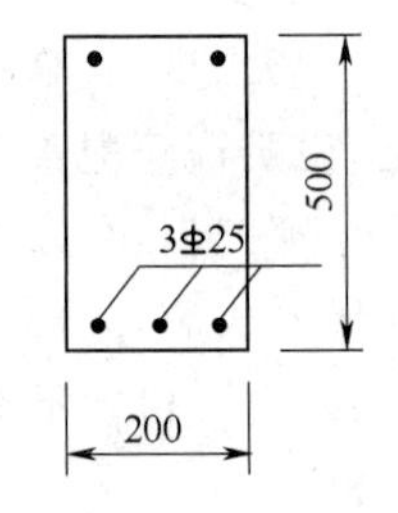

图 7.20 荷载布置及配筋情况

【解】 (1)基本数据准备

查附表 1 得 $f_t=1.43\text{ N/mm}^2$,$f_c=14.3\text{ N/mm}^2$,因为 C30<C50,所以 $\beta_c=1.0$。

查附表 6 得 $f_{yv}=270\text{ N/mm}^2$。

$$h_0=h-a_s=500-41=459(\text{mm})$$

$$A_{sv}=nA_{sv1}=2\times 50.3=100.6(\text{mm}^2)$$

截面最大剪力(A 截面)设计值为

$$V_{max}=\frac{2\,000}{3\,200}\times 200=125\ (\text{kN})$$

(2)验算适用条件

①上限值验算——非斜压破坏

$$0.25\beta_c f_c bh_0=0.25\times 1\times 14.3\times 200\times 459=328\,185\ (\text{N})\approx 328.2\ (\text{kN})$$

$$V_u=\frac{1.75}{\lambda+1}f_tbh_0+\frac{h_0}{s}A_{sv}f_{yv}=\frac{1.75}{2.61+1}\times 1.43\times 200\times 459+270\times\frac{459}{150}\times 100.6$$

$$=146\,753\ (\text{N})\approx 146.8\ (\text{kN})$$

所以，$V_u=146.8$ (kN)$<0.25\beta_c f_c bh_0=328.2$ (kN)，不会发生斜压破坏。

②下限值验算——非斜拉破坏

$$\lambda=\frac{1\ 200}{459}=2.61, 1.3<2.61<3.0，取\ \lambda=2.61$$

因为

$$\frac{1.75}{\lambda+1}f_t bh_0=\frac{1.75}{2.61+1}\times1.43\times200\times459=636\ 337\ (N)\approx63.6(kN)$$

$$V_{max}=125\ kN>63.6\ kN$$

由表7.1知箍筋直径满足要求；由表7.2知箍筋间距满足要求。

由式(7.43)判断如下：

$$\rho_{sv}=\frac{A_{sv}}{bs}=\frac{100.6}{200\times150}=0.335\%\geqslant0.24\frac{f_t}{f_{yv}}=0.24\times\frac{1.43}{270}=0.127\%$$

既非斜压破坏，又非斜拉破坏，斜截面只可能是剪压破坏。

(3)验算抗剪承载力

$$V_u=146.8\ kN>V_{max}=125\ kN\ (安全)$$

3. 截面设计

已知：截面剪力设计值(V)、混凝土强度等级(f_c，f_t)、钢筋级别(f_y，f_{yv})、混凝土截面尺寸(b，h_0)。

设计腹筋。

第一步：由条件式(7.38)～式(7.40)检查截面限制条件，如不满足，应修改截面尺寸；如满足则进行下一步。

第二步：由条件式(7.41)与式(7.42)检查是否需按计算设置腹筋。

第三步：设计箍筋。若不需按计算设置箍筋，则只需按构造要求选择箍筋肢数、直径和间距，箍筋直径、间距应分别满足表7.1、表7.2要求；若需要按计算设置且仅配箍筋时，则先选定箍筋肢数、直径(箍筋直径应满足表7.1要求)，然后由式(7.31)与式(7.32)或式(7.33)与式(7.34)计算箍筋间距，根据计算结果选定箍筋间距(选定的箍筋间距应满足表7.2的要求)，箍筋最后应满足条件式(7.43)；若需要按计算设置腹筋且既配箍筋又配弯起钢筋时，则先选定箍筋肢数、直径(箍筋直径应满足表7.1要求)和箍筋间距(箍筋间距应满足表7.2的要求)，设计的箍筋应满足条件式(7.43)。

第四步：设计弯起钢筋。对既设计箍筋又设计弯起钢筋的情况，根据已知条件和箍筋配置情况，由式(7.31)与式(7.32)或式(7.33)与式(7.34)计算 V_{cs}，再根据式(7.36)或式(7.37)计算所需弯起钢筋面积，即

$$A_{sb}\geqslant\frac{V-V_{cs}}{0.8f_y\sin\alpha_{sb}} \tag{7.44}$$

最后选择和布置弯起钢筋。

式(7.44)中的剪力 V 按如下规则取值：计算第一排弯起钢筋(从支座算起)时，取支座边缘处的剪力值。计算以后每一排弯起钢筋时，取前一排弯起钢筋起弯点处的剪力值。

【例题7.3】 已知某承受均布荷载的钢筋混凝土矩形截面简支梁，净跨度 $l_n=3.56$ m，均布荷载设计值(包括自重)$q=96$ kN/m，混凝土截面尺寸 $b\times h=200$ mm$\times500$ mm，$a_s=44$ mm，安全等级为二级，混凝土强度等级为C25，箍筋采用HRB335级。试配置箍筋。

【解】 (1)基本数据准备

查附表 1 得 $f_t=1.27\ \text{N/mm}^2$，$f_c=11.9\ \text{N/mm}^2$，因为 C20<C50，所以 $\beta_c=1.0$；查附表 6 得 $f_{yv}=300\ \text{N/mm}^2$。

$$h_0=h-a_s=500-44=456(\text{mm})$$

$$V_{\max}=\frac{1}{2}ql_n=\frac{1}{2}\times 96\times 3.56=170.88(\text{kN})$$

(2)验算截面限制条件

因为 $h_w/b=456/200=2.28<4$，属于一般梁，由式(7.40)有

$$0.25\beta_c f_c bh_0=0.25\times 1.0\times 11.9\times 200\times 456=271\,320\ (\text{N})=271.32(\text{kN})$$

$$V=170.88\ \text{kN}\leqslant 0.25\beta_c f_c bh_0=271.32(\text{kN})\text{(可以)}$$

(3)检查是否需按计算设置箍筋

由式(7.41)，因为

$$0.7f_t bh_0=0.7\times 1.27\times 200\times 456=81\,076.8(\text{N})\approx 81.1\ (\text{kN})$$

$$V=170.88\ \text{kN}>0.7f_t bh_0=81.1\ (\text{kN})$$

需要按计算配置箍筋。

(4)设计箍筋

选用双肢⌀8 箍筋(直径满足表 7.1 要求)：

$$A_{sv}=nA_{sv1}=2\times 50.3=100.6(\text{mm}^2)$$

由式(7.31)有

$$s\leqslant\frac{h_0A_{sv}f_{yv}}{V-0.7f_t bh_0}=\frac{456\times 100.6\times 300}{170.88\times 10^3-81\,076.8}=153(\text{mm})$$

选 $s=150$ mm(由表 7.2，$s_{\max}=200$ mm，箍筋间距满足要求)，由式(7.43)有

$$\rho_{sv}=\frac{A_{sv}}{bs}=\frac{100.6}{200\times 150}=0.335\%\geqslant 0.24\frac{f_t}{f_{yv}}=0.24\times\frac{1.27}{300}=0.1\%\quad\text{(可以)}$$

7.4 斜截面抗弯承载力

在 7.2 节中讲过，斜截面承载力包括斜截面受剪承载力和斜截面受弯承载力两个方面。梁的斜截面受弯承载力是指斜截面上的纵向受拉钢筋、弯起钢筋和箍筋等在斜截面破坏时，它们各自所提供的拉力对剪压区的内力矩之和。

沿斜截面取隔离体如图 7.21 所示。对受压区合力作用点取矩，可得斜截面抗弯承载力的计算公式如下：

$$M_u^{斜}=f_yA_{s1}z+f_yA_{sb}z_{sb}+\sum f_{yv}A_{sv}z_{sv}\tag{7.45}$$

相应正截面抗弯承载力为

$$M_u^{正}=f_yA_{s1}z+f_yA_{sb}z_{sb}\tag{7.46}$$

比较式(7.45)和式(7.46)可知，当 $z_{sb}\geqslant z$ 时，$M_u^{斜}>M_u^{正}$，即一般情况下，只要通过计算保证了正截面的抗弯承载力，则斜截面的抗弯承载力总能满足，但若支座处纵筋锚固不足，纵筋弯起、切断不当则会导致斜截面受弯破坏。可见，在梁的设计中，除了要保证正截面抗弯承载力和斜截面抗剪承载力外，还应保证斜截面抗弯承载力。为此，先介绍抵抗弯矩图。

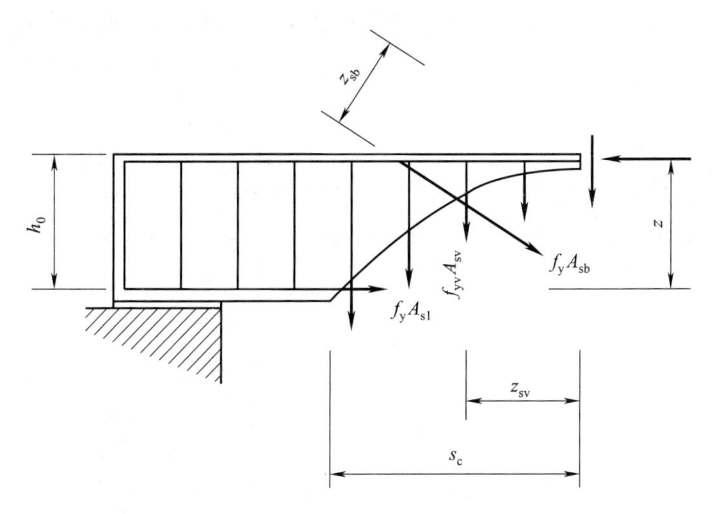

图 7.21　斜截面抗弯承载力计算简图

7.4.1　抵抗弯矩图及纵向受力钢筋的弯起和截断——正截面抗弯承载力校核

抵抗弯矩图(也称材料图)是在设计弯矩 M 图上按同一比例绘出的由实际配置的纵向受力钢筋所确定的梁上各正截面所能抵抗的弯矩 M_u 图形。如果抵抗弯矩图完全包围设计弯矩图(即任何截面都有 $M \leqslant M_u$),说明梁各正截面抗弯承载力满足要求;反之,抵抗弯矩图截入设计弯矩图(即有些截面出现 $M > M_u$),说明梁在截入处的抗弯承载力不满足要求。

1. 纵筋配置沿梁长不变的 M_u 图

图 7.22 所示为一均布荷载作用下的简支梁及其弯矩图。正截面抗弯承载力计算时已保证弯矩控制截面(即跨中截面)的抗弯承载力 $M_{max} \leqslant M_u$,由于是等截面梁且纵向受力钢筋沿梁长度方向没有变化(无弯起和截断),所以各截面的 M_u 值相同,故 M_u 图是矩形 $aa'c'c$。由于 M_u 完全包围设计弯矩图,梁的各正截面抗弯承载力满足要求。

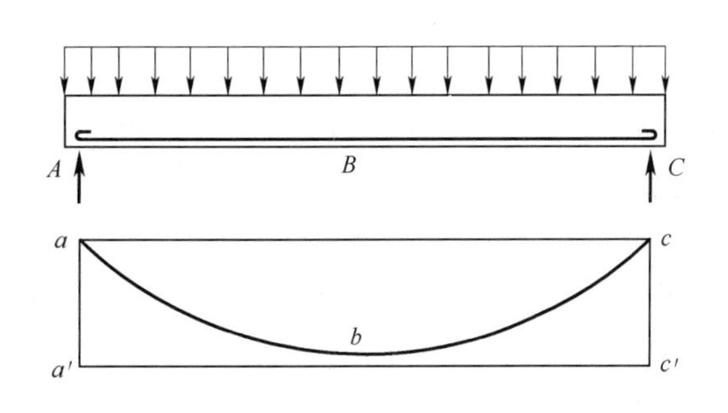

图 7.22　纵筋沿梁长不变的 M_u 图

2. 纵向受拉钢筋弯起和阶段的 M_u 图

纵向受力钢筋沿梁长不变,虽然比较简单,但设计弯矩较小处,纵向受力钢筋富余较多。另一方面,斜截面抗剪又需要另外加设抗剪钢筋,很不经济。为了节约钢筋,将富余的纵向受拉钢筋弯起和截断是合理的。

现以图 7.23 所示梁(详见例题 5.12)中④号钢筋在跨内的弯起以及③、④号钢筋在悬臂端的截断情况为例,其 M_u 图的画法如下:

首先,跨中实际配置纵向受拉钢筋 7 ⌀ 18,共能承受弯矩 $M_u = 279$ kN·m,按与设计弯矩图同一比例绘出水平线 op,此即跨内纵向受拉钢筋不弯起不截断的梁段的 M_u 图。近似地,按纵向受拉钢筋截面面积的比例划分出各钢筋编号所能承担的极限弯矩(略去内力偶臂的不同),这样,每根钢筋所能承担的极限弯矩 $M_{ui} = M_u(A_{si}/A_s) = 39.86$ kN·m(A_{si} 为第 i 根钢筋的截面面积),据此绘出水平线 kl、gh 和 cd(因为弯起编号为④、③、②的三根钢筋,在图中每根钢筋占一等格,共占三等格)。其余四根钢筋(即编号为①的四根钢筋)占四格,即图中 ac 段。

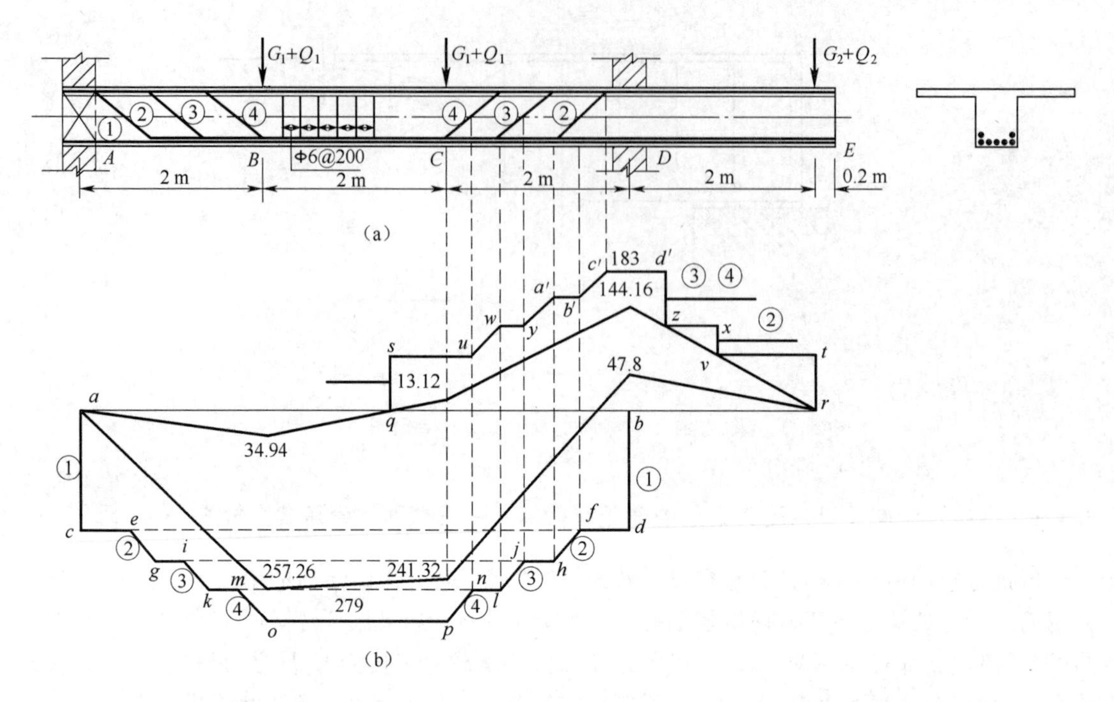

图 7.23 纵向受拉钢筋弯起和截断的 M_u 图及例题 5.12 的配筋情况(单位:kN·m)

其次,因为把编号为④的钢筋从 p 点的竖直位置弯起,并在 n 点的竖直位置上与梁轴线相交(弯起点至该交点,④号钢筋被认为处于受拉区,因此可以抵抗弯矩,而一旦进入受压区,便被认为不再具备抵抗弯矩的能力),在抵抗弯矩图上,点 pn 之间用直线连接,n 点以右,④号钢筋便没有抵抗正弯矩那一格了。

同理,可绘出④号钢筋在左端弯起及其他编号钢筋弯起时的抵抗弯矩图。

对悬臂梁段,支座实际配置纵向受拉钢筋 5 ⌽ 18,共能承担弯矩 $M_u=183$ kN·m,与绘 op 梁段相同的方法绘出 $c'd'$,因为从理论上讲,编号为③、④号的钢筋(在抵抗弯矩图共 5 格中占两格,即 $2M_u/5$)在 z 点的竖直位置上可以截断(z 点因此称为③、④号钢筋的"理论断点")。③、④号钢截断后,抵抗弯矩图突减 2 格至 z 点(由于在 z 点有 $M_u=M$,余下的钢筋包括②号钢筋必须充分发挥作用才能抵抗荷载弯矩,所以 z 点同时称为②号钢筋的"充分利用点")。

钢筋弯起和截断的先后顺序是:在同一排钢筋中先中间后两边;对不同排钢筋,先内排后外排。另外,应注意尽可能保持钢筋在截面上的对称性。抵抗弯矩图完全包围设计弯矩图为安全;抵抗弯矩图包围设计弯矩图且又接近,则既安全又经济。

7.4.2 保证斜截面受弯承载力的构造措施

1. 纵向受拉钢筋弯起时的构造措施

图 7.24 中②号钢筋在 G 点弯起时虽然满足了正截面受弯承载力要求,但未必能满足斜截面的受弯承载力要求,只有在满足了一定的构造要求后才能满足斜截面的受弯承载力要求。

现说明如下：

如果在支座与弯起点 G 之间发生一条斜裂缝 AB，其顶端 B 恰好在②号钢筋的充分利用点 i（正截面 I 上），显然，斜截面的设计弯矩与正截面的设计弯矩是相同的，都是 M_I。

在正截面 I 上，②号钢筋的抵抗弯矩为

$$M_{2,\mathrm{u},I}=f_yA_2Z \tag{7.47}$$

式中 Z——正截面的内力偶臂。

②号钢筋弯起后，它在斜截面 AB 上的抵抗弯矩为

$$M_{2,\mathrm{u},AB}=f_yA_2Z_\mathrm{b} \tag{7.48}$$

式中，Z_b 为②号钢筋在斜截面的内力偶臂。

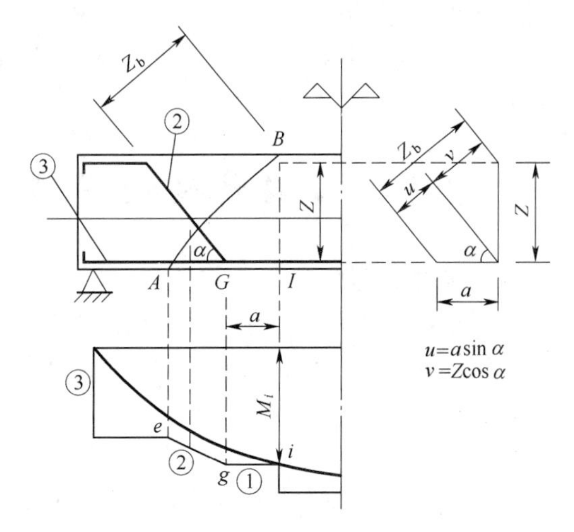

图 7.24 纵筋沿梁长不变的 M_u 图

显然，为保证斜截面的受弯承载力，应满足 $M_{2,\mathrm{u},AB}\geqslant M_{2,\mathrm{u},I}$，即 $Z_\mathrm{b}\geqslant Z$，由几何关系知

$$Z_\mathrm{b}=a\sin\alpha+Z\cos\alpha \tag{7.49}$$

由 $Z_\mathrm{b}\geqslant Z$ 得

$$a\geqslant\frac{Z(1-\cos\alpha)}{\sin\alpha} \tag{7.50}$$

弯起钢筋的弯起角 α 通常为 45°～60°，一般情况下，$Z=0.9h_0$，故式(7.50)中的 a 值在 $0.37h_0\sim0.52h_0$ 之间，为了方便，近似地取

$$a\geqslant0.5h_0 \tag{7.51}$$

可见，在确定弯起钢筋的弯起点时，必须将弯起钢筋伸过它在正截面中的充分利用点至少 $0.5h_0$ 后才能弯起，在保证了这个构造要求后，斜截面受弯承载力就有保证从而不必进行计算。

2. 纵向受力钢筋截断时的构造要求

纵向受拉钢筋一般不宜在受拉区截断，但是对于悬臂梁或连续梁等构件中承受支座负弯矩的纵向受拉钢筋，为了节约起见，通常按弯矩图形的变化，将计算上不需要的上部纵向受拉钢筋在跨中截断。

图 7.25 中，①号钢筋在截面 1-1 处强度全部得到发挥（充分利用点），在 2-2 截面处按正截面受弯承载力计算已完全不需要（理论断点）。但是，①号钢筋不能在 2-2 截面处截断，因为如果出现斜裂缝 x-x_1，y-x_1，…时，沿斜截面的弯矩将近似为 M_x，它大于理论断点截面 2-2 的弯矩 M_2，不过，这时斜截面截到的箍筋将参加斜截面的抗弯工作，但是，只有当①号钢筋延伸到足够长度，参加斜截面抗弯的箍筋数量才足以补偿由于①号钢筋截断后脱离工作引起的斜截面上外弯矩 M_x 与钢筋允许抵抗弯矩 M_2 之差额。《混规》取纵筋在受拉区截断时，所必须延伸的长度如图 7.25 所示（当 $V\leqslant0.7f_tbh_0$ 时，应延伸至理论断点以外不小于 $20d$，且从该钢筋充分利用点伸出的长度 $w_1\geqslant1.2l_a$；当 $V>0.7f_tbh_0$ 时，应延伸至理论断点以外至少 h_0 且不小于 $20d$，且从该钢筋充分

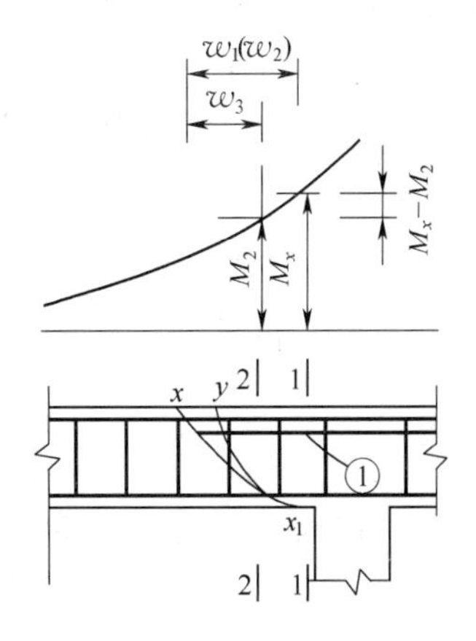

图 7.25 纵向受力钢筋截断时的构造要求

利用点伸出的长度 $w_2 \geqslant 1.2l_a + h_0$，若截断点仍位于受拉区，则 $w_3 \geqslant 1.3h_0$ 且 $w_3 \geqslant 20d$，$w_2 \geqslant 1.2l_0 + 1.7h_0$，其中：$l_a$ 为纵向受力钢筋的锚固长度)，以保证纵筋截断后斜截面的受弯承载力。

7.5 《公路桥规》关于受弯构件斜截面抗剪计算简介

1. 基本计算公式

《公路桥规》关于受弯构件斜截面受剪计算公式由于荷载情况的不同与《混规》有较大差异，但斜截面受剪承载力仍然由剪压区混凝土、穿过斜裂缝的箍筋和弯起钢筋承受，其表达式为

$$\gamma_0 V_d \leqslant V_u = V_{cs} + V_{sb} + V_{pb} + V_{pb,ex} \tag{7.52}$$

式中 V_d——斜截面受压端上由作用(荷载)效应所产生的最大剪力组合设计值(kN)；

V_{cs}——斜截面上剪压区混凝土和穿过斜裂缝的箍筋的抗剪承载力设计值(kN)；

V_{sb}——穿过斜截面的弯起钢筋的抗剪承载力设计值(kN)；

V_{pb}——与斜截面相交的体内预应力弯起钢筋抗剪承载力设计值(kN)；

$V_{pb,ex}$——与斜截面相交的体外预应力弯起钢筋抗剪承载力设计值(kN)。

斜截面上剪压区混凝土和穿过斜裂缝的箍筋的抗剪承载力设计值 V_{cs} 按式(7.53)计算：

$$V_{cs} = 0.45 \times 10^{-3} \alpha_1 \alpha_2 \alpha_3 b h_0 \sqrt{(2+0.6P)\sqrt{f_{cu,k}}(\rho_{sv} f_{sv} + 0.6\rho_{pv} f_{pv})} \tag{7.53}$$

式中 α_1——异号弯矩影响系数，计算简支梁的斜截面抗剪承载力时，$\alpha_1 = 1.0$；

α_2——预应力提高系数，对钢筋混凝土受弯构件，$\alpha_2 = 1.0$；

α_3——受压翼缘的影响系数，对矩形截面，取 $\alpha_3 = 1.0$；对 T 形和 I 形截面，取 $\alpha_3 = 1.1$；

b——斜截面受压端正截面处，矩形截面宽度或 T 形、I 形截面腹板宽度(mm)；

h_0——斜截面受压端正截面的有效高度；

P——斜截面内纵向受拉钢筋的配筋百分率，$P = 100\rho$，$\rho = A_s/(bh_0)$，当 $P > 2.5$ 时，取 $P = 2.5$；

$f_{cu,k}$——边长为 150 mm 的混凝土立方体抗压强度标准值(MPa)，即混凝土强度等级；

ρ_{sv}，ρ_{pv}——斜截面内箍筋、竖向预应力钢筋的配筋率；

f_{sv}，f_{pv}——箍筋、竖向预应力钢筋的抗拉强度设计值。

穿过斜截面的弯起钢筋的抗剪承载力设计值 V_{sb} 按式(7.54)计算：

$$V_{sb} = 0.75 \times 10^{-3} f_{sd} \sum A_{sb} \sin\theta_s \tag{7.54}$$

式中 θ_s——普通弯起钢筋的切线与梁轴线的夹角。

与斜截面相交的体内预应力弯起钢筋抗剪承载力设计值 V_{pb} 按式(7.55)计算：

$$V_{pb} = 0.75 \times 10^{-3} f_{pd} \sum A_{pb} \sin\theta_p \tag{7.55}$$

式中 θ_p——体内预应力弯起钢筋的切线与梁轴线的夹角。

与斜截面相交的体外预应力弯起钢筋抗剪承载力设计值 V_{pb} 按式(7.56)计算：

$$V_{pb,ex} = 0.75 \times 10^{-3} \sum \sigma_{pe,ex} A_{ex} \sin\theta_{ex} \tag{7.56}$$

式中 θ_{ex}——体内预应力弯起钢筋的切线与梁轴线的夹角；

$\sigma_{pe,ex}$——使用阶段体外预应力钢筋扣除预应力损失后的有效应力(MPa)。

要用上述公式顺利进行斜截面抗剪计算，必须要知道斜裂缝的水平投影长度。与《混规》

取梁的有效高度 h_0 不同，《公路桥规》要求按式(7.57)进行计算：

$$c=0.6mh_0 \tag{7.57}$$

式中　m——斜截面受压端正截面处的广义剪跨比。

$m=M_d/(V_d h_0)$，当 $m>3$ 时，取 $m=3$；

其中，M_d——相应于最大剪力组合值的弯矩组合设计值。

2. 公式的适用条件

(1)上限值——最小截面尺寸

为了防止斜压破坏，矩形、T形和Ⅰ形截面受弯构件的抗剪截面应符合以下要求：

$$\gamma_0 V_d \leqslant 0.51\times10^{-3}\sqrt{f_{cu,k}}\,bh_0 \tag{7.58}$$

当不满足上述要求时，应考虑加大截面尺寸或提高混凝土强度等级。

(2)下限值——箍筋最小配筋率

为了防止斜拉破坏，梁内箍筋的配筋率不得小于最小配箍率，且箍筋间距不能过大。箍筋的配筋率要求如下：

钢筋混凝土梁中应设置直径不小于 8 mm 且不小于 1/4 主钢筋直径的箍筋，箍筋最小配筋率：HPB300 钢筋 0.14%；HRB400 钢筋 0.11%。

理论上，当剪力设计值不超过剪压区混凝土的抗剪能力设计值，就无需按计算配置箍筋只需按构造要求设置箍筋。《公路桥规》规定，矩形、T 形和Ⅰ形截面受弯构件，当满足下列条件时，无需进行抗剪承载力计算而按构造要求配置箍筋：

$$\gamma_0 V_d \leqslant 0.50\times10^{-3} f_{td} bh_0 \tag{7.59}$$

式中　f_{td}——混凝土抗拉强度设计值。

7.6　小　　结

(1)斜截面受剪承载力、受弯承载力和正截面承载力一样重要，要引起高度重视。

(2)钢筋混凝土受弯构件的斜截面受剪破坏有三种，即斜拉破坏、斜压破坏和剪压破坏，它们的破坏特性和防止破坏的措施分别类似于正截面的三种破坏，即少筋破坏、超筋破坏和适筋破坏。

①斜拉破坏由于没有足够而有效的钢筋穿过斜截面而发生“一裂即坏”时，箍筋能够有效约束斜裂缝长度延伸和宽度开展，因此，防止该种破坏的措施是规定箍筋的最小配筋率和间距。

(少筋破坏——由于没有足够而有效的钢筋穿过正截面而发生“一裂即坏”时，纵向受拉钢筋能够有效约束竖直裂缝长度延伸和宽度开展，因此，防止该种破坏的措施是规定纵向受拉钢筋的最小配筋率。)

②斜压破坏——由于在穿过斜裂缝的腹筋屈服前，剪压区混凝土先被压坏，说明混凝土的受压承载力不足，防止该种破坏的措施是截面限制条件：

对一般梁　　$\left(\dfrac{h_w}{b}\leqslant4.0\right)$　$V\leqslant0.25\beta_c f_c bh_0$

对薄腹梁　　$\left(\dfrac{h_w}{b}\geqslant6.0\right)$　$V\leqslant0.2\beta_c f_c bh_0$

当 $4.0<\dfrac{h_w}{b}<6.0$ 时，按直线内插法计算，即

$$V\leqslant 0.025\left(14-\frac{h_w}{b}\right)\beta_c f_c bh_0$$

(超筋破坏——由于在穿过竖直裂缝的纵向受拉钢筋屈服前,受压区混凝土先被压坏,说明混凝土的受压承载力不足,防止该种破坏的措施是增大混凝土的截面尺寸,或提高混凝土的强度等级,或采用双筋截面。)

③剪压破坏——剪压区混凝土破坏前,穿过斜裂缝的腹筋先屈服,破坏时延性好于斜拉和斜压破坏,但由于剪切变形本身较小,因此仍属于脆性破坏,防止该种破坏的方法是通过设计计算配置相应的腹筋。

(适筋破坏——受压区混凝土破坏前,穿过竖直裂缝的纵向受拉钢筋先屈服,破坏为延性破坏。防止该种破坏的方法是通过设计计算配置相应的纵向受拉钢筋。)

由剪压破坏形式建立计算公式,由防止斜拉破坏和斜压破坏的措施给出计算公式的适用条件。(由适筋破坏形式建立计算公式,由防止少筋破坏和超筋破坏的措施给出计算公式的适用条件。)

(3)斜截面受剪承载力的计算位置有四种。

(4)通过抵抗弯矩图是否包住荷载弯矩图判断其他截面的正截面受弯承载力是否足够。

(5)保证斜截面受弯承载力可以通过构造要求实现。当纵向受拉钢筋弯起时,弯起钢筋的起弯点必须伸过它在正截面中被充分利用点至少 $0.5h_0$;当纵向受拉钢筋截断时,必须满足 7.4.2 节的构造要求。

(6)《公路桥规》关于受弯构件斜截面受剪承载力的计算公式与《混规》相差较大,但总体思想是类似的。

思考与练习题

7.1 钢筋混凝土梁在荷载作用下,为什么会出现斜裂缝?

7.2 什么是腹剪斜裂缝和弯剪斜裂缝?分别有何特点?

7.3 为什么要限制箍筋的最大间距?

7.4 如何防止发生斜拉破坏和斜压破坏?

7.5 腹筋简支梁出现斜裂缝后,其受力状态发生了哪些变化?

7.6 什么是剪跨比?它对无腹筋梁斜截面受剪破坏有何影响?

7.7 为什么要规定箍筋的最小配筋率而不规定弯起钢筋的最小配筋率?

7.8 设计板时为何一般不进行斜截面受剪计算,不配置箍筋?

7.9 梁中正钢筋为什么不能截断只能弯起?负钢筋截断时为什么要满足伸出长度和延伸长度?

7.10 影响梁斜截面抗剪的主要因素有哪些?

7.11 已知某受均布荷载的钢筋混凝土矩形截面梁截面尺寸 $b\times h=250\ \text{mm}\times 600\ \text{mm}$,$a_s=40\ \text{mm}$,采用 C30 混凝土,箍筋为 HPB300 级钢筋,剪力设计值 $V=150\ \text{kN}$,环境类别为一类,试设计所需受剪箍筋。

7.12 钢筋混凝土梁如图 7.26 所示,采用 C30 级混凝土,均布荷载设计值 $q=40\ \text{kN/m}$(包括自重),环境类别为一类,求截面 A、$B_{左}$、$B_{右}$ 的受剪钢筋。

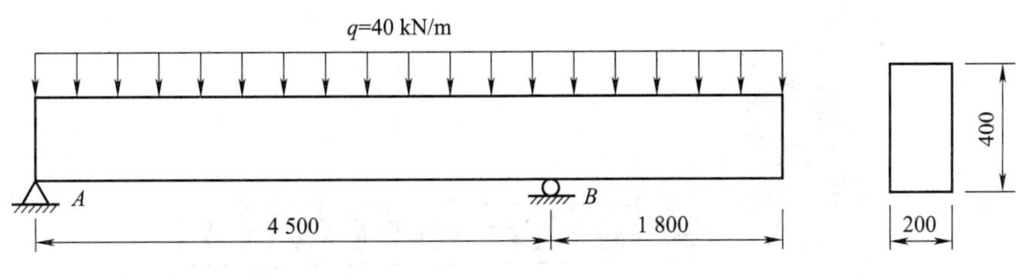

图 7.26　习题 7.12 图(单位:mm)

7.13　矩形截面简支梁如图 7.27 所示,截面尺寸 $b\times h=200\ \text{mm}\times 400\ \text{mm}$,混凝土为 C30,忽略梁自重的影响,环境类别为一类,纵向受拉钢筋采用 HRB400 级钢筋,箍筋采用 HPB300 钢筋。试求:(1)所需纵向受拉钢筋;(2)抗剪箍筋(无弯起钢筋);(3)利用受拉纵筋为弯起钢筋时,所需的箍筋。

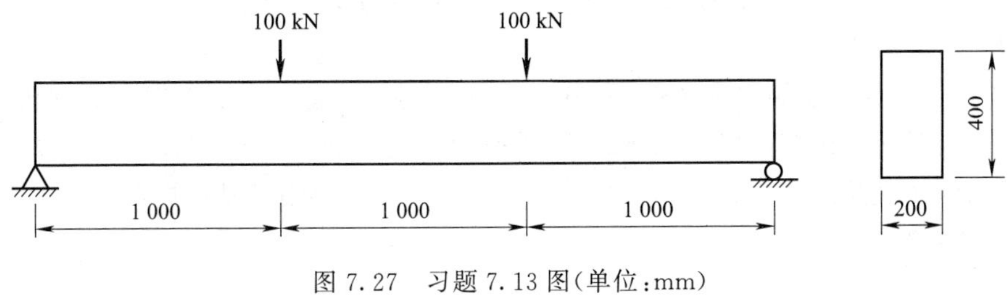

图 7.27　习题 7.13 图(单位:mm)

7.14　已知某均布荷载作用下的钢筋混凝土矩形截面简支梁,计算跨度 $l_0=6\ 000\ \text{mm}$,净跨 $l=5\ 740\ \text{mm}$,截面尺寸 $b\times h=250\ \text{mm}\times 550\ \text{mm}$,采用 C30 混凝土,HRB335 级纵向钢筋和 HPB300 级箍筋。若梁的纵向受拉钢筋为 4 Φ 22($a_s=40$ mm)。试求:当采用中 6@150 双肢箍筋时,梁所能承受的荷载设计值 $g+q$?

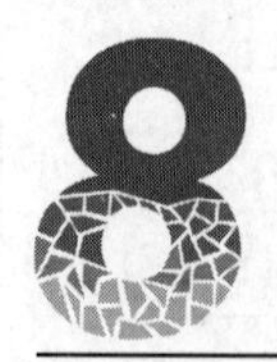

受扭构件承载力计算

8.1 概　　述

在实际工程中，钢筋混凝土构件除了承受弯矩、剪力、轴向拉力与压力之外，还可能承受扭矩的作用，因此受扭也是钢筋混凝土结构构件的一种基本受力方式。

引起钢筋混凝土构件受扭的原因有很多，按照不同的受扭原因，大致可以将扭转分成两类：平衡扭转与协调扭转。

凡是构件所承受的扭矩可以由静力平衡条件计算求得，且与受扭构件本身抗扭刚度无关的，称之为平衡扭转。在平衡扭转的情况下，受扭构件属于静定结构，如果受扭构件的抗扭承载力不足，构件就会发生破坏。图 8.1 所示房屋建筑工程中雨棚等悬挑构件的支承梁、吊车梁等均属于平衡扭转情况。

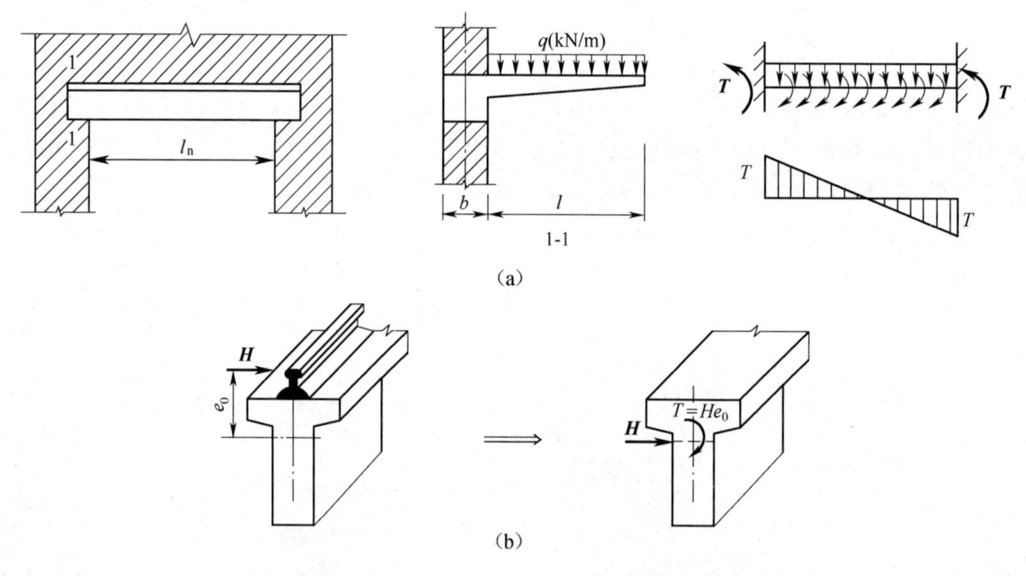

图 8.1　实际工程中的平衡受扭构件示例

另一类受扭构件中，作用在构件上的扭矩是由于与其相邻的构件发生了变形且要满足变形协调条件而引起的，扭矩不能单独由静力平衡条件求得，还必须要考虑构件之间的变形协调条件。扭矩的大小由受扭构件与相邻构件的刚度比决定，构件属于超静定结构，必须要通过力的平衡、变形协调与物理关系才能求出，此类受扭构件称之为协调扭转，图 8.2 所示房屋建筑工程中楼层结构的边梁属于此类扭转，此外螺旋形楼梯以及桥梁工程中的曲线形桥也属于此类扭转。

在协调扭转中，受扭构件承担的扭矩是变化的。如图 8.2 所示，当边梁(*CD*)承担的扭矩达到一定值后，边梁将出现裂缝；出现裂缝后由于边梁的扭转刚度明显降低，扭转角急剧增大，产生了内力重分布现象，作用在边梁上的扭矩也很快随之减小。对于这类扭转，由于受力情况较复杂，其扭矩的大小是变化的且不易计算，工程上一般采用一些抗扭的构造措施予以解决，而不进行受扭计算。因此，本章所讨论的受扭构件均属于第一类受扭构件，即平衡扭转。

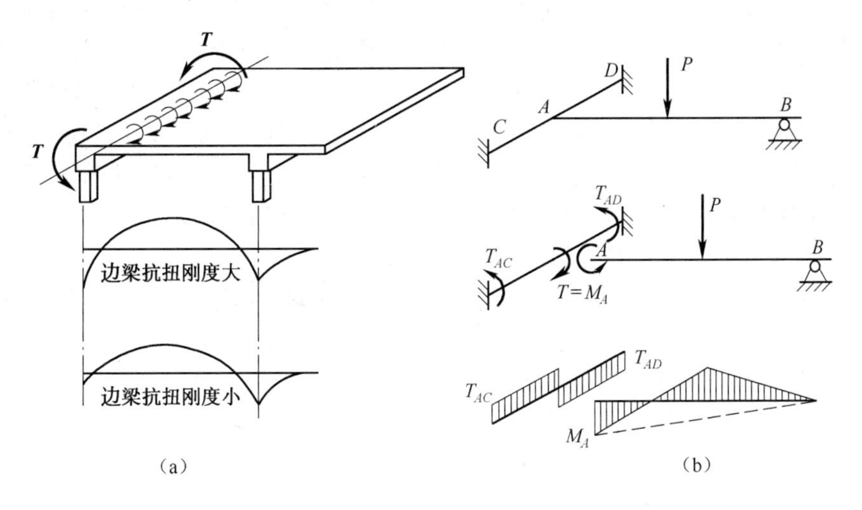

图 8.2 协调扭转构件

8.2 纯扭构件的受力性能

8.2.1 素混凝土纯扭构件的受力性能

类似于受剪无腹筋钢筋混凝土构件可以承担一定的剪力，素混凝土受扭构件也能够承担一定的扭矩。

图 8.3(a)所示为一素混凝土矩形截面构件，在扭矩 T 作用下，截面上将产生剪应力 τ 及相应的主拉应力 σ_{tp} 与主压应力 σ_{cp}，根据微元体平衡条件可知：

$$\sigma_{tp}=\sigma_{cp}=\tau \tag{8.1}$$

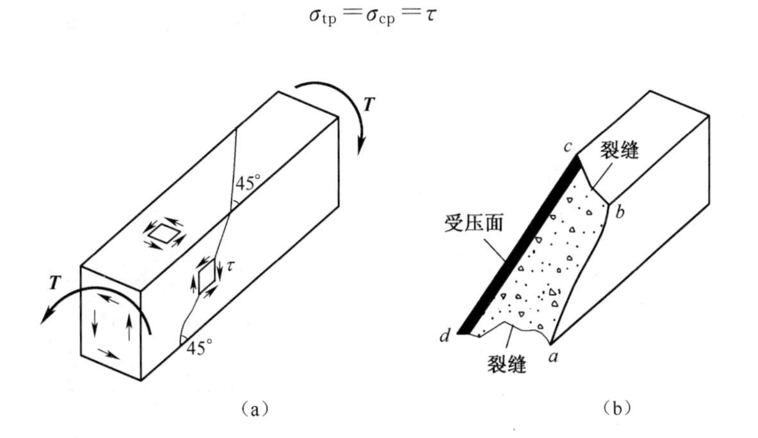

图 8.3 矩形截面纯扭构件的应力分布及破坏形态

当主拉应力超过混凝土抗拉强度时,混凝土将在垂直于主拉应力方向开裂。由弹性理论分析可知,矩形截面长边中点的剪应力最大,因此裂缝首先发生在长边中点附近混凝土抗拉薄弱部位,其方向与构件纵轴线形成45°角。这条初始斜裂缝很快向构件的上下边缘延伸,接着沿顶面和底面继续发展,最后构件三面开裂[图8.3(b)中的*ab*、*bc*、*ad*裂缝],背面沿*cd*两点连线的混凝土被压碎,从而形成一个空间扭曲面。由于混凝土的抗拉强度远低于其抗压强度,因此素混凝土纯扭构件开裂扭矩较小,并且一旦开裂,构件很快形成空间扭曲破坏面,最后导致构件断裂,这种破坏形态称为沿空间扭曲面的斜弯型破坏,属于脆性破坏。

高强混凝土($f_{cu}=77.2\sim91.9\ \text{N/mm}^2$)构件受纯扭时,在未配抗扭腹筋的情况下,其破坏过程和破裂面形态基本上与普通混凝土构件一致,但斜裂缝比普通混凝土构件陡,破裂面较平整,骨料大部分被拉断,其开裂荷载比较接近破坏荷载,脆性破坏的特征比普通混凝土构件更明显。配有抗扭钢筋的高强混凝土构件受纯扭时,其裂缝发展及破坏过程与普通混凝土构件基本一致,但斜裂缝的倾角比普通混凝土构件略大。

除了上述破坏形式之外,受扭构件还可能出现拐角脱落的破坏形式。根据空间桁架模型,受压腹杆在截面拐角处相交会产生一个把拐角推离截面的径向力(图8.4)。如果没有密配的箍筋或刚性的角部纵筋来承受此径向力,则当此力足够大时,拐角就会脱落。对不同的箍筋间距进行试验表明,当扭转剪应力大时,只有使箍筋间距≤100 mm才能可靠地防止这类破坏,使用较粗的角部纵筋也能防止此类破坏。

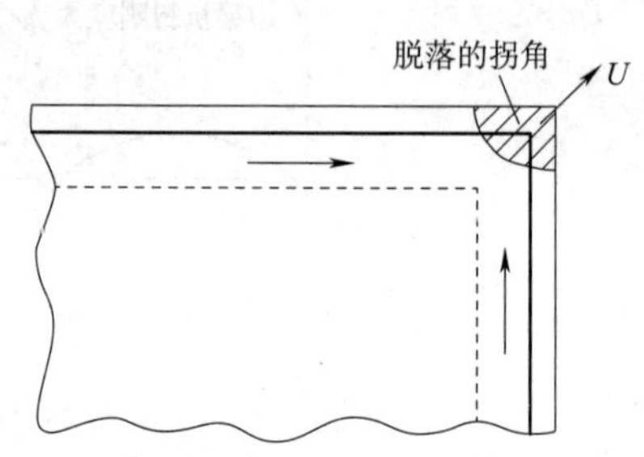

图8.4 受扭构件的拐角脱落

8.2.2 素混凝土纯扭构件的承载力计算

由于素混凝土纯扭构件一经开裂后,很快就达到承载力极限状态而破坏,因此开裂扭矩T_{cr}和极限扭矩T_u甚为接近,可以认为$T_{cr}\approx T_u$。

分析素混凝土纯扭构件的开裂扭矩有弹性和塑性两种方法。

1. 弹性分析方法

用弹性分析方法分析混凝土纯扭构件承载力时,将混凝土视为单一匀质弹性材料,在扭矩作用下,矩形截面中的剪应力分布如图8.5(a)所示。离中心最远四个角点上的剪应力为零,最大剪应力τ_{max}发生在截面长边的中点,其开裂扭矩T_{cr}即受扭承载力,则

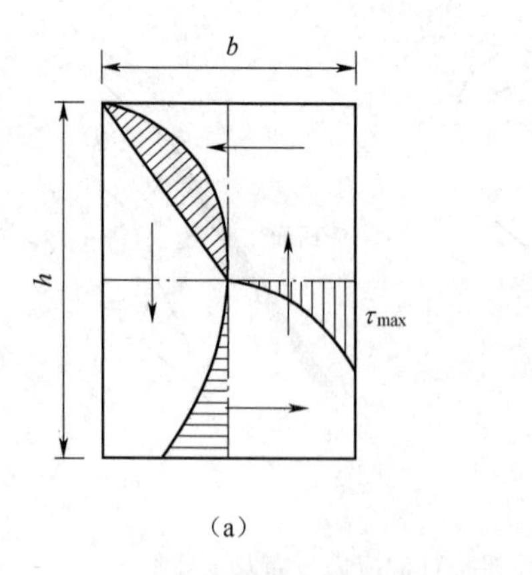

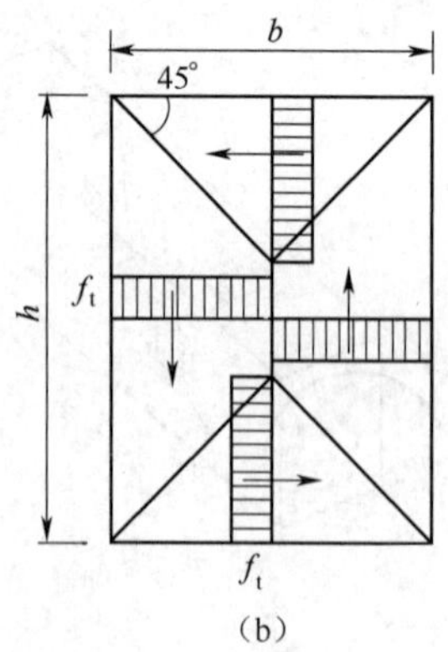

图8.5 矩形截面纯扭构件截面上的剪应力分布

$$T_{cr}=\tau_{max}W_{te}=f_tW_{te} \tag{8.2}$$

式中　W_{te}——截面抗扭弹性抵抗矩；

f_t——混凝土抗拉强度设计值；

τ_{max}——截面中的最大剪应力。

2. 塑性分析方法

用塑性分析方法分析混凝土纯扭构件承载力时，将混凝土视为理想弹塑性材料。按塑性分析方法，当截面上某一点的最大剪应力或者主拉应力达到混凝土抗拉强度时，构件并不立即破坏，而是保持屈服强度继续变形，扭矩仍可继续增长，直至截面上的剪应力全部达到屈服强度时，构件才达到极限承载能力，此时截面上的剪应力分布图为矩形，如图 8.5(b)所示，截面处于全塑性状态，由此剪应力产生的扭矩即为构件所能承担的开裂扭矩或极限扭矩。为了计算此开裂扭矩，可以将图 8.5(b)所示界面划分成四个区，取屈服剪应力 $\tau_y=f_t$，分别计算各区合力及其对截面形心(扭心)的力偶之和，可求得塑性极限扭矩为

$$T_{cp}=f_tW_t=f_t\frac{b^2}{6}(3h-b) \tag{8.3}$$

式中　W_t——截面抗扭塑性抵抗矩，$W_t=\frac{b^2}{6}(3h-b)$。

实际上混凝土材料既非完全弹性也非理想弹塑性，而是介于两者之间的弹塑性材料，达到开裂极限状态时截面的应力分布介于弹性与理想弹塑性之间，因此开裂扭矩也应介于 T_{cr} 和 T_{cp} 之间，试验结果也证明了这一点。为简便实用，可以按照塑性剪应力分布计算构件的开裂扭矩，并引入修正降低系数以考虑非完全塑性剪应力分布的影响。根据试验结果，修正系数值在 0.87～0.97 之间，《混规》为偏于安全起见，取修正系数值为 0.7，即开裂扭矩的计算公式为

$$T_{cr}=0.7f_tW_t \tag{8.4}$$

8.2.3　钢筋混凝土纯扭构件的受力性能

素混凝土纯扭构件一旦开裂就很快发生破坏，受扭承载力较低，且属于脆性破坏。因此实际工程中的受扭构件一般均应配置钢筋，配筋受扭构件的承载力与延性将明显提高。

根据扭矩在构件中引起的主拉应力方向，最有效的配筋方式应将受扭钢筋布置成为与构件纵轴线大致呈 45°交角的螺旋形钢筋，使得螺旋形钢筋与斜裂缝方向垂直，但由于螺旋钢筋施工复杂，并且单向螺旋形钢筋也不能适应扭矩方向的改变，因此实际工程中一般都采用纵向钢筋和箍筋作为受扭钢筋。

值得指出的是，纵向抗扭钢筋必须要沿截面四周对称布置。试验结果表明，非对称配置的纵向抗扭钢筋在受扭中不能充分发挥作用，抗扭箍筋应沿构件长度布置，并采用封闭箍。纵向钢筋和箍筋的布置方向虽然与斜裂缝的方向不垂直，但也能发挥抗扭作用。

由于受扭钢筋由纵向钢筋和封闭箍筋两部分组成，因此构件的受扭性能及其极限承载力不仅与配筋量有关，还与两部分钢筋的配筋强度比有关。因此，在这里有必要引入配筋强度比 ζ 的概念。

1. 纵向钢筋和箍筋配筋强度比 ζ

定义纵筋与箍筋的配筋强度比 ζ

$$\zeta=\frac{A_{stl}f_y/u_{cor}}{A_{st1}f_{yv}/s}=\frac{A_{stl}s}{A_{st1}u_{cor}}\cdot\frac{f_y}{f_{yv}} \tag{8.5}$$

式中　A_{stl}——对称布置的全部受扭纵筋截面面积；

A_{st1}——抗扭箍筋的单肢截面面积;

f_y——纵筋的抗拉强度设计值;

f_{yv}——箍筋的抗拉强度设计值;

s——箍筋沿构件纵轴线的间距;

u_{cor}——截面核心部分的周长,$u_{cor}=2\times(b_{cor}+h_{cor})$,$b_{cor}$和$h_{cor}$分别为从箍筋内表面计算的截面核心部分的短边和长边尺寸,如图 8.6 所示。

试验表明,当 $0.5\leqslant\zeta\leqslant2.0$ 时,受扭破坏时纵筋和箍筋基本上都能达到屈服强度。但是,由于两种钢筋配筋量的差别,屈服的次序是有先后的,配筋量少的钢筋往往先屈服。《混规》建议取 $0.6\leqslant\zeta\leqslant1.7$,具体的工程设计中,可取 $\zeta=1.0\sim1.2$。

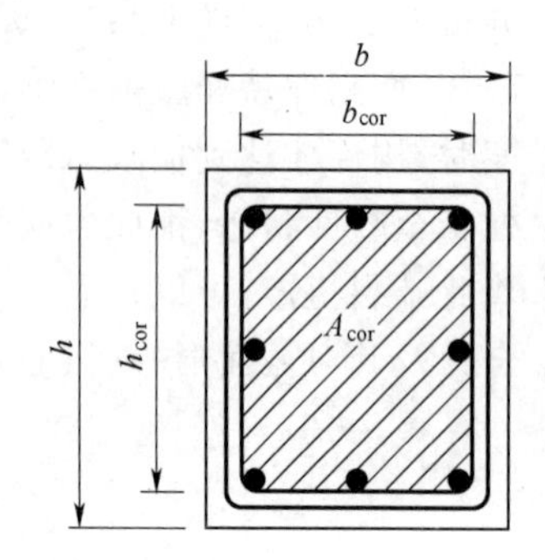

图 8.6 截面核心

2. 钢筋混凝土纯扭构件的破坏特征

类似于受弯构件,根据配筋率的大小,受扭构件的破坏特征可以分成为适筋破坏、少筋破坏、部分超筋破坏与完全超筋破坏。

(1)少筋破坏:当抗扭纵筋和箍筋都配置过少,或者两者中有一种配置过少时,一旦开裂,配筋不足以承担混凝十开裂后释放的拉应力,将导致扭转角迅速增大,与构件中的受弯少筋梁类似,"一裂即坏",极限扭矩与开裂扭矩非常接近,这种少筋构件的破坏特征与极限承载力其实与不配钢筋的素混凝土构件没有本质差别,其破坏过程迅速而突然,无预兆,属受拉脆性破坏。工程设计中应避免少筋构件,因此《混规》分别规定了抗扭纵向钢筋与箍筋的最小配筋率以防止少筋破坏。

(2)适筋破坏:对于抗扭纵筋和箍筋都合适的情况,构件开裂后,与斜裂缝相交的纵筋与箍筋承担了大部分的拉应力。随着扭矩的增大,这两种钢筋都能够达到屈服强度,然后混凝土被压坏,构件宣告破坏。与受弯适筋梁类似,适筋抗扭构件的破坏具有一定的延性性质,其受扭极限承载力大小与配筋量有关,工程中应尽可能设计此类适筋构件。

(3)部分超筋破坏:当抗扭纵筋和箍筋的配筋量相差过大,或者配筋强度比 ζ 不适当时,构件在破坏时,会出现一种钢筋达到屈服而另一种钢筋未达到屈服的情况。构件的受扭承载力受配筋量少的那一种钢筋控制,而另一种多配的钢筋不能充分发挥作用,故称为部分超筋破坏。尽管这种破坏的延性性能要比适筋梁差,但在工程设计中部分超筋梁还是允许采用的,只是因为部分超配的钢筋得不到充分利用,所以部分超筋是一种不经济的配筋方式。

(4)完全超筋破坏:当纵筋与箍筋都比较多时,即使配筋强度比 ζ 在合适的范围内,构件也会在抗扭纵筋和箍筋均未达到屈服强度前,由于混凝土被压坏而导致破坏,这种破坏类似于受弯构件中的超筋梁,破坏前无预兆,属于脆性破坏,工程设计中应避免出现完全超筋抗扭构件。

8.3 纯扭构件的承载力计算

8.3.1 变角空间桁架计算模型

变角空间桁架理论是目前钢筋混凝土构件受扭极限承载力分析计算的理论基础。

早期提出的空间桁架模型是 E. Rausch 在 1929 年提出的定角(45°角)空间桁架模型。实际上,斜裂缝的角度是随纵筋和箍筋的比率而变化的,人为地把角度定在 45°,相当于给构件加上了额外的约束,使得计算结果偏于不安全。由于最终计算公式中的系数是根据实验结果并考虑安全性而定出的，故采用定角并不会导致明显的不安全，但由于定角的做法没有反映纵筋和箍筋的比率对破坏时斜裂缝角度的影响和对极限扭矩的影响，故定角的做法至少导致了安全度的不均匀。1968 年 P. Lampert 和 B. Thuerlimann 提出了变角度空间桁架模型，克服了上述缺陷。该模型采用如下基本假定：①极限状态下原实心截面构件简化为箱形截面构件，此时，箱形截面的混凝土被螺旋形裂缝分成一系列倾角为 α 的斜压杆，与纵筋箍筋共同组成空间桁架。②纵筋和箍筋构成桁架的拉杆。③不计钢筋的销栓作用。

下面讲述变角度空间桁架模型。

对比试验研究表明，在其他参数均相同的情况下，钢筋混凝土实心截面与空心截面构件的极限受扭承载力基本相同。这是由于截面中心部分混凝土的剪应力较小，且距截面扭转中心的距离较小，故该中心部分混凝土对抗扭能力的贡献基本上可以忽略。

如图 8.7(a)所示，开裂后的箱形截面受扭构件的受力可比拟为空间桁架模型，纵筋为受拉弦杆，箍筋为受拉腹杆，斜裂缝之间的混凝土为斜压腹杆。设达到极限扭矩时混凝土斜压杆与构件轴线的夹角为 φ，斜压杆的压应力为 σ_c，则根据图 8.7(b)，箱形截面长边板壁混凝土斜压杆的合力为

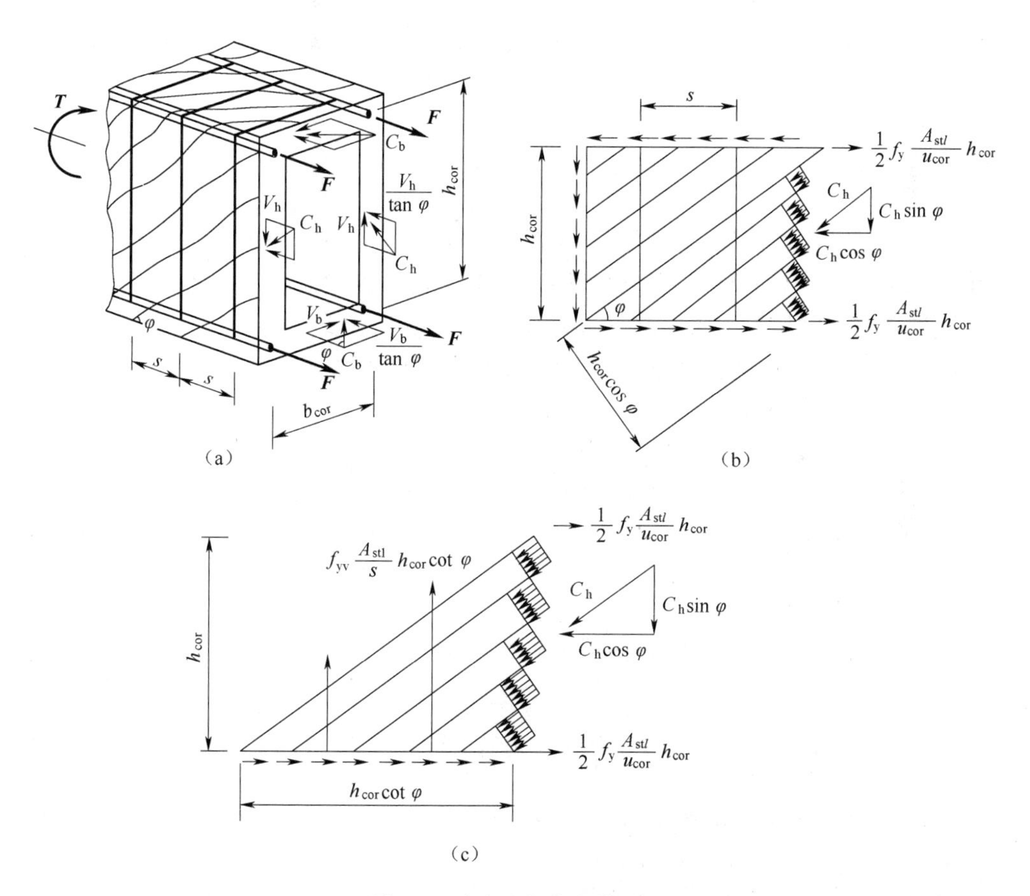

图 8.7 变角空间桁架模型

$$C_h=\sigma_c h_{cor} t\cos\varphi \tag{8.6}$$

同样，短边板壁混凝土斜压杆的合力为

$$C_b=\sigma_c b_{cor} t\cos\varphi \tag{8.7}$$

C_h和C_b沿板壁方向的分力V_h和V_b[图 8.7(a)]分别为

$$V_h = C_h \sin\varphi \tag{8.8}$$

$$V_b = C_b \sin\varphi \tag{8.9}$$

V_h和V_b分别对截面中心取矩得受扭承载力为

$$T_u = V_h b_{cor} + V_b h_{cor} = 2\sigma_c t h_{cor} b_{cor} \sin\varphi\cos\varphi = 2\sigma_c t A_{cor} \sin\varphi\cos\varphi \tag{8.10}$$

式中 A_{cor}——核心截面面积,$A_{cor} = h_{cor} \cdot b_{cor}$;

t——板壁有效厚度。

斜压杆的倾斜角φ与纵筋和箍筋的配筋强度比有关。从图 8.7(b)可知,抗扭纵筋在高度h_{cor}范围内承受的纵向力为

$$N_{stl} = \frac{A_{stl}}{u_{cor}} f_y h_{cor} \tag{8.11}$$

承受竖向拉力N_{sv}的箍筋,应取与斜裂缝相交的箍筋。沿构件纵向能计及的箍筋范围是$h_{cor}\cot\varphi$,当箍筋间距为s时,在此范围内单侧箍筋承受的总拉力为

$$N_{sv} = \frac{A_{st1}}{s} f_{yv} h_{cor} \cot\varphi \tag{8.12}$$

在h_{cor}范围内N_{stl}、N_{sv}和C_h构成了一个如图 8.7(c)所示的平面平衡力系,其中

$$\cot\varphi = \frac{N_{stl}}{N_{sv}} \tag{8.13}$$

将式(8.11)和式(8.12)代入式(8.13)后,整理可得

$$\cot\varphi = \sqrt{\frac{A_{stl} f_y s}{A_{st1} f_{yv} u_{cor}}} = \sqrt{\zeta} \tag{8.14}$$

由式(8.14)可见,斜压杆与斜裂缝的倾角φ将随配筋强度比ζ而变化,当取$\zeta=1$时,$\varphi=45°$。古典桁架模型取斜压杆的倾角为45°,这只是$\zeta=1$时的一个特定情况。试验表明,斜压杆倾角φ一般在30°~45°之间变化,故称之为变角空间桁架模型。

由图 8.7 及式(8.6)可知

$$C_h = \frac{N_{sv}}{\sin\varphi} = \sigma_c h_{cor} t \cos\varphi \tag{8.15}$$

由式(8.15)可得

$$\sigma_c = \frac{N_{sv}}{h_{cor} t \cos\varphi \sin\varphi} \tag{8.16}$$

将式(8.12)和式(8.16)代入式(8.10)后可得

$$T_u = 2\sqrt{\zeta} \frac{A_{st1} f_{yv}}{s} A_{cor} \tag{8.17}$$

式(8.17)即为根据变角空间桁架模型导出的截面受扭承载力计算公式。

8.3.2 《混规》采用的受扭承载力计算公式

大量的试验结果表明,如果完全按由变角空间桁架模型导出的式(8.17)计算构件的受扭承载力,则其计算结果小于实测值,这是由于忽略不计的核心混凝土部分还有一定的抗扭贡献,此外斜裂缝间混凝土的骨料咬合作用也能提供一定的抗扭贡献。

因此,我国《混规》以大量试验研究为基础,采用了一个类似于斜截面受剪承载力计算的半理论半经验统计公式。《混规》认为受扭承载力由钢筋承受的扭矩T_s和混凝土承受的扭矩T_c

两项组成,即

$$T_u = T_s + T_c \tag{8.18}$$

钢筋承受的扭矩 T_s采用由变角空间桁架模型导出的式(8.17)中的参数为基本参数,将式(8.17)中的系数 2 改为由试验确定的经验系数 β,即得

$$T_s = \beta\sqrt{\zeta}\frac{A_{st1}f_{yv}}{s}A_{cor} \tag{8.19}$$

由试验实测与理论分析结果可知,混凝土的强度等级越高,构件的抗扭能力越大;截面的抗扭塑性矩越大,核心部分混凝土的抗扭能力越显著,对构件的抗扭的贡献也就越大。因此混凝土承受的扭矩主要与混凝土的强度等级和截面的抗扭塑性矩有关,可以表达为

$$T_c = \alpha f_t W_t \tag{8.20}$$

式中 f_t——凝土抗拉强度设计值。

将式(8.19)和式(8.20)代入式(8.18),可得到受扭承载力为

$$T_u = T_c + T_s = \alpha f_t W_t + \beta\sqrt{\zeta}\frac{A_{st1}f_{yv}}{s}A_{cor} \tag{8.21a}$$

可将式(8.21)改为如下形式:

$$\frac{T_u}{f_t W_t} = \alpha + \beta\sqrt{\zeta}\frac{A_{st1}f_{yv}}{s f_t W_t}A_{cor} \tag{8.21b}$$

图 8.8 给出适筋抗扭构件及少量部分超筋配筋构件的实测结果与《混规》取值。《混规》结合大量的试验结果,并考虑可靠性要求后,分别取 $\alpha=0.35$,$\beta=1.2$,给出受纯扭构件的承载力计算公式为

$$T_u = 0.35 f_t W_t + 1.2\sqrt{\zeta}\frac{A_{st1}f_{yv}}{s}A_{cor} \tag{8.22}$$

式中,ζ 值应符合 $0.6\leqslant\zeta\leqslant1.7$ 的要求。当 $\zeta<0.6$ 时,应改变配筋来提高 ζ 值(增加纵筋或减少箍筋);当 $\zeta>1.7$ 时,取 $\zeta=1.7$。$W_t=\frac{b^2}{6}(3h-b)$。

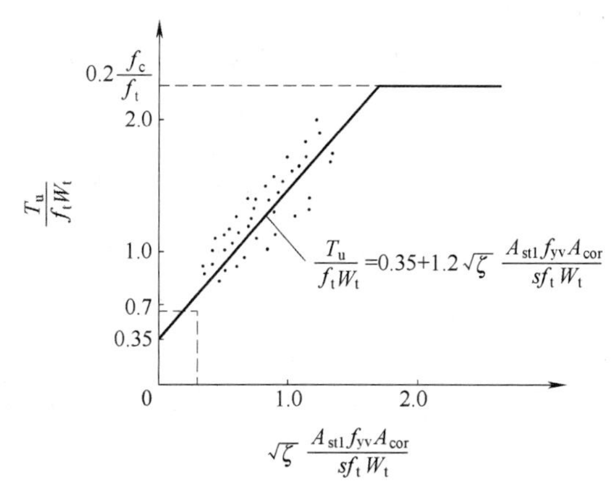

图 8.8 配筋抗扭构件承载力实测结果及《混规》取值

与受弯构件类似,为避免配筋过多产生超筋脆性破坏,在试验结果的基础上,《混规》规定受扭截面应该满足以下限制条件:

$$T \leqslant 0.2\beta_c f_c W_t \tag{8.23}$$

式中 β_c——高强混凝土强度的影响(折减)系数,见第 7 章。

为防止少筋破坏,受扭箍筋和纵筋应分别满足以下最小配筋率的要求:

$$\rho_{sv}=\frac{2A_{st1}}{bs}\geqslant\rho_{sv,\min}=0.28\frac{f_t}{f_{yv}} \tag{8.24}$$

$$\rho_{tl}=\frac{A_{stl}}{bh}\geqslant\rho_{tl,\min}=0.85\frac{f_t}{f_y} \tag{8.25}$$

式中 f_t——混凝土的轴心抗拉强度设计值,f_{yv}、f_y分别为箍筋与纵筋的抗拉强度设计值。

当荷载引起的扭矩小于开裂扭矩时,即满足

$$T\leqslant0.7f_tW_t \tag{8.26}$$

构件可以按上述的最小配筋率以及构造要求配置受扭钢筋。

【例题 8.1】 已知受扭钢筋混凝土构件截面尺寸 $b=300$ mm,$h=500$ mm,混凝土采用C30,纵筋采用 HRB400 级钢筋,箍筋采用 HPB300 级钢筋,纵向钢筋保护层厚度 $c=33$ mm,扭矩设计值 $T=20$ kN·m。试计算所需要配置的箍筋和纵筋。

【解】 查附表 1 有 $f_c=14.3\ \text{N/mm}^2$,$f_t=1.43\ \text{N/mm}^2$;查附表 6 有 $f_y=360\ \text{N/mm}^2$,$f_{yv}=270\ \text{N/mm}^2$

$h_{cor}=500-2\times33=434(\text{mm})$,$b_{cor}=300-2\times33=234(\text{mm})$

$A_{cor}=h_{cor}b_{cor}=434\times234=101\ 556(\text{mm}^2)$,$u_{cor}=2(h_{cor}+b_{cor})=2\times(234+434)=1\ 336(\text{mm})$

(1)验算截面尺寸

$W_t=\frac{b^2}{6}(3h-b)=\frac{300^2}{6}\times(3\times500-300)=18\times10^6(\text{mm}^3)$

$0.2\beta_cf_cW_t=0.2\times1.0\times14.3\times18\times10^6=51.48\times10^6(\text{N}\cdot\text{mm})$

$0.7f_tW_t=0.7\times1.0\times1.43\times18\times10^6=18.0\times10^6(\text{N}\cdot\text{mm})$

$0.7f_tW_t<T=20\times10^6<0.2\beta_cf_cW_t$

计算结果表明,截面尺寸满足要求,但需按计算进行配筋。

(2)计算箍筋

实际工程中单纯受扭的构件很少出现,因此一般情况下,在进行梁的箍筋配置计算时,必须同时考虑抵抗扭矩及剪力所使用的箍筋。由于本节仅仅涉及纯扭构件的问题,因此只需考虑抗扭箍筋配置,在计算时不考虑剪力的影响,关于如何考虑剪力与扭矩甚至与弯矩共同作用下的箍筋计算问题将在本章的第 8.4 节中详细阐述。

取 $\zeta=1.0$,则根据式(8.22)可得

$$\frac{A_{st1}}{s}=\frac{T-0.35f_tW_t}{1.2\sqrt{\zeta}f_{yv}A_{cor}}=\frac{20\times10^6-0.35\times1.43\times18\times10^6}{1.2\sqrt{1.0}\times270\times101\ 556}=0.335$$

选用 $\phi8$ 箍筋,$A_{st1}=50.3\ \text{mm}^2$,$s=(50.3/0.335)=150.1$ mm,取 $s=150$ mm。

验算配箍率:

$$\rho_{sv}=\frac{2A_{st1}}{bs}=\frac{2\times50.3}{300\times150}=0.22\%>\rho_{sv,\min}=0.28\frac{f_t}{f_{yv}}=0.28\times\frac{1.43}{270}=0.148\%$$

满足最小配箍要求,可以。

(3)计算纵筋

$$A_{stl}=\zeta\frac{A_{st1}}{s}\cdot\frac{f_{yv}}{fy}u_{cor}=1.0\times\frac{50.3}{150}\times\frac{270}{360}\times1\ 336=336(\text{mm}^2)$$

验算受扭纵筋最小配筋率:

$$\rho_{tl}=\frac{A_{stl}}{bh}=\frac{336}{300\times500}=0.22\%<\rho_{tl,\min}=0.85\frac{f_t}{f_y}=0.85\times\frac{1.43}{300}=0.41\%$$

因此按最小配筋率要求，取 $A_{stl}=\rho_{tl,\min}bh=0.41\%\times300\times500=607.8\ (\text{mm}^2)$，纵筋选用 6 Φ 12，$A_{stl}=678.6\ \text{mm}^2$，配筋如图 8.9 所示。

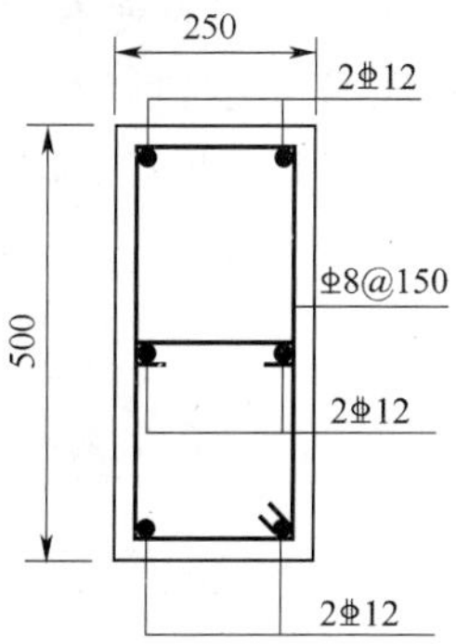

图 8.9 例题 8.1 截面配筋

8.3.3 带翼缘截面的受扭承载力计算

对于工程中带翼缘的 T 形、I 形和 L 形构件，可将其截面划分为矩形截面，划分的原则是按截面的总高度确定腹板截面，然后划分受压翼缘或受拉翼缘(图 8.10)。为简化计算，《混规》采用按照各矩形截面的受扭塑性抵抗矩的比例分配截面总扭矩的方法，来确定矩形截面各部分所承受的扭矩，即

$$T_w=\frac{W_{tw}}{W_t}T;\ T_f'=\frac{W_{tf}'}{W_t}T;\ T_f=\frac{W_{tf}}{W_t}T \tag{8.27}$$

$$W_t=W_{tw}+W_{tf}'+W_{tf} \tag{8.28}$$

式中 W_{tw}——腹板矩形截面的抗扭塑性抵抗矩，$W_{tw}=b^2(3h-b)/6$；

W_{tf}——受拉翼缘矩形截面的抗扭塑性抵抗矩，$W_{tf}=h_f^2(b_f-b)/2$；

W_{tf}'——受压翼缘矩形截面的抗扭塑性抵抗矩，$W_{tf}'=h_f'^2(b_f'-b)/2$；

T——带翼缘截面所承受的总扭矩设计值；

T_w——腹板所承受的扭矩设计值；

T_f'，T_f——受压、受拉翼缘截面所承受的扭矩设计值。

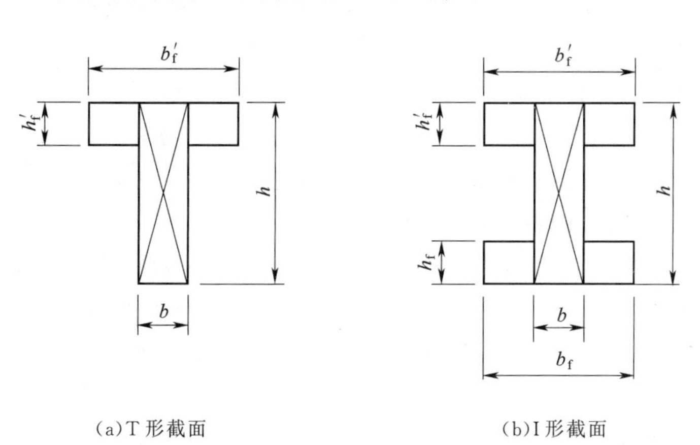

图 8.10 T 形和 I 形纯扭截面的划分

8.4 受扭钢筋的构造要求

1. 受扭纵筋

沿截面周边布置的受扭纵向钢筋之间的间距不应大于 200 mm 和梁截面短边长度。除应在梁四角设置受扭纵向钢筋外，其余受扭纵向钢筋宜沿截面周边均匀并对称布置。受扭纵筋的搭接和锚固均按受拉钢筋的相应要求进行处理。受扭纵筋应该满足最小配筋率的要求。

2. 受扭箍筋

受扭箍筋的配筋率不应小于其最小配筋率。受扭箍筋应做成封闭形，箍筋末端应弯折

135°,弯折后直线长度不应小于10倍箍筋直径,并沿截面周边布置。箍筋最大间距不应大于按钢筋混凝土梁抗剪构造要求的规定,当采用复合箍时,位于截面内部的箍筋不应计入受扭箍筋所需的箍筋面积。受扭构件的配筋要求如图8.11所示。

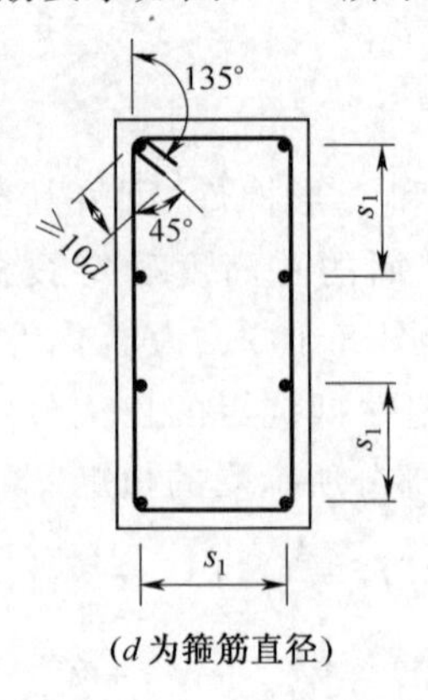

图8.11 受扭构件的配筋要求

8.5 小 结

(1)素混凝土纯扭构件在扭矩作用下,首先在截面的长边开裂,随即发生脆性破坏。破坏时构件三面拉裂而一面混凝土被压坏,形成一个空间扭曲破坏面。构件的实际抗扭承载力介于按弹性分析与按塑性分析的结果之间。

(2)配置抗扭钢筋的纯扭构件,在开裂前其受力性能与素混凝土构件没有明显的差别,但开裂后不会立即破坏,而是形成多条呈45°方向的螺旋裂缝。裂缝处由钢筋继续承担拉力,并与裂缝之间的混凝土斜压杆共同构成空间桁架抗扭机构。配置抗扭钢筋对提高构件的抗扭承载力有很大作用,但对构件开裂扭矩的影响很小。

(3)钢筋混凝土纯扭构件的破坏可归纳为四种类型:少筋破坏、适筋破坏、部分超配筋破坏和完全超筋破坏,其中少筋破坏和完全超筋破坏属于明显的脆性破坏,设计中应当避免。为了使抗扭纵筋和箍筋相互匹配,有效地发挥抗扭作用,《混规》建议两者的配筋强度比$\zeta=0.6\sim1.7$,具体工程设计中可取$\zeta=1.0\sim1.2$。

(4)矩形截面纯扭构件的抗扭承载力计算公式,是在变角空间桥架理论基础上,根据试验实测数据分析建立起来的经验公式,它综合考虑了混凝土和抗扭钢筋两部分的抗扭作用,反映了各主要因素的影响。

(5)剪扭构件的承载力计算考虑了剪扭相关作用,即以受弯构件斜截面抗剪承载力和纯扭构件抗扭承载力计算公式为基础,对计算公式中混凝土部分的承载力考虑了剪扭相互影响并进行了修正(折减)。

(6)弯扭构件的弯扭相关规律比较复杂,《混规》建议对弯扭构件采用简便实用并偏于保守的"叠加法"进行计算。

(7)受扭构件承载力的计算公式有其相应的适用条件。为防止出现"完全超筋"脆性破坏,构件应符合截面限制条件,为了防止"少筋破坏"则应满足有关的最小配筋要求,当符合一定条件时,可简化计算步骤。此外,受扭构件还必须满足有关的构造要求。

(8)对工程中最常见的弯矩、剪力和扭矩同时作用的构件,《混规》建议其箍筋数量由考虑剪扭相关性的抗剪和抗扭计算结果进行叠加,而纵筋数量则由抗弯和抗扭计算的结果进行叠加。

扩展阅读

(1)弯—剪—扭构件的承载力计算。

(2)压—弯—剪—扭钢筋混凝土构件。

思考与练习题

8.1 矩形素混凝土构件在扭矩作用下,裂缝是如何形成和发展的?最后的破坏形态是什么样?与配筋混凝土构件比较有何异同?

8.2 矩形截面纯扭构件的裂缝方向与作用扭矩的方向有什么对应关系?

8.3 什么是配筋强度比ξ?配筋强度比的范围为什么要加以限制?配筋强度比不同时对破坏形式有何影响?工程中常用的ξ取值范围是多少?

8.4 在受扭构件中,如何避免少筋和完全超筋破坏?试比较正截面受弯、斜截面受剪、受纯扭和剪扭设计中防止超筋和少筋的措施。

8.5 什么是变角度空间桁架模型?按变角度空间桁架模型计算扭曲截面承载力的基本思路是什么?有哪些基本假设?

8.6 有一钢筋混凝土矩形截面构件,截面尺寸$b\times h=250\ \text{mm}\times 400\ \text{mm}$;承受的扭矩设计值为$T=12.5\ \text{kN}\cdot\text{m}$;混凝土强度等级采用C30,纵向钢筋采用HRB400钢筋,箍筋采用HPB300钢筋。试计算所需要的受扭纵向钢筋和箍筋,并画出截面的配筋图。

8.7 有一钢筋混凝土矩形截面受纯扭构件,已知截面尺寸为$b\times h=300\ \text{mm}\times 500\ \text{mm}$,配有4根直径为16 mm的HRB400级纵向钢筋。箍筋为直径8 mm的HRB335级钢筋,间距为100 mm。混凝土强度等级为C30,试求该构件扭曲截面的受扭承载力。

8.8 已知某一均布荷载作用下的钢筋混凝土矩形构件的截面尺寸$b\times h=250\ \text{mm}\times 400\ \text{mm}$;承受的弯矩设计值$T=52\ \text{kN}\cdot\text{m}$,扭矩设计值$T=3.5\ \text{kN}\cdot\text{m}$,剪力设计值$V=35\ \text{kN}$;混凝土强度等级采用C30,纵筋采用HRB400钢筋,箍筋采用HPB300钢筋;混凝土的保护层厚度为25 mm。试计算截面配筋,并画出截面配筋图。

钢筋混凝土构件使用性能与耐久性

9.1 概　　述

结构的可靠性包括三项功能要求:安全性、适用性与耐久性。前面的第3～8章讨论了按照承载能力极限状态来设计计算钢筋混凝土构件,目的是防止构件在荷载的承载力极限状态组合作用下发生诸如材料破坏、失稳、钢筋粘结和锚固不足等破坏,并保证构件有适当的安全储备。这实际上是为了保证结构可靠性三项功能要求中的安全性。但结构可靠性中的另外两项功能要求——适用性和耐久性也是非常重要的。

一般来说,混凝土结构的正常使用性能(即适用性)主要关注:裂缝、变形、振动与局部破损几个方面,即

(1)根据使用目的,要求构件不出现裂缝或者允许出现裂缝,但裂缝宽度不能过大。

(2)构件在使用荷载(荷载标准值或准永久值)作用下的变形不能过大。

(3)构件不发生影响使用功能的不舒适的结构振动。

(4)构件不出现影响使用功能与耐久性的局部破损。

显然,正常使用性能的实现并不是简单地提供足够的承载力就能保证的,因此构件除了要进行承载能力极限状态计算外,还要进行正常使用状态的计算。本教材的正常使用状态计算主要针对裂缝与变形控制两部分内容。

近年来,随着基于概率理论的更加准确的承载力设计方法的采用和材料强度的提高,构件截面尺寸趋于更小,对于承受动荷载的结构和大跨度结构,对变形估计的要求也越来越高。所以,对正常使用阶段各项适用性的验算就更加必要。设计时,按承载力确定构件尺寸后,需要保证构件在正常使用状态下的裂缝和挠度小于规范规定的各项限值。当各项验算不满足要求时,应修改设计直到满足两种极限状态验算的要求为止。

与木材、钢材以及其他天然矿石类材料相比,混凝土具有更好的时间稳定性,但由于温湿度变化、各种化学作用和生物侵蚀,其物理和力学性能仍然会发生劣化。如结构物在低于其预期的使用期限前,就因为各种原因而出现不同程度的损伤和局部破裂现象,如混凝土严重开裂、掉皮,棱角缺损,强度下降,钢筋的保护层剥落、裸露和锈蚀,构件弯曲下垂等。这会妨碍结构的继续使用,更严重的甚至造成承载力损失,埋下安全隐患。也就是说,结构的安全性与适用性是随时间变化的,应该保证结构及其各组成部分在所处的自然环境与使用条件等因素的长期作用下,可以抵抗材料性能劣化,仍能维持结构的安全性与适用性,这就是所谓的耐久性。结构的耐久性则是在长期作用下(环境、循环荷载等)结构抵御性能劣化的能力。耐久性问题存在于结构的整个生命历程中,并对安全性和适用性产生影响,是导致结构性能退化的最根本原因。

9.2 构件的受拉裂缝控制

9.2.1 混凝土结构裂缝的成因

混凝土结构中的裂缝有多种类型，其产生的原因、特点不同，对结构功能的影响也不同。就大类而言，混凝土的裂缝可以分为微观裂缝与宏观裂缝两类。混凝土是一种由水泥凝胶体、细骨料(砂)与粗骨料(石头)混合并硬化而成的人工材料。在混凝土的硬化过程中，从微观结构尺度上看，水泥凝胶体中就夹杂有气孔、微孔与微观裂缝。此时，微观裂缝主要存在于水泥砂浆与骨料的界面上以及水泥砂浆内部。在混凝土受力后，微观裂缝与微孔扩展、连通，并逐渐发展为宏观裂缝，最后导致混凝土发生破坏。本书所研究的裂缝，主要是指影响混凝土强度及混凝土构件使用性与耐久性的宏观裂缝。

在混凝土结构中产生宏观裂缝的原因有很多，大致可分为两大类：由直接荷载作用引起的裂缝及由间接荷载因素，如温度变化、混凝土收缩、基础不均匀沉降、冰冻、钢筋锈蚀、碱骨料反应等因素引起的裂缝。有时几种因素交织在一起，使问题更趋复杂。本章主要讨论由直接荷载引起的裂缝宽度计算。

1. 直接作用

构件在荷载作用下都可能发生裂缝，受力状态不同(如受弯、受剪、受弯剪扭组合作用、局部荷载作用等)，其裂缝形状和分布也不同。从应力的角度上看，在荷载作用下，混凝土中如果产生了主拉应力，那么垂直主拉应力方向，就有可能出现受拉裂缝。同时，在压应力的作用下，也可能产生裂缝。例如，受弯构件破坏前，混凝土受压区的开裂、剪压区的受压裂缝、螺旋箍筋柱的纵向裂缝、局部承压的局部裂缝等，这些受压裂缝产生时，混凝土的压应变一般都超过了混凝土的峰值应变，临近破坏。因此，受压裂缝问题不属于正常使用问题，而属于承载能力问题。此外，钢筋与混凝土的粘结破坏也可能产生受拉劈裂裂缝(第3章)，此类受拉裂缝也属于承载能力问题，而非正常使用问题。因此，本章所讨论的裂缝为直接荷载作用下的受拉裂缝(粘结裂缝除外)。

荷载作用下，混凝土的拉应变超过其极限拉应变时，混凝土就会开裂。影响混凝土极限拉应变的因素有很多，主要包括混凝土的密实度、水灰比、养护方式、龄期等。在工程中，通常将开裂原则简化为：当主拉应力超过混凝土抗拉强度时，混凝土受拉开裂。

根据构件受力形式的不同，裂缝可分为如下几类：

(1)直接受拉裂缝。指轴心受拉及小偏心受拉构件产生的贯通整个截面的裂缝。这类裂缝很宽，一般垂直于构件受力方向(图9.1)。

(2)弯曲裂缝。指受弯构件的横向弯曲裂缝(图9.2)，一般都是在很低的荷载下开始出现的，甚至可能在受荷前由于混凝土收缩受到约束就已经出现。受弯裂缝出现前，钢筋应力为相邻混凝土应力的 α_E 倍(α_E 为钢筋与混凝土的弹性模量比值，$\alpha_E=E_s/E_c$)；当受拉混凝土接近开裂时，其极限拉应变很小，一般为0.000 1～0.000 15，与此相应的钢筋应力仅为20～40 MPa，即普通钢筋混凝土构件需要带裂缝工作才能充分利用钢筋的强度。

2. 间接作用(施工、构造与环境因素)

除直接荷载作用外，混凝土的局部或整体变形受到外部约束，就会产生附加应力或应力重分配，这就是所谓的间接荷载。当附加的拉应力超过一定程度，就会引起混凝土的开裂。对混凝土变形的约束原因很多，一般来说可以分为内约束与外约束两大类。

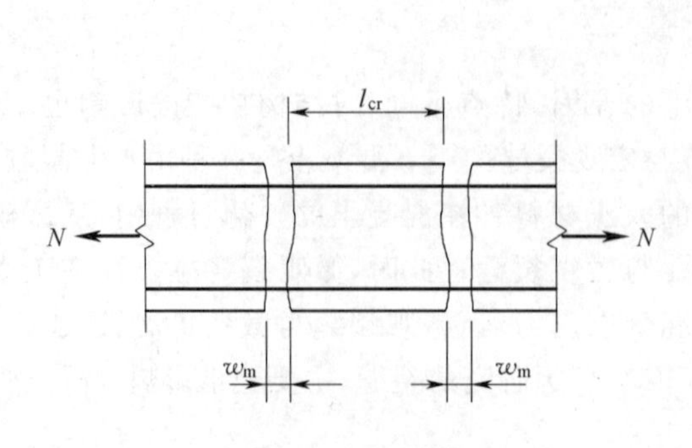

图 9.1　受拉裂缝

l_{cr}—裂缝间距；w_m—裂缝宽度

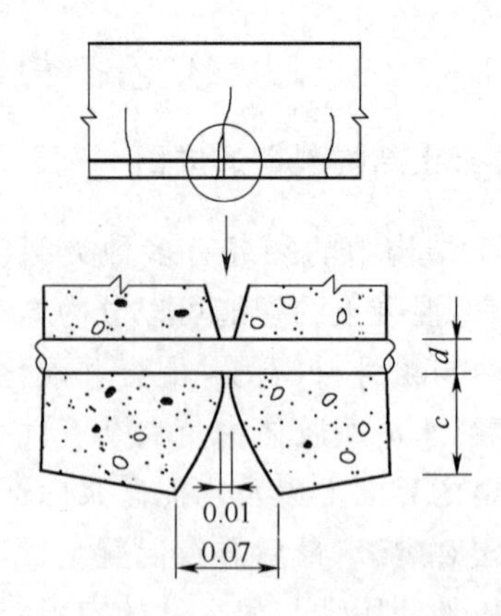

图 9.2　裂缝出现后混凝土回缩变形（单位：mm）

在混凝土微观结构层面，混凝土并非一种匀质材料，其不同位置或不同成分的变形不协调时，就会产生相互约束。例如，水泥砂浆与骨料具有不同的刚度与收缩特性，骨料会约束水泥砂浆的变形；混凝土表面与内部的湿度环境不同，导致不同位置的混凝土收缩量不一致，相互产生约束。对于钢筋混凝土而言，混凝土与钢筋也存在相互约束。例如，钢筋会约束混凝土收缩变形，从而产生拉应力。配筋率越高，钢筋的约束越强，产生的拉应力也越大。

混凝土的外部约束主要来源于构件的边界条件。例如，超静定结构的构件间相互约束；浇筑在老混凝土上、坚硬基础上的新混凝土等。

具体而言，间接荷载作用导致的裂缝包括：

(1)塑性混凝土裂缝

塑性混凝土裂缝发生于混凝土硬化前最初几小时，通常在浇筑混凝土后 24 h 内即可观察到。根据产生的原因不同，塑性混凝土裂缝可以分为两类。

一种是泌水引起的塑性沉降裂缝。混凝土浇筑后，由于重力作用，混凝土开始下沉而泌水上升。如果下沉的过程没有受到任何障碍物的阻碍，混凝土表面会均匀地降低。但如果在下沉过程中，受到钢筋、管道、预制构件等阻碍，固体成分的沉降会受到阻挡，两侧的混凝土仍然正常沉降，从而在障碍物上方产生拉应力，导致混凝土表面出现大量泌水与表面开裂(图 9.3)。沿钢筋纵向出现的这类裂缝，是引起钢筋锈蚀的主要原因之一，对结构有一定的危害。障碍物下部有可能出现空穴，充满泌水，从而影响钢筋、管道或预制构件与混凝土的粘结强度。

另一种是塑性收缩裂缝，由于大风、高温等原因，水分从混凝土表面(例如，大面积路面和楼板)以极快的速度蒸发，混凝土内部与表面的塑性收缩不一致而形成的相互约束所引起，如图 9.4 所示。

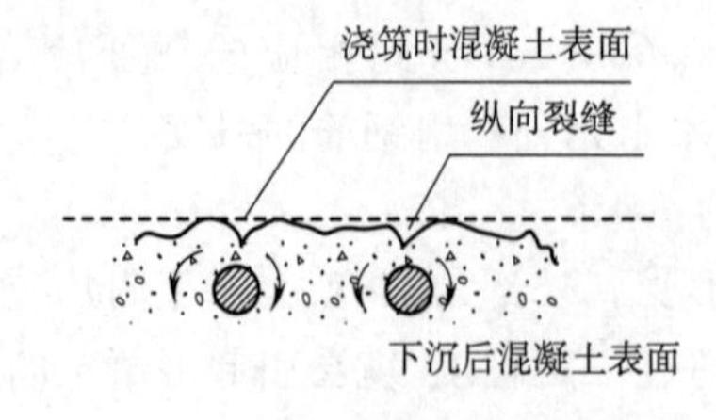

图 9.3　塑性沉降裂缝

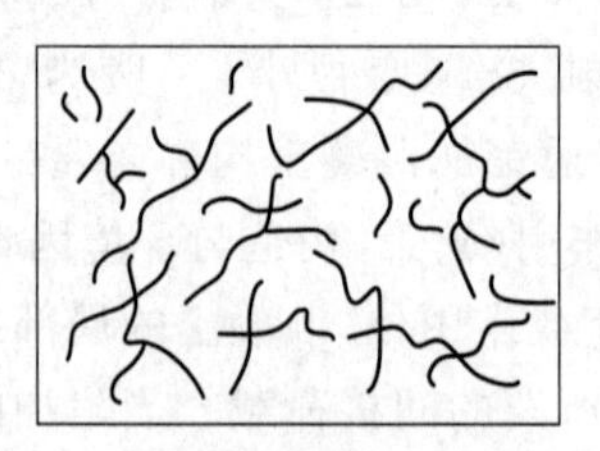

图 9.4　混凝土板的塑性收缩开裂

(2)温度裂缝

施工过程中的温度裂缝常发生于桥梁承台、基础、水坝、水闸等大体积混凝土结构中。在混凝土硬化过程中产生大量的水化热,内部温度升高。当与外部环境温度相差很大、温度应变超过当时混凝土的极限拉应变时即形成裂缝。例如,闸墩、闸墙等混凝土结构拆模后恰遇大幅度降温会产生这类裂缝。对一般尺寸的构件,这类裂缝通常垂直于构件轴向,有时仅位于构件表面,有时贯穿于整个截面。

在使用过程中,环境温度变化时,超静定结构中构件的变形受到约束,就会产生温致内力,从而引发开裂。同时,日照等因素可能会引起构件内的温度梯度。即使是静定结构,在梯度温度的作用下,同一个截面上不同位置的温度变形也不相同,变形相互约束,产生温致应力。混凝土烟囱、核反应堆容器等承受高温的结构,也会产生温度裂缝。

(3)收缩裂缝

混凝土硬化与使用过程中由于收缩引起的体积变化受到约束,如两端固定梁、高配筋率梁以及浇筑在老混凝土上、坚硬基础上的新混凝土,或混凝土养护不当时,都可能产生约束收缩裂缝。裂缝一般与轴向垂直,宽度有时很大,甚至会贯穿整个构件。

(4)施工质量引起的裂缝

施工质量问题引起的裂缝主要由于配筋不足、构件上部钢筋被踩踏下移、支撑拆除过早、预应力张拉错误等引起的。另外,混凝土施工时若无合理的整修和养护,可能在初凝时发生龟裂,但裂缝很浅。

(5)地基不均匀沉降引起的裂缝

超静定结构下的地基沉降不均匀时,引起结构构件的约束变形而可能开裂,在房屋建筑结构中这种情况较为常见,随着不均匀沉降的发展,裂缝将进一步扩大。

(6)耐久性裂缝

处于不利环境中的混凝土结构(如在含有氯离子环境中的海滨建筑物、海洋结构以及在湿度过高、气温较高大气环境中的结构),当混凝土保护层过薄,特别是密实性不良时,钢筋极易锈蚀,锈蚀物质体积膨胀而致混凝土胀裂,即所谓先锈后裂。裂缝沿钢筋方向发生后,更加速了钢筋的锈蚀过程,最后可导致保护层成片剥落。这种裂缝对结构的耐久性和安全性危害极大。此外,冻融循环作用、混凝土中碱—骨料反应、盐类和酸类物质侵蚀等都能引起混凝土结构构件开裂。碱—骨料反应是指混凝土内部的碱和碱活性骨料在混凝土浇筑后反应,当反应物积累到一定程度时吸水膨胀而使混凝土开裂。

9.2.2 裂缝控制的目的和要求

混凝土的抗拉强度远低于抗压强度,构件在不大的拉应力下就可能开裂。例如钢筋混凝土受弯构件中,在使用状态下受拉区出现裂缝是正常现象,是不可避免的。裂缝是否有害,与裂缝宽度、裂缝性质、裂缝数量以及所处的环境均有关系,通常是利用控制裂缝宽度来维持混凝土构件的适用性与耐久性。过宽的裂缝可能会引起以下问题:

(1)过宽的裂缝可能会引起渗漏。对于存储液体或挡水的结构,裂缝会引起渗漏。在水压的作用下,裂缝还可能会逐步加宽,影响结构的使用,严重时甚至会诱发结构破坏。

(2)过宽的裂缝会影响结构外观。裂缝宽度过宽,会让人产生结构有安全风险的感觉,导致使用者产生不舒服感,甚至不安全感。

(3)过宽的裂缝会降低结构的刚度。混凝土开裂后,受拉区混凝土退出工作,这相当于截面高度的降低。这会大大地降低构件的刚度,从而引发变形过大等一系列问题。

(4)过宽的裂缝可能会引发耐久性问题。早期观点认为,裂缝的产生会加速氯离子的渗透,并认为裂缝宽度越宽,钢筋锈蚀越快。近几十年的研究发现,裂缝对钢筋锈蚀的影响没有那么严重。对于开裂钢筋混凝土构件而言,氯离子在裂缝所在位置的渗透速度确实加快了,开裂位置的钢筋局部锈蚀也确实加快,然而,锈蚀后的产物会封闭裂缝,起到一个修复裂缝的作用。因此,裂缝引起的快速锈蚀只影响裂缝所在截面,混凝土构件的全面锈蚀,仍然是氯离子渗透保护层并在钢筋表面累积到一定浓度才能开始。从结构耐久性的角度看,保证混凝土的质量、密实性和必要的保护层厚度,要比控制结构表面的裂缝宽度重要得多。

因此,控制裂缝宽度的重要理由和依据,是考虑到对建筑物观瞻、对人的心理感受和使用者不安全程度的影响。为此有专题研究对公众的反应做过调查,结果发现大多数人对宽度超过 0.3 mm 的裂缝明显感到有心理压力。

构件控制等级的划分,主要根据结构的功能要求、环境条件对钢筋的腐蚀影响、钢筋种类对腐蚀的敏感性、荷载作用的时间等因素考虑。我国《混规》将裂缝控制等级划分为三级。

一级——严格要求不出现裂缝的构件。按荷载效应的标准组合进行计算时,构件受拉边缘混凝土不应产生拉应力,即

$$\sigma_{ck}-\sigma_{pc}\leqslant 0 \tag{9.1}$$

二级——一般要求不出现裂缝的构件。按荷载效应的标准组合进行计算时,构件受拉边缘混凝土允许产生拉应力,但拉应力不应超过 f_{tk},即

$$\sigma_{ck}-\sigma_{pc}\leqslant f_{tk} \tag{9.2}$$

三级——允许出现裂缝的构件。按荷载效应的准永久值组合并考虑长期荷载作用影响计算的最大裂缝宽度不应超过允许值,即

$$w_{max}<w_{lim} \tag{9.3}$$

对环境类别为二的 A 类预应力构件,在荷载准永久组合下,受拉边缘应力尚应符合以下规定:

$$\sigma_{cq}-\sigma_{pc}\leqslant f_{tk} \tag{9.4}$$

式中 σ_{ck}——在荷载效应的标准组合下,抗裂验算边缘的混凝土法向应力;

σ_{cq}——在荷载效应的准永久组合下,抗裂验算边缘的混凝土法向应力;

σ_{pc}——扣除全部预应力损失后,抗裂验算边缘混凝土的预压应力,具体含义及计算参见第 11 章;

f_{tk}——混凝土轴心抗拉强度标准值。

对预应力混凝土构件,还要通过验算主拉应力和主压应力来控制斜截面裂缝。对于严格要求不出现裂缝的构件(裂缝控制等级为一级)和一般要求不出现裂缝的构件(裂缝控制等级为二级)的裂缝控制,以及斜裂缝控制问题,详见第 11 章和第 12 章。

普通钢筋混凝土构件(即非预应力构件)多为带裂缝工作,其裂缝控制等级为三级,一般需要通过计算限制裂缝宽度。对于最大裂缝宽度允许值 w_{lim},一般从结构的耐久性以及是否有碍于建筑物的观瞻来考虑确定。各种规范所给出的裂缝宽度允许值各不相同,但都要考虑环境因素(影响结构耐久性的重要因素)对裂缝宽度限值的影响。表 9.1 是《混规》的相关限值。

表 9.1　结构的裂缝控制等级及最大裂缝宽度限值

<table>
<tr><td rowspan="2">环境类别</td><td colspan="2">钢筋混凝土结构</td><td colspan="2">预应力混凝土结构</td></tr>
<tr><td>裂缝控制等级</td><td>w_{lim}（mm）</td><td>裂缝控制等级</td><td>w_{lim}（mm）</td></tr>
<tr><td>一</td><td rowspan="4">三级</td><td>0.30(0.40)</td><td rowspan="2">三级</td><td>0.20</td></tr>
<tr><td>二 a</td><td rowspan="3">0.20</td><td>0.10</td></tr>
<tr><td>二 b</td><td>二级</td><td>—</td></tr>
<tr><td>三 a，三 b</td><td>一级</td><td>—</td></tr>
</table>

年平均相对湿度小于 60％的地区一类环境下的受弯构件，可采用括号内的数值。更详细的规定参考相应规范。

9.2.3　裂缝机理与计算理论

混凝土构件裂缝的成因很多，混凝土开裂是一个随机过程，受很多因素影响，变异性很大，即使仅限于研究静力荷载作用下产生的裂缝，影响其宽度的因素仍然相当复杂，有钢筋类型和外形（光面钢筋、带肋钢筋、钢丝、钢绞线等）、钢筋应力、钢筋布置（分散布置、成束配筋、间距等）、配筋率、混凝土与钢筋的粘结强度以及构件的受力状态等。各国进行了大量的试验和理论研究，以及对实际工程裂缝状况进行了调研和统计，在此基础上，建立了构件的抗裂和裂缝宽度计算方法。但是，至今为止，相对成熟的方法只限于承受轴拉力和弯矩的构件。本节主要讨论轴心受拉、受弯构件正截面裂缝宽度的计算方法。

1. 粘结滑移理论

粘结滑移理论是最早提出的裂缝计算理论。该理论认为，裂缝开展是由于钢筋与混凝土变形不协调出现相对滑移所致。当裂缝出现后，裂缝截面处钢筋与混凝土之间发生局部粘结破坏，钢筋伸长、混凝土回缩，其相对滑移值就是裂缝的宽度，即

$$w=\int_{-l_m/2}^{l_m/2}[\varepsilon_s(x)-\varepsilon_c(x)]\mathrm{d}x \tag{9.5}$$

式中　w——裂缝宽度；

l_m——裂缝间距；

$\varepsilon_s(x)$，$\varepsilon_c(x)$——裂缝间钢筋与混凝土的应变分布。

实际上，裂缝应变是假设混凝土应力沿轴拉构件截面均匀分布，应变服从平截面假定，构件表面的裂缝宽度与钢筋处相等（如图 9.5 中的虚线）。因而，可根据粘结应力的传递规律，先确定裂缝的间距，进而得到与裂缝间距成比例的裂缝宽度计算公式。

（1）裂缝的出现、分布与开展

图 9.6 给出了轴心受拉构件按照粘结滑移理论所得出的裂缝之间区段钢筋和混凝土的应变分布。图中 f_t^0 为混凝土实测抗拉强度。

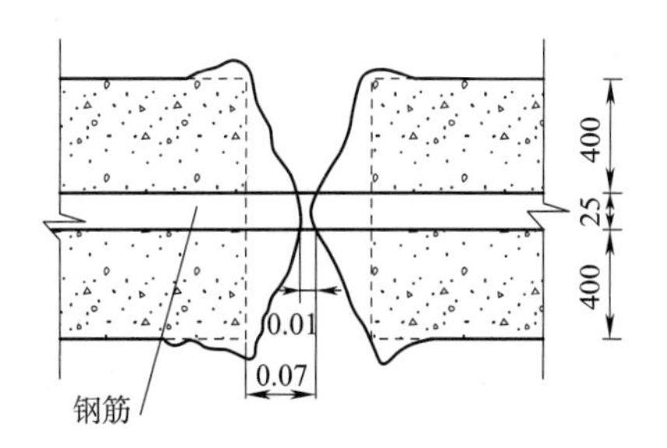

图 9.5　轴心受拉构件裂缝出现后的混凝土回缩变形（单位：mm）

裂缝出现前，除构件端部的局部区域外，混凝土和钢筋的应力和应变沿构件长度基本上是均匀分布的。由于混凝土强度的变异性以及其内部存在的微裂缝等缺陷，混凝土实际抗拉强度沿构件长度分布并不均匀（图 9.6 中的虚线）。随着轴向拉力的不断增加，混凝土的拉应力首先在构件最薄弱截面达到其抗拉强度而开裂，即第一

条(批)裂缝出现在最薄弱截面。显然,这第一条(批)裂缝的位置是随机的。

裂缝出现后的瞬间,裂缝截面位置的混凝土退出工作,应力为零。开裂前由混凝土承担的拉力转由钢筋承担,使开裂截面处钢筋应力突然增大,钢筋应力增量为 $\Delta\sigma_s = f_t/\rho$,$\rho$ 为配筋率,其值越小,$\Delta\sigma_s$ 越大。同时,裂缝处混凝土将向裂缝两边回缩,混凝土和钢筋之间产生相对滑移,导致裂缝具有一定宽度。

开裂处混凝土的回缩受到钢筋的约束,二者之间产生了粘结力,开裂截面钢筋的应力通过粘结力逐步传递给混凝土。随着离裂缝截面距离的增大,粘结应力逐步积累,钢筋的应力和应变则相应地逐渐减小,混凝土的应力和应变逐渐增大,直到离开开裂截面一定距离处,两者的应变相等,粘结力和相对滑移消失,钢筋和混凝土的应力又恢复到未开裂时的状态。这段距离 l_{tr} 为粘结应力的作用长度,即传递长度(详见第 3 章)。

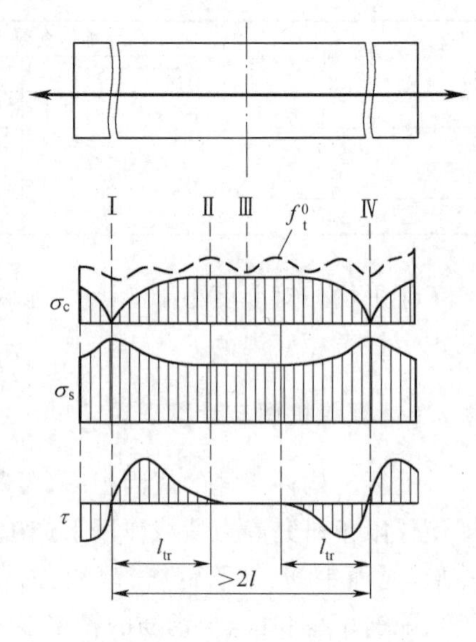

图 9.6 开裂后 σ_c 及 σ_s 分布

图 9.6 中,Ⅰ、Ⅳ位置为第一批开裂截面。距开裂截面距离小于 l_{tr} 的截面(图 9.6 位于Ⅰ、Ⅱ之间的截面)由于粘结应力传递长度不够,混凝土拉应力不可能达到抗拉强度,因此不会出现新的裂缝,即在开裂截面两侧 l_{tr} 范围内,或间距小于 $2l_{tr}$ 的已有裂缝之间,不会出现新的裂缝。所以裂缝间距最终稳定在 $l_{tr} \sim 2l_{tr}$ 之间,平均间距可取为 $1.5l_{tr}$。

出现第一批裂缝后,超过粘结应力作用长度 l_{tr} 的混凝土应力还会增大。随着荷载的继续增加,距离第一批裂缝截面 l_{tr} 之外的某些薄弱截面可能产生新的裂缝。新的裂缝出现后,构件各截面应力再次发生以上的变化。随着新的裂缝不断出现,裂缝间距不断减小,当裂缝间距小于 l_{tr} 时,裂缝间混凝土的拉应力不能通过粘结力的传递达到混凝土的抗拉强度,即使荷载继续增加,也不会出现新的裂缝,这被称为裂缝的稳定阶段。此后,继续增大荷载,裂缝数量(间距)不会增加,但是裂缝宽度会继续增加。

(2)裂缝间距

设裂缝间距为 l_m,取出两裂缝间的隔离体,如图 9.7 所示。隔离体右端为已出现第一条(批)裂缝位置,左端为即将出现第二条(批)裂缝的位置。对钢筋与混凝土分别取隔离体,由平衡条件得

$$\Delta\sigma_s A_s = f_t A \tag{9.6}$$

$$\Delta\sigma_s A_s = \tau_m \pi d l_{tr} \tag{9.7}$$

式中,A,A_s——构件与钢筋的截面积;

d——钢筋直径;

τ_m——l 长度内的平均粘结应力。

联立式(9.6)与式(9.7),可以得到

$$l_{tr} = \frac{f_t A}{\tau_m \pi d} \tag{9.8}$$

对于圆形钢筋近似有 $A_s = \pi d^2/4$,配筋率 $\rho = A_s/A$,平均裂缝间距表达式为

$$l_m = 1.5l_{tr} = \frac{1.5}{4}\frac{f_t}{\tau_m}\frac{d}{\rho} \tag{9.9}$$

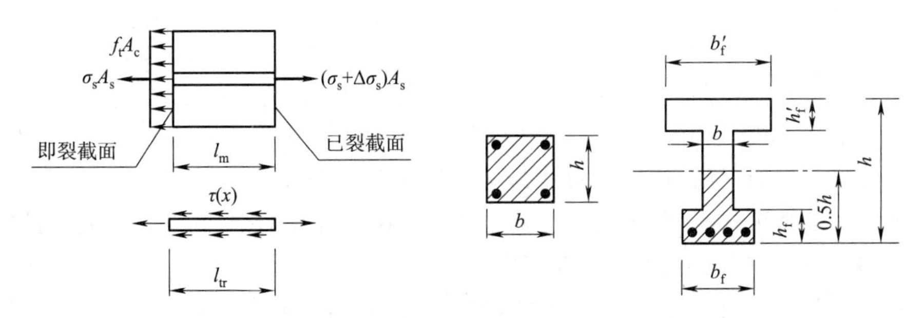

图 9.7 传递长度为 l_{tr} 的隔离体

(a)轴心受拉构件 (b)受弯、偏心受压和偏心受拉构件

图 9.8 有效受拉混凝土截面积

由于混凝土抗拉强度增加时，钢筋与混凝土之间的粘结强度也随之增加，可近似认为 f_t 与 τ_m之比为一常数，设 $K=1.5f_t/(4\tau_m)$，则平均裂缝间距可以写成

$$l_m=K\frac{d}{\rho} \tag{9.10}$$

按照粘结滑移理论，当钢筋种类和钢筋应力一定时，确定 l_m 值的主要变量是钢筋的直径和配筋率之比 d/ρ，且 l_m与之呈线性关系。

以上分析虽然只针对轴心受拉构件，但可以推广到受弯构件。对于受弯构件，可将受拉区近似为一轴心受拉构件，把配筋率改为以有效受拉混凝土面积 A_{te}计算的有效配筋率，则

$$l_m=K\frac{d}{\rho_{te}} \tag{9.11}$$

钢筋混凝土构件

$$\rho_{te}=\frac{A_s}{A_{te}} \tag{9.12}$$

预应力混凝土构件

$$\rho_{te}=\frac{A_s+A_p}{A_{te}} \tag{9.13}$$

式中，A_s为受拉纵向非预应力钢筋截面面积；A_p为受拉纵向预应力钢筋截面面积；A_{te}为有效受拉混凝土截面面积，即图 9.8 中阴影部分的面积，具体而言：

轴心受拉构件

$$A_{te}=A=bh \tag{9.14}$$

受弯、偏心受压和偏心受拉构件

$$A_{te}=0.5bh+(b_f-b)h_f \tag{9.15}$$

(3)平均裂缝宽度

按照粘结滑移理论，裂缝开展是由于钢筋与混凝土变形不协调出现相对滑移所致，裂缝宽度等于开裂截面处混凝土的回缩量，即裂缝之间钢筋与混凝土相对滑移的总和，也就是裂缝间距内钢筋与混凝土的变形量之差。定义平均裂缝间距 l_m范围内钢筋的平均应变为 ε_{sm}，混凝土的平均应变为 ε_{cm}。根据式(9.5)，平均裂缝宽度 w_m可以写为

$$w_m=(\varepsilon_{sm}-\varepsilon_{cm})l_m=\varepsilon_{sm}\left(1-\frac{\varepsilon_{cm}}{\varepsilon_{sm}}\right)l_m \tag{9.16}$$

根据试验分析，式(9.16)中的 $1-\varepsilon_{cm}/\varepsilon_{sm}\approx0.77$。引用钢筋应变不均匀系数 $\psi=\varepsilon_{sm}/\varepsilon_s$，其中，$\varepsilon_s$为开裂截面处钢筋的应变。将钢筋的应力 σ_s，物理方程与应力不均匀系数代入

式(9.16)得

$$w_{m}=0.77\psi\frac{\sigma_{s}d}{E_{s}\rho_{te}} \tag{9.17}$$

2. 无粘结滑移理论

按粘结滑移理论，裂缝在构件表面处的宽度与在钢筋表面处的宽度是相同的。然而许多试验表明这与实际情况并不完全相符，特别是使用粘结力较高的钢筋(变形钢筋)时，构件表面处裂缝宽度明显大于钢筋表面处的裂缝宽度。

观察发现，裂缝宽度在构件表面处最大，而在钢筋表面处最小(图 9.5)。于是有学者提出无滑移理论。该理论认为，钢筋与混凝土之间的滑移很小，可略去不计。可假设钢筋表面裂缝宽度为零，裂缝宽度随距钢筋距离的增大而增大，即裂缝宽度是由钢筋外围混凝土弹性回缩造成的，其值主要取决于裂缝宽度量测点到最近钢筋的距离。因此，混凝土保护层厚度是影响裂缝宽度的主要因素，与钢筋直径和配筋率的比值无关。

该理论认为：

(1)构件表面裂缝宽度 w 与该测量点到最近钢筋的距离 c 成正比。

(2)裂缝宽度 w 与该测量点的表面平均应变成正比。

依照以上分析和对试验数据的整理，平均裂缝宽度 w_{m} 可表示为

$$w_{m}=kc\frac{\sigma_{s}}{E_{s}} \tag{9.18}$$

式中，系数 k 不仅与钢筋类型有关，还与实测裂缝宽度超过平均裂缝宽度的概率有关。

3. 组合计算模式

无论是粘结滑移理论或是无滑移理论，都对解释混凝土受拉裂缝的规律做出了贡献。它们对于裂缝主要影响因素的分析与取舍各有侧重，也都得到了一定试验结果的支持。但它们的计算形式与结果差别很大，也很难完全地解释所有的试验现象和数据。

按照粘结滑移理论，平均裂缝宽度 w_{m} 与 d/ρ 成正比，比例常数取决于粘结强度。大量试验发现，此常数值与粘结强度并不成比例关系。例如，配置带肋钢筋时的粘结强度是配置光面钢筋时的 2～3 倍，但相对的平均裂缝宽度 w_{m} 仅为 1.2～1.3 倍。此外，式(9.16)表明按照粘结滑移理论，当配筋率 ρ_{te} 相同时，钢筋直径越细，裂缝间距越小，裂缝宽度也就越小，即裂缝的分布会密而细，这也是控制裂缝宽度的一个重要原则。但是，当 d/ρ_{te} 趋于零时，式(9.16)计算的裂缝间距趋于零，这不符合实际情况。图 9.9 为实测裂缝间距 l_{m} 与 d/ρ_{te} 的关系，由图中可以看出，试验结果支持式(9.16)中 l_{m} 与 d/ρ_{te} 呈线性关系，但拟合直线的截距不为 0。这表明，还存在有其他因素影响裂缝间距 l_{m}。

无滑移理论将混凝土保护层厚度作为影响裂缝宽度的主要因素，而且在计算式中设定为唯一因素。大量的试验结果表明：这个结论与保护层厚度 c 在 15～80 mm范围内的试验结果比较吻合；当 c 小于 15 mm 时，计算裂缝宽度偏小约 50%；当 c 大于 80 mm 时，计算裂缝宽度又普遍偏大，且 c 值越大，偏高越多。

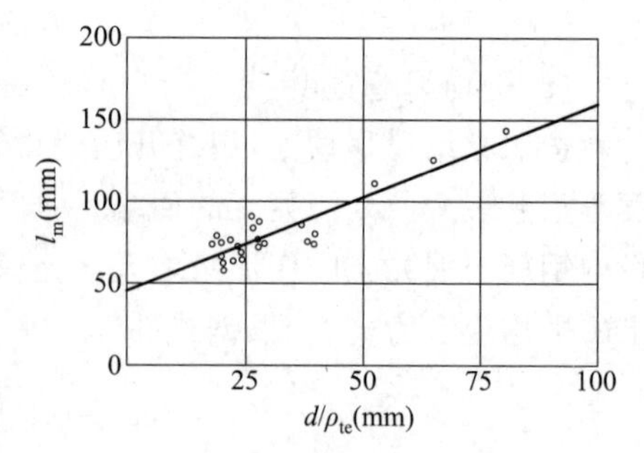

图 9.9　裂缝间距与 d/ρ_{te} 的关系

为了获得混凝土受拉裂缝的更多信息，研究人员设计了大量的试验方法。例如：在实验过程中将红墨水挤压入裂缝，使之着色，以便于试验后区分试验中产

生的裂缝与解剖构件过程中产生的新裂缝。其中,混凝土内部裂缝(次裂缝)的产生可以用来解释保护层厚度的影响。

如图 9.10 所示,构件的受拉裂缝,除了表面上,我们所观测的垂直于钢筋轴线的裂缝(主裂缝)外,还有自钢筋横肋处向外延伸的次裂缝。这些裂缝是因为钢筋横肋与混凝土的机械咬合力的径向分量产生的拉应力引起的。该拉应力沿着钢筋到混凝土表面的分布并不均匀,这与粘结滑移理论的假定是不吻合的。次裂缝的产生会削弱钢筋与混凝土的粘结,但当保护层比较厚时,次裂缝不会扩展至混凝土表面,形成外表可观测到的主裂缝。由图 9.10 可以看出,钢筋上下两侧的具有数量相当的内部裂缝,由于上侧的保护层较厚,较少的内部裂缝发展至外表可见的主裂缝,因此裂缝间距较大;相反,下侧的保护层较薄,大量的内部裂缝发展为外表可见的主裂缝,因此裂缝间距较小。

结合上述两种理论(图 9.11),既考虑到保护层厚度对裂缝宽度的影响,也考虑了钢筋可能出现的滑移,平均裂缝间距可以写成

$$w_{\mathrm{m}}=k_{\mathrm{w}}\psi\frac{\sigma_{\mathrm{s}}}{E_{\mathrm{s}}}\left(k_1c+k_2\frac{d}{\rho_{\mathrm{te}}}\right) \tag{9.19}$$

式中各项系数 k_{w}、k_1 与 k_2 的值,都与前述有关表达式中的不同,应根据理论分析和试验研究结果确定。

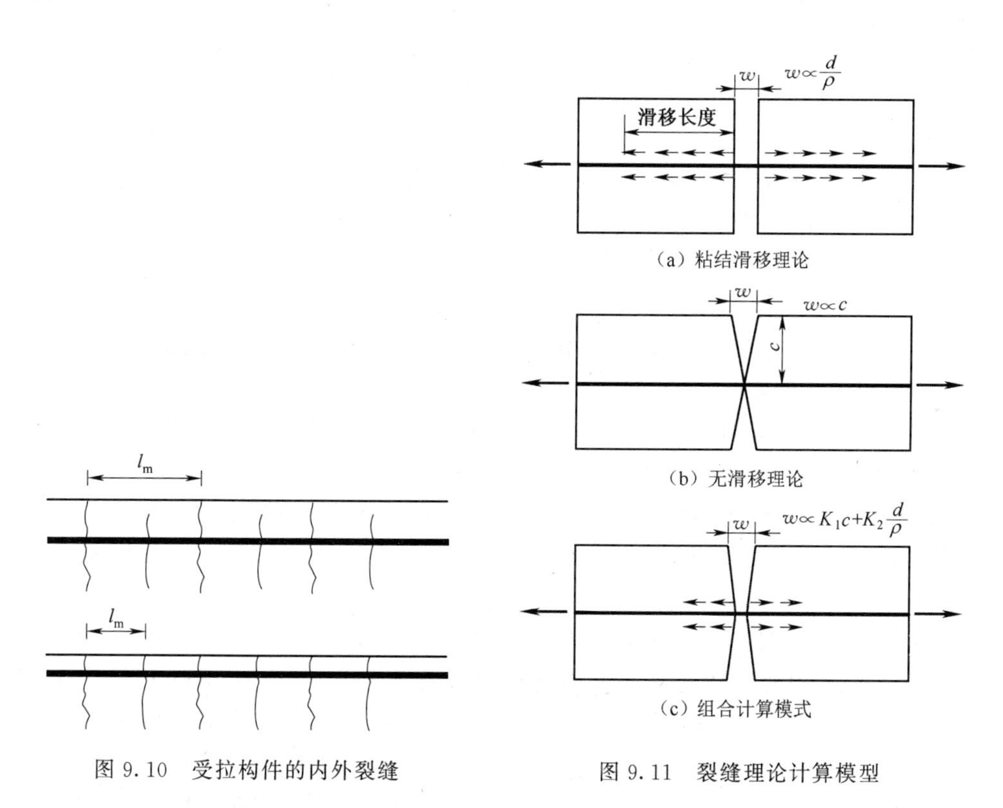

图 9.10 受拉构件的内外裂缝

图 9.11 裂缝理论计算模型

9.2.4 裂缝宽度的实用计算方法

1. 半理论半经验的计算方法

9.1.3 节给出了裂缝宽度平均值的计算理论。将其应用于实际工程,需要解决两个问题:(1)利用理论分析与试验数据确定式(9.19)中的待定参数 k_{w}、k_1 与 k_2;(2)处理实际裂缝宽度

的不均匀性与荷载长期作用的影响。

(1)待定参数 k_w、k_1与 k_2的确定

根据试验结果并参照使用经验,可确定式(9.19)中的 $k_w=0.77$(受弯、偏心受压)或 0.85(轴心、偏心受拉),$k_1=1.9$,$k_2=0.08$。采用等效直径 d_{eq}反映不同种类钢筋、不同直径钢筋以及不同预应力施工方法等情况下钢筋与混凝土之间的粘结特性:

$$d_{eq}=\frac{\sum n_i d_i^2}{\sum n_i v_i d_i} \tag{9.20}$$

式中 d_i——第 i 种纵向受拉钢筋的直径(mm);

n_i——第 i 种纵向受拉钢筋的数量;

v_i——第 i 种纵向受拉钢筋的粘结特性系数(表 9.2)。

表 9.2 钢筋的相对粘结特性系数

钢筋类别	钢筋		先张法预应力钢筋			后张法预应力钢筋		
	光面钢筋	带肋钢筋	带肋钢筋	螺旋肋钢丝	刻痕钢丝、钢绞线	带肋钢筋	钢绞线	光面钢丝
v_i	0.7	1.0	1.0	0.8	0.6	0.8	0.5	0.4

注:环氧树脂涂层带肋钢筋的相对粘结特性系数应按表中系数乘以 0.8 取用。

(2)裂缝宽度的不均匀性与荷载长期作用的影响

实际裂缝宽度的不均匀性与荷载长期作用的影响,可以在平均裂缝宽度的基础上乘以放大系数得到。

取实测裂缝宽度与平均裂缝宽度的比值为 τ_s。测量数据表明,τ_s基本满足正态分布。因此超越概率为 5%的最大裂缝宽度为

$$w_{max}=w_m(1+1.645\delta)=w_m\tau_s \tag{9.21}$$

式中 δ——裂缝宽度变异系数。

要注意 w_{max}并不是实测的最大裂缝宽度,只表明实际裂缝宽度不超过 w_{max}的保证率约为 95%,故也称为特征裂缝宽度。

根据试验统计,对受弯构件,$\delta=0.4$,故取裂缝扩大系数 $\tau_s=1.66$;对轴心受拉构件和偏心受拉构件,取最大裂缝宽度的扩大系数为 $\tau_s=1.9$。

在长期荷载作用下,由于混凝土进一步收缩、徐变以及钢筋与混凝土之间粘结滑移徐变等因素,裂缝宽度将随时间推移逐渐增大。根据长期观测结果,长期荷载下的裂缝扩大系数取为 $\tau_l=1.5$。

(3)裂缝间纵向受拉钢筋应变不均匀系数 ψ

系数 ψ 为裂缝间钢筋平均应变 ε_{sm}与裂缝截面处钢筋应变 ε_s之比。由第 3 章中钢筋与混凝土的粘结关系可以知道:裂缝间的钢筋之所以存在应力变化,是因为钢筋与混凝土的粘结可以将部分拉力传递给裂缝间的混凝土。因此,钢筋应力不均匀系数也反映了裂缝截面之间混凝土参与受拉的程度。或者说,反映了钢筋混凝土中的受拉刚化效应的大小。

受弯构件试验中实测 ψ 值随着弯矩的变化,回归得到 ψ 的经验公式为

$$\psi=1.1\left(1-\frac{M_{cr}}{M}\right) \tag{9.22}$$

式中 M_{cr},M——钢筋混凝土梁的开裂弯矩与截面作用弯矩。

如果将构件的开裂弯矩用混凝土的抗拉强度 f_{tk}来表示,截面作用弯矩用开裂截面的钢筋

应力 σ_{sq} 与有效配筋率 ρ_{te} 来表示，并进行适当简化，式(9.22)可以写为

$$\psi=1.1-\frac{0.65f_{tk}}{\rho_{te}\sigma_{sq}} \tag{9.23}$$

显然，ψ 大于 1 的情况是没有物理意义的，如果求得的 $\psi>1.0$ 时，取 $\psi=1.0$。当 ψ 等于 1 时，裂缝间的钢筋平均应变与裂缝截面处钢筋应变相同，即无受拉刚化效应。混凝土与钢筋之间无粘结力，裂缝间的混凝土不承担任何拉力。随着 ψ 的减小，受拉刚化效应逐渐增强，混凝土承担的拉力增大，钢筋与混凝土的应变差减小，裂缝宽度也随着减小。当 ψ 的计算值较小时，可能会高估了混凝土的作用。因此，当 $\psi<0.2$ 时，取 $\psi=0.2$。

试验结果还证实：式(9.23)对轴心受拉构件、偏心受拉构件、受弯构件和偏心受压构件都适用。

综合所述，《混规》给出按荷载准永久组合并考虑长期作用影响的最大裂缝宽度计算公式(适用于矩形、T 形、倒 T 形和 I 形截面的钢筋混凝土受拉、受弯和偏心受压构件)：

$$w_{max}=\alpha_{cr}\psi\frac{\sigma_{sq}}{E_s}\left(1.9c_s+0.08\frac{d_{eq}}{\rho_{te}}\right) \tag{9.24}$$

式中 α_{cr}——构件受力特征系数；对受弯构件，$\alpha_{cr}=1.5\times1.66\times0.77=1.9$；对轴心受拉构件，$\alpha_{cr}=1.5\times1.9\times0.85\times1.1=2.7$；对其他构件，可按表 9.3 取用；

c_s——最外层纵向钢筋外边缘至受拉底边的距离(mm)；$c_s<20$ mm 时，取 $c_s=20$ mm；当 $c_s>65$ mm，取 $c_s=65$ mm；

ρ_{te}——按有数受拉区混凝土截面面积计算的纵向受拉钢筋配筋率；计算最大裂缝宽度时，若 $\rho_{te}<0.01$，取 $\rho_{te}=0.01$。

表 9.3 构件受力特征系数 α_{cr}

类 型	钢筋混凝土构件
受弯、偏心受压	1.9
偏心受拉	2.4
轴心受拉	2.7

2. 以数理统计分析为基础的计算方法

除了采用半理论半经验的办法计算裂缝宽度，还可以应用数理统计方法，直接归纳最大裂缝宽度的计算公式。这一类方法的基础是积累相当数量试件的裂缝宽度量测数据，以每个试件的最大裂缝宽度为观测值，然后进行数理统计分析，在确定影响裂缝宽度的主要因素后，归纳得到最大裂缝宽度的计算公式。

我国的《港口工程混凝土结构设计规范》和《公路钢筋混凝土及预应力混凝土桥涵设计规范》、美国的《美国房屋建筑混凝土结构规范》(ACI 318)采用的就是以数理统计分析为基础的计算方法。

(1)影响裂缝宽度的主要因素

由 9.1 节的裂缝开展机理与计算理论，可以知道影响裂缝宽度的主要因素包括以下几方面：

①受拉钢筋应力 σ_s。使用荷载作用下的钢筋应力是影响裂缝宽度的最主要因素，σ_s 越大，裂缝宽度 w_{max} 越大。所以在受弯构件中采用过高强度的钢筋，会引起裂缝宽度超过限值。一般认为裂缝宽度大致与 σ_s 成正比，但也有研究者认为二者为非线性关系。

②混凝土与钢筋之间的粘结力。变形钢筋与混凝土的粘结力大于光面钢筋，其裂缝宽度也小于后者。

③混凝土保护层厚度 c。其他条件相同时，保护层厚度越大，构件表面裂缝宽度也越大。因此增大保护层厚度对构件表面裂缝宽度是不利的。但需要注意：不能为减小裂缝宽度而任

意减小保护层厚度。试验表明,混凝土的质量、密实性和足够的混凝土保护层厚度对抵御钢筋锈蚀的作用超过混凝土表面裂缝宽度。实际上,由于一般构件的保护层厚度的变化范围不大,在裂缝宽度的计算公式中可以不考虑保护层厚度的影响。

④钢筋直径及其布置方式。配筋率保持不变,受弯构件裂缝间距和裂缝宽度随着钢筋直径增大而增大。另外,钢筋的分布方式对裂缝宽度有显著影响(见 9.1 节)。

⑤荷载作用性质。长期荷载作用下的裂缝宽度较大。反复荷载作用下,裂缝宽度也会增大。

⑥构件受力性质(受弯、受压等)。

(2)最大裂缝宽度计算公式

《公路桥规》给出的裂缝宽度计算公式如下(单位:mm):

$$w_{\max}=C_1C_2C_3\,\frac{\sigma_{\mathrm{sk}}}{E_{\mathrm{s}}}\left(\frac{30+d}{0.28+10\rho}\right) \tag{9.25}$$

$$\rho=\frac{A_{\mathrm{s}}}{bh_0+(b_{\mathrm{f}}-b)h_{\mathrm{f}}} \tag{9.26}$$

式中 C_1——钢筋表面形状系数;对光面钢筋,$C_1=1.4$;对带肋钢筋,$C_1=1.0$;

C_2——作用(或荷载)长期作用效应影响系数,$C_2=1+0.5M_lM_{\mathrm{s}}$,其中 M_l 为长期荷载(荷载效应准永久值)作用下的内力值(弯矩或轴向力),M_{s} 为全部使用荷载(荷载效应标准值)作用下的内力值(弯矩或轴向力);

C_3——与构件受力性质有关的系数;对板式受弯构件,$C_3=1.15$;对其他受弯构件 $C_3=1.0$;对轴心受拉构件,$C_3=1.2$;对偏心受拉构件,$C_3=1.1$;对偏心受压构件,$C_3=0.9$;

σ_{sk}——全部使用荷载(荷载效应标准值)作用下的钢筋应力;

d——纵向钢筋直径(mm);当采用不同钢筋直径时,d 改用换算直径 d_{e},d_{e}的含义与式(9.20)相同;

ρ——纵向受拉钢筋配筋率;当 $\rho>0.02$ 时,取 $\rho=0.02$;当 $\rho<0.006$ 时,取 $\rho=0.006$;对于轴心受拉构件,ρ 按全部受拉钢筋截面面积 A_{s}的一半计算;

b_{f},h_{f}——构件受拉翼缘宽度和厚度。

式(9.25)中并未包含混凝土保护层厚度,这是由于一般构件的保护层厚度与构件高度比值的变化范围不大($c/h\approx0.05\sim0.1$),所以在裂缝宽度计算公式里可以不出现保护层厚度,其影响可以通过综合调整公式中相关参数加以考虑。

9.2.5 钢筋有效约束区与裂缝宽度控制

裂缝的开展是由于钢筋外围混凝土的回缩引起的,而混凝土的回缩受到钢筋的约束。试验测量表明,构件表面裂缝宽度大于钢筋处裂缝宽度,如图 9.12 所示,也就是说混凝土的回缩是不均匀的。混凝土到钢筋表面的距离不同,受粘结应力影响的程度也不一样。钢筋表面混凝土受到的约束最大,裂缝宽度很小;而距钢筋较远的构件表面混凝土受约束程度较小,裂缝宽度较大。因此,混凝土的回缩量随着距钢筋表面距离的增大而增大。每根钢筋对周围混凝土回缩的约束作用是有一定范围的,该范围称为钢筋有效约束区。

钢筋有效约束区的概念对控制裂缝宽度具有重要意义。

图 9.12 为承受负弯矩的 T 形截面梁(翼缘板受拉),两根梁受拉钢筋配筋率相近。试验

表明,沿翼缘均匀布置钢筋的梁[图 9.12(b)],裂缝宽度较小,作为对比,将受拉钢筋集中布置在梁腹板宽度内[图 9.12(a)],则裂缝宽度较大,这是由于集中配筋方式的有效约束区仅限于腹板宽度范围,远离梁腹的翼缘边缘不受钢筋约束,裂缝开展很大。

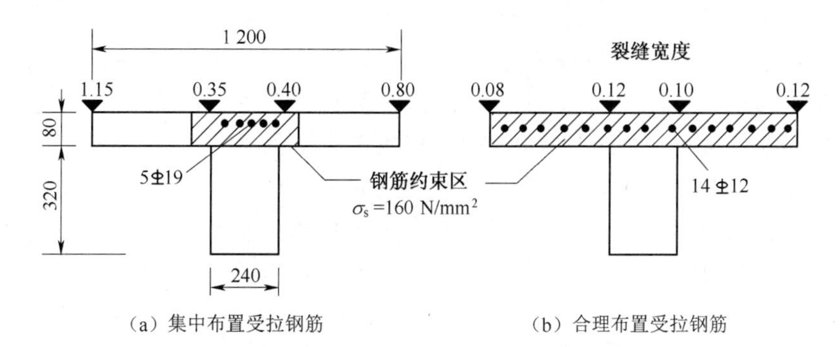

图 9.12 钢筋布置方式对裂缝宽度的影响(单位:mm)

图 9.13 为高度较大的 T 形截面梁。如果受拉钢筋集中配置在底部受拉区,则会出现距离钢筋较近处裂缝密而细,距离钢筋较远的腹板处裂缝稀而宽的树枝状裂缝分布,这是由于腹板超出了钢筋有效约束区。如果在梁腹板部分设置纵向钢筋,则扩大了钢筋有效约束区范围,可避免树枝状裂缝,减小梁腹板处裂缝间距和宽度。这个现象很好地说明了钢筋有效约束区的概念。

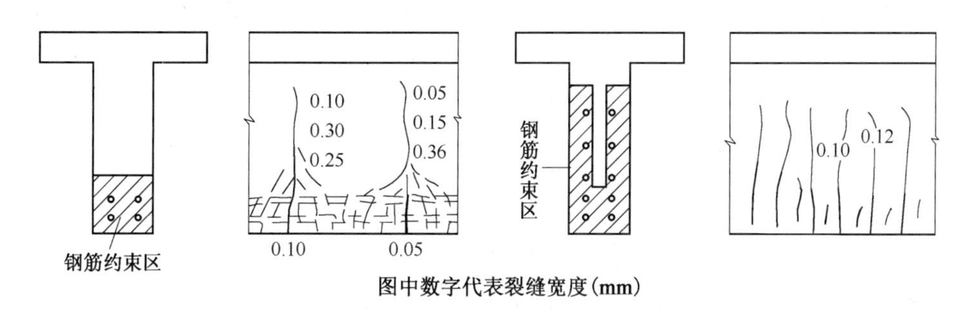

图 9.13 梁腹部纵筋对裂缝宽度的影响

图 9.14 阴影部分为钢筋有效约束区,图中 d 为钢筋直径,c 为混凝土保护层厚度。钢筋有效约束区的范围,各国规范取值不同。图 9.14(c)取以钢筋为中心,7.5d 为半径的圆的范围作为钢筋有效约束区。根据钢筋有效约束区的概念,合理布置钢筋是控制裂缝宽度十分有效的方法。如果钢筋间距过大,钢筋有效约束之外的区域,裂缝很可能展开过大。各设计规范对钢筋的合理布置及其间距都有一定要求。

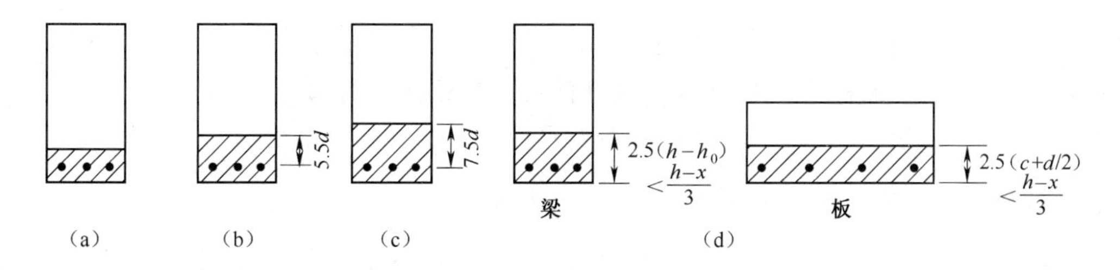

图 9.14 钢筋有效约束区的范围

《混规》规定：对于腹板高度 $h_w \geqslant 450$ mm 的梁(图 9.15)，应在梁两侧面沿高度配置纵向构造钢筋(俗称腰筋)。每侧纵向构造钢筋(不包括梁上、下受力钢筋及架立钢筋)的截面面积不应小于腹板截面面积 bh_w 的 0.1%，且间距不宜大于 200 mm。这样布置构造钢筋不仅可限制裂缝的出现和发展，还可以抵抗可能存在的扭矩作用。然而，有研究认为，《混规》把腰筋配筋率与梁宽联系的做法不合理，他们认为腰筋仅对梁腹两个侧面的一个混凝土窄条产生有效约束，沿一个侧面布置的腰筋不能有效约束另一个侧面的裂缝发展。因此腰筋的配筋率不应该以整个腹板宽度作为分母，而应该以有效约束区面积作为分母，重新定义腰筋配筋率。

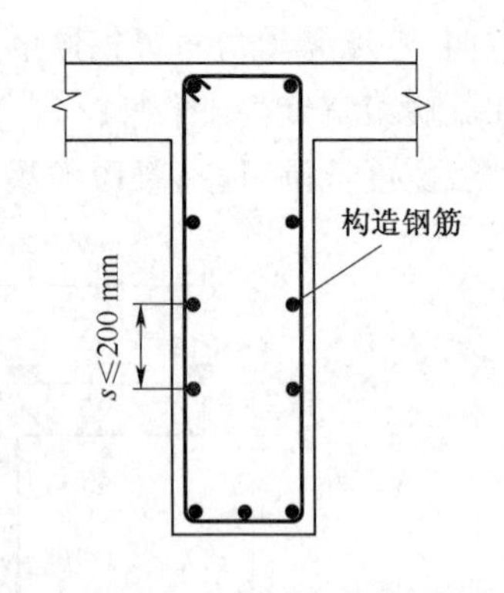

图 9.15 用构造钢筋控制裂缝

《美国房屋建筑混凝土结构规范》(ACI 318)通过限制钢筋间距及应力来控制裂缝宽度。该规范要求，离受拉边最近的钢筋间距 s 应满足式(9.27)：

$$s \leqslant 380\left(\frac{280}{f_s}\right) - 2.5c_c \text{且} s \leqslant 300\left(\frac{280}{f_s}\right) \tag{9.27}$$

式中 c_c——从钢筋表面到构件受拉边的最小距离；

f_s——距离受拉边最近的钢筋在使用荷载(荷载标准值)下的计算应力，可以用不乘以分项系数的弯矩进行计算，也可以近似取为 $f_s = 2f_y/3$。

ACI 318 还规定：如果梁的高度超过 900 mm，应该在构件两个侧面均匀布置纵向表层钢筋。表层钢筋应从受拉边布置到距该边为 $h/2$ 高度处，表层钢筋的间距应满足式(9.27)，但式中 c_c 为从侧面表层钢筋表面到构件侧面的最小距离(图 9.16)，对表层钢筋的配筋率并没有作直接的规定。

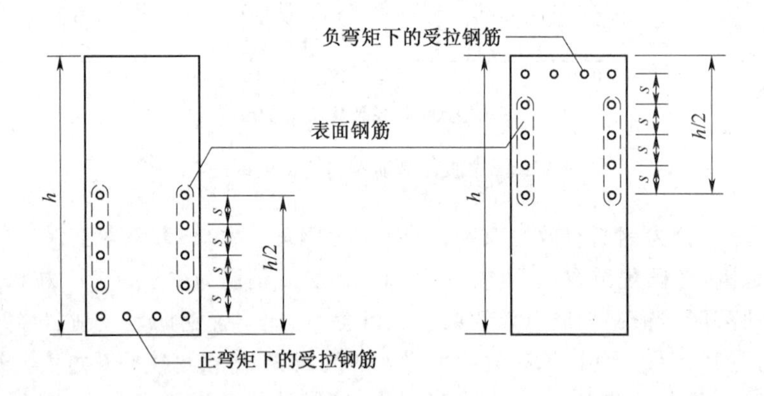

图 9.16 $h>900$ mm 的梁中的表层钢筋

裂缝宽度的变异性是很大的，而且很难准确计算。以上对钢筋分布方式及其间距的规定，乃至其他工程上有效的构造要求(如抗剪箍筋能有效阻止柱子内部裂缝的发生和扩展)，其意图都是把裂缝宽度限制在实际工程可接受的范围内。

9.2.6 裂缝位置钢筋应力的计算

无论是采用半理论半经验的计算方法还是以数理统计为基础的方法，裂缝位置的钢筋应

力 σ_s 均是重要的计算参数，σ_s 的值可根据按荷载效应标准组合或准永久组合计算的轴力或弯矩下裂缝截面处的平衡条件求得。

1. 轴心受拉构件

$$\sigma_s=\frac{N-N_{p0}}{A_p+A_s} \tag{9.28}$$

式中 N_{p0}——混凝土法向应力等于零时预应力钢筋和非预应力钢筋的合力，对钢筋混凝土受拉构件，取 $A_p=0$，$N_{p0}=0$；

N——加于构件上的轴力值，对钢筋混凝土构件按荷载准永久组合计算：$N=N_q$，对预应力混凝土构件按荷载标准组合计算：$N=N_k$。

2. 受弯构件

对钢筋混凝土受弯构件（图 9.17）有

$$\sigma_{sq}=\frac{M_q}{A_s\gamma_s h_0} \tag{9.29}$$

式中 M_q——按荷载准永久组合计算的弯矩值；

γ_s——开裂截面内力臂长度系数，其值与构件的混凝土强度、配筋率以及受压区的截面形式等因素有关。根据试验结果，可按以下公式计算：

$$\gamma_s=1-0.4\frac{\sqrt{\alpha_E\rho}}{1+2\gamma_f'} \tag{9.30}$$

其中 γ_f'——受压区翼缘加强系数：

$$\gamma_f'=\frac{(b_f'-b)h_f'}{bh_0} \tag{9.31}$$

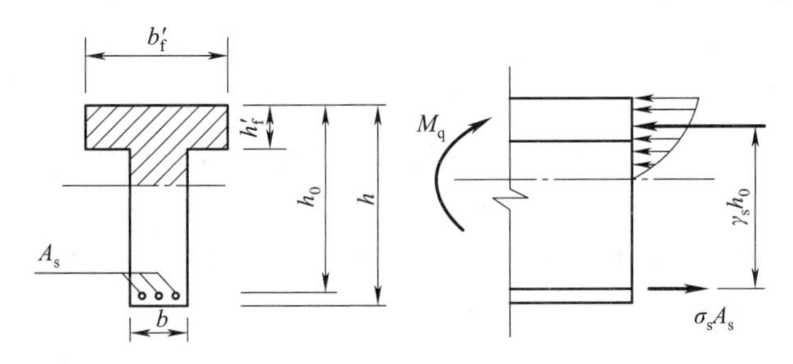

图 9.17 受弯构件开裂截面的应力图形

在使用荷载下，当 $M=(0.6\sim0.8)M_u$ 时，梁处于第Ⅱ工作阶段。试验和理论分析表明：在常用混凝土强度等级、配筋率的情况下，截面相对受压区高度 $\xi=x/h_0$ 值的变化很小，γ_s 值在 $0.83\sim0.93$ 之间波动，可近似取 $\gamma_s=0.87$。

对预应力混凝土受弯构件有

$$\sigma_s=\frac{M_k-N_{p0}(z-e_p)}{(\alpha_p A_p+A_s)z} \tag{9.32}$$

式中 M_k——按荷载标准组合计算得到的弯矩值；

N_{p0}——计算截面上混凝土法向预应力等于零时的预加力值或全部纵向预应力筋和非预应力钢筋的合力；

α_p——无粘结预应力筋的等效折减系数，取 $\alpha_p=0.3$，对灌浆的后张预应力筋，取 $\alpha_p=1.0$；

e_p——N_{p0}的作用点至受拉区纵向预应力和非预应力钢筋合力点的距离；

z——受拉区纵向非预应力钢筋和预应力筋合力点至截面受压区合力点的距离，可采用如下经拟合回归后的公式进行计算：

$$z=\left[0.87-0.12(1-\gamma_f')\left(\frac{h_0}{e}\right)^2\right]h_0 \tag{9.33}$$

其中
$$e=e_p+\frac{M_k}{N_{p0}} \tag{9.34}$$

3. 钢筋混凝土偏心受拉构件

$$\sigma_s=\frac{N_q e'}{A_s(h_0-a_s')} \tag{9.35}$$

式中 e'——轴向拉力作用点至受压区或受拉较小边纵向受力钢筋合力点的距离。

4. 钢筋混凝土偏心受压构件

$$\sigma_s=\frac{N_q(e-z)}{A_s z} \tag{9.36}$$

$$e=\eta_s e_0+y_s \tag{9.37}$$

$$\eta_s=1+\frac{1}{4\ 000 e_0 h_0}\left(\frac{l_0}{h}\right)^2 \tag{9.38}$$

式中 z——纵向受拉钢筋合力点至截面受压区合力点的距离，按式(9.33)计算，且不大于 $0.87h_0$；

e_0——荷载准永久组合下的初始偏心距，$e_0=M_q/N_q$；

y_s——截面重心至纵向受拉钢筋合力点的距离；

η_s——使用阶段轴向压力偏心增大系数，认为使用阶段截面的曲率约为承载能力极限状态下的曲率的1/2，当 l_0/h 不大于14时，取 $\eta_s=1.0$。

【例题9.1】 已知矩形截面钢筋混凝土简支梁，$b=350$ mm，$h=700$ mm，梁计算跨度 $l_0=7$ m，承受均布永久荷载 $g_k=18$ kN/m，均布可变荷载 $q_k=12$ kN/m，准永久值系数 $\psi_q=0.4$，采用C30混凝土，配置HRB335级受拉纵筋4 Φ 22，$A_s=1\ 520\ \text{mm}^2$，混凝土保护层厚度 $c_s=30$ mm，按一类环境考虑，裂缝宽度限值 $w_{lim}=0.3$ mm。试验算裂缝宽度。

【解】 查《混规》得，$f_{tk}=2.01$ MPa，$E_s=2.0\times10^5$ MPa，$E_c=3.0\times10^4$ MPa。

$$\alpha_E=E_s/E_c=2.0\times10^5/3.00\times10^4=6.667$$

$$h_0=h-a_s=700-\left(30+\frac{22}{2}\right)=659(\text{mm})$$

$$\rho=\frac{A_s}{bh_0}=\frac{1\ 520}{350\times659}=0.006\ 59$$

混凝土有效受拉区面积和有效配筋率：

$$A_{te}=0.5bh=0.5\times350\times700=122\ 500(\text{mm}^2)$$

$$\rho_{te}=\frac{A_s}{A_{te}}=\frac{1\ 520}{122\ 500}=0.012\ 4$$

梁跨中弯矩标准值：$M_{Gk}=\frac{1}{8}g_k l_0^2=\frac{1}{8}\times18\times7^2=110.25(\text{kN}\cdot\text{m})$

$$M_{Qk}=\frac{1}{8}q_k l_0^2=\frac{1}{8}\times12\times7^2=73.50(\text{kN}\cdot\text{m})$$

弯矩准永久值 $M_q=M_{Gk}+\psi_q M_{Qk}=110.25+0.4\times73.5=139.65(\text{kN}\cdot\text{m})$

$$\sigma_{sq}=\frac{M_q}{0.87h_0A_s}=\frac{139.65\times10^6}{0.87\times659\times1\,520}=160.2(\text{MPa})$$

$$\psi=1.1-0.65\frac{f_{tk}}{\rho_{te}\sigma_{sq}}=1.1-0.65\times\frac{2.01}{0.012\,4\times160.2}=0.442$$

将上述数据代入式(9.24)得

$$\begin{aligned}\omega_{max}&=1.9\psi\frac{\sigma_{sq}}{E_s}\left(1.9c_s+0.08\frac{d_{eq}}{\rho_{te}}\right)\\&=1.9\times0.442\times\frac{160.2}{2.0\times10^5}\times\left(1.9\times30+0.08\times\frac{22}{0.012\,4}\right)\\&=0.13(\text{mm})<\omega_{lim}=0.3(\text{mm})(\text{符合要求})\end{aligned}$$

9.3 构件的刚度与变形控制

9.3.1 变形控制的目的和要求

在结构的使用过程中,各种荷载的作用都将产生相应的变形。例如:梁和板的跨中挠曲,梁端的转角,墩、柱和墙的侧向位移等。钢筋混凝土结构的材料主体是混凝土,它的强度低,故构件截面尺寸大,使用阶段的应变小。因此,与钢结构相比,混凝土结构具有较大的整体刚度与较小的变形。

混凝土构件的刚度与变形控制的目的具体包括:

(1)保证结构的使用功能要求。结构变形过大,会严重影响甚至丧失它的使用功能。例如,桥梁上部结构过大的挠曲变形使桥面形成凹凸的波浪形,影响车辆高速平稳行驶,严重时将导致桥面结构的破坏;支承精密仪器设备的梁板结构挠度过大,将使仪器功能和产品质量受到影响;房屋结构挠度过大会造成积水而产生渗漏等。

(2)防止对结构产生不良影响。结构中某一构件的变形过大,会导致结构实际受力与计算假定不符,并影响到与它连接的其他构件也发生过大变形,有时甚至会改变荷载的传递路线、大小和性质。例如,吊车在变形过大的吊车梁上行驶时,会引起厂房的振动,又如支承在砖墙上的梁产生过大转角时,将使支承面积减小,支承反力偏心增大,引起墙体开裂等。

(3)防止对非结构构件的功能产生不良影响。例如,结构变形过大会使门窗不能正常开关,还会导致隔墙、天花板等的开裂或损坏等。

(4)保证使用者的安全感和舒适感。过大的变形、振动会引起使用者的不适或不安全感,甚至心理恐慌。有时这一因素起主导作用,即使结构的安全性和使用性能不成问题,也不得不采取措施加以解决。

为保证结构在正常使用时性能良好,需要对结构的变形作一定的控制。此外,高强度材料使构件截面趋于减小,刚度也随之减小,因此控制挠度就更加重要。表9.4为《混规》中关于构件挠度的限值。注意,《公路桥规》、《铁路桥规》以及《混规》中对挠度的限值各不相同,使用时应根据所设计的结构类型采用不同的规范。

表9.4 《混规》对受弯构件挠度的限值

构件类型		挠度限值
吊车梁	手动吊车	$l_0/500$
	电动吊车	$l_0/600$

续上表

构件类型		挠度限值
房屋、楼盖及楼梯构件	当 $l_0<7$ m 时	$l_0/200$ ($l_0/250$)
	当 7 m$<l_0\leqslant 9$ m 时	$l_0/250$ ($l_0/300$)
	当 $l_0>9$ m 时	$l_0/300$ ($l_0/400$)

注:括号内的数值适用于对挠度有较高要求的构件,l_0 为计算跨度。

控制变形有两种方法:第一种是间接法,比如对梁的跨高比规定一个适当的上限。这种方法简单,当材料、跨度、荷载、荷载分布形式以及构件的大小和比例都在常用范围内时,该方法往往能够满足实际工程要求。另一种方法是计算挠度,使计算值不超过规范规定的限值,即

$$f\leqslant f_{\lim} \tag{9.39}$$

挠度限值主要依据上述控制的目的和工程经验确定。

9.3.2 截面刚度与构件变形的关系

由材料力学可知,根据平截面假定,弹性匀质材料梁的挠曲线微分方程可以写为

$$\frac{\mathrm{d}^2 y(x)}{\mathrm{d}x^2}=\kappa=\frac{1}{\rho}=-\frac{M(x)}{EI} \tag{9.40}$$

式中,$y(x)$为沿梁纵向各个位置的挠度值;κ 与 ρ 分别为梁截面的曲率与曲率半径;EI 为截面的抗弯刚度,E 为材料的弹性模量,I 为截面的惯性矩。

显然,式(9.40)的解依赖于:截面的抗弯刚度 EI、结构跨度、支承边界条件以及荷载形式与集度。对式(9.40)分别进行一次与二次积分,再代入边界条件,即可得到构件的转角与挠度。其中,梁的最大挠度 f 为

$$f=\alpha\frac{Ml_0^2}{EI} \tag{9.41}$$

式中 M——梁的最大弯矩;

l_0——梁的计算跨度;

α——与荷载形式、支承条件相关的系数,例如,承受均匀荷载的简支梁的挠度为 $f=5ql^4/(384EI)$,其中 $\alpha=5/48$。

对于弹性匀质梁而言,当材料与截面尺寸确定后,其抗弯刚度 EI 为定值,因此挠度 f 与弯矩呈线性关系,如图 9.18 所示。

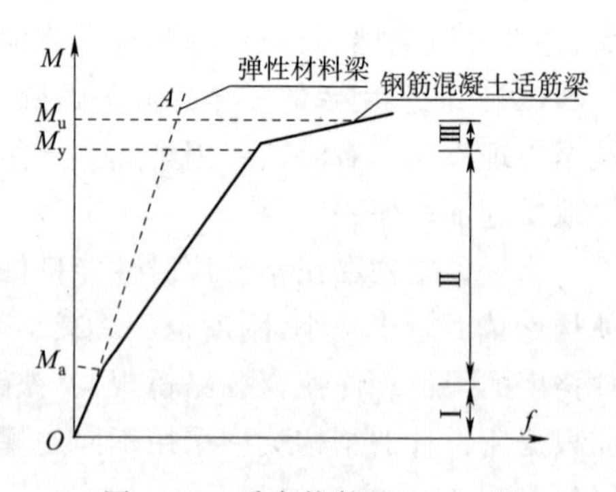

图 9.18 受弯构件的 M—f 图

钢筋混凝土梁与弹性匀质梁的差别在于抗弯刚度 EI。钢筋混凝土构件是由钢筋与混凝土这两种受力性能很不相同的材料组成。一方面,由于混凝土材料的受拉开裂与受压非弹性的性质,随着荷载的增大,截面的抗弯刚度不断降低;另一方面,在给定的荷载水平下,开裂截面与非开裂截面的抗弯刚度也是不同的。此外,荷载作用于构件上立即产生的挠度,称为瞬时挠度(与此相对应的刚度称为短期刚度)。长期荷载作用下,由于混凝土徐变和收缩的影响,构件的实际挠度将会随着时间推移逐渐增加,其挠度值最后可达到最初瞬时挠度值的 2 倍甚至更大。

由此可见,钢筋混凝土梁的变形计算的关键在于获得其等效抗弯刚度 B_s。处理这个等效抗弯刚度时,既要考虑时间的等效(加载历程对抗弯刚度的影响),又要考虑空间的等效(开裂截面与裂缝间截面的抗弯刚度差异),同时,还要考虑混凝土长期效应对变形的影响。

如第 5 章所述,钢筋混凝土梁从开始加载到破坏,经历了三个受力阶段,如图 9.18 所示。

(1)开裂前($M \leqslant M_{cr}$)阶段

该阶段荷载很小,梁基本处于弹性工作状态。挠度 f 与弯矩 M 呈线性关系,抗弯刚度为 $E_0 I_0$(I_0 为开裂前的换算截面惯性矩)。达到开裂弯矩 M_{cr} 时,由于受拉混凝土塑性变形的发展,抗弯刚度有所下降,此时 $B_s \approx 0.85 E_0 I_0$。

(2)开裂后至钢筋屈服前($M_{cr} < M \leqslant M_y$)阶段

由于受拉混凝土退出工作,截面惯性矩和抗弯刚度明显降低,$M—f$ 曲线发生转折。随着弯矩的增大,受压区混凝土塑性变形增加,抗弯刚度持续降低。

(3)钢筋屈服后($M_y < M \leqslant M_u$)阶段

由于受拉钢筋屈服,刚度急剧下降,$M—f$ 曲线再次出现转折。此时,弯矩虽增加很少,但挠度及截面曲率却增长很快。

9.3.3 截面等效短期抗弯刚度计算

由于受弯构件在正常使用极限状态下是带裂缝工作的,因而它的变形计算是针对裂缝稳定后的构件而言的,应以前述第(2)阶段作为其计算依据。此时,受拉区混凝土已经开裂,开裂位置混凝土退出工作,裂缝间的混凝土与钢筋具有粘结作用,从而裂缝间混凝土承担部分拉力。因此,需处理混凝土的受拉刚化效应。目前,常用的确定钢筋混凝土梁等效抗弯刚度的方法有两类:一类是将开裂截面与未开裂截面的换算截面惯性矩(或曲率)进行适当组合,从整体上考虑混凝土的受拉刚化效应,获得有效惯性矩;另一类是从裂缝间钢筋与混凝土的局部应变出发,考虑混凝土的受拉刚化效应,该方法利用抗弯刚度与截面曲率的关系,根据平均几何关系、物理关系与平衡条件,建立考虑开裂位置与裂缝间截面的等效惯性矩。本节将分别介绍。

1. 等效惯性矩(曲率)组合法

钢筋混凝土的受弯构件和偏心受压(拉)构件,在受拉区裂缝出现的前后有不同的换算截面(图 9.19),需分别进行计算。

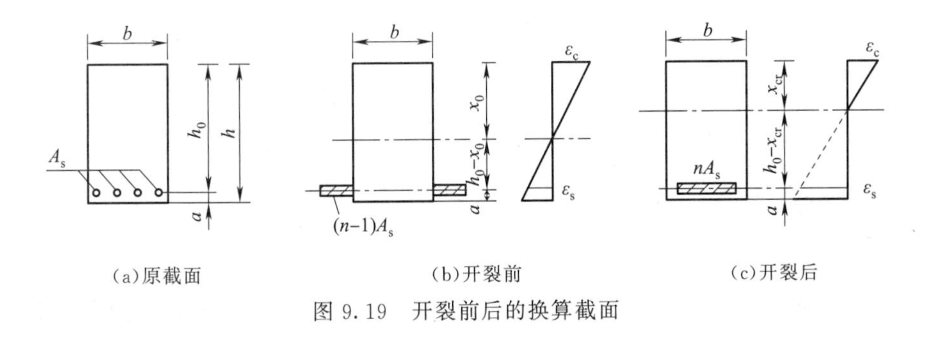

图 9.19 开裂前后的换算截面

(1)开裂前截面的换算惯性矩

在混凝土开裂前钢筋与混凝土均可视为弹性材料,其物理方程可以写为

$$\sigma_c = E_c \varepsilon_c \tag{9.42}$$

$$\sigma_s = E_s \varepsilon_s \tag{9.43}$$

式中 σ_c,ε_c——混凝土的应力与应变；

σ_s,ε_s——钢筋的应力与应变；

E_c,E_s——混凝土与钢筋的弹性模量。

引入平截面假定的几何关系，取截面顶面为坐标起点，以拉应变为正，有

$$\varepsilon_c=\kappa(x-x_0) \tag{9.44}$$

$$\varepsilon_s=\kappa(x_s-x_0) \tag{9.45}$$

其中，x_0为受压区高度或中性轴位置，x与x_s分别为混凝土纤维与钢筋所在位置的坐标。此外，钢筋混凝土梁分析中蕴含的几何关系还有：钢筋应变与其所在位置的混凝土纤维的应变相同。

根据轴力平衡方程，有

$$\int_0^h \sigma_c(x)b(x)\mathrm{d}x+A_s\sigma_s=0 \tag{9.46}$$

对于矩形截面而言，$b(x)=b$。将式(9.42)～式(9.45)代入式(9.46)，可以解得中性轴高度为

$$x_0=\frac{0.5bh^2+(\alpha_E-1)A_sh_0}{bh+(\alpha_E-1)A_s} \tag{9.47}$$

由以上分析过程可以看出：中性轴位置的选择需要满足轴力平衡方程。在钢筋混凝土截面中，钢筋与混凝土具有良好的粘结，其应变与截面同一高度的混凝土应变相同。考虑钢筋与混凝土的物理方程，可以将钢筋视为面积为α_EA_s的混凝土。从受力等效的角度看，扣除钢筋占位的面积后，钢筋可以等效为在完整的混凝土截面基础上，在钢筋所在截面高度位置附加面积为$(\alpha_E-1)A_s$的混凝土，这就是所谓的换算截面，如图9.19(b)所示。

根据弯矩平衡方程，有

$$\int_0^h \sigma_c(x)b(x)(x-x_0)\mathrm{d}x+A_s\sigma_s(x_s-x_0)=M \tag{9.48}$$

类似地，将式(9.42)～式(9.45)代入式(9.48)，得

$$\int_0^h \kappa E_cb(x-x_0)^2\mathrm{d}x+A_s\kappa E_s(x_s-x_0)^2=M \tag{9.49}$$

将式(9.49)左右两边同时除以κ，并整理得

$$E_c\left[\int_0^h b(x-x_0)^2\mathrm{d}x+\alpha_EA_s(x_s-x_0)^2\right]=\frac{M}{\kappa} \tag{9.50}$$

将式(9.50)与式(9.40)对比，可以得到截面惯性矩I_0为

$$I_0=\int_0^h b(x-x_0)^2\mathrm{d}x+\alpha_EA_s(x_s-x_0)^2 \tag{9.51}$$

借用换算截面的做法，该换算截面惯性矩可以写为

$$I_0=\frac{b}{3}[x_0^3+(h-x_0)^3]+(\alpha_E-1)A_s(h_0-x_0)^2 \tag{9.52}$$

值得指出的是，采用换算截面的方法，隐含的基本假设(钢筋应变与截面同一高度的混凝土应变相同)并非对所有未开裂截面都成立。由钢筋与混凝土的粘结滑移关系可知，从裂缝所在位置截面到传递长度l_{tr}的范围内，钢筋与混凝土间存在有粘结应力，也有相应的滑移，这一段截面中钢筋应变与截面同一高度的混凝土应变并不相同，其受压区高度也会发生相应的变化。因此，式(9.47)与式(9.52)仅适用于与裂缝所在位置的距离大于传递长度的截面。对于裂缝所在位置到传递长度范围的受压区高度与惯性矩，可以通过考虑混凝土与钢筋的粘结滑

移关系，修改式(9.45)中的钢筋应变来获得。

(2)开裂后截面的换算惯性矩

构件出现裂缝后，假设裂缝截面处受拉区的混凝土完全退出工作，只有钢筋承担拉力。同时，考虑正常使用阶段，混凝土的弹性模量为常量。则修改式(9.46)与式(9.48)的积分上限 h_0 为受压区高度 x_{cr}，即可得到新的轴力与弯矩平衡方程为

$$\int_0^{x_{cr}} \sigma_c(x)b(x)\mathrm{d}x + A_s\sigma_s = 0 \tag{9.53}$$

$$\int_0^{x_{cr}} \sigma_c(x)b(x)(x - x_{cr})\mathrm{d}x + A_s\sigma_s(x_s - x_{cr}) = M \tag{9.54}$$

利用类似的方法，可以得到开裂截面的受压区高度 x_{cr}

$$x_{cr} = (\sqrt{\mu^2 - 2\mu} - \mu)h_0 \tag{9.55}$$

$$\mu = \alpha_E\rho \tag{9.56}$$

开裂截面的换算惯性矩为

$$I_{cr} = \frac{1}{3}bx_{cr}^3 + \alpha_E A_s(h_0 - x_{cr})^2 \tag{9.57}$$

观察式(9.55)与式(9.57)可知，开裂截面的受压区高度与换算惯性矩仅与截面配筋率，截面宽度与有效高度有关。对于给定的截面与材料，配筋率越高，开裂后截面的换算惯性矩越大。同时，也可以发现，开裂截面的受压区高度与换算截面均与截面所受到的弯矩无关。这表明，截面一旦开裂，开裂截面的受压区高度为定值，在混凝土进入受压非线性前，受压区高度(裂缝深度)与荷载无关。

(3)等效惯性矩

综合开裂前后截面的换算惯性矩可知，截面开裂后，等效惯性矩之所以随着弯矩的增大而减小，是因为钢筋与混凝土间的粘结应力与荷载相关，其会改变裂缝所在位置到传递长度范围内截面的受压区高度与惯性矩。混凝土开裂前的等效惯性矩 I_0 是等效惯性矩的上限，受拉混凝土完全退出工作后的惯性矩 I_{cr} 是其下限值。

美国混凝土协会推荐的规范中，计算开裂钢筋混凝土构件挠度时($M_{cr} < M \leqslant M_y$)，将等效惯性矩 I_{eff} 写成 I_0 与 I_{cr} 的加权平均值：

$$I_{eff} = \left(\frac{M_{cr}}{M}\right)^3 I_0 + \left[1 - \left(\frac{M_{cr}}{M}\right)^3\right] I_{cr} \tag{9.58}$$

欧洲混凝土委员会—国际预应力混凝土协会(CEB-FIP)则推荐采用开裂前后的曲率来描述受拉刚化效应，进而计算等效的惯性矩。如图 9.20 所示，假设裂缝所在截面的曲率为 κ_{cr}，因为受拉刚化效应的存在，裂缝间的混凝土可以承担拉力，因此，裂缝间截面的等效曲率 κ 大于 κ_{cr}，两者的差值 $\Delta\kappa$ 可以用来衡量受拉刚化效应的大小，即

$$\Delta\kappa = \kappa - \kappa_{cr} \tag{9.59}$$

显然，在开裂瞬间，$\Delta\kappa$ 取得最大值 $\Delta\kappa_{max}$，即

$$\Delta\kappa_{max} = \kappa_{cr,0} - \kappa_{cr,c} \tag{9.60}$$

其中，$\kappa_{cr,0}$ 与 $\kappa_{cr,c}$ 分别为荷载为开裂弯矩时，采用开裂前后惯性矩计算的截面曲率，即

$$\kappa_{cr,0} = \frac{M_{cr}}{E_c I_0} \tag{9.61}$$

$$\kappa_{cr,c} = \frac{M_{cr}}{E_c I_{cr}} \tag{9.62}$$

随着荷载的增大,钢筋与混凝土的粘结不断损伤,受拉刚化效应也被削弱。定义受拉刚化因子 χ:

$$\chi=\frac{\Delta\kappa}{\Delta\kappa_{\max}} \tag{9.63}$$

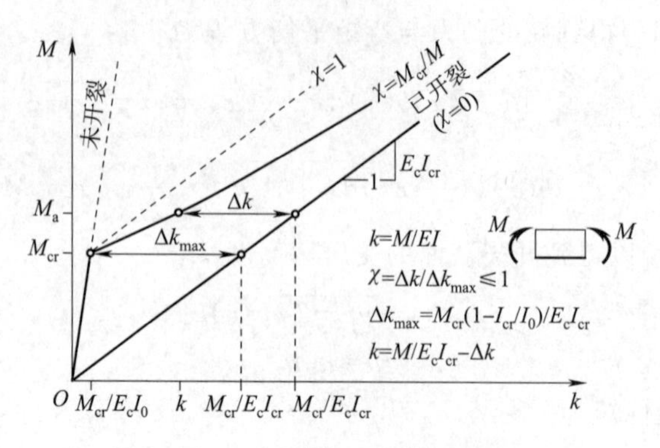

图 9.20 弯矩—曲率关系

研究表明,受拉刚化因子近似等于开裂时钢筋应力 $\sigma_{s,cr}$ 与钢筋应力 σ_s 的比值,也等于作用弯矩 M 与开裂弯矩 M_{cr} 的比值,即

$$\chi=\frac{\sigma_{s,cr}}{\sigma_s}=\frac{M_{cr}}{M} \tag{9.64}$$

将式(9.60)~式(9.64)代入式(9.59),荷载弯矩 M 作用下,开裂截面的等效曲率 κ 为

$$\kappa=\left(\frac{\sigma_{s,cr}}{\sigma_s}\right)^2\kappa_0+\left(1-\frac{\sigma_{s,cr}}{\sigma_s}\right)^2\kappa_{cr} \tag{9.65}$$

其中,κ_0 与 κ_{cr} 分别为荷载弯矩 M 作用下,采用开裂前后惯性矩计算的截面曲率。

将弯矩,抗弯刚度与截面曲率的关系代入式(9.65),等效曲率可以写成等效惯性矩的形式,即

$$\frac{1}{I_{eff}}=\left(\frac{M_{cr}}{M}\right)^2\frac{1}{I_0}+\left[1-\left(\frac{M_{cr}}{M}\right)^2\right]\frac{1}{I_{cr}} \tag{9.66}$$

或

$$I_{eff}=\frac{I_{cr}}{1-\left(1-\frac{I_{cr}}{I_0}\right)\left(\frac{M_{cr}}{M}\right)^2} \tag{9.67}$$

对比式(9.58)与式(9.66),美国混凝土协会公式将等效惯性矩取为开裂前后刚度(EI)的加权线性组合,而国际混凝土联合会则选用了开裂前后柔度($1/EI$)加权线性组合的形式。从挠度计算的角度来说[式(9.40)],挠度与柔度($1/EI$)呈线性关系。因此,柔度的线性叠加与挠度的线性叠加具有一致性。有研究表明,采用中等或高配筋率时,两个公式的结果类似;在低配筋率的时候,式(9.67)与试验结果吻合得更好,式(9.68)会高估受拉刚化效应,挠度计算值偏小。

将式(9.67)的等效抗弯惯性矩写成等效抗弯刚度的形式,并在等号右侧分式上下分别乘以 I_0/I_{cr},整理可以得到

$$B=\frac{B_0}{\left(\frac{M_{cr}}{M}\right)^2+\left[\left(1-\frac{M_{cr}}{M}\right)^2\right]\frac{B_0}{B_{cr}}} \tag{9.68}$$

这就是我国《公路钢筋混凝土及预应力混凝土桥涵设计规范》(JTG 3362)采用的短期刚度计算式。式中，B_0 为全截面的抗弯刚度，$B_0=0.95E_cI_0$；B_{cr} 为开裂截面的抗弯刚度，$B_{cr}=E_cI_{cr}$；M_s 为按作用频遇组合计算的弯矩值。

2. 刚度解析法

钢筋混凝土梁的纯弯段，在弯矩作用下出现裂缝，进入裂缝稳定发展阶段后，裂缝的间距大致均匀。从局部应变上来看受拉刚化效应，该阶段应变分布具有以下特征：

(1)钢筋应变 ε_s 沿梁轴线方向呈波浪形变化，开裂截面处 ε_s 较大，因为粘结力的作用，未开裂截面处 ε_s 随着离裂缝截面距离逐渐增加而减小，在两裂缝中间 ε_s 最小。为推导方便，用 ε_{sm} 代表钢筋的平均应变，ε_s 表示开裂截面处钢筋的应变，将比值 $\psi=\varepsilon_s/\varepsilon_{sm}$ 定义为钢筋应变不均匀系数。

(2)受压区混凝土应变沿梁轴线方向也呈波浪形变化，开裂截面上缘压应变较大，裂缝之间压应变较小。同样将受压区混凝土平均应变 ε_{cm} 与开裂截面处混凝土压应变 ε_c 的比值 $\psi_c=\varepsilon_{cm}/\varepsilon_c$ 称为混凝土应变不均匀系数。相对于钢筋而言，受压区混凝土的面积大，不均匀性比较小。

(3)截面中和轴沿梁轴线方向呈波浪形变化，开裂截面 x 小，裂缝间未开裂截面 x 大。因此截面抗弯刚度沿梁轴线方向也是变化的，可以采用平均抗弯刚度计算变形。试验表明，平均应变沿截面高度的分布符合平截面假定。

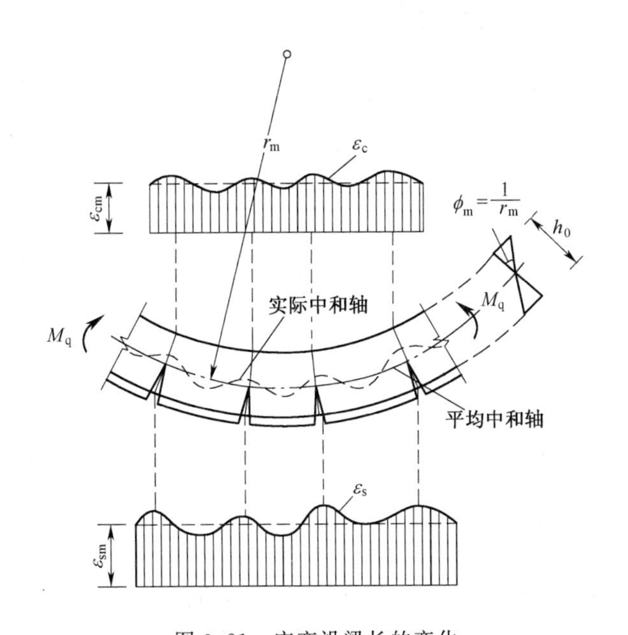

图 9.21　应变沿梁长的变化

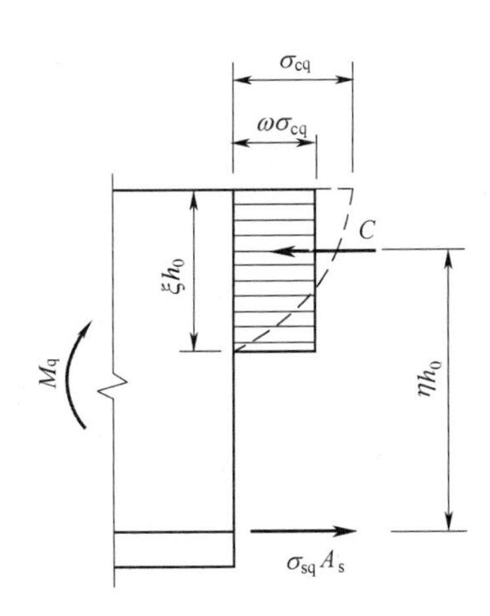

图 9.22　使用荷载下计算简图

基于以上认识，可以推导短期刚度的计算式：

(1)几何关系

由于平均应变符合平截面假定，由图 9.21 知，截面平均曲率可以表示为

$$\phi_m=\frac{\varepsilon_{sm}+\varepsilon_{cm}}{h_0} \tag{9.69}$$

(2)物理关系

对受压区混凝土，考虑混凝土的塑性变形，变形模量为 ν_0E_c，则对裂缝截面有

$$\varepsilon_s=\frac{\sigma_s}{E_s} \tag{9.70}$$

$$\varepsilon_c=\frac{\sigma_c}{\nu_0 E_c} \tag{9.71}$$

(3)平衡关系

图 9.22 为开裂截面计算简图,图中用等效矩形应力图代替压区混凝土实际应力分布曲线,其等效应力为 $\omega\sigma_{cq}$,受压区高度为 ξh_0,受压区混凝土合力点到受拉钢筋合力点之间的距离(内力偶臂)为 ηh_0,由平衡关系得

$$M_q=C\eta h_0=\omega\sigma_{cq}b\xi h_0\eta h_0 \tag{9.72}$$

或

$$M_q=T\eta h_0=\sigma_{sq}A_s\eta h_0 \tag{9.73}$$

于是

$$\sigma_{cq}=\frac{M_q}{\omega\xi\eta bh_0^2} \tag{9.74}$$

$$\sigma_{sq}=\frac{M_q}{A_s\eta h_0} \tag{9.75}$$

将前面应力应变关系式(9.70)与式(9.71)以及平均应变和裂缝截面应变关系代入式(9.69)得

$$\varepsilon_{cm}=\psi_c\varepsilon_c=\psi_c\frac{\sigma_{cq}}{\nu_0 E_c}=\psi_c\frac{M_q}{\omega\xi\eta\nu_0 E_c bh_0^2} \tag{9.76}$$

$$\varepsilon_{sm}=\psi\varepsilon_s=\psi\frac{\sigma_{sq}}{E_s}=\frac{\psi}{\eta}\cdot\frac{M_q}{E_sA_sh_0} \tag{9.77}$$

$$\phi_m=\frac{M_q}{B_s}=\frac{\varepsilon_{sm}+\varepsilon_{cm}}{h_0}=\frac{\psi\dfrac{M_q}{\eta E_s h_0 A_s}+\psi_c\dfrac{M_q}{\omega\xi\eta\nu_0 E_c bh_0^2}}{h_0} \tag{9.78}$$

令 $\alpha_E=\dfrac{E_s}{E_c}$,$\rho=\dfrac{A_s}{bh_0}$,$\zeta=\omega\xi\eta\nu_0\psi_c$,将式(9.78)代入弯矩曲率关系,则在 M_q 作用下截面抗弯刚度为

$$B_s=\frac{M_q}{\phi_m}=\frac{E_sA_sh_0^2}{\dfrac{\psi}{\eta}+\dfrac{\alpha_E\rho}{\zeta}} \tag{9.79}$$

(4)式(9.79)中各参数的确定

①开裂截面的内力偶臂系数 η。

裂缝截面内力偶臂系数 η 可以准确求得,也可以采用简化值。根据试验结果和理论分析,在使用荷载 M_q 范围内,裂缝截面的混凝土受压区相对高度 ξ 变化很小,内力偶臂的变化也不大,内力偶臂系数 η 值为 0.83～0.93,其平均值为 0.87。《混规》为简化计算,取 $\eta=0.87$,则式(9.75)简化为

$$\sigma_{sq}=\frac{M_q}{0.87h_0A_s} \tag{9.80}$$

②受压区边缘混凝土平均综合系数 ζ。

式中 ζ 值主要与 ρ、α_E 和受压区截面形状有关,在使用荷载 M_q 范围内,弯矩的变化对 ζ 影响很小。为简化计算,《混规》取

$$\frac{\alpha_E\rho}{\zeta}=0.2+\frac{6\alpha_E\rho}{1+3.5\gamma_f'} \tag{9.81}$$

式中，γ_f'为受压翼缘加强系数，按式(9.31)计算。

③钢筋应变不均匀系数 ψ，按照式(9.23)确定。

在使用荷载 M_q作用范围内(第Ⅱ应力阶段)，η 和 ζ 变化不大，而钢筋应变不均匀系数 ψ 随弯矩增大而增大，该参数反映了裂缝间混凝土参与受拉工作的情况。随着荷载的增加，裂缝间粘结力逐渐消失，混凝土参与受拉的程度逐渐减小，钢筋平均应变增大，ψ 逐渐趋于 1.0。

将上述参数代入式(9.79)，得到短期刚度计算公式：

$$B_s=\frac{E_sA_sh_0^2}{1.15\psi+0.2+\frac{6\alpha_E\rho}{1+3.5\gamma_f'}} \tag{9.82}$$

9.3.4 长期等效刚度的计算

实际工程中采用简化的方法计算梁因徐变及收缩而产生的附加挠度，即将初始挠度 f_s乘以放大系数 θ 来考虑徐变及收缩作用后的长期挠度。根据试验观测结果，徐变及收缩影响产生的长期挠度可以由式(9.83)计算：

$$f_l=\theta f_s \tag{9.83}$$

式中 f_s——荷载准永久值作用下的初始弹性挠度；

f_l——荷载准永久值作用下考虑徐变及收缩影响后的长期挠度。

放大系数 θ 按式(9.84)计算：

$$\theta=2.0-0.4\frac{\rho'}{\rho} \tag{9.84}$$

式中 ρ'，ρ——受压钢筋和受拉钢筋的配筋率，$\rho'=A_s'/bh_0$，$\rho=A_s/bh_0$，当 $\rho=\rho'$时，取 $\theta=1.6$；当 $\rho'=0$ 时，取 $\theta=2.0$。对于翼缘位于受拉区的倒 T 形截面梁，θ 值应增大 20%。

式(9.84)表明，在梁的受压区布置受压钢筋，可以有效减小附加的长期挠度，这是由于受压钢筋对混凝土收缩徐变起到阻碍的作用。

对钢筋混凝土构件(非预应力构件)，《混规》要求按荷载准永久组合计算构件的挠度，故受弯构件考虑荷载长期作用影响的刚度 B 按式(9.85)计算：

$$B=\frac{B_s}{\theta} \tag{9.85}$$

计算可变荷载(非准永久值的部分 $M_k—M_q$)产生的挠度时，不考虑混凝土徐变及收缩的作用。

《混规》要求采用荷载标准组合 M_k计算预应力受弯构件的挠度，可将荷载准永久组合 M_q作用下的挠度(刚度为 B_s)与可变荷载(非准永久值的部分 $M_k—M_q$)作用下的挠度(刚度为 B_s)相加即可。下面以简支梁为例加以说明。

简支梁的挠度可以表示为 $f=CM_kl^2/B$，其中 C 是与荷载形式及支承条件有关的荷载效应系数，全部使用荷载(荷载效应标准值)M_k 中有一部分属于持续作用的长期荷载(荷载效应准永久值)M_q，设 M_k 与 M_q的分布形式相同，则考虑徐变及收缩影响后，全部使用荷载 M_k作用下梁的挠度为

$$f=\theta C\frac{M_ql^2}{B_s}+C\frac{(M_k-M_q)l^2}{B_s} \tag{9.86}$$

将式(9.86)与 $f=CM_kl^2/B$ 比较，即令

$$f=C\frac{M_{\mathrm{k}}l^2}{B}=\theta C\frac{M_{\mathrm{q}}l^2}{B_{\mathrm{s}}}+C\frac{(M_{\mathrm{k}}-M_{\mathrm{q}})l^2}{B_{\mathrm{s}}} \tag{9.87}$$

可解出

$$B=\frac{M_{\mathrm{k}}}{M_{\mathrm{k}}+(\theta-1)M_{\mathrm{q}}}B_{\mathrm{s}} \tag{9.88}$$

计算荷载标准组合 M_{k} 作用下的挠度时，应采用荷载标准组合计算钢筋应变不均匀系数 ψ。

从以上讨论和相应计算公式可以看出，影响受弯构件挠度的因素包括：①截面形状和尺寸。加大截面高度是提高刚度最为有效的措施，因此工程设计中，通常通过受弯构件的高跨比 h/l 来对变形予以控制。②混凝土抗拉强度。③混凝土弹性模量。④钢筋配筋率。⑤混凝土的收缩徐变。⑥加载顺序。不同施工方法的加载顺序不相同，会影响混凝土徐变值，从而影响变形。

《公路钢筋混凝土及预应力混凝土桥涵设计规范》(JTG D3362)规定，按刚度 B[式(9.68)]计算出的初始弹性挠度为 f_{s}，考虑荷载持续作用效应后的总挠度为 f_l，$f_l=\eta_\theta f_{\mathrm{s}}$。当采用 C40 以下混凝土时，$\eta_\theta=1.60$；当采用 C40～C80 混凝土时，$\eta_\theta\approx1.45\sim1.35$。中间强度等级可按直线内插取用。

《铁路桥规》对于静定结构刚度计算的规定，与该规范沿用传统的容许应力法有一定关系。《铁路桥规》规定，计算结构变形时，截面刚度按 $0.8E_{\mathrm{c}}I$ 计算，E_{c} 为混凝土受压弹性模量，I 按下列规定采用：

(1)静定结构——不计混凝土受拉区面积，计入钢筋截面面积，即 I 为开裂处换算截面惯性矩。

(2)超静定结构——包括全部混凝土截面，不计钢筋截面面积，即采用毛截面惯性矩。

值得注意的是，验算公路和铁路桥梁结构的变形时，只需将活载产生的挠度与规范规定的挠度限值进行比较，而不计入恒载挠度；在计算预拱度时，则考虑恒载和活载的共同作用。所谓预拱度，是指在制造梁的时候，预先设置与荷载挠度方向相反的挠曲线(通常是向上的，故称预拱度)，以抵消荷载所产生的挠度。《铁路桥规》规定，活载引起的跨中挠度限值为 $l_0/800$，《公路桥规》则规定活载引起的跨中挠度限值为 $l_0/600$。

9.3.5 变形计算的原则与实用方法

在已知结构内力的基础上，利用前述方法，可以获得任意位置截面的抗弯刚度 B，进而计算相应截面的曲率 κ。利用式(9.40)，结合边界条件，就可以利用一次积分求得各个截面的转角 θ，二次积分求得各个截面位置的挠度 y：

$$\theta=\int\kappa\mathrm{d}x=\int\frac{M}{B}\mathrm{d}x \tag{9.89}$$

$$y=\iint\kappa\mathrm{d}x^2=\iint\frac{M}{B}\mathrm{d}x^2 \tag{9.90}$$

利用数值积分或者虚功原理，可以获得式(9.89)与式(9.90)的积分结果。在工程中，也可以采用简化方法进行实用计算。

抗弯刚度随弯矩的增加而减小。一般情况下，构件各截面的弯矩是不相等的，因此，即使是等截面梁，沿梁长的平均刚度也是变化的。为简化计算，《混规》规定对等截面梁，可假定各同号弯矩区段内的刚度相等，并取用该区段内最大弯矩处的刚度(也就是最小刚度)作为挠度计算的依据，称为最小刚度原则。按照最小刚度原则计算挠度，其计算结果大于按变刚度梁计算的理论值。但由于按式(9.90)计算挠度时，只考虑了弯曲变形而未考虑剪切变形，也没有考虑斜裂缝出现的不利影响(即荷载准永久值或恒载作用下的最终挠度)，这将使挠度计算值偏小。一个偏大一个偏小，大致可以相互抵消。

当计算跨度内存在正负弯矩时(比如连续梁)，可以分别取同号弯矩内最小刚度计算挠度，也可以按照将正负弯矩按某种加权系数加以组合得到的折算刚度计算挠度。刚度的折算方法，各类规范有相应的规定。《混规》规定，如果计算跨度内支座截面刚度不大于跨中截面刚度的两倍或者不小于跨中截面刚度的1/2时，该跨也可以按等刚度构件计算，其构件刚度可取跨中最大弯矩截面的刚度。对连续梁，美国ACI 318规范取最大正弯矩处的刚度和最大负弯矩处的刚度的平均值作为等效刚度，即

$$I_e=0.50I_{em}+0.25(I_{e1}+I_{e2}) \tag{9.91}$$

式中　I_e——挠度计算采用的等效惯性矩(与变形模量相乘即为截面刚度)；

I_{em}——跨中截面的有效惯性矩；

I_{e1}，I_{e2}——梁两端负弯矩截面的有效惯性矩。

但也有研究认为，采用加权平均更符合实际，即

$$I_e=0.70I_{em}+0.15(I_{e1}+I_{e2}) \tag{9.92}$$

超静定结构中各构件的挠度计算以弯矩图为依据，而弯矩图又取决于各构件的抗弯刚度，抗弯刚度与开裂程度有关，开裂程度又取决于弯矩图，所以问题呈现耦合情况。可以应用迭代方法计算挠度，首先根据未开裂构件分析确定弯矩图，再由弯矩图计算各构件的等效刚度，然后再根据新的刚度计算弯矩，调整刚度，直到变化很小为止。

【例题9.2】　已知矩形截面钢筋混凝土简支梁，$b=350$ mm，$h=700$ mm，梁计算跨度$l_0=7$ m，承受均布永久荷载$g_k=18$ kN/m，均布可变荷载$q_k=12$ kN/m，准永久值系数$\psi_q=0.4$，采用C30混凝土，配置HRB335级受拉纵筋4Φ22，$A_s=1\ 520$ mm^2，混凝土保护层厚度$c_s=30$ mm，挠度限值$f_{lim}=l_0/250$。试验算构件的变形。

【解】　查《混规》得，$f_{tk}=2.01$ MPa，$E_s=2.0\times10^5$ MPa，$E_c=3.0\times10^4$ MPa。

$$\alpha_E=E_s/E_c=2.0\times10^5/3.00\times10^4=6.667$$

$$h_0=h-a_s=700-\left(30+\frac{22}{2}\right)=659(\text{mm})$$

$$\rho=\frac{A_s}{bh_0}=\frac{1\ 520}{350\times659}=0.006\ 59$$

混凝土有效受拉区面积和有效配筋率：

$$A_{te}=0.5bh=0.5\times350\times700=122\ 500(\text{mm}^2)$$

$$\rho_{te}=\frac{A_s}{A_{te}}=\frac{1\ 520}{122\ 500}=0.012\ 4$$

梁跨中弯矩标准值$M_{Gk}=\frac{1}{8}g_kl_0^2=\frac{1}{8}\times18\times7^2=110.25(\text{kN}\cdot\text{m})$

$$M_{Qk}=\frac{1}{8}q_kl_0^2=\frac{1}{8}\times12\times7^2=73.50(\text{kN}\cdot\text{m})$$

弯矩准永久值$M_q=M_{Gk}+\psi_qM_{Qk}=110.25+0.4\times73.5=139.65(\text{kN}\cdot\text{m})$

$$\sigma_{sq}=\frac{M_q}{0.87h_0A_s}=\frac{139.65\times10^6}{0.87\times659\times1\ 520}=160.2(\text{MPa})$$

$$\psi=1.1-0.65\frac{f_{tk}}{\rho_{te}\sigma_{sq}}=1.1-0.65\times\frac{2.01}{0.0124\times160.2}=0.442$$

梁的短期刚度

$$B_s=\frac{E_sA_sh_0^2}{1.15\psi+0.2+\frac{6\alpha_E\rho}{1+3.5\gamma_f'}}=\frac{2\times10^5\times1\,520\times659^2}{1.15\times0.422+0.2+\frac{6\times6.667\times0.006\,59}{1+3.5\times0}}$$

$$=1.358\times10^{14}(\text{N}\cdot\text{mm}^2)$$

挠度增大系数

$$\theta=2-0.4\frac{\rho'}{\rho}=2.0$$

梁的刚度

$$B=\frac{B_s}{\theta}=\frac{1.358\times10^{14}}{2}=6.79\times10^{13}(\text{N}\cdot\text{mm}^2)$$

梁跨中挠度

$$f=\frac{5}{48}\times\frac{M_ql_0^2}{B}=\frac{5}{48}\times\frac{139.65\times7\,000^2\times10^6}{6.79\times10^{13}}=10.5(\text{mm})<f_{\lim}=l_0/250=28\ (\text{mm})$$

满足要求。

9.4 钢筋混凝土的耐久性与全寿命设计

一般的混凝土结构,其设计使用年限为 50 年,要求较高者可定为 100 年,而临时性结构可予缩短(如 30 年)。建成的结构和构件在正常维护条件下,不经大修加固,应在此预定期间内保持其安全性和全部使用功能。

混凝土结构耐久性问题是一个十分重要也是迫切需要解决的问题。关于混凝土材料和结构的耐久性问题,人们早在 20 世纪 50 年代之前就有所察觉,开始了有关的研究工作;至 20 世纪 60 年代后引起工程界和学术界的广泛重视,开展了全面、系统的研究。一些国家的学术组织制定了有关的设计规程,以指导拟建结构的设计和构造。如日本土木学会的《混凝土结构物耐久性设计准则(试行)》(1989),欧洲混凝土委员会的《混凝土结构耐久性设计指南》(1992)等。我国从 20 世纪 80 年代开始,也从多方面投入研究,取得了不少成果。《混规》中,首次明确地提出了耐久性的要求和设计指南,而后又专门颁布了国家标准《混凝土结构耐久性设计规范》。

混凝土结构耐久性的研究是具有时间和空间尺度的。对混凝土结构来说,其耐久性失效过程应该包含结构建造、使用和老化的生命全过程,其耐久性研究也应涉及结构生命全过程的每个环节。如图 9.23 所示,混凝土结构物在设计施工完成后,达到预期的设计性能。因为设计施工阶段属于材料与结构服役早期,材料与结构性能良好,且与漫长的服役期相比设计施工期相对较短,材料与结构性能的劣化需要时间的累积,因此耐久性问题并不突出。结构的性能主要受设计、施工质量等因素控制,重点关注结构的安全性与适用性。结构物进入使用期后,长期荷载、冻融、氯盐、碳化等作用均会导致材料性能劣化与结构的损伤累积。这种材料劣化与结构损伤展现出前期平稳,中期缓慢,后期加速的特点。在结构物的使用阶段早期,材料劣化与结

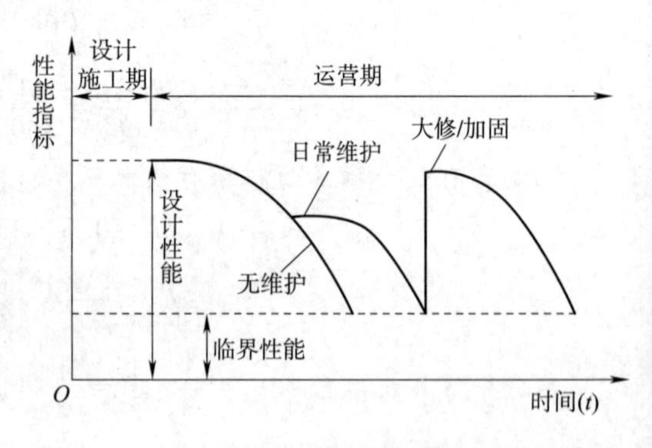

图 9.23　基于全寿命的混凝土结构性能演化

构损伤相对较少，性能变化相对平稳，此时不需要采用任何修复措施就能满足所需要的安全性与适用性；在结构物的使用中期，材料性能基本完好，结构损伤轻微，结构可以基本满足所需要的安全性与适用性，结构的耐久性基本正常；当材料劣化与结构损伤累积一定程度，结构进入老化期，材料劣化程度加剧，结构性能迅速下降逼近结构所需的临界性能，结构耐久性出现了严重的问题。在结构使用的早期与中期，通过适当的日常维护，小修或中修，可减缓混凝土结构功能的劣化速率，恢复结构的使用功能。同时，在结构性能劣化到一定程度时，应合理地选择大修或加固的时机，及时提高结构的安全性，从而延长结构的使用年限。

如果考虑混凝土结构的全生命周期，其直接经济成本包括了：初始建设投资，日常养护成本，小修、中修与大修(加固)的成本等。从全寿命设计的角度上看，这几项经济成本相互影响。例如，选择耐久性更好的建筑材料，制定改善结构耐久性的设计方案，将提高初始建设投资，但可以减少日常养护频率与投入，减少在生命周期内的维修与加固次数，从而降低后期管养成本；增加日常养护频率与投入，又可以一定程度上延缓结构的劣化，从而减少维修与加固的投入等。因此，全寿命设计希望通过合理的设定初始建设投资，制定合理的日常养护策略(养护单次投入与养护频率)，小修、中修与大修(加固)的时机与投入等，达到结构的全生命总成本最低目标。

传统的混凝土结构耐久性设计定义为：全面地考虑材料质量、施工工序和结构构造，使结构在一定的环境中正常工作，在要求的期限内不需要维修。《混凝土结构耐久性设计标准》(GB/T 50476)中对混凝土结构耐久性的定义是：在环境作用和正常维护、使用条件下，结构或构件在设计使用年限内保持其适用性和安全性的能力。

影响结构性能变化的因素大致有三个方面：荷载作用、环境作用和结构材料内部因素的作用。荷载对结构性能变化的影响主要体现在结构的累积损伤方面，累积损伤作用的后果是使结构性能降低，从而降低结构的可靠性。环境对结构的影响主要有混凝土的碳化、氯离子侵蚀、硫酸盐腐蚀、冻融循环等，使用环境对结构的不利影响主要是化学介质对结构的腐蚀等。材料内部作用的影响主要是材料随时间的增长逐渐老化，材料性能下降，强度降低，活性材料与其他组成材料发生缓慢的化学反应，如混凝土的碱骨料反应等。值得注意的是，实际结构中，以上三方面因素相互影响，不可分割。例如结构损伤可能导致环境对结构的不利影响加速，材料性能退化又会诱发结构损伤等。因此，有学者提出：应该将耐久性看成是结构的综合性能，反映了结构性能随时间的变化，并提出研究和定义混凝土结构的耐久性概念，应从影响结构性能变化的因素入手。

混凝土的耐久性问题主要有：碳化作用、氯盐侵蚀、冻融循环、碱骨料反应等，详见扩展阅读。

9.5 小 结

(1)仅通过承载能力极限状态的计算，并不能保证结构构件符合正常使用的要求。因此构件除了进行承载能力极限状态计算外，还要按实际承受的使用荷载(荷载效应标准组合和准永久组合)进行正常使用极限状态的验算。

(2)钢筋混凝土受弯构件的挠度可以用材料力学公式计算。由于混凝土的弹塑性性质和构件受拉区开裂，混凝土的变形模量和惯性矩随着作用在截面上的弯矩值大小的变化而变化，因而截面刚度不是常数。根据平均应变的平截面假设可以求得构件的平均刚度 B_s，实际计算时，可根据最小刚度原理或对不同截面惯性矩进行某种组合得到截面的折算刚度。

(3)荷载长期作用下，由于混凝土徐变等因素，构件变形会增加，附加变形可以通过长期挠度增大系数予以考虑,由此得出构件长期挠度的刚度计算式(9.85)及式(9.88)。

(4)钢筋混凝土构件的裂缝控制问题包括:①裂缝宽度允许值的确定;②裂缝宽度的计算;③合理的构造措施(如正确的钢筋布置方式)。

(5)不能为减小裂缝宽度而任意减小混凝土保护层厚度,过低的混凝土保护层厚度对结构的耐久性和使用寿命不利。

(6)裂缝由多种因素引起,也有多种分布形态。如梁的受压区出现水平裂缝,表明混凝土抗力即将耗尽,十分危险,而受拉钢筋处的横向裂缝则属于正常形态(只要符合 $w_{\max} \leqslant w_{\lim}$,则为无害裂缝)。

扩展阅读

(1)混凝土收缩徐变对钢筋混凝土受弯构件变形的影响。

(2)钢筋混凝土梁挠度实用计算方法。

(3)碳化作用。

(4)氯盐侵蚀。

(5)冻融循环。

(6)碱-骨料反应。

思考与练习题

9.1　对钢筋混凝土结构构件为什么要验算其变形和裂缝宽度?

9.2　验算构件变形和裂缝宽度时,为什么用荷载效应标准值和准永久值,而不用荷载设计值?

9.3　哪些因素影响受弯构件的挠度?

9.4　裂缝宽度与哪些因素有关?如何减小裂缝宽度?

9.5 什么是“最小刚度原则”，该原则能否用于连续梁挠度计算？连续梁挠度应如何计算？

9.6 混凝土极限拉应变大约为 1.5×10^{-4}，混凝土开裂时，受拉钢筋的拉应力大致是多少？

9.7 最大裂缝宽度 w_{max} 是指钢筋表面处的裂缝宽度，还是构件外表面处的裂缝宽度？

9.8 平均裂缝宽度、最大裂缝宽度、实测裂缝宽度三者有什么关系？确定最大裂缝宽度时主要考虑哪些因素？

9.9 由裂缝宽度计算公式可知，混凝土保护层越大，裂缝宽度就越大，这是否说明小的混凝土保护层厚度对结构的耐久性更好？裂缝宽度对结构耐久性起何种作用？

9.10 为什么在普通钢筋混凝土构件中不适宜使用高强度钢筋？

9.11 试从 $w_{max}\leqslant w_{lim}$ 说明普通钢筋混凝土受弯构件不适宜使用高强度钢筋。

9.12 试分析加载顺序对挠度的影响。

9.13 提高混凝土强度能否有效减小受弯构件的挠度？

9.14 环境湿度对构件变形是否有影响？为什么？

9.15 某钢筋混凝土屋架下弦杆的截面尺寸为 200 mm×100 mm，配置 4 Φ 16 的 HRB335 级钢筋，混凝土强度等级为 C40，混凝土保护层厚度 $c_s=26$ mm，承受轴心拉力准永久值 $N=150$ kN，裂缝宽度限值为 $w_{lim}=0.2$ mm。试验算最大裂缝宽度。

9.16 有一短期加载的单筋矩形截面简支试验梁，计算跨度 $l_0=3$ m，在跨度的三分点处各施加一个相等的集中荷载 F，梁截面尺寸 $b=150$ mm，$h=300$ mm，$h_0=267$ mm，采用 2 Φ 16 纵向受拉钢筋，当加载到 $F=25$ kN 时，在纯弯区段 750 mm 长度内测得纵向受拉钢筋的总伸长为 1.05 mm，受压边缘混凝土总压缩变形为 0.49 mm，求该梁纯弯曲段的截面弯曲刚度试验值。

9.17 已知 T 形截面简支梁，安全等级为二级，环境类别为一类，$l_0=6$ m，$b_f'=600$ mm，$b=200$ mm，$h_f'=60$ mm，$h=500$ mm，采用 C20 混凝土，HRB335 级钢筋，满布均布荷载在跨中截面引起的弯矩标准值为：永久荷载 43 kN·m，可变荷载 35 kN·m（准永久值系数为 0.4，组合系数为 0.7），雪荷载 8 kN·m（准永久值系数为 0.2，组合系数为 0.7）。挠度限值 $f_{lim}=l_0/250$，裂缝宽度限值为 $w_{lim}=0.3$ mm。求：(1)计算并配置抗弯纵筋；(2)验算挠度及裂缝宽度是否符合要求。

9.18 已知处于室内正常环境的矩形截面简支梁，截面尺寸 $b=220$ mm，$h=500$ mm，跨中弯矩标准值 $M_k=80$ kN·m，采用 C25 混凝土，纵筋为 2 Φ 22 的 HRB335 级钢筋。裂缝宽度限值为 $w_{lim}=0.3$ mm。要求：(1)验算梁的最大裂缝宽度；(2)若将受拉纵筋改为 5 Φ 14，结果如何？

9.19 某钢筋混凝土矩形截面连续梁如图 9.24 所示，每跨梁计算跨度 $L=8.0$ m。梁承受均布永久荷载标准值 $g_{dk}=12.08$ kN/m，均布可变荷载标准值 $g_{Lk}=21.6$ kN/m，准永久值系数 $\psi_q=0.6$，截面尺寸 $b=300$ mm，$h=600$ mm，采用 C20 等级混凝土，梁下部配置承受跨中正弯矩的纵筋 3 Φ 22+2 Φ 20，梁上部配置承受支座负弯矩的纵筋 2 Φ 32+2 Φ 25，$a_s=45$ mm，$a_s'=49$ mm，钢筋等级为 HRB335 级，试验算此梁边跨跨中挠度是否符合要求。

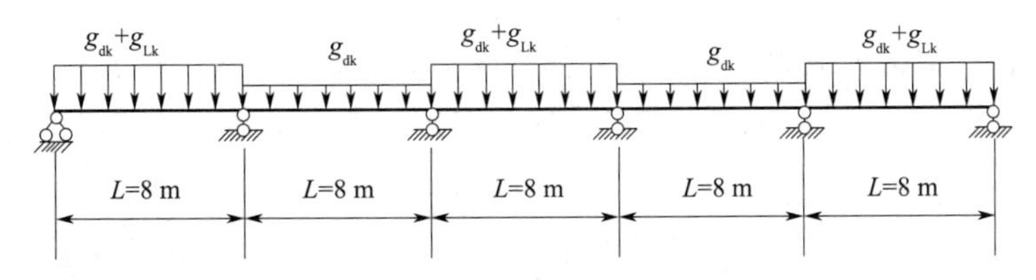

图 9.24 习题 9.19 图

预应力混凝土构件概论

10.1 预应力混凝土的概念

预应力原理最早期应用可以追溯到几世纪前以绳索或铁箍缠绕桶板的桶结构中(图 10.1)。当环向箍被张紧时,箍受到预拉力,释放时,回缩变形被桶板阻碍,进而在桶板之间产生压预应力,从而抵抗内部液压产生的环向拉力。

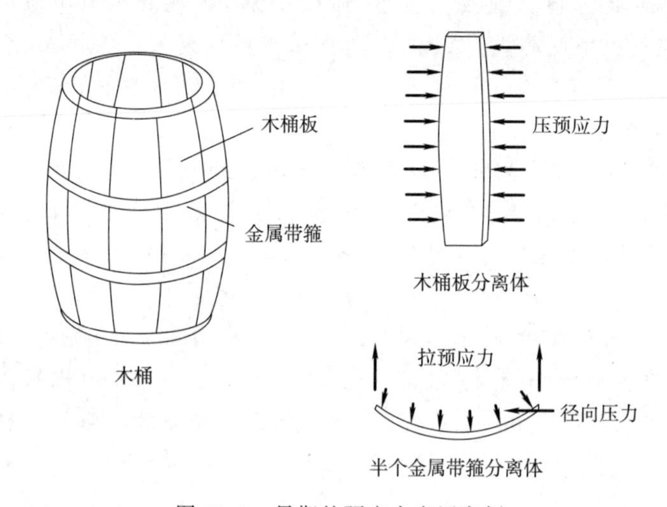

图 10.1 早期的预应力应用实例

混凝土抗压强度高、抗拉强度低,钢筋混凝土构件在正常使用阶段需带裂缝工作。裂缝的产生,会导致构件的刚度降低。此外,对于允许开裂的混凝土结构,一般规范规定的裂缝宽度控制在 0.2～0.3 mm(详见第 1 章和第 9 章),与此相应的钢筋拉应力为 100～250 MPa(光面钢筋)或 150～300 MPa(螺纹钢筋),即在钢筋混凝土结构中,钢筋的应力最高也不过 300 MPa,无法再提高,使用更高强度的钢筋是无法发挥作用的。若要满足刚度或裂缝控制的要求,则需要加大构件的截面尺寸或增加钢筋用量,这将导致结构自重或用钢量过大,很难用于大跨度结构。

为解决这一矛盾,人们设想对在荷载作用下的受拉区混凝土预先施加一定的压应力(即在荷载作用前,储备一定的压应力),使其能够部分或全部抵消由荷载产生的拉应力,从而避免混凝土开裂,提高刚度,这实际上是利用混凝土较高的抗压能力来弥补其抗拉能力的不足。这就是预应力混凝土的概念。

10.2 预应力混凝土的基本定义

预应力混凝土是存在初始应力的混凝土，初始应力的大小和分布能抵消由外部荷载所引起的应力，一般可以用三种不同的认识角度来说明预应力混凝土的基本定义。

角度1：预加应力促使混凝土在正常使用阶段成为弹性材料。在使用阶段，当混凝土受压时，其压应力水平相对抗压强度并不高，近似的可视为一种弹性材料；当受拉时，极低的抗拉强度使得混凝土常处于开裂状态，其又被视为一种脆性材料。开裂非线性是钢筋混凝土构件分析中不可回避的难题。通过预压，在使用阶段，抗拉弱抗压强的混凝土内就无拉应力产生，也就不会产生受拉裂缝，此时，预应力混凝土就可视为一种弹性材料，其受力行为可利用弹性方法进行分析。

在预应力构件中，混凝土承受有两个力系作用：内部预应力及外部荷载，外部荷载引起的拉应力被预应力所产生的压应力抵消。以图10.2所示的预应力混凝土简支梁为例，取混凝土为隔离体(即去掉预应力钢筋，代之以偏心压力 N_p，对混凝土而言以受压为正，偏心距为 e 且向下为正)。根据叠加原理，混凝土截面上的应力等于 q 和 N_p 分别作用时所引起的应力叠加[图10.2(c)]。设 M 为外荷载 q 单独作用时产生的弯矩，I 为截面对 x 轴的惯性矩，$W=I/y$ 为抗弯截面模量，则根据材料力学，由 M 引起的混凝土截面上与中性轴距离为 y 处(假定 y 轴向上为正)的正应力 σ_{qc} 为

$$\sigma_{qc}=My/I=\frac{M}{W} \tag{10.1}$$

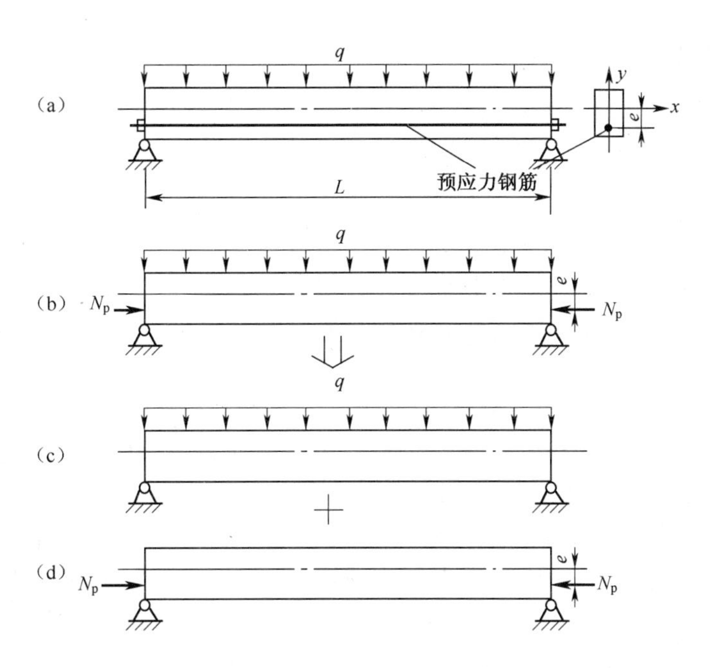

图10.2 计算预应力混凝土构件

偏心预加力 N_p 单独作用时引起的混凝土截面上的正应力由两部分组成，一部分是轴向力 N_p 引起的均匀压应力 N_p/A(A 为梁横截面面积)，另一部分是由于 N_p 偏心作用而产生弯矩 $M_p=-N_pe$，从而引起应力 $M_py/I=-N_pey/I$。于是偏心预加力 N_p 引起的应力为

$$\sigma_{pc}=\frac{N_p}{A}-\frac{N_p ey}{I}=\frac{N_p}{A}-\frac{N_p e}{W} \tag{10.2}$$

式(10.1)与式(10.2)叠加后就得到混凝土截面的总应力,即

$$\sigma_c=\sigma_{qc}+\sigma_{pc}=\frac{My}{I}+\frac{N_p}{A}-\frac{N_p ey}{I}=\frac{M}{W}+\frac{N_p}{A}-\frac{N_p e}{W} \tag{10.3}$$

角度2:预加应力使高强度钢筋和混凝土组合为一体。预应力混凝土可以视为预应力筋和混凝土的一种组合,与钢筋混凝土类似(用钢筋承受拉力及混凝土承受压力以便形成抵抗外弯矩的力偶),预应力混凝土中同样存在相同理念,如图10.3所示。

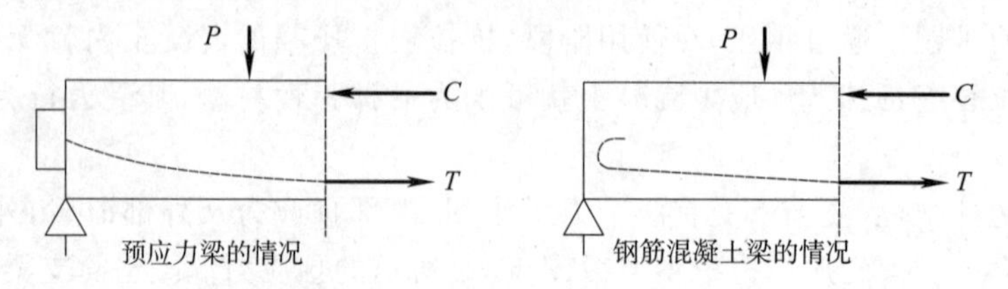

图10.3 内部抵抗力矩

以图10.4所示的预应力混凝土简支梁为例,如果用一横剖面将梁分为两段,取其中一段(例如左段)作为分离体,剖面上预应力钢筋存在拉力 N_p(钢筋以受拉为正),根据水平方向的平衡条件,混凝土上将存在一个压力 N_c,$N_c=N_p$。对 N_p作用点取力矩平衡条件,得

$$\frac{qL}{2}z-\frac{qz^2}{2}=N_c d=M \tag{10.4}$$

式中,$M=\frac{qL}{2}z-\frac{qz^2}{2}$为外荷载引起的截面 z 处的弯矩,d 为力 N_p和 N_c之间的力偶臂,称为内力偶臂。从式(10.4)可知,力 N_p和 N_c所构成的力偶矩 $N_c d=N_p d$ 就等于外荷载产生的弯矩 M,这与钢筋混凝土构件的计算并无本质差别,两者是相似的。

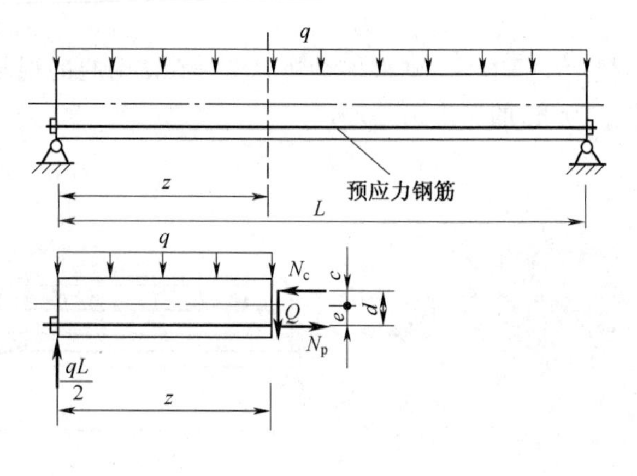

图10.4 受力示意图

从这一观点出发,虽然预应力混凝土在结构和经济设计上更合理,但在原理上都必须由一个内力偶来承担外弯矩。不论是预应力筋或普通配筋的混凝土,其内部抵抗力偶都必须靠钢筋受拉和混凝土受压来提供。

角度3:预加应力实现荷载平衡。预加应力可以看作是试图平衡构件上的荷载。

在预应力混凝土结构的设计中,预加应力的效果被视为平衡重力荷载,使受弯构件在荷载下不受挠曲应力。这就能把一挠曲构件转换成一受直接应力的构件,简化了复杂的结构设计和分析。应用这个概念,取混凝土为分离体,并且用一些力来代替力筋沿跨度作用在混凝土上。

以图10.5所示的抛物线形力筋预加应力的简支梁为例。设梁的横截面积为 Ab,F=预张拉力,L=跨长,h=抛物线垂度,则向上的均匀荷载为

$$w_b = \frac{8Fh}{L^2}$$

如果由外界施加的荷载 W(包括梁的自重)恰好被分力 w_b 抵消,则梁中将没有弯曲应力。于是该梁即使处在均匀受压情况下,其应力为

$$\sigma = \frac{F}{A_b}$$

上述三种角度表达了理解预应力混凝土结构的三种观点,其在分析和设计预应力混凝土时都是有用的。第一种角度是全预应力混凝土构件弹性分析的依据。第二种角度反映了预应力对发挥高强度钢筋作用的必要性,指出了预应力混凝土也不能超越其本身材料强度的界限。第三种角度揭示了预加力和使用荷载作用效应相等的关系。

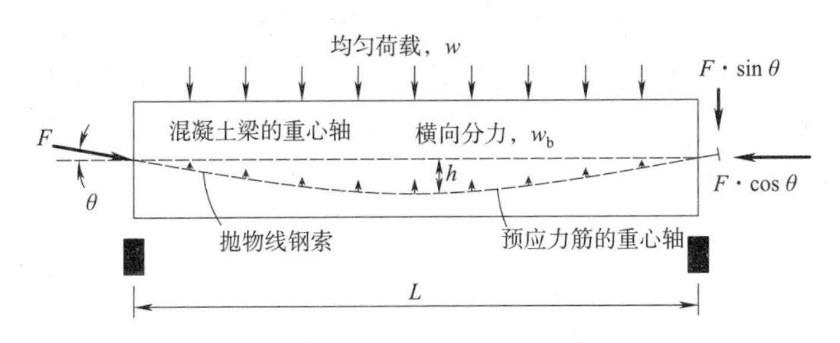

图 10.5　具有抛物线力筋的预应力梁

10.3　预应力混凝土的分类

预应力混凝土结构可以采用很多方式分类,取决于它们的设计和施工特征,具体如下:

(1)根据预应力筋与混凝土的相对关系分为体内或体外预应力。体内预应力主要指预应力筋在梁体混凝土中,如图 10.6(a)所示,体外预应力指预应力筋在梁体混凝土之外,通过一些特殊设备来进行转换,如图 10.6(b)所示。

(a)体内预应力示意图

(b)体外预应力示意图

图 10.6　体内预应力和体外预应力示意图

(2)根据预应力筋的形状分为线状预加应力或环状预加应力。环状预加应力是对圆形结构物预加应力的做法,预应力钢丝环绕在圆形结构物之上;而线状预加应力指任何其他预加应力的做法,钢索为直线形或曲线形,但并不环绕在结构物上。例如预加应力的圆形结构物中,圆周方向施加的是环预加应力,纵向施加的是线预加应力。环预加应力是用于预应力环形结

构的术语,例如圆形的池罐;线预加应力用来包括所有其他结构,如梁和板。在线预加应力结构中力筋并不一定是直的,可以是折线或曲线(图 10.7)。

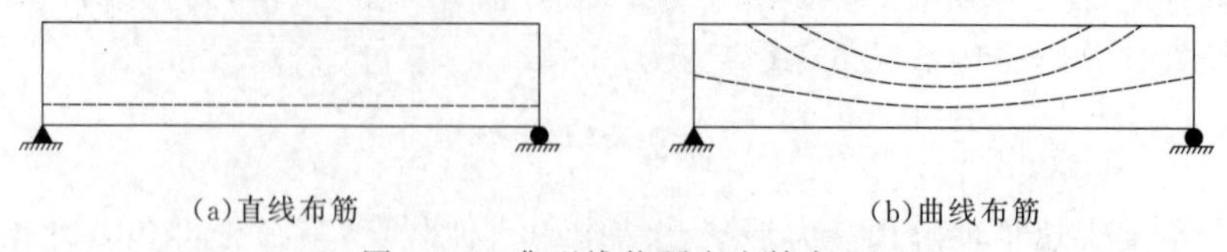

图 10.7 典型线状预应力筋布置

(3)根据施加预应力的方式分为先张法或后张法。先张法(Pretensioning)指力筋在浇筑混凝土之前,先受张拉的预加应力方法,其主要工序是:先在台座上张拉预应力筋,并将它临时锚固在台座上,如图 10.8(a)所示,架设模板,绑扎钢筋骨架,浇筑构件混凝土,如图 10.8(b)所示,待混凝土达到要求的强度(一般不低于设计强度的 70%)后,切断或放松预应力钢筋,此时钢筋试图回缩,但由于钢筋与混凝土之间已经粘结在一起,钢筋的回缩力就通过这种粘结力传递给混凝土,使其获得预压应力,如图 10.8(c)所示。

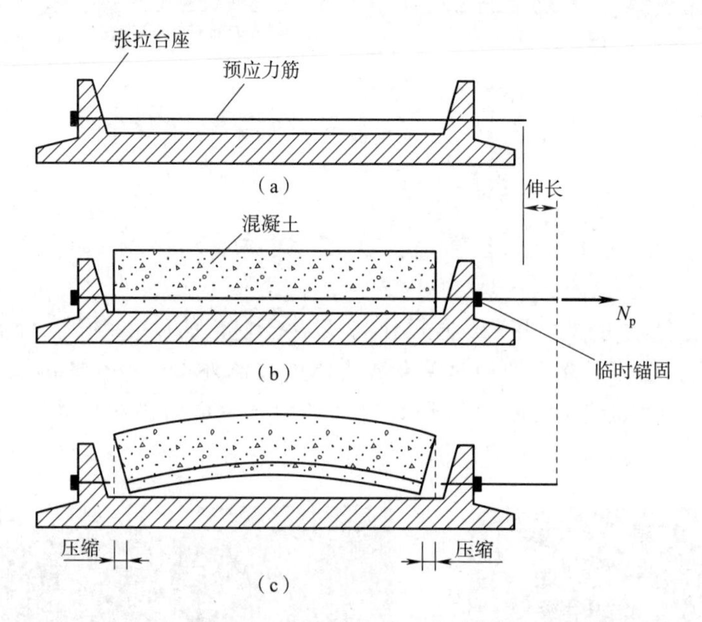

图 10.8 先张法施工工序示意图

先张法主要靠粘结力锚固,不需要专门的锚具。其锚固原理是,当预应力筋受张拉时,由于泊松效应,截面缩小,当切断或放松预应力筋时,端部应力为零,钢筋恢复其原来截面[图 10.9],在构件端部以内,钢筋的回缩受到周围混凝土的阻拦,造成径向压应力,并在钢筋和混凝土间产生粘结应力,通过粘结应力使混凝土受到预压力。

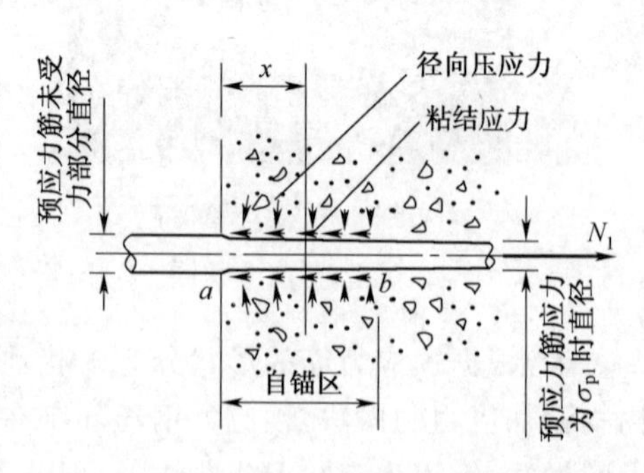

图 10.9 先张法自锚区应力应变分布图

后张法(post-tensioning)指力筋在浇筑混凝土之后,再张拉的预加应力方法。其主要工序是:先浇筑构件混凝土,在其中预留穿束孔道(或设套管),待混凝土达到要求强度后，将筋束穿入预留孔道内，安装锚具[图 10.10(a)]，将千斤顶支承于混凝土构件端部，张拉筋束，使构件也同时受到压缩[图 10.10(b)]。待张拉到控制拉力后，即用锚具将筋束锚固于混凝土构件上，使混凝土获得并保持其压应力。最后，在预留孔道内压注水泥浆，避免筋束锈蚀，使筋束与混凝土粘结成为整体[图 10.10(c)]。

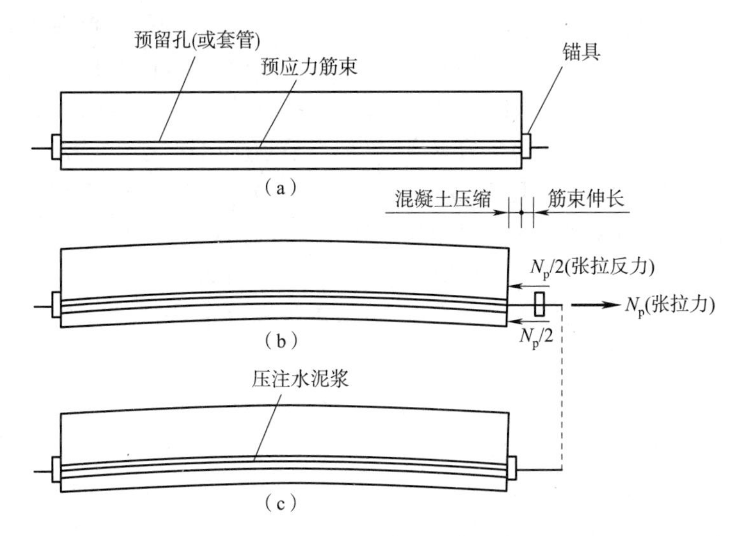

图 10.10　后张法施工工序示意图

(4)根据预应力端部锚固的情况分为有端锚或无端锚力筋。当后张时，为了将预应力传递至混凝土，在力筋端部借助机械装置锚固力筋，这样的构件称为有端锚的。在先张法中，力筋一般是靠其两端附近的粘结作用将其预应力传递至混凝土，不需要专门的锚具，这样的构件称为无端锚的。

(5)根据是否存在粘结分为有粘结或无粘结力筋。有粘结力筋是指其沿通长与周围混凝土粘结在一起的力筋。无端锚力筋必须是有粘结的；有端锚力筋则可以是和混凝土粘结在一起或不粘结在一起。通常，后张力筋靠随后灌浆来粘结，若无粘结，就必须用镀锌、涂油等方法来防护使力筋不被锈蚀。典型的无粘结力筋可涂油并用塑性材料等裹住来防止和周围混凝土粘结。

(6)分级施工方式分为预制、现浇、组合施工预应力。预制是混凝土不在其最后所在的位置进行浇筑，在永久工厂或是在靠近结构物现场的某处浇制而最后安装就位，其质量控制和经济性较好。现浇在现场所需的模板和脚手架较多，但是节省运输和安装费用，对于大、重构件现浇是必需的。处于这两种施工方法之间的称为组合施工，包含预制施工和现浇施工两个部分。在组合施工的结构中，预制构件就比全部预制结构的构件更容易连接在一起，对比全部现浇施工可以节省模板和脚手架，因此组合施工是较为经济的一种施工。

(7)根据预应力的程度分为部分预应力或全预应力。当构件被设计成在工作荷载下其内没有拉应力时，那么混凝土就是全预应力的。反之，工作荷载下构件内产生拉应力，则是部分预应力的。对于部分预应力，一般配有附加的钢筋来加强受拉区。然而，很难说一个结构是部分预应力或全预应力，因为这取决于其设计工作荷载。例如，某桥按全预应力设计的，然而在超重的车辆通过时，结构是受有拉应力的。另一方面，按部分预应力设计的屋面梁可能永远不会受拉应力，因为假定的活载作用在梁上的概率很小。

10.4 预应力混凝土的材料要求

预应力工程一般比普通混凝土工程要求强度更高的混凝土。在预应力混凝土中必须用较高的强度有几方面的理由。首先,为了降低成本,预应力钢筋的锚具是根据高强度混凝土来设计的。因此混凝土较弱时,或是将要求特制的锚具或者在施加预应力时可能失效,这类失效可能发生在承压或钢筋和混凝土之间的粘结,或者锚具附近的受拉。其次,高强度混凝土在受拉和受剪以及粘结和承压等方面有较高的抗力,它是合乎预应力混凝土结构需要的,因为在预应力混凝土结构的各部分都比普通钢筋混凝土处于更高的应力之下。最后,高强度混凝土不太容易发生收缩裂缝,而在低强度混凝土中,收缩裂缝在施加预应力之前时就有发生,且高强度混凝土还具有较高的弹性模量及较小的徐变应变,因而在钢筋中引起的预应力损失也较小。

预应力工程由于需要对混凝土产生预应力,需要更高强度的钢材。在钢材种添加合金元素是一种生产高强度钢材的手段。在其常规生产中,碳由于其价格便宜且易于加工成已为一种非常经济的合金元素,其他常用合金元素也包括有锰和硅。通过对钢材在轧制后经控制冷却及热处理如淬火及回火等方法也是生产高强度钢材的另一种手段,利用轧热淬火工艺或中断淬火法也同样能得到较好的效果。提高预应力钢筋抗拉强度最普遍的方法是冷拔,高强度钢筋通过一系列冷拔过程,会使晶体重新排列,并且每拔一次强度就有增加,因此钢筋直径愈细,其极限强度愈高,但钢筋的延性也会因冷拔而略有降低。

10.5 预应力混凝土的设备

1. 锚具

临时夹具(在制作先张法或后张法预应力混凝土构件时,为保持预应力筋拉力的临时性锚固装置)和锚具(在后张法预应力混凝土构件中,为保持预应力筋的拉力并将其传递到混凝土上所用的永久性锚固装置)都是保证构件施工安全、结构可靠的关键设备。目前常用的锚具有锥形锚、环销锚、镦头锚、螺纹锚、夹片锚等。

(1)锥形锚,又称弗氏锚(图 10.11),包括锚圈和锚塞(又称锥销)两个部分。其工作原理是通过张拉钢束时顶压锚塞,把预应力钢丝楔紧在锚塞与锚圈之间。其优点是锚固方便,锚面积小,便于分散布置;缺点是锚固时钢丝回缩量大,预应力损失大,不能重复张拉或接长,使钢束设计长度受到千斤顶行程的限制。

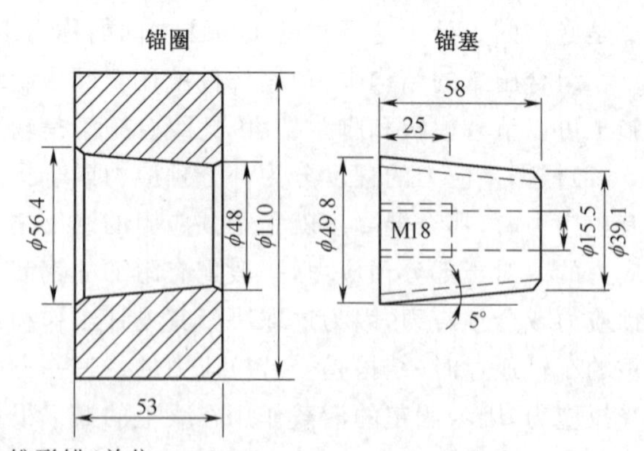

图 10.11 锥形锚(单位:mm)

(2)镦头锚,又称 BBRV 锚(图 10.12),用于锚固钢丝束。其工作原理是先将钢丝逐根穿过锚杯的孔,用镦头机将钢丝端头镦粗如圆钉帽状,使钢丝锚固于锚杯上,如图 10.12 所示。钢丝束的一端为固定端,另一端为张拉端。在固定端将锚圈(螺帽)拧在锚杯上使钢丝束锚固于梁端。在张拉端,通过螺纹把千斤顶与锚杯连接,并进行张拉,然后拧上锚圈,再放松千斤顶,即可完成张拉锚固过程。

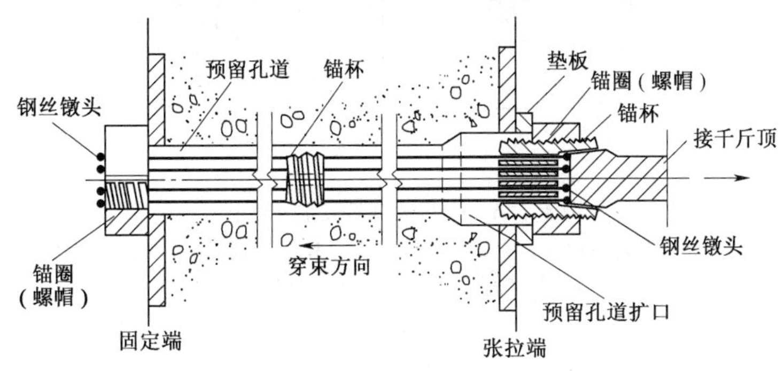

图 10.12 镦头锚

(3)螺纹锚,又称轧丝锚,用于锚固高强粗钢筋,其工作原理是用一锚固螺帽直接拧紧在已张拉的高强粗钢筋上的螺纹上。这种锚具构造简单,施工方便,预应力损失小。当采用高强粗钢筋(预应力螺纹钢筋)作为预应力钢筋时,可借助于钢筋两端螺纹,在钢筋张拉后直接拧上螺母进行锚固,回缩力由螺母经支承垫板承压传递给梁体(图 10.13)。

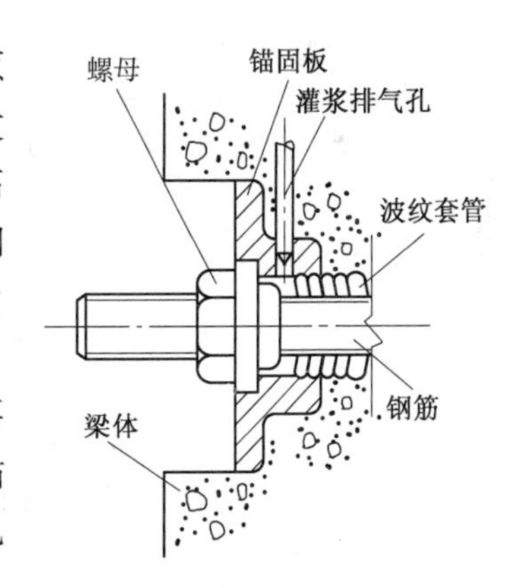

图 10.13 螺纹锚具

(4)夹片锚具有多种形式,均用来锚固钢绞线。国内主要有 JM、XM、QM、YM 及 OVM 系列夹片锚具(图 10.14),锚具为圆形,可锚固由几根至几十根钢绞线组成的钢束。多孔夹片锚又称群锚。夹片锚具的工作原理是:每个锥孔内穿入一根钢绞线,张拉后夹片抱夹钢绞线并被顶入锥孔,将钢绞线锚住。

2. 千斤顶

张拉预应力钢筋一般采用液压千斤顶,每种锚具都有各自适用的千斤顶,可根据锚具或千斤顶厂家的说明选用,需要与夹片等配套起来,典型千斤顶作用原理如图 10.15 所示。

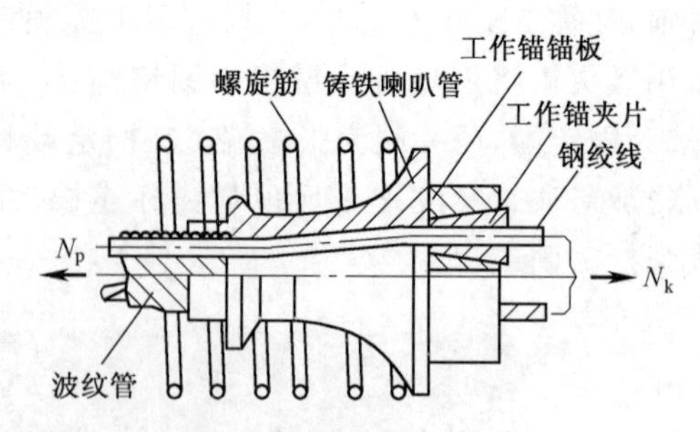

图 10.14　夹片锚具

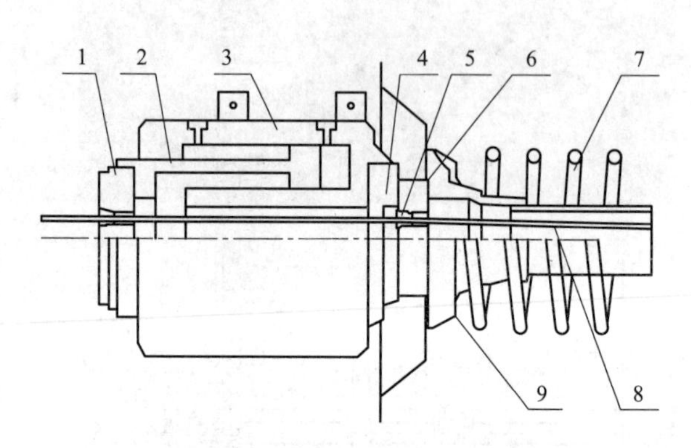

图 10.15　千斤顶张拉安装示意图

1—工具锚;2—活塞;3—油缸;4—限位板;5—夹片;6—锚板;
7—螺旋筋;8—钢绞线;9—锚垫板

3. 其他设备

按照施工工艺的要求,预加应力尚需有以下一些设备或配件。

(1)制孔器

后张法构件预制时,需预先留好待混凝土结硬后穿入预应力钢筋的孔道。目前,我国桥梁构件预留孔道所用的制孔器主要有抽拔橡胶管与波纹管。

①抽拔橡胶管

在钢丝网胶管内事先穿入钢筋(称芯棒),再将胶管(连同芯棒一起)放入模板内,浇筑混凝土达到一定强度后,抽去芯棒,再拔出胶管,则预留孔道形成。

②波纹管

在浇筑混凝土之前,将波纹管按预应力钢筋设计位置,绑扎于与箍筋焊连的钢筋托架上,再浇筑混凝土,结硬后即可形成穿束的孔道。波纹管依材料分为金属波纹管和塑料波纹管,如图 10.16 所示。

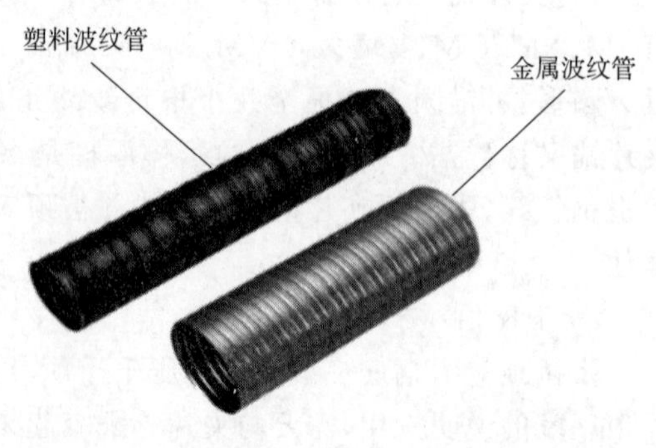

图 10.16　波纹管示意图

(2)穿索(束)机

由于大跨桥梁预应力钢筋很长,人工穿束困难,故采用穿索(束)机。穿索(束)机有两种类型:一是液压式,二是电动式。桥梁中多用前者。

(3)管道压浆用水泥浆及压浆机

在后张法预应力混凝土构件中,预应力钢筋张拉锚固后宜采用专用压浆料进行管道压浆,避免钢筋锈蚀并使预应力钢筋与混凝土形成整体。管道压浆施工有两种方法:一种是普通压力压浆方法,采用压浆泵将水泥浆在一定的压力下压入管道中;另一种是真空压浆方法,采取对管道进行抽真空处理后再注入水泥浆,是把真空吸浆技术与压浆相结合的方法。

①水泥浆

为保证后张预应力筋管道压浆的质量和耐久性,所用水泥浆的性能应具备以下特征:具有高流动度;不泌水,不离析,无沉降;适宜的凝结时间;在塑性阶段具有良好的补偿收缩能力,且硬化后产生微膨胀;具有一定的强度。

②压浆机

压浆机是孔道压浆的设备,由水泥浆、储浆桶和压送浆液的压浆泵以及供水系统组成。

(4)张拉台座

生产先张法预应力混凝土构件时,需设置用作张拉和临时锚固预应力钢筋的张拉台座。台座需要承受张拉预应力钢筋的回缩力,设计时应保证它具有足够的强度、刚度和稳定性。

10.6 小　　结

本章介绍预应力混凝土结构的一些基本知识,主要包括:

(1)讲述了预应力混凝土基本原理,通过例子来说明截面应力分布,阐述预应力的作用。

(2)介绍了预应力混凝土的分类方法。根据预应力筋与混凝土的相对关系可分为体内或体外预应力;根据预应力筋的形状可分为线状预加应力或环状预加应力;根据施加预应力的方式可分为先张法或后张法。

(3)介绍了预应力混凝土的材料性能要求。

(4)介绍了施加预应力所用的设备,除了常用锚具和千斤顶的构造和工作原理,该部分内容还包括了制孔器、穿索(束)机、管道压浆用水泥浆及压浆机等其他设备或配件。

思考与练习题

10.1　什么是预应力度?简述预应力混凝土受弯构件的基本原理。

10.2　什么是先张法?什么是后张法?简述二者的主要施工过程。

10.3　后张法预应力混凝土构件的张拉、锚固和管道成型设备有哪些种类?

预应力混凝土构件的设计计算

11.1 预应力混凝土受弯构件受力全过程

在学习预应力混凝土受弯构件具体设计计算方法之前，先了解其在各受力阶段的不同特点，以便确定其相应的计算内容和方法。对于预应力混凝土受弯构件，从预加应力到承受外荷载，直至最后破坏，从构件所受应力角度而言，可分为：①弹性阶段；②开裂阶段；③破坏阶段。弹性阶段又大致包括：①传力锚固（预加应力）阶段；②运送和安装阶段；③使用荷载作用阶段（运营阶段）。弹性阶段属构件的工作阶段，其中的传力锚固、运送和安装以及使用荷载作用阶段分别是构件的生产过程和正常工作状态。

下面简要描述预应力混凝土简支梁从张拉至破坏阶段全过程的受力特征。预应力混凝土简支梁在单调渐增荷载作用下，q—f 全过程曲线（荷载—挠度曲线）如图 11.1 所示，而图 11.2 所示的是预应力混凝土受弯构件从预加应力至破坏各阶段的应力图形。

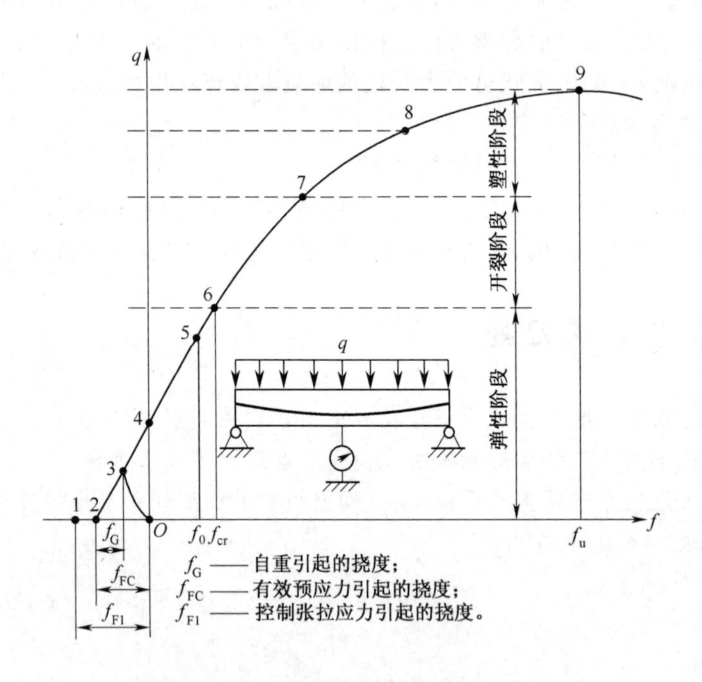

图 11.1 预应力混凝土受弯构件受力全过程

在图 11.1 中，水平坐标 f 表示梁的挠度，纵坐标 q 表示梁所受荷载。图中点 1 和点 2 的水平坐标值分别指初始控制张拉应力（没有扣除预应力损失之前的张拉应力）及有效预应力（扣除全部预应力损失后预应力钢筋中的应力）作用下的构件反拱值（即与外荷载产生的挠度方向相反的变形）。计算中不考虑构件自重，所以此两点处的荷载 $q=0$。点 3 的水平坐标值表示在有效预应力及构件自重综合作用下的反拱值，此点所对应的纵坐标值即是自重的等效荷载值。点 4 表示构件在外荷载作用下挠度为零，也就是说，当前荷载引起的挠度刚好和有效预应力产生的反拱度等值反号，相互抵消，此状态也称平衡状态。点 5 表示在外荷载作用下，构件截面底部边缘纤维应力为零，即当前荷载引起的构件截面底部边缘的拉应力刚好和预加力在该处引起的预压应力相等，相互抵消，此状态称为消压状态，此后的各个阶段的受力性能类似于钢筋混凝土梁。从点 1 到点 6 的阶段中，构件处于弹性未开裂阶段，也就是说能有效地承受使用荷载的作用，对应于图 11.2 中的(a)～(d)阶段。由此可以明显看出，预应力受弯构件的开裂荷载远比钢筋混凝土受弯构件的开裂荷载大得多。点 6 表示即将开裂的状态，截面下缘纤维达到混凝土抗拉强度。点 7 表示钢筋拉应力及混凝土压应力继续增长，直到钢筋或混凝土进入塑性阶段。点 8 表示处于屈服阶段。点 9 表示进入极限阶段，超过点 9 以后，构件虽还能承受一定荷载，但曲线已处于下降趋势，直至构件破坏。点 6 到点 7 的阶段中，构件处于初期开裂阶段，截面虽已开裂，但混凝土压应力及钢筋拉应力仍呈弹性状态，到点 7 才进入塑性阶段。点 7 到点 9 的整个阶段中，构件处于塑性开裂阶段，截面受压区也达到塑性阶段。点 9 对应于图 11.2 中的(e)破坏阶段。

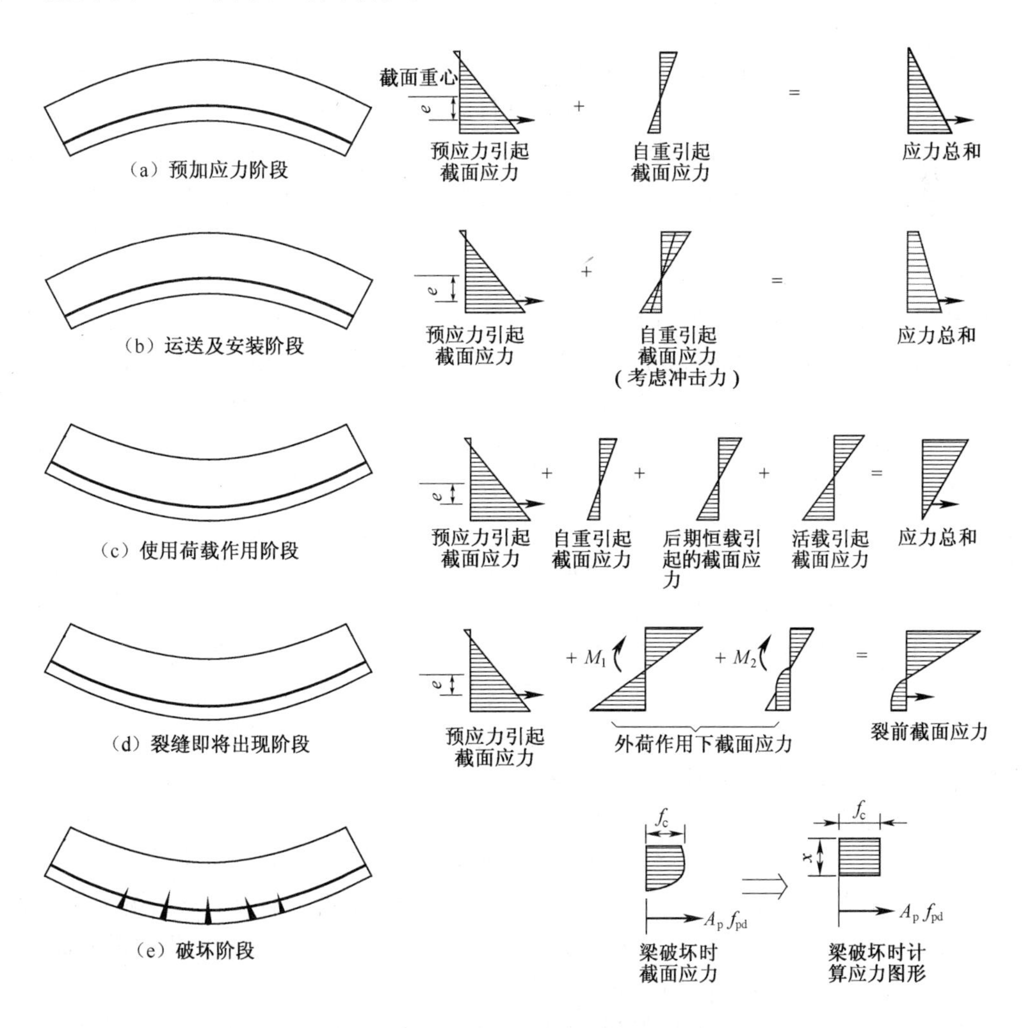

图 11.2 预应力混凝土梁各阶段的应力图形

如果在正常使用阶段保证预应力混凝土受弯构件全截面不出现拉应力,则根据第 10 章关于预应力度的概念,此时预应力度 $\lambda_p \geqslant 1$,这种设计称为全预应力混凝土受弯构件,如果不满足上述条件,则称为部分预应力混凝土构件。显然,按全预应力混凝土设计的受弯构件在正常使用阶段不会出现裂缝。如前所述(图 11.1),在弹性阶段三个过程中,截面一般不允许出现拉应力,或允许出现不大的拉应力而仍能保证不开裂(预加应力阶段、运送和安装阶段、使用荷载作用阶段),整个截面均参加工作,故可按弹性理论分析(按材料力学公式计算),由预加应力产生的混凝土正应力可按偏心受压构件由式(10.2)计算,而由计算荷载(恒载和活载)弯矩 M 产生的混凝土正应力则按式(10.1)计算,两者之和即为截面的总应力。

对于承载能力极限状态,由于此时混凝土已经开裂,因此承载力计算与钢筋混凝土较为相似,只不过截面上既有普通钢筋又有预应力钢筋,因此计算公式稍微复杂一些,但原理却没有什么本质的差别。这也是为什么在设计规范中常常把钢筋混凝土构件和预应力混凝土构件的承载力计算放在同一个公式里的原因。

11.2 有效预应力及预应力损失的计算

前面已经提到,预应力混凝土构件的应力计算和承载力计算都是非常重要的内容,而应力计算必须在已知截面上的预加力 N_p 之后才能进行。在第 10 章的应力计算中,假定预加力 N_p 是已知的,N_p 称为有效预加力,与之对应的预加应力称为有效预应力。但是由于材料的性能、张拉工艺和锚固等原因,均可能引起预加应力的逐渐减小,即发生了所谓"预应力损失",使钢筋中的预应力不等于张拉初始应力(即张拉控制应力,用 σ_{con} 表示)。因此必须正确计算各项预应力损失,方能正确计算有效预应力。

各种预应力损失发生的机理如下:①在后张法构件中,张拉时预应力钢筋在预留孔道中发生滑动,因而产生摩阻力,钢筋在远离张拉端处的应力会由于这种摩阻力的存在而小于张拉端的应力,这种预应力的减小简称为管道摩阻损失,用 σ_{l1} 表示。先张法折线形预应力钢筋在转弯处也会发生摩阻损失。②在对钢筋进行锚固时,钢丝会发生回缩,由于受压也会使锚具变形、使垫圈之间的接缝压缩,从而使已经张拉并锚固的预应力钢筋缩短,引起预应力损失,这种预应力的损失简称为锚头变形损失,用 σ_{l2} 表示。③先张法构件采用蒸汽养护时由于台座与钢筋间存在温差,钢筋温度高于台座,使得钢筋比台座的伸长量大,从而引起钢筋预应力下降,该项应力损失简称为温差损失,用 σ_{l3} 表示。④后张法构件分批张拉时,后张拉的预应力使得构件受压而弹性缩短,因此会使先前已经张拉并锚固的预应力钢筋变松而造成预应力损失,简称为弹性压缩损失,用 σ_{l4} 表示;先张法也会产生弹性压缩损失。⑤由于钢材的松弛特性(见本教材第 2 章)使钢筋在锚固后发生松弛,从而引起预应力损失,简称为钢筋松弛损失,用 σ_{l5} 表示。⑥混凝土的收缩以及构件受到预应力的持续压缩而产生徐变变形,从而使构件缩短,引起预应力损失,简称为混凝土收缩、徐变损失,用 σ_{l6} 表示。注意,各设计规范中关于预应力损失的符号规定不尽相同,有些损失的计算公式也稍有区别。

上述的摩阻损失 σ_{l1}、锚具变形等损失 σ_{l2}、温差损失 σ_{l3}、混凝土的弹性压缩损失 σ_{l4} 是瞬时完成的损失,而钢筋松弛损失 σ_{l5},混凝土的收缩、徐变损失 σ_{l6} 则是长时期完成的损失,其中 σ_{l6} 甚至需几年、几十年才能全部完成。

在传力锚固阶段(即把预应力钢筋锚固并使预应力传递到混凝土构件上的阶段),各项瞬时完成的损失如 σ_{l1}、σ_{l2}、σ_{l3}、σ_{l4} 均已完成。先张法构件传力锚固时预应力钢筋已在台座上张拉了几天(假设 $2<t<10$),按《公路桥规》的规定,σ_{l5}已完成50%~61%。故先张法结构传力锚固时,一般已完成的预应力损失按$\sigma_l^{\mathrm{I}}=\sigma_{l2}+\sigma_{l3}+\sigma_{l4}+0.5\sigma_{l5}$计算。注意此处假设先张法构件采用直线形预应力钢筋,因此不存在摩阻损失;而后张法构件在传力锚固时,由于预应力钢筋刚刚张拉,因此已完成的预应力损失只包括瞬时完成的损失(注意后张法不存在温差损失),即$\sigma_l^{\mathrm{I}}=\sigma_{l1}+\sigma_{l2}+\sigma_{l4}$。十年后则其余损失均已完成,故对于先张法构件其余损失$\sigma_l^{\mathrm{II}}=0.5\sigma_{l5}+\sigma_{l6}$,而对于后张法构件则$\sigma_l^{\mathrm{II}}=\sigma_{l5}+\sigma_{l6}$。

由上述情况可知,计算各项预应力损失值在设计中是很重要的。求出各项损失值之后,便可求出各阶段中预应力钢筋(简称力筋)的实存预拉应力和混凝土中的实存预压应力,再加上荷载引起的应力增量,即得力筋和混凝土中的实际应力。

11.2.1 管道摩阻损失 σ_{l1}

如前所述,该项损失是由于预应力钢筋与管道之间滑动时产生摩阻力而引起的。如图11.3(a)所示,这项损失可分为直线部分钢筋摩擦与曲线部分钢筋摩擦。由于摩阻力的存在,钢筋中的预拉应力在张拉端高,向跨中方向逐渐减小[图11.3(b)]。钢筋在任意两截面间的应力差值,就是此两截面间由摩擦所引起的预应力损失值。从张拉端至计算截面间的摩擦应力损失值,以σ_{l1}表示。

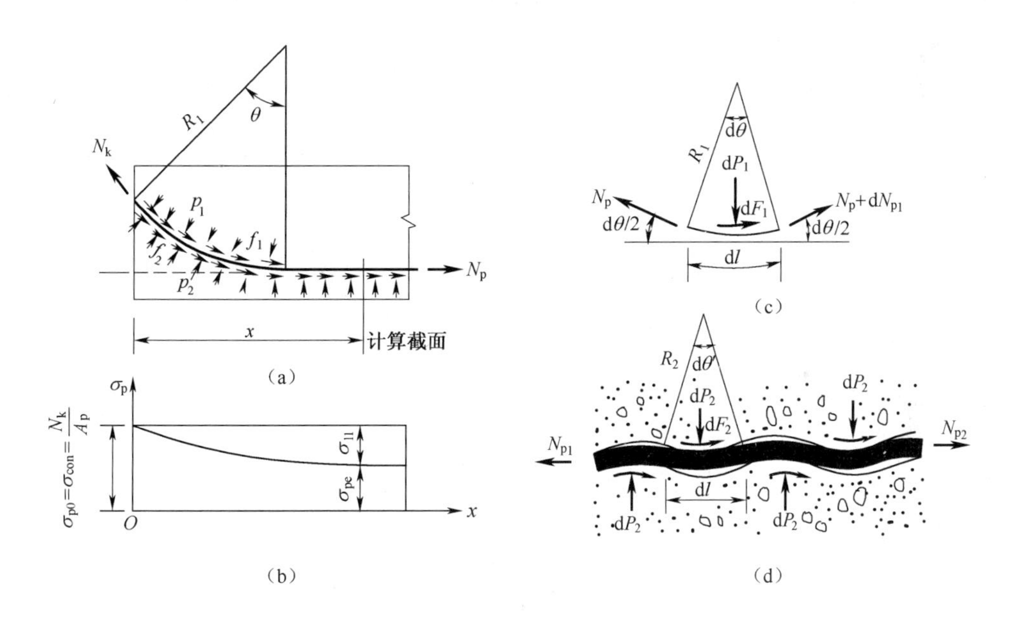

图11.3 摩擦应力损失

在直线管道部分,由于施工中管道位置偏差和孔壁不光滑等原因,在钢筋张拉时,局部孔壁将与钢筋接触而引起摩擦损失,一般称此为管道偏差影响(或称长度影响)摩擦损失,其数值较小;而在弯曲的管道部分,除存在上述管道偏差影响之外,还存在因管道弯转、预应力筋对弯道内壁的径向压力所起的摩擦损失,此部分损失称为弯道影响摩擦损失,其数值较大,并随钢筋弯曲角度之和的增而增加。

1. 弯道影响引起的摩擦力

设钢筋与曲线管道内壁相贴,并取微段钢筋 dl 为分离体[图11.3(c)],其相应的圆心角为

$d\theta$,曲率半径为 R_1,则微分弧长 $dl=R_1 d\theta$。由钢筋微段的径向平衡条件可求得微段钢筋与曲线管道内壁间的径向压力 dP_1 为

$$dP_1=p_1 dl=N_p \sin\frac{d\theta}{2}+(N_p+dN_{p1})\sin\frac{d\theta}{2}\approx N_p d\theta$$

其中利用了关系式 $\sin d\theta\approx d\theta$ 并忽略了高阶小量 $dN_{p1}\sin\frac{d\theta}{2}$。参考图 11.3(a)和图 11.3(c),设钢筋与管道壁间的摩擦系数为 μ,则微段钢筋 dl 的弯道影响摩擦力 dF_1 为

$$dF_1=f_1\cdot dl=\mu p_1 dl=\mu dP_1\approx\mu N_p d\theta$$

由图 11.3(c)中钢筋微段的切向平衡条件得

$$N_p+dN_{p1}+dF_1=N_p$$

所以

$$dF_1=-dN_{p1}\approx\mu N_p d\theta$$

式中 N_p——预应力筋的张拉力;

p_1——单位长度内预应力筋对弯道内壁的径向压力;

f_1——单位长度内预应力筋对弯道内壁的摩擦力(由 p_1 引起)。

2. 管道偏差影响引起的摩擦力

假设管道具有正负偏差,并假定其平均曲率半径为 R_2[图 11.3(d)]。类似上面的分析,假定钢筋与平均曲率半径为 R_2 的管道壁相贴,且与微段钢筋 dl 相应的弯曲圆心角为 $d\theta'$,则钢筋与管壁间在 dl 段内的径向压力 dP_2 为

$$dP_2=p_2 dl\approx N_p d\theta'=N_p\frac{dl}{R_2}$$

故 dl 段内的摩擦力 dF_2 为

$$dF_2=\mu\cdot dP_2\approx\mu N_p\frac{dl}{R_2}$$

令 $\kappa=\mu/R_2$,称为管道的偏差系数,并设 dN_{p2} 为此时微段钢筋张拉力的增量,则可类似得到

$$dF_2=\kappa\cdot N_p\cdot dl=-dN_{p2}$$

3. 弯道部分的总摩擦力

预应力钢筋在管道弯曲部分微段 dl 内的总摩擦力为上述两部分之和,即

$$dF=dF_1+dF_2=N_p\cdot(\mu d\theta+\kappa dl)$$

4. 钢筋计算截面处因摩擦力引起的应力损失值

由微段钢筋切向总的力平衡条件可得

$$dN_{p1}+dN_{p2}+dF_1+dF_2=0$$

所以

$$dN_p=dN_{p1}+dN_{p2}=-dF_1-dF_2=-N_p(\mu d\theta+\kappa dl)$$

或写成

$$\frac{dN_p}{N_p}=-(\mu d\theta+\kappa dl)$$

将上式两边同时积分得

$$\ln N_p=-(\mu\theta+\kappa l)+c$$

由张拉端边界条件:$\theta=\theta_0=0$,$l=l_0=0$ 时,则 $N_p=N_k$(N_k 称为张拉控制力,即张拉端预应力钢筋内的拉力),代入上式可得 $c=\ln N_k$,于是

$$\ln N_p=-(\mu\theta+\kappa l)+\ln N_k$$

亦即

$$\ln\frac{N_p}{N_k}=-(\mu\theta+\kappa l)$$

所以

$$N_p=N_k\cdot e^{-(\mu\theta+\kappa l)}$$

为计算方便，式中 l 近似地用其在构件纵轴上的投影长度 x 代替，则上式变为

$$N_x = N_k \cdot e^{-(\mu\theta+\kappa x)} \tag{11.1}$$

式中　N_x——距张拉端为 x 的计算截面处钢筋实际的预拉力。

由此可求得因摩擦所引起的预应力损失值 σ_{l1} 为

$$\sigma_{l1} = \frac{N_k - N_x}{A_p} = \frac{N_k - N_k e^{-(\mu\theta+\kappa x)}}{A_p} = \frac{N_k}{A_p}[1 - e^{-(\mu\theta+\kappa x)}]$$

$$= \sigma_{con}[1 - e^{-(\mu\theta+\kappa x)}] = \beta\sigma_{con} \tag{11.2}$$

式中　A_p——预应力钢筋的截面面积；

σ_{con}——锚下张拉控制应力，$\sigma_{con} = N_k / A_p$，N_k 为钢筋锚下张拉控制拉力；

x——从张拉端至计算截面的管道长度在构件纵轴上的投影长度，或为三维空间曲线管道的长度，以 m 计；

κ——管道每米长度的局部偏差对摩擦的影响系数（偏差系数），可按表 11.1 采用；

μ——钢筋与管道壁间的摩擦系数，可按表 11.1 采用；

β——计算系数，$\beta = [1 - e^{-(\mu\theta+\kappa x)}]$；

θ——从张拉端至计算截面间平面曲线管道部分夹角[图 11.3(a)]之和，称为曲线包角，按绝对值相加，单位以弧度计；如管道是在竖平面内和水平面内同时弯曲的三维空间曲线管道，则 $\theta = \sqrt{\theta_H^2 + \theta_V^2}$，其中 θ_H、θ_V 分别为在同段管道上的水平面内的弯曲角与竖向平面内的弯曲角。

公式中的 κ、μ 值均为经验系数，变化较大，与钢筋种类、管道种类、接触面及施工条件等有关。具体规定数据参见表 11.1。

表 11.1　系数 κ 和 μ

《公路桥规》的数值

管道类型	κ	μ	
		钢绞线、钢丝束	精轧螺纹钢筋
预埋金属波纹管	0.001 5	0.20～0.25	0.50
预埋塑料波纹管	0.001 5	0.14～0.17	—
预埋铁皮管	0.003 0	0.35	0.40
预埋钢管	0.001 0	0.25	—
抽心成型	0.001 5	0.55	0.60

《铁路桥规》的数值

管道类型	κ	μ
橡胶管或抽芯成型的管道	0.001 5	0.55
铁皮套管	0.003 0	0.35
金属波纹管	0.002 0～0.003 0	0.20～0.26

注：(1)在计算中须考虑钢筋与锚圈口之间摩擦引起的应力损失，此值应根据试验确定。

(2)在计算中须考虑预应力钢束张拉时，钢束在垫板喇叭口处产生了弯折，因而也产生摩擦损失，此值应根据试验确定。

为了减少摩擦损失一般可采用如下措施：

(1)采用两端张拉，以减小 θ 值及管道长度 x 值。

(2)设法降低κ、μ值,例如管道涂油(只适用于无粘结筋)或用较硬的材料做管道。

(3)采用超张拉,其张拉工艺一般可采用如下程序进行:

$$0 \longrightarrow \text{初应力}(0.1\sigma_{con}\text{左右}) \longrightarrow (1.05\sim1.10)\sigma_{con} \xrightarrow{\text{持荷 }2\sim5\text{ min}} 0.85\sigma_{con} \longrightarrow \sigma_{con}$$

当张拉端A超张拉10%时,预应力筋中的预拉应力将沿EHD分布。当张拉端的张拉应力降低至$0.85\sigma_{con}$时,由于孔道与预应力筋之间产生反向摩擦,预应力将沿$FGHD$分布。当张拉端A再次张拉至σ_{con}时,则预应力筋中的应力将沿$CGHD$分布,显然比图11.4(a)所建立的预拉应力要均匀些,预应力损失要小一些。对于简支梁来说,这个回缩影响一般不能传递到受力最大的跨中截面(或者影响很小),这样跨中截面的预应力也就因超张拉而获得了稳定的提高。

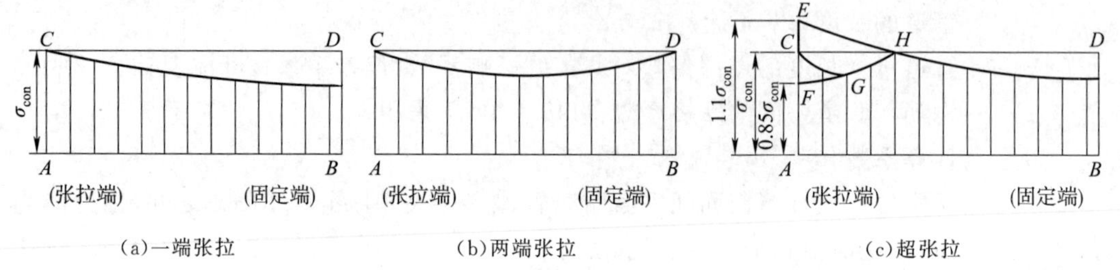

图11.4　一端张拉、两端张拉及超张拉对减少摩擦损失的影响

由于超张拉5%~10%,使预应力钢筋各截面应力相应提高。当张拉力回降至σ_{con}时,钢筋因要回缩而受到反向摩擦力的作用。对于简支梁来说,这个回缩影响一般不能传递到受力最大的跨中截面(或者影响很小),这样跨中截面的预应力也就因超张拉而获得了稳定的提高。

还应指出,θ角指全部角度增量的绝对值之和。如图11.5所示,离张拉端x处的θ角为

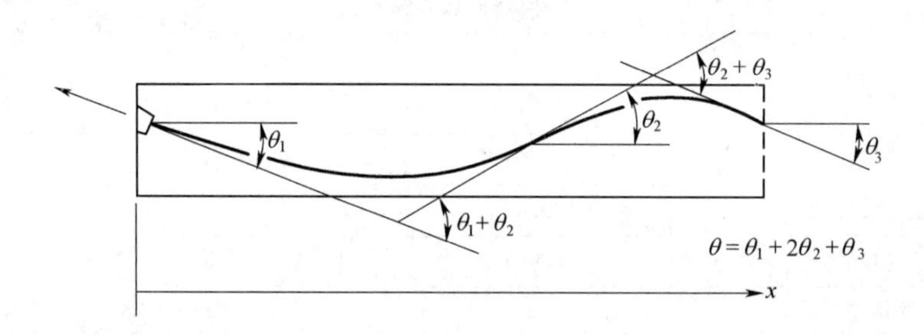

图11.5　后张法曲线形钢筋转角

$$\theta=\theta_1+2\theta_2+\theta_3$$

如果预应力钢筋是一条三维空间曲线,则应计及垂直和水平方向全部角度变化值。

折线配筋的先张法结构,预应力钢筋与固定于台座上的中间支承接触处(钢筋弯折处)的摩擦损失可按式(11.3)计算:

$$\sigma_{l1}=\frac{\mu P}{A_p} \tag{11.3}$$

式中　P——张拉时在钢筋弯折处施加于中间支承的压力合力;

A_p——预应力钢筋的截面积;

μ——钢筋对钢支承的摩擦系数,可取为0.30。

11.2.2 锚头变形、钢筋回缩和接缝压缩引起的损失 σ_{l2}

这项应力损失与采用的锚具形式和接缝的涂料有关。不论先张法或后张法预应力构件，当张拉完毕千斤顶放松时，预拉力通过锚具传递到台座或构件上，都会由于锚具、垫板本身的变形，其间缝隙压紧及钢筋在锚具中的滑移等引起钢筋向内回缩滑动，造成预应力下降，从而引起预应力损失。损失值可按下式计算（平均损失）：

$$\sigma_{l2}=E_{\mathrm{p}}\varepsilon=E_{\mathrm{p}}\frac{m_{\mathrm{t}}\Delta l}{l} \tag{11.4}$$

式中 σ_{l2}——锚头变形等引起的预应力钢筋的应力损失；

Δl——一个张拉端的锚具变形、钢筋回缩、螺帽缝隙及后加垫板的缝隙等之和，不同锚具种类有不同规定值，具体规定参见表 11.2；

m_{t}——系数，单端张拉时取 1，两端张拉时取 2；

l——预应力钢筋的有效长度(mm)；

E_{p}——预应力钢筋的弹性模量(MPa)。

表 11.2 一个锚头变形、钢筋回缩和接缝压缩计算值 Δl(mm)

锚具、接缝类型		表现形式	Δl
钢制锥形锚头		钢筋回缩及锚头变形	6 (8)
夹片式锚具	有顶压时	锚具回缩	4 (4)
	无顶压时		6 (6)
带螺帽锚具的螺帽缝隙		缝隙压密	1 (1)
镦头锚具		缝隙压密	1 (无)
每块后加垫板的缝隙		缝隙压密	1 (1)
水泥砂浆接缝		缝隙压密	1 (1)
环氧树脂砂浆接缝		缝隙压密	1 (0.05)

注：括号外为《公路桥规》数值，括号内为《铁路桥规》数值。“无”表示该规范中没有此种锚具数值。

从式(11.4)中可看出，σ_{l2} 与预应力钢筋的有效长度 l 有关，如长度很短，σ_{l2} 值会很大。在先张法的长线台座上张拉时，由于 l 值很大，所以 σ_{l2} 值就很小。

显然，式(11.4)中的 ε 是平均应变，该式假定滑移沿钢筋长度均匀分布。对先张法来说此假定成立，但对后张法构件，如钢筋在孔道内无摩擦作用也可成立。但钢筋与孔道壁间摩擦作用较大时，钢筋由张拉端开始在管道内回缩时就会与管道发生摩擦。由于该摩擦与钢筋张拉时的摩擦力（即 σ_{l1}）方向相反，因此也称为反向摩擦损失。类似于张拉时的摩阻损失，这种摩擦力由张拉端向内逐步减小，沿着预应力钢筋分布是不均匀的，因此式(11.4)只是近似计算公式，要精确计算，应考虑因反向摩擦力作用。下面就推导考虑反向摩擦力的计算式。

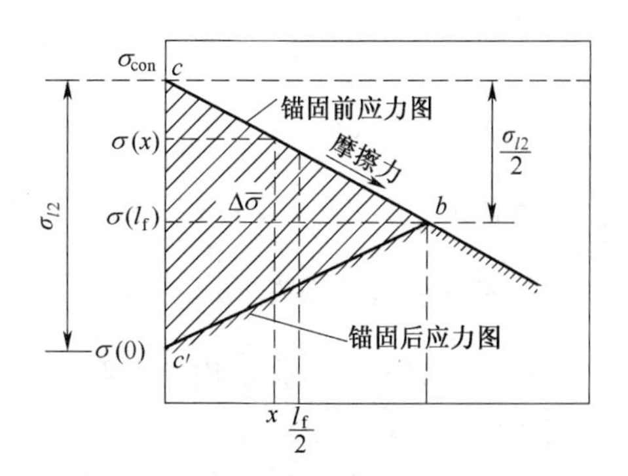

图 11.6 后张法构件锚具变形引起的预应力损失

如图 11.6 所示，假设 bc 表示锚固前的钢筋应力，在端部预应力最大，由于摩擦损失，钢筋预应力沿构件轴线而减少。锚固后因锚具变形等使钢筋发生与张拉时方向相反的滑动,端部预应力值突然下降,此时构件内有一段长度内会发生反向摩擦力,使预应力有所减少,到距离端部l_f处恢复原来预应力值。因为反向摩擦系数与正向摩擦系数是相同的,所以bc与bc'斜率相等,不过是方向相反而已。需要求出的是长度l_f及端部预应力管道摩擦损失值σ_{l2}。

如图 11.6 所示,由于对称,张拉端部预应力损失为

$$\sigma_{l2}=\sigma_{con}-\sigma(0)=2[\sigma_{con}-\sigma(l_f)]$$

式中 $\sigma(l_f)$——离端部距离为l_f截面处的钢筋应力。

可以看出,在$x=0$处应力损失最大为$\sigma(l_1)$,在$x=l_f$处应力损失为零。在$x=0$到$x=l_f$一段长度内应力损失平均值为

$$\Delta\bar{\sigma}=\frac{1}{l_f}\int_0^{l_f}[\sigma(x)-\sigma(0)]\mathrm{d}x=\frac{2}{l_f}\int_0^{l_f}[\sigma(x)-\sigma(l_f)]\mathrm{d}x \tag{11.5}$$

在l_f长度内钢筋总缩短值为锚具变形值Δl,缩短应变为$\Delta l/l_f$,因此应力损失平均值为

$$\Delta\bar{\sigma}=E_p\frac{\Delta l}{l_f}$$

由式(11.2)可知

$$\sigma(x)=\sigma_{con}\cdot e^{-(\kappa x+\mu\theta)}$$

设$\lambda x=\mu\theta+\kappa x$,则有

$$\sigma(x)=\sigma_{con}\cdot e^{-\lambda x} \tag{11.6}$$

将式(11.6)代入式(11.5),并不计$e^{-\lambda x}$展开式中的高次项可得

$$\Delta\bar{\sigma}\approx\sigma_{con}\lambda l_f=\frac{\sigma_{l2}}{2}$$

在端部($x=0$)处

$$\sigma_{l2}=2\sigma_{con}\lambda l_f$$

在任意点x

$$\sigma_{l2}(x)=2\sigma_{con}\lambda l_f\left(1-\frac{x}{l_f}\right) \tag{11.7}$$

$$l_f=\sqrt{\frac{E_p\Delta l}{\sigma_{con}\cdot\lambda}} \tag{11.8}$$

如钢筋为圆弧线,则

$$\lambda=\frac{\kappa x+\mu\theta}{x}=\kappa+\frac{\mu}{\rho}$$

式中ρ为曲率半径。则l_f可改写成

$$l_f=\sqrt{\frac{E_p\Delta l}{\sigma_{con}\cdot\left(\kappa+\dfrac{\mu}{\rho}\right)}} \tag{11.9}$$

任意截面x处的σ_{l2}则可按式(11.7)求出。

11.2.3 温差引起的损失 σ_{l3}

这项损失只有在先张法构件才有,这是由先张法构件的施工工艺决定的。

先张法构件在固定台座上用蒸汽或其他方法加热养护时产生此项应力损失。设张拉力筋时制造场地的温度为t_1℃,用蒸汽或其他方法加热养护时混凝土的最高温度为t_2℃。此时因混凝土尚未达到一定的强度,因此力筋与混凝土间的粘结力不足以抗衡力筋受热后的自由变

形(伸长)。设力筋沿全长均匀受热,则力筋将伸长

$$\Delta l=\alpha(t_2-t_1)l \tag{11.10}$$

式中 α——钢筋的线膨胀系数,取为 1×10^{-5};

l——力筋的长度。

如果张拉台座不受蒸汽养护高温的影响,即台座位置固定,则当力筋升温伸长时,台座长度不变,这相当于力筋变松了。此时产生的应力损失即所谓温差损失,其值按式(11.11)计算:

$$\sigma_{l3}=E_p\frac{\Delta l}{l}=\alpha(t_2-t_1)E_p \tag{11.11}$$

取钢筋的弹性模量 $E_p=2.0\times10^5$ MPa,则

$$\sigma_{l3}=1\times10^{-5}(t_2-t_1)\times2.0\times10^5=2(t_2-t_1)\ \text{MPa} \tag{11.12}$$

式中 t_1——张拉钢筋时制造场地的温度;

t_2——用蒸汽或其他方法加热养护时混凝土的最高温度。

停止蒸汽或其他养护时,混凝土已有相当大的强度,其粘结力足以阻止力筋与混凝土之间的相对滑动。因此,构件降温回缩时,该项损失不可能恢复。

如果钢丝张拉在钢模上(如轨枕),加热养护时钢模随同钢丝一同胀缩,则不产生此项应力损失。

为减少温差引起的应力损失,可采用二级升温养护制度,即先用低温养护至混凝土达到7.5~10.0 MPa 再逐渐升温养护。当混凝土达到上述强度后,力筋与混凝土之间的黏着力已可阻止力筋与混凝土之间的相对滑动,故虽继续升温,但不再产生由于温差而引起的应力损失。计算时,t_2按低温养护阶段的温度考虑。

11.2.4 混凝土弹性压缩引起的损失 σ_{l4}

当预应力传递到混凝土构件上时,混凝土将因受压而产生弹性缩短,从而使已经锚固在其上的预应力钢筋回缩,应力变小,即产生了预应力损失。

对于先张法结构,放松力筋进行传力锚固时,由于混凝土弹性压缩所引起的应力损失为

$$\sigma_{l4}=\varepsilon_{弹}E_p=\frac{\sigma_{pc}}{E_c}E_p=n_p\sigma_{pc} \tag{11.13}$$

式中 n_p——力筋的弹性模量与传力锚固时混凝土弹性模量之比;

E_c——传力锚固时混凝土的弹性模量;

$\varepsilon_{弹}$——放松力筋后,在计算截面力筋重心处由预加力产生的混凝土压应变;

σ_{pc}——在计算截面力筋重心处由预加力产生的混凝土压应力,可按式(11.14)计算

$$\sigma_{pc}=\frac{N_p}{A_0}+\frac{N_pe_0^2}{I_0};N_p=A_p\sigma_{pe}^{*}=A_p(\sigma_{pe}^{\mathrm{I}}+\sigma_{l4}) \tag{11.14}$$

其中 A_p——预应力钢筋的截面积;

A_0,I_0——预应力混凝土构件换算截面的截面积和惯性矩;

σ_{pe}^{*}——在传力锚固阶段放松钢筋前瞬间(弹性压缩损失发生前)预应力钢筋中的有效应力,$\sigma_{pe}^{*}=\sigma_{pe}^{\mathrm{I}}+\sigma_{l4}=\sigma_{con}-(\sigma_{l2}+\sigma_{l3}+0.5\sigma_{l5})$;

σ_{pe}^{I}——力筋传力锚固时,经历了全部第一组预应力损失后的有效预应力,$\sigma_{pe}^{\mathrm{I}}=\sigma_{con}-\sigma_l^{\mathrm{I}}=\sigma_{con}-(\sigma_{l2}+\sigma_{l3}+\sigma_{l4}+0.5\sigma_{l5})$。

在后张法构件中,如全部预应力钢筋同时张拉,则因钢筋还没有锚固,混凝土弹性压缩与

张拉钢筋在同时进行,混凝土的弹性压缩不会使得钢筋跟着回缩,所以也就不会引起弹性压缩损失,因而也不必计算弹性压缩引起的预应力损失值;如是分批张拉,则前次张拉并已锚固在混凝土上的预应力钢筋将因后来张拉钢筋而使其压缩并引起预应力损失。因此每根钢筋中预应力损失值与钢筋在截面中所处位置及张拉次序有关。显然第一批张拉的力筋应力损失最大,最后一批张拉的力筋则没有弹性压缩损失。设在已张拉力筋的重心处由于后来张拉一批力筋而产生的混凝土正应力为 $\Delta\sigma_{pc}$,则该处混凝土的弹性压缩为 $\varepsilon=\Delta\sigma_{pc}/E_c$,已张拉力筋中产生的应力损失为 $E_p\varepsilon=E_p\Delta\sigma_{pc}/E_c=n_p\Delta\sigma_{pc}$。

后张法中力筋大多布置成曲线形,不同截面中力筋的布置不相同,且各截面中各根力筋重心的位置各不相同。因而,尽管每根力筋的端部张拉力通常是相同的,但因布置的不同,因此各 $\Delta\sigma_{pc}$ 也不相同,采用手算时,要精确计算将是十分烦琐复杂的(如采用电算,则可精确计算)。为简化计算,对于简支梁,实用上以 1/4 跨度截面代表全梁的平均截面,并假设同一截面所有力筋的 $\Delta\sigma_{pc}$ 都相同,并且所有力筋都位于其合力作用点(假定 $\Delta\sigma_{pc}$ 相同时,即为所有力筋的重心)。这样,各次张拉力筋引起的已张拉力筋的应力损失均为 $n_p\Delta\sigma_{pc}$,这就使计算十分简便,而且误差在容许范围内。如某批力筋张拉后又张拉了 Z 批,则该批力筋中的应力损失了 Z 个 $n_p\Delta\sigma_{pc}$,故该批力筋由于混凝土弹性压缩引起的应力损失 σ_{l4} 为

$$\sigma_{l4}=n_p\Delta\sigma_{pc}Z \tag{11.15}$$

由于张拉先后次序不同,各力筋中的应力损失也不同。为便于进行各项检算,一般计算各力筋平均的弹性压缩损失。设被张拉力筋的根数或批数为 N,取第一根(或批)力筋张拉后的 $Z(Z=N-1)$ 和最后一根(或批)张拉后的 $Z(Z=0)$ 之平均值作为式(11.15)中的 Z,即

$$\sigma_{l4}=\frac{N-1}{2}n_p\Delta\sigma_{pc}=\frac{N-1}{2N}n_p\sigma_{pc} \tag{11.16}$$

式中 N——被张拉力筋的根数或批数;

σ_{pc}——在 1/4 跨度截面力筋重心处由预加力产生的混凝土正应,$\sigma_{pc}=N\Delta\sigma_{pc}$,可按下式计算:

$$\sigma_{pc}=\frac{N_p}{A_n}+\frac{N_pe_n^2}{I_n},\quad N_p=A_p\sigma_{pe}^{\mathrm{I}}\cos\alpha \tag{11.17}$$

$$\sigma_{pe}^{\mathrm{I}}=\sigma_{con}-\sigma_l^{\mathrm{I}}=\sigma_{con}-(\sigma_{l1}+\sigma_{l2}+\sigma_{l4})$$

对于使用锥形锚的后张法拉丝式体系,则尚需考虑锚圈口摩擦损失,其数值可根据试验确定。

11.2.5 应力松弛损失 σ_{l5}

不论先张法或后张法,预应力钢筋都持续处于高应力状态下,因而都会产生应力松弛现象。钢筋的应力松弛与钢筋成分及其加工方法、初应力大小及其延续时间以及预应力构件的施工方法等因素有关。工程上有普通松弛(Ⅰ级松弛)和低松弛(Ⅱ级松弛)两类预应力钢筋。

钢筋松弛应力损失的计算大都采用经验公式。显然松弛应力损失值是时间的函数,其终极值计算公式如下。

1. 钢绞线、钢丝的应力松弛损失

《公路桥规》的计算公式为

$$\sigma_{l5}=\Psi\zeta\left(0.52\frac{\sigma_{pe}}{f_{pk}}-0.26\right)\sigma_{pe} \tag{11.18a}$$

《铁路桥规》的计算公式为

$$\sigma_{l5}=\zeta\sigma_{con} \tag{11.18b}$$

式中 Ψ——张拉系数：一次张拉时取 1.0；超张拉时取 0.9；

ζ——钢筋松弛系数：《公路桥规》规定，Ⅰ级松弛（普通松弛）取 $\zeta=1.0$，Ⅱ级松弛（低松弛）取 $\zeta=0.3$；《铁路桥规》规定，对于钢丝，普通松弛时取 $\zeta=0.4\left(\frac{\sigma_{con}}{f_{pk}}-0.5\right)$；对于钢丝、钢绞线，低松弛时，当 $\sigma_{con}\leqslant 0.7f_{pk}$ 时取 $\zeta=0.125\left(\frac{\sigma_{con}}{f_{pk}}-0.5\right)$，当 $0.7f_{pk}\leqslant\sigma_{con}\leqslant 0.8f_{pk}$ 时取 $\zeta=0.2\left(\frac{\sigma_{con}}{f_{pk}}-0.575\right)$；

σ_{pe}——传力锚固时的钢筋应力：对后张法构件 $\sigma_{pe}=\sigma_{con}-\sigma_{l1}-\sigma_{l2}-\sigma_{l4}$；对先张法构件，指钢筋锚固在台座上时的钢筋应力，即 $\sigma_{pe}=\sigma_{con}-\sigma_{l2}$；

f_{pk}——钢丝的抗拉强度标准值。

2. 精轧螺纹钢筋（公路和铁路桥规的计算公式相同）的应力松弛损失

一次张拉 $$\sigma_{l5}=0.05\sigma_{con} \tag{11.19}$$

超张拉 $$\sigma_{l5}=0.035\sigma_{con} \tag{11.20}$$

上面的式(11.18)、式(11.19)和式(11.20)都是计算松弛损失终极值的，要分阶段计算该项损失时，可按表 11.3 中所给出的中间值与终极值的比值计算。

表 11.3 《公路桥规》、《铁路桥规》σ_{l5}、σ_{l6} 中间值与终极值的比值

时间(d)	2	10	20	30	40	60	90	180	1年	3年
《公路桥规》及《铁路桥规》中由于钢筋松弛引起的损失 σ_{l5}	0.50	0.61	0.74	0.87	1.0	—	—	—	—	—
《铁路桥规》中由于混凝土收缩和徐变引起的损失 σ_{l6}	—	0.33	0.37	0.40	0.43	0.50	0.60	0.75	0.85	1.0

由于初期应力松弛发展很快，因此采用超张拉可降低松弛损失。由于应力松弛损失与持荷时间有关，故计算时应根据构件不同受力阶段的持荷时间，采用不同的松弛损失值。如先张法构件在预加应力阶段中，考虑其持荷时间较短，一般按松弛损失终极值的一半计算，其余一半则认为在随后的使用阶段中完成。后张法构件的钢筋松弛损失，则认为全部在使用阶段内完成。注意各种规范的规定不太一致，在实际计算时应根据所设计的结构来取值。

需要注意的是，钢筋松弛引起的预应力损失和下面将要提到的混凝土的收缩和徐变引起的预应力损失都是在很长时间内逐渐完成的，而且它们会互相影响。在 σ_{l5} 使力筋中应力降低的同时，混凝土中的应力也会降低，因而徐变损失将减少。同样，混凝土的收缩也会使徐变损失减少。混凝土的收缩、徐变降低了力筋中的预应力值，又使钢筋松弛引起的应力损失减小。因此，简单叠加 σ_{l5} 和 σ_{l6}，其结果必然偏大。如果把时间分成若干小段，分段计算各项损失，这样求出的损失总量会小些，也更符合实际些，只是计算比较麻烦，现可采用计算机进行计算。

11.2.6 混凝土收缩徐变损失 σ_{l6}

如本教材第 2 章所述，在一般条件下，混凝土要发生体积收缩；在持续压力作用下，混凝土还会产生徐变。两者均使构件的长度缩短,从而造成预应力损失。又由于收缩和徐变有着密切的联系,许多影响收缩变形的因素也同样影响着徐变的变形值,故将混凝土的收缩和徐变值的影响综合在一起进行计算。

《公路桥规》推荐的受拉区、受压区预应力钢筋在时刻 t 的收缩、徐变应力损失计算公式为

$$\sigma_{l6}(t)=\frac{0.9[E_p\varepsilon_{cs}(t,t_0)+n_p\sigma_c\varphi(t,t_0)]}{1+15\rho\,\rho_{ps}} \tag{11.21a}$$

$$\sigma'_{l6}(t)=\frac{0.9[E_p\varepsilon_{cs}(t,t_0)+n_p\sigma'_c\varphi(t,t_0)]}{1+15\rho'\rho'_{ps}} \tag{11.22}$$

$$\rho=\frac{A_p+A_s}{A},\quad \rho'=\frac{A'_p+A'_s}{A} \tag{11.23a}$$

$$\rho_{ps}=1+\frac{e_{ps}^2}{i^2},\quad \rho'_{ps}=1+\frac{e'^2_{ps}}{i^2} \tag{11.24}$$

$$e_{ps}=\frac{A_pe_p+A_se_s}{A_p+A_s},\quad e'_{ps}=\frac{A'_pe'_p+A'_se'_s}{A'_p+A'_s} \tag{11.25}$$

式中 $\sigma_{l6}(t),\sigma'_{l6}(t)$——构件受拉区、受压区全部受力钢筋截面重心点处由混凝土收缩、徐变引起的预应力损失;

ρ,ρ'——受拉区、受压区纵向钢筋(含预应力钢筋和普通钢筋)的配筋率;

A_p,A_s,A'_p,A'_s——受拉区、受压区预应力钢筋和非预应力钢筋的截面面积(m^2);

A——构件计算截面的面积,对于后张法构件在预留孔道压浆之前为净截面 A_n,在压浆并结硬后为换算截面 A_0,对于先张法构件均为换算截面 A_0;

e_{ps},e'_{ps}——受拉区、受压区预应力钢筋和非预应力钢筋重心点至构件截面重心轴的距离;

e_p,e'_p——受拉区、受压区预应力钢筋重心点至构件截面重心轴的距离;

e_s,e'_s——受拉区、受压区非预应力钢筋重心点至构件截面重心轴的距离;

i——截面的回转半径,$i=\sqrt{I/A}$,其中 I 为截面的惯性矩,计算规定与上述计算构件截面面积 A 的规定相同;

$\varphi(t,t_0)$——加载龄期为 t_0,计算考虑龄期为 t 时的混凝土的徐变系数,其终极值可按表 11.4 取用;

$\varepsilon_{cs}(t,t_0)$——传力锚固龄期为 t_0,计算考虑龄期为 t 时的混凝土的收缩应变,其终极值可按表 11.4 取用;

σ_c,σ'_c——先张法构件放松钢筋时,或后张法构件钢筋锚固时,在计算截面上受拉区、受压区预应力钢筋重心处由预加力(扣除相应阶段的预应力损失)产生的混凝土法向应力(MPa)(计算时应根据张拉受力情况考虑自重的影响,σ_c、σ'_c 不应大于传力锚固时混凝土立方体抗压强度 f'_{cu} 的 0.5 倍,当 σ'_c 为拉应力时应取为零);对于简支梁,一般可采用跨中和 $L/4$ 截面的平均值作为全梁各截面的计算近似值。

由上可知,式(11.21)和式(11.22)不仅考虑了预应力随混凝土收缩、徐变逐渐产生而变化的因素,而且考虑了非预应力钢筋对混凝土收缩、徐变起着阻碍作用的影响,因此该式既适应于全预应力混凝土构件,也适应于部分预应力混凝土构件。

《铁路桥规》推荐的收缩、徐变应力损失终极值计算公式如下(受拉区、受压区公式统一):

$$\sigma_{l6}=\frac{0.8n_{\mathrm{p}}\sigma_{\mathrm{c}}\varphi(t_{\mathrm{u}},t_0)+E_{\mathrm{p}}\varepsilon_{\mathrm{cs}}(t_{\mathrm{u}},t_0)}{1+\left[1+\dfrac{\varphi(t_{\mathrm{u}},t_0)}{2}\right]\rho\rho_{\mathrm{ps}}} \tag{11.21b}$$

$$\rho=\frac{n_{\mathrm{p}}A_{\mathrm{p}}+n_{\mathrm{s}}A_{\mathrm{s}}}{A} \tag{11.23b}$$

式中 $\varphi(t_{\mathrm{u}},t_0)$——加载龄期为 t_0 时混凝土的徐变系数终极值，可按表 11.4 中的《铁路桥规》数值采用；

$\varepsilon_{\mathrm{cs}}(t_{\mathrm{u}},t_0)$——自混凝土龄期为 t_0 开始的收缩应变终极值，可按表 11.4 的《铁路桥规》数值采用；

n_{s}——非预应力钢筋弹性模量与混凝土弹性模量之比。

如前所述，混凝土收缩、徐变应力损失与钢筋的应力松弛损失是相互影响的，目前采用先单独计算然后叠加的方法是不够完善的。国际上有把三者综合起来进行考虑的计算方法，即采用包括混凝土收缩、徐变与钢筋松弛三者耦合的综合应力损失计算公式，并用迭代法进行计算。国内也有类似专题讨论，但计算烦琐，且还没有得到足够量的试验证明，因此还不能推广应用。

表 11.4 混凝土收缩应变、徐变系数终极值

《公路桥规》的数值								
混凝土收缩应变终极值 $\varepsilon_{\mathrm{cs}}(t_{\mathrm{u}},t_0)\times10^{-3}$								
传力锚固时混凝土的龄期(d)	40%≤RH<70%				70%≤RH≤99%			
	理论厚度 $h=2A/u$(mm)				理论厚度 $h=2A/u$(mm)			
	100	200	300	≥600	100	200	300	≥600
3～7	0.50	0.45	0.38	0.25	0.30	0.26	0.23	0.15
14	0.43	0.41	0.36	0.24	0.25	0.24	0.21	0.14
28	0.38	0.38	0.34	0.23	0.22	0.22	0.20	0.13
60	0.31	0.34	0.32	0.22	0.18	0.20	0.19	0.12
90	0.27	0.32	0.30	0.21	0.16	0.19	0.18	0.12
混凝土徐变系数终极值 $\varphi(t_{\mathrm{u}},t_0)$								
混凝土加载龄期(d)	40%≤RH<70%				70%≤RH≤99%			
	理论厚度 $h=2A/u$(mm)				理论厚度 $h=2A/u$(mm)			
	100	200	300	≥600	100	200	300	≥600
3	3.78	3.36	3.14	2.79	2.73	2.52	2.39	2.20
7	3.23	2.88	2.68	2.39	2.32	2.15	2.05	1.88
14	2.83	2.51	2.35	2.09	2.04	1.89	1.79	1.65
28	2.48	2.20	2.06	1.83	1.79	1.65	1.58	1.44
60	2.14	1.91	1.78	1.58	1.55	1.43	1.36	1.25
90	1.99	1.76	1.65	1.46	1.44	1.32	1.26	1.15

续上表

《铁路桥规》的数值								
预加力时混凝土的龄期(d)	收缩应变终极值 $\varepsilon_{cs}(t_u, t_0)\times10^{-6}$				徐变系数终极值 $\varphi(t_u, t_0)$			
	理论厚度 $h=2A/u$(mm)				理论厚度 $h=2A/u$(mm)			
	100	200	300	≥600	100	200	300	≥600
3	250	200	170	110	3.00	2.50	2.30	2.00
7	230	190	160	110	2.60	2.20	2.00	1.80
10	217	186	160	110	2.40	2.10	1.90	1.70
14	200	180	160	110	2.20	1.90	1.70	1.50
28	170	160	150	110	1.80	1.50	1.40	1.20
≥60	140	140	130	100	1.40	1.20	1.10	1.00

注:对于《公路桥规》数值:

(1)表中 RH 代表桥梁所处环境的年平均相对湿度(%),表中 40%≤RH<70%栏目中的数值是按 55%计算的,而 70%≤RH≤99%栏目中的数值是按 80%计算的。

(2)表中 h 为理论厚度,$h=2A/u$,u 为计算截面与大气接触的周边长度;当构件为变截面时,A 和 u 取平均值。

(3)本表用于一般的硅酸盐水泥或快硬水泥配制成的混凝土。表中数值系按强度等级 C40 混凝土计算,对 C50 及以上混凝土,表列数值应乘以 $\sqrt{32.4/f_{ck}}$,式中 f_{ck} 为混凝土轴心抗压强度标准值(MPa)。

(4)本表适用于季节性变化温度−20~+40 ℃。

(5)构件实际的理论厚度、传力锚固龄期、加载龄期为表列数字的中间值时,可按直线内插取值。

(6)需要分阶段计算收缩应变和徐变系数时,可按《公路桥规》附录 F 提供的方法计算。

对于《铁路桥规》数值:表中数值适用于年平均相对湿度高于 40%条件下使用的结构,在年平均相对湿度低于 40%条件下使用的结构,表列 $\varphi(t_u,t_0)$、$\varepsilon_{cs}(t_u,t_0)$ 值应增加 30% 。

总之,以上各项预应力损失的估算值,可以作为设计时的一般依据,但由于材料、施工条件等的不同,实际的预应力损失值与按上述方法估算的数值是会有出入的。为了确保预应力混凝土结构在施工、使用阶段的安全,除加强施工管理外,有条件时还应作好应力损失值的实测工作,用所测得的实际应力损失值来调整张拉应力。

11.2.7 有效预应力的计算

由上面的分析可以看出,采用不同施工工艺所引起的预应力损失值是不同的:

(1)对于后张法预应力混凝土构件,张拉钢筋对所张拉钢筋本身不会引起像先张法那样的弹性压缩应力损失,只有当多根钢筋分批张拉时,才会对已张拉并锚固的钢筋引起弹性压缩应力损失。

(2)后张法是在混凝土已完成部分收缩变形之后进行张拉的。因此,由于混凝土硬化收缩所造成的应力损失要比先张法构件小。

(3)后张法构件中没有先张法构件蒸汽养护时发生的温差应力损失,而直线布束的先张法构件则不存在后张法构件中的管道摩阻应力损失。

前已述及,预应力筋中的有效预应力 σ_{pe} 是力筋张拉后,从锚下控制张拉应力 σ_{con} 中扣除相应阶段的应力损失 σ_l 后,在钢筋中实际存在的预拉应力。不同受力阶段的有效预应力值是不同的,必须先将预应力损失值按受力阶段进行组合,然后才可算出不同阶段的混凝土有效预应力 σ_{pc}。预应力损失值组合一般根据应力损失出现的先后与全部完成所需要的时间,分先张法、后张法,按预加应力和使用两个阶段来进行,具体见表 11.5。

表 11.5 各阶段预应力损失值的组合表

受力阶段	预加应力方法	
	先张法	后张法
传力锚固阶段(Ⅰ)	$\sigma_l^{Ⅰ}=\sigma_{l2}+\sigma_{l3}+\sigma_{l4}+0.5\sigma_{l5}$	$\sigma_l^{Ⅰ}=\sigma_{l1}+\sigma_{l2}+\sigma_{l4}$
使用阶段(Ⅱ)	$\sigma_l^{Ⅱ}=0.5\sigma_{l5}+\sigma_{l6}$	$\sigma_l^{Ⅱ}=\sigma_{l5}+\sigma_{l6}$

注:$\sigma_l^{Ⅰ}$ 系指钢筋张拉完毕,并进行传力锚固时为止所出现的应力损失值之和;$\sigma_l^{Ⅱ}$ 系指传力锚固结束后出现的应力损失值之和。

各阶段预应力筋的有效预应力 σ_{pe} 为

(1)传力锚固阶段: $\sigma_{pe}^{Ⅰ}=\sigma_{con}-\sigma_l^{Ⅰ}$

(2)使用阶段: $\sigma_{pe}^{Ⅱ}=\sigma_{con}-(\sigma_l^{Ⅰ}+\sigma_l^{Ⅱ})$

式中符号的上标表示应力损失的阶段,Ⅰ为传力锚固阶段,Ⅱ为使用阶段。其余意义同前。

【例题 11.1】 某后张法预应力混凝土铁路桥梁,计算跨度 $L=32.00$ m,梁全长 $L_0=32.60$ m,横向由两片 T 形梁组成。采用一次张拉普通松弛的预应力钢丝,每片梁采用 20 束钢丝束,每束由 24 ϕ5 冷拔碳素钢丝组成,其抗拉强度标准值 $f_{pk}=1\ 570$ MPa 。两端配置钢制锥形锚头,用千斤顶在混凝土达到设计强度后自两端同时张拉。管道采用橡胶棒抽心成型。混凝土强度等级为 C50,每片梁除梁端 1.70 m 范围内腹板较厚外,其余各处截面相同。图 11.7 所示为跨中截面,每束钢丝束的中段均为直线段,两边弯起,除 1 号、2 号、4 号因构造要求弯起角度 3°30′外,其余的弯起角度 $\alpha=7°30'$。为保证端部插芯棒,顺直钢丝,靠近端部各设一长度不小于 50 cm 的斜段,如图 11.8 所示。每片梁跨中和 $L/4$ 截面的几何特性、各钢丝束在该截面弯起角度的余弦的平均值以及梁的自重弯矩已算出列于表 11.6 中。各钢丝束因布置位置不同长度各异,经计算平均长度为 3 240 cm。设锚下钢丝束张拉控制应力 σ_{con} 采用 $0.72f_{pk}=0.72\times1\ 570=1\ 130.4$(MPa)。环境相对湿度 80%。

试计算:

(1)各项预应力损失值。

(2)张拉后两天总的预应力损失值。

(3)张拉后 30 d 总的预应力损失值。

(4)最后总的预应力损失值。

表 11.6 例题 11.1 的截面几何特性

截面位置	截面积(cm^2)		钢丝束重心至截面重心轴的距离(cm)		钢筋重心处的净截面抵抗矩 W_n(cm^3)	各钢丝束 cos α 的平均值	梁自重弯矩 M_g(kN·m)
	A_n	A_0	e_n	e_0			
$L/2$	10 871.5	11 677.5	125.7	117.0	7.2×10^5	1	4 172.8
$L/4$	10 871.5	11 677.5	111.78	104.07	8.2×10^5	0.997 7	3 129.6

【解】 (1)各项预应力损失计算

按《铁路桥规》,C50 混凝土的受压弹性模量 $E_c=3.55\times10^4$ MPa。钢丝的弹性模量 $E_p=2.05\times10^5$ MPa。钢筋与混凝土的弹性模量比 $n_p=E_p/E_c=2.05\times10^5/3.55\times10^4=5.775$。

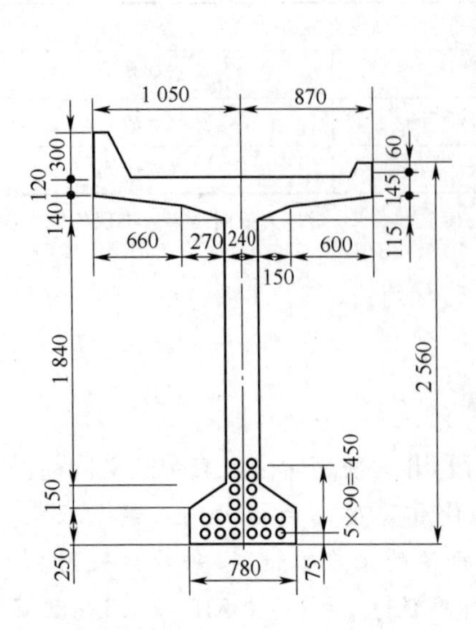

图 11.7　例题 11.1 附图 1

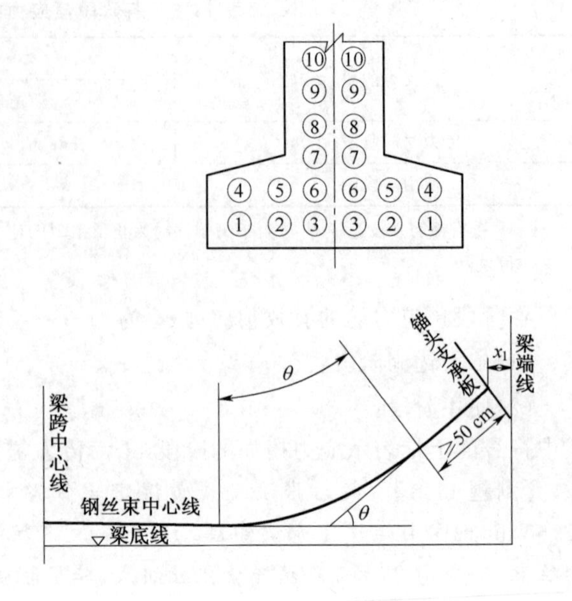

图 11.8　例题 11.1 附图 2

①摩阻损失 σ_{l1}

由式(11.2),有 $\sigma_{l1}=\sigma_{\rm con}[1-{\rm e}^{-(\kappa x+\mu\theta)}]=\beta\sigma_{\rm con}$。查表 11.1,对于抽心成型管道,$\mu=0.55$,$\kappa=0.001\,5$,从张拉端到计算截面的管道长度 x,一般可取半跨的平均值,即 $x=32.40/2=16.20$(m)。

从张拉端至计算截面的长度上钢筋弯起角之和,一般可采用各钢丝束的平均值,即

$$\theta=\frac{14\times7.5+6\times3.5}{20}\times\frac{3.141\,6}{180^\circ}=0.109\,96\ ({\rm rad})$$

$$\mu\theta+\kappa x=0.55\times0.109\,96+0.001\,5\times16.20=0.084\,8$$

$$\beta=1-{\rm e}^{-(\kappa x+\mu\theta)}=0.081\,3$$

$$\sigma_{l1}=\beta\sigma_{\rm con}=0.081\,3\times1\,130.4=91.9\ ({\rm MPa})$$

②锚头变形及钢丝回缩引起的预应力损失 σ_{l2}

查表 11.2,按《铁路桥规》,一个钢制锥形锚头每端钢丝束回缩及锚头变形为 8 mm,两端张拉时,$m_{\rm t}\Delta l=2\times0.8=1.6$ (cm)。已知钢丝束平均长度 $l=3\,240$ cm,由式(11.4)得

$$\sigma_{l2}=E_{\rm p}\frac{m_{\rm t}\Delta l}{l}=2.05\times10^5\times1.6/3\,240=101.2\ ({\rm MPa})$$

③混凝土弹性压缩引起的应力损失 σ_{l4}

由式(11.16)并考虑 $L/4$ 截面的有关数据,有

$$\sigma_{l4}=\frac{N-1}{2N}n_{\rm p}\sigma_{\rm pc}=\frac{N-1}{2N}n_{\rm p}A_{\rm p}\sigma_{\rm pe}^{\rm I}\left(\frac{1}{A_{\rm n}}+\frac{e_{\rm n}^2}{I_{\rm n}}\right)\cos\alpha$$

本阶段全部钢筋重心处有效预应力 $\sigma_{\rm pe}^{\rm I}=\sigma_{\rm con}-\sigma_{l1}-\sigma_{l2}-\sigma_{l4}$。

联立求解以上两式,代入有关数据,并注意 $A_{\rm p}=24\times0.5^2\times20\times\pi/4=94.25$ (cm²),得

$$\sigma_{\rm pe}^{\rm I}=\frac{\sigma_{\rm con}-\sigma_{l1}-\sigma_{l2}}{1+\dfrac{N-1}{2N}n_{\rm p}A_{\rm p}\left(\dfrac{1}{A_{\rm n}}+\dfrac{e_{\rm n}}{W_{\rm n}}\right)\cos\alpha}$$

$$=\frac{1\,130.4-91.9-101.2}{1+\dfrac{20-1}{2\times20}\times5.775\times94.25\times\left(\dfrac{1}{10\,871.5}+\dfrac{111.78}{8.2\times10^5}\right)\times0.997\,7}$$

$$=\frac{937.3}{1+0.06059}=883.8\ (\text{MPa})$$

$$\sigma_{l4}=\left[\frac{N-1}{2N}n_{p}A_{p}\left(\frac{1}{A_{n}}+\frac{e_{n}}{W_{n}}\right)\cos\alpha\right]\sigma_{pe}^{I}=0.06059\times883.8=53.5\ (\text{MPa})$$

④钢筋松弛引起的预应力损失 σ_{l5}

$f_{pk}=1\ 570$ MPa，传力锚固时，$\sigma_{pe}^{I}=883.8$ MPa$>0.5f_{pk}$，故须考虑 σ_{l5}。

按式(11.18b)及其说明，采用一次张拉，普通松弛钢丝，其松弛系数为

$$\zeta=0.4\left(\frac{\sigma_{con}}{f_{pk}}-0.5\right)=0.4\times\left(\frac{1\ 130.4}{1\ 570}-0.5\right)=0.088$$

松弛应力损失为

$$\sigma_{l5}=0.088\times1\ 130.4=99.48\ (\text{MPa})$$

⑤混凝土收缩和徐变引起的应力损失 σ_{l6}

简支梁截面只在受拉区配置预应力钢筋，由式(11.21b)有

$$\sigma_{l6}=\frac{0.8n_{p}\sigma_{c}\varphi(t_{u},t_{0})+E_{p}\varepsilon_{cs}(t_{u},t_{0})}{1+\left[1+\frac{\varphi(t_{u},t_{0})}{2}\right]\rho\rho_{ps}}$$

由图11.7可计算得毛截面面积 $A=11\ 233.5\ \text{cm}^2$，截面与大气接触的周边长度 $u=953.2$ cm，理论厚度 $h=2A/u=2\times11\ 233.5/953.2=23.57$ (cm)$=235.7$ (mm)，按28 d加载龄期查表11.4，插值后可得：$\varphi(t_u,\ t_0)=1.464$，$\varepsilon_{cs}(t_u,\ t_0)=0.156\times10^{-3}$。

跨中截面混凝土的应力 σ_c 计算如下：

预加力　$N_p=A_p\sigma_{pe}^{I}\cos\alpha=94.25\times10^2\times883.8\times10^{-3}\times1.0=8\ 329.8$ (kN)

钢筋重心处混凝土应力为

$$\sigma_{c}=N_{p}\left(\frac{1}{A_{n}}+\frac{e_{n}}{W_{n}}\right)-\frac{M_{g}}{W_{n}}$$

$$=8\ 329.8\times10^{3}\left(\frac{1}{10\ 871.5\times10^{2}}+\frac{125.7\times10}{7.2\times10^{5}\times10^{3}}\right)-\frac{4\ 172.8\times10^{6}}{7.2\times10^{5}\times10^{3}}$$

$$=16.4\ (\text{MPa})$$

$L/4$ 截面混凝土的应力 σ_c 为

$$N_{p}=A_{p}\sigma_{pe}^{I}\cos\alpha=94.25\times10^{2}\times883.8\times10^{-3}\times0.997\ 7=8\ 310.6\ (\text{kN})$$

$$\sigma_{c}=N_{p}\left(\frac{1}{A_{n}}+\frac{e_{n}}{W_{n}}\right)-\frac{M_{g}}{W_{n}}$$

$$=8\ 310.6\times10^{3}\left(\frac{1}{10\ 871.5\times10^{2}}+\frac{111.78\times10}{8.2\times10^{5}\times10^{3}}\right)-\frac{3\ 129.6\times10^{6}}{8.2\times10^{5}\times10^{3}}$$

$$=15.2\ (\text{MPa})$$

σ_c 的平均值为　　$\sigma_c=(16.4+15.2)/2=15.8$ (MPa)

构件无非预应力钢筋，故 $e_{ps}=e_n=125.7$ cm。

$$\rho=\frac{n_{p}A_{p}}{A_{n}}=\frac{5.775\times94.25}{10\ 871.5}=0.050\ 1$$

$$\rho_{ps}=1+\frac{e_{ps}^{2}}{i_{n}^{2}}=1+\frac{e_{ps}A_{n}}{W_{n}}=1+\frac{125.7\times10\ 871.5}{7.2\times10^{5}}=2.898$$

收缩、徐变应力损失终极值为

$$\sigma_{l6}=\frac{0.8\times5.775\times15.8\times1.464+2.05\times10^5\times0.156\times10^{-3}}{1+\left(1+\frac{1.464}{2}\right)\times0.0501\times2.898}=111.0\ (\text{MPa})$$

(2)张拉后两天的预应力损失计算

由表11.3知,σ_{l5}只完成了50%,而σ_{l6}完成很少可不考虑。σ_{l1}、σ_{l2}、σ_{l4}均已完成。故已完成的应力损失为

$$\sigma_l=(\sigma_{l1}+\sigma_{l2}+\sigma_{l4})+0.5\sigma_{l5}=(91.9+101.2+53.5)+0.5\times99.48=296.3\ (\text{MPa})$$

此时,钢筋中的预应力为

$$1\ 130.4-296.3=834.1\ (\text{MPa})$$

(3)张拉后一个月的预应力损失

由表11.3知,此时σ_{l5}已完成87%。而σ_{l6}按《铁路桥规》的规定取值,张拉后一个月后的徐变损失完成40%。于是

$$\begin{aligned}\sigma_l&=(\sigma_{l1}+\sigma_{l2}+\sigma_{l4})+0.87\sigma_{l5}+0.4\sigma_{l6}\\&=(91.9+101.2+53.5)+0.87\times99.48+0.4\times111.0=377.5\ (\text{MPa})\end{aligned}$$

此时,钢筋中的预应力为

$$1\ 130.4-377.5=752.9\ (\text{MPa})$$

(4)最后的预应力损失

$$\sigma_l=(\sigma_{l1}+\sigma_{l2}+\sigma_{l4})+\sigma_{l5}+\sigma_{l6}=(91.9+101.2+53.5)+99.48+111.0=457.1\ (\text{MPa})$$

此时,钢筋中的预应力即永存预应力为

$$\sigma_{pe}^{\mathrm{II}}=1\ 130.4-457.1=673.3\ (\text{MPa})$$

11.3 预应力混凝土受弯构件的应力计算及抗裂性验算

11.3.1 传力锚固阶段(预加应力阶段)

此阶段自开始预加应力至预加应力完毕为止。由于预压力偏心地作用在混凝土截面上,梁将产生变形并向上拱起,于是梁两端形成支点,梁自重是该简支梁上的荷载。因而,在此阶段中,梁同时承受偏心预压力和梁的自重两种外力。此阶段第一组预应力损失σ_l^{I}已经发生,故传力锚固后,力筋中的预拉应力已不是张拉时的最大应力(控制应力)σ_{con},而是

$$\sigma_{pe}^{\mathrm{I}}=\sigma_{con}-\sigma_l^{\mathrm{I}} \tag{11.26}$$

1. 预加应力在计算截面混凝土上产生的正应力

由于施工方法和力筋布置方式不同,计算公式也有所不同。

(1)直线配筋的先张法结构(用换算截面特性计算)

在传力锚固前,预应力钢筋被张拉在台座上[图11.9(a)]。此时,力筋中的应力发生了第一组预应力损失σ_l^{I}中除弹性压缩损失σ_{l4}以外的各种损失,即$\sigma_{l2}+\sigma_{l3}+0.5\sigma_{l5}$。故力筋中的应力是$\sigma_{pe}^*=\sigma_{con}-(\sigma_l^{\mathrm{I}}-\sigma_{l4})=\sigma_{con}-(\sigma_{l2}+\sigma_{l3}+0.5\sigma_{l5})$,而混凝土中的应力为零。取整个构件为分离体,如图11.9(b)所示。构件两端均受有预拉力N_p,其值为

$$N_p=A_p(\sigma_{con}-\sigma_l^{\mathrm{I}}+\sigma_{l4})=A_p(\sigma_{pe}^{\mathrm{I}}+\sigma_{l4})=A_p\sigma_{pe}^*$$

对于图11.9(b)中的构件,钢筋在两端原受有拉力N_p,若切断或放松钢筋,则相当于再加一压力N_p,此时外力合力为零。注意,在施加拉力N_p时由于混凝土还没有浇筑,所以拉力只是由钢筋承受,而切断或放松钢筋时因为混凝土已经凝固并且与钢筋粘结,施加的压力N_p则

由混凝土和钢筋共同承受。现按叠加原理求两端加压后构件内的应力。在两端拉力 N_p 作用下的应力情况已如前述，即只有钢筋中有拉应力，混凝土中应力为零。在新加的偏心压力 N_p 作用下，力筋随梁下缘混凝土一同弹性缩短[图 11.9(d)]。弹性缩短之后，钢筋中发生了弹性压缩损失 σ_{l4}，故传力锚固后的预应力钢筋中的应力降为 $\sigma_{pe}^{\text{I}}=\sigma_{pe}^{*}-\sigma_{l4}$。而弹性缩短后混凝土净截面上（不含钢筋）所受到的偏心压力等于此时钢筋中的拉力 $N_{pl}=\sigma_{pe}^{\text{I}}A_p$，于是计算任意截面由于预加力引起的混凝土正应力的公式为

$$\sigma_{pc}'=\frac{N_{pl}}{A_n}-\frac{N_{pl}e_n}{I_n}y_n'=A_p\sigma_{pe}^{\text{I}}\left(\frac{1}{A_n}-\frac{e_n}{I_n}y_n'\right) \tag{11.27a}$$

$$\sigma_{pc}=\frac{N_{pl}}{A_n}+\frac{N_{pl}e_n}{I_n}y_n=A_p\sigma_{pe}^{\text{I}}\left(\frac{1}{A_n}+\frac{e_n}{I_n}y_n\right) \tag{11.28a}$$

式中　A_n，I_n——净截面的面积、惯性矩；

e_n——力筋预加应力的合力作用点至净截面重心轴的距离；

y_n'，y_n——截面上下缘距净截面重心轴的距离。

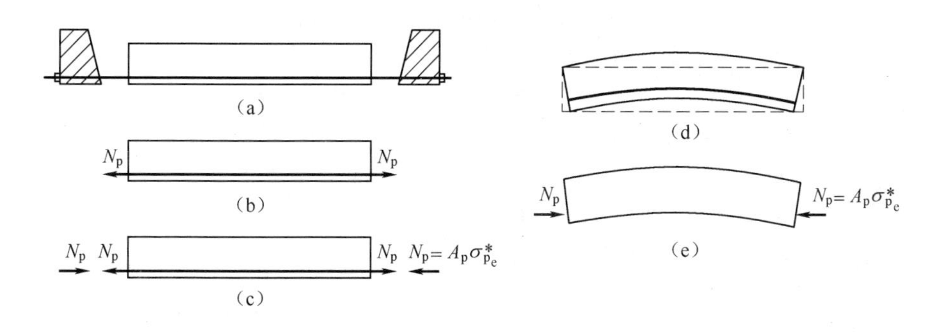

图 11.9　先张法结构传力锚固阶段受力分析

也可以从另一角度来分析上述问题。在切断钢筋的瞬间，偏心作用力 N_p 施加在混凝土和钢筋共同组成的截面上，即换算截面上（关于换算截面特性和净截面特性参见图 11.10），相当于力筋与混凝土截面共同承担力 N_p。故可直接采用换算截面特性计算任意截面混凝土的正应力，即由预加力在计算截面上下缘处产生的正应力 σ_{pc}'、σ_{pc} 为

$$\sigma_{pc}'=\frac{N_p}{A_0}-\frac{N_pe_0}{I_0}y_0'=A_p\sigma_{pe}^{*}\left(\frac{1}{A_0}-\frac{e_0}{I_0}y_0'\right) \tag{11.27b}$$

$$\sigma_{pc}=\frac{N_p}{A_0}+\frac{N_pe_0}{I_0}y_0=A_p\sigma_{pe}^{*}\left(\frac{1}{A_0}+\frac{e_0}{I_0}y_0\right) \tag{11.28b}$$

式中　A_0，I_0——换算截面的面积、惯性矩；

e_0——力筋预加应力的合力作用点至换算截面重心轴的距离；

y_0'，y_0——截面上下缘距换算截面重心轴的距离。

式(11.27b)、式(11.28b)与式(11.27a)、式(11.28a)计算的结果完全相同，只是采用了不同的钢筋应力和截面几何特性。感兴趣的同学可自行推导二者之间的转换关系。

(2)直线配筋的后张法结构

由于传力锚固时孔道尚未压浆，力筋与混凝土间无黏着力，且此时因构件的弹性压缩而产生的 σ_{l4} 已发生，故只能按净截面特性进行计算，即采用被孔道削弱了的混凝土净截面的几何特性，由预加力引起的混凝土应力计算式为

$$\sigma_{pc}'=\frac{N_p}{A_n}-\frac{N_p e_n}{I_n}y_n'=A_p\sigma_{pe}^{\mathrm{I}}\left(\frac{1}{A_n}-\frac{e_n}{I_n}y_n'\right) \tag{11.29}$$

$$\sigma_{pc}=\frac{N_p}{A_n}+\frac{N_p e_n}{I_n}y_n=A_p\sigma_{pe}^{\mathrm{I}}\left(\frac{1}{A_n}+\frac{e_n}{I_n}y_n\right) \tag{11.30}$$

(3)曲线配筋的后张法结构

仍采用式(11.29)、式(11.30)计算混凝土正应力。只是由于计算截面既有水平力筋又有弯起力筋 N_p 和 e_n 的计算与前不同。由图 11.11,计算截面总的预压力 N_p 应为各力筋预拉力水平分力之和,即

$$N_p=A_p\sigma_{pe}^{\mathrm{I}}+A_{pb}\sigma_{pb}^{\mathrm{I}}\cos\alpha+A_p'(\sigma_{pe}^{\mathrm{I}})' \tag{11.31}$$

由弯起力筋拉力产生的剪力为

$$V_p=A_{pb}\sigma_{pb}^{\mathrm{I}}\sin\alpha \tag{11.32}$$

由合力矩定理知

$$e_n=\frac{A_p\sigma_{pe}^{\mathrm{I}}y_p+A_{pb}\sigma_{pb}^{\mathrm{I}}\cos\alpha\cdot y_{pb}-A_p'(\sigma_{pe}^{\mathrm{I}})'y_p'}{N_p} \tag{11.33}$$

式中 A_p,A_p'——受拉区及受压区力筋截面面积;

A_{pb}——受拉区弯起力筋的截面面积;

σ_{pe}^{I},$(\sigma_{pe}^{\mathrm{I}})'$——受拉区及受压区力筋中预加应力(扣除相应的预应力损失 σ_l^{I});

σ_{pb}^{I}——受拉区弯起力筋中的预加应力(扣除相应的预应力损失 σ_l^{I});

α——计算截面弯起力筋的切线与构件纵轴间的夹角;

y_p,y_p'——受拉区及受压区水平力筋的重心至净截面重心轴的距离;

y_{pb}——受拉区弯起力筋的重心至净截面重心轴的距离。

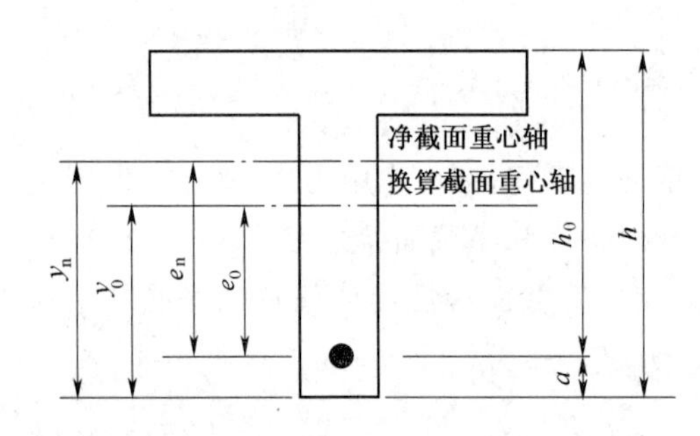

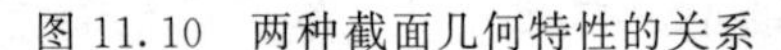

图 11.10 两种截面几何特性的关系

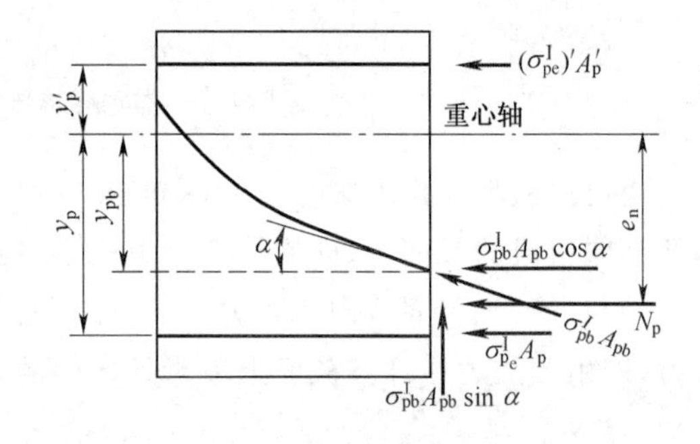

图 11.11 曲线配筋构件计算截面钢筋内力图

2. 由于梁自重在计算截面混凝土上产生的正应力

按材料力学的方法,即按式(10.2)计算,此时,M 为梁的自重弯矩(M_g),W 为换算截面抵抗矩(先张法 W_0),或净截面抵抗矩(后张法 W_n)。

3. 由于预加力及梁自重共同作用在计算截面混凝土上产生的正应力

由于考虑构件处于线弹性范围,故叠加原理适用。将 1、2 两项应力叠加即可得到由于预加力及梁自重共同作用在计算截面上产生的混凝土正应力。

先张法结构上、下缘处混凝土的正应力 σ_c'、σ_c 为

$$\left.\begin{aligned}\sigma_c'&=\frac{N_p}{A_0}-\frac{N_p e_0}{W_0'}+\frac{M_g}{W_0'}\\ \sigma_c&=\frac{N_p}{A_0}+\frac{N_p e_0}{W_0}-\frac{M_g}{W_0}\end{aligned}\right\} \tag{11.34}$$

后张法结构上、下缘处混凝土的正应力 σ'_c、σ_c 为

$$\left.\begin{aligned}\sigma'_c=\frac{N_p}{A_n}-\frac{N_pe_n}{W'_n}+\frac{M_g}{W'_n}\\ \sigma_c=\frac{N_p}{A_n}+\frac{N_pe_n}{W_n}-\frac{M_g}{W_n}\end{aligned}\right\}\tag{11.35}$$

此阶段设计计算中，应保证梁在传力锚固（预加应力）时下缘混凝土不至于被压坏，也不因拉应力过大而使上缘混凝土出现裂缝，同时预应力钢筋不致因拉应力过大而引起过度的塑性变形和过大的松弛应力损失。故式(11.26)、式(11.34)和式(11.35)算出的预应力钢筋中的预拉应力和混凝土正应力均不得超过规范规定的容许值。

11.3.2 运送及安装阶段

此阶段梁承受的仍是偏心预压力和梁的自重，但计算自重弯矩时，应计入冲击系数。《公路桥规》规定：运输、安装时冲击系数采用 1.2。《铁路桥规》规定：运输时冲击系数采用 1.5，安装时则采用 1.2。此时的预应力损失较传力锚固阶段大些（一般来说，钢筋松弛损失和混凝土收缩徐变损失已完成了一部分，具体计算参见前面）。

在运输与架设时，梁的支点临时向跨中移动，跨中自重弯矩与架梁后不同，尤其是在运输支点和安装吊点附近，梁的上缘混凝土产生拉应力，该值与上缘处的预应力合并，有可能导致上缘混凝土开裂。

11.3.3 使用荷载作用阶段（运营阶段）

此阶段即梁的正常使用阶段。除偏心预压力和梁的自重外，梁还承受活载和其他恒载（例如公路桥梁的桥面铺装、人行道等，铁路桥梁的道砟、线路重量等）。截面上的正应力是偏心预压力及各项荷载引起的总应力，应力情况如图 11.2(c)所示。此时预应力损失已全部完成，力筋中的预应力即所谓有效预应力（或永存预应力）$\sigma_{pe}^{\mathrm{II}}$ 为

$$\sigma_{pe}^{\mathrm{II}}=\sigma_{con}-\sigma_l=\sigma_{con}-(\sigma_l^{\mathrm{I}}+\sigma_l^{\mathrm{II}})\tag{11.36}$$

1. 先张法结构

先张法结构中力筋和混凝土粘结甚好，能共同工作，故架梁后增加的恒载和活载由混凝土和力筋共同承担。采用计算截面的换算截面特性时，混凝土应力计算公式为

$$\left.\begin{aligned}\sigma'_c=\frac{N_p}{A_0}-\frac{N_pe_0}{W'_0}+\frac{M}{W'_0}\\ \sigma_c=\frac{N_p}{A_0}+\frac{N_pe_0}{W_0}-\frac{M}{W_0}\end{aligned}\right\}\tag{11.37}$$

最外排力筋中的应力为

$$\sigma_{pl}=\sigma_{pe}^{\mathrm{II}}+n_p\frac{M}{I_0}y_{0p}\tag{11.38}$$

式中 σ'_{pc}，σ_{pc}——计算截面上、下缘混凝土正应力；

σ_{pl}——最外排力筋中的应力；

N_p——按 $N_p=A_p\sigma_{pe}^{\mathrm{II}*}$ 计算，其中 $\sigma_{pe}^{\mathrm{II}*}=\sigma_{pe}^{\mathrm{II}}+\sigma_{l4}$，配合换算截面特性计算较为方便；

e_0——预应力合力作用点到换算截面重心轴的距离；

A_0，I_0——换算截面的面积和惯性矩；

W'_0，W_0——换算截面对上、下边缘的截面抵抗矩；

y_{0p}——最外排力筋到换算截面重心轴的距离;

n_p——力筋和混凝土(已达设计强度时的)弹性模量之比;

M——荷载短期或长期效应组合(见《公路桥规》产生的弯矩,其值等于 $M=M_g+M_{d2}+M_h$。其中 M_g, M_{d2}, M_h——梁自重、其他恒载(如桥面铺装及护栏等)及活载(标准值、频遇值或准永久值)产生的弯矩。

2. 后张法结构

此时,钢丝束孔道内早已压浆,力筋已与混凝土粘结在一起,二者能有效地共同变形。因此,在计算自重以外其他恒载以及活载等作用下的截面混凝土应力时,需采用换算截面几何特性。但压浆在预加应力之后,孔道中的水泥砂浆并未受到预压应力,在 M_d+M_h 作用下可能因受拉开裂而不能参与工作,只起到粘着力筋与混凝土使二者能共同工作的目的,所用换算截面几何特性均应扣除孔道所占面积。为了使计算结果更符合实际,可将预压力分为两部分,即压浆前的预压力 N_p

$$N_p=(\sigma_{pe}^{\mathrm{I}}-0.5\sigma_{l5})A_p+(\sigma_{pb}^{\mathrm{I}}-0.5\sigma_{l5})A_{pb}\cos\alpha$$

和压浆后发生的预应力损失引起的轴向力 ΔN_p

$$-\Delta N_p=-(0.5\sigma_{l5}+\sigma_{l6})(A_p+A_{pb}\cos\alpha)$$

压浆前按净截面特性计算,压浆后则按换算截面特性计算。故混凝土应力 σ_c'、σ_c 为

$$\left.\begin{aligned}\sigma_c'&=\left(\frac{N_p}{A_n}-\frac{N_pe_n}{W_n'}\right)+\frac{M_g}{W_n'}-\left(\frac{\Delta N_p}{A_0}-\frac{\Delta N_pe_0}{W_0'}\right)+\left(\frac{M_{d2}}{W_0'}+\frac{M_h}{W_0'}\right)\\\sigma_c&=\left(\frac{N_p}{A_n}+\frac{N_pe_n}{W_n}\right)-\frac{M_g}{W_n}-\left(\frac{\Delta N_p}{A_0}+\frac{\Delta N_pe_0}{W_0}\right)-\left(\frac{M_{d2}}{W_0}+\frac{M_h}{W_0}\right)\end{aligned}\right\}\tag{11.39}$$

最外排力筋中的应力为

$$\sigma_{pl}=\sigma_{pe}^{\mathrm{II}}+n_p\frac{M_g}{I_n}y_{np}+n_p\frac{M_{d2}}{I_0}y_{0p}+n_p\frac{M_h}{I_0}y_{0p}\tag{11.40}$$

式中 N_p——按上面的式(a)进行计算;

e_n——预应力合力作用点到净截面重心轴的距离;

A_n, I_n——净截面的截面积和惯性矩;

W_n', W_n——净截面对上、下缘的截面抵抗矩;

y_{np}——最外排力筋到净截面重心轴的距离。

其他符号意义同前。

在以上的计算中,要求混凝土正应力和预应力钢筋中的预拉应力均不得超过规范中规定的容许值。表 11.7 分别列出了《公路桥规》和《铁路桥规》中关于各阶段各项应力限值的规定。

表 11.7 《公路桥规》和《铁路桥规》关于各阶段预应力筋及混凝土应力限值的规定

过程	预应力筋及混凝土	
	先张法	后张法
张拉预应力	《公路桥规》和《铁路桥规》的数值相同: 钢筋应力:钢丝、钢绞线 $\sigma_{con}\leqslant 0.75f_{pk}$,螺纹钢筋 $\sigma_{con}\leqslant 0.90f_{pk}$; 对于拉丝体系(直接张拉钢丝的体系),包括锚圈口及喇叭口摩擦损失在内的锚外最大张拉控制应力在上述基础上增加 $0.05f_{pk}$,即分别变为 $0.80f_{pk}$ 和 $0.95f_{pk}$	
	《铁路桥规》的数值:混凝土应力 $\sigma_c\leqslant 0.8f_{ck}'$(包括临时超张拉)	

续上表

过程	预应力筋及混凝土	
	先张法	后张法
传力锚固	《铁路桥规》的数值：钢筋应力 $\sigma_{con}-(\sigma_{l2}+\sigma_{l3}+\sigma_{l4}+0.5\sigma_{l5})\leqslant 0.65f_{pk}$	《铁路桥规》的数值：钢筋应力 $\sigma_{con}-(\sigma_{l1}+\sigma_{l2}+\sigma_{l4})\leqslant 0.65f_{pk}$
	混凝土应力(包括存梁阶段且计自重)： 《公路桥规》的数值：$\sigma_c\leqslant 0.70f'_{ck}$；$\sigma_t\leqslant 0.7f'_{tk}$时，预拉区应配不小于0.2%配筋率的纵向钢筋；$\sigma_t=1.15f'_{tk}$时，配不小于0.4%的纵向钢筋；$\sigma_t$ 在两者之间时配筋率按直线内插。σ_t 不得大于$1.15f'_{tk}$。 《铁路桥规》的数值：$\sigma_c\leqslant\alpha f'_{ck}$；$\sigma_t\leqslant 0.7f'_{tk}$	
运送及安装	《铁路桥规》的数值：混凝土应力：$\sigma_c\leqslant 0.8f'_{ck}$；$\sigma_t\leqslant 0.8f'_{tk}$	
运营阶段	钢筋应力： 《公路桥规》的数值：$\sigma_{pe}\leqslant 0.65f_{pk}$(钢丝、钢绞线)；$\sigma_{pe}\leqslant 0.80f_{pk}$(精轧螺纹钢)； 《铁路桥规》的数值：$\sigma_{pe}\leqslant 0.60f_{pk}$	
	混凝土应力： 《公路桥规》的数值：$\sigma_c\leqslant 0.50f_{ck}$；$\sigma_t\leqslant 0$；$\sigma_{cp}\leqslant 0.60f_{ck}$； 《铁路桥规》的数值：主力组合时 $\sigma_c\leqslant 0.50f_{ck}$；主力加附加力组合时 $\sigma_c\leqslant 0.55f_{ck}$；$\sigma_t\leqslant 0$	

注：f_{pk}——预应力钢筋强度标准值(MPa)。

f_{ck}，f_{tk}——混凝土28天龄期的抗压和抗拉强度标准值(MPa)。

f'_{ck}，f'_{tk}——传力锚固阶段或存梁阶段混凝土的抗压和抗拉强度标准值(MPa)。

α——系数。混凝土强度等级为C50～C60时，$\alpha=0.75$；混凝土强度等级为C40～C45时，$\alpha=0.70$。

σ_c，σ_t——荷载标准值组合及预应力产生的混凝土的边缘压应力、拉应力。

σ_{cp}——由荷载标准值组合和预应力产生的混凝土内的主拉、主压应力，按下节的式(11.48)计算。

σ_{pe}——荷载标准值组合及预应力产生的钢筋中的拉应力。

11.3.4 剪应力计算与主应力计算

预应力混凝土受弯构件，在剪力和弯矩的共同作用下，可能由于主拉应力达到极限值而出现自构件腹板中部开始的斜裂缝，如图11.12所示。随着荷载的增加裂缝逐渐分别向上、下斜方向发展，最终导致构件的破坏，因而必须验算其主拉应力。

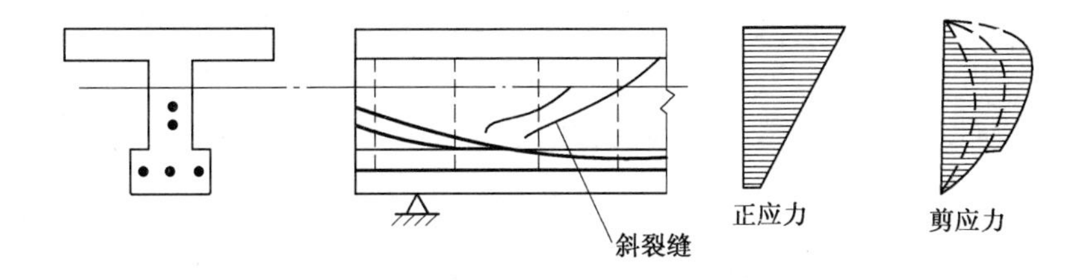

图11.12 预应力混凝土梁正应力和剪应力的分布情况

全预应力混凝土受弯构件，在使用荷载阶段系全截面参加工作，因此其剪应力和主应力的计算，仍可按材料力学公式进行。

1. 剪应力计算

(1)由弯起的预应力钢筋引起的混凝土剪应力 τ_p

先张法构件
$$\tau_p=\frac{V_pS_0}{bI_0} \tag{11.41}$$

后张法构件
$$\tau_p=\frac{V_pS_n}{bI_n} \tag{11.42}$$

式中 V_p——由弯起的预应力钢筋 A_{pb} 的预应力合力(扣除相应阶段应力损失)所引起的剪力,又称预剪力,一般与外荷载引起的剪力方向相反,可抵消部分外荷载产生的剪力,其值为

$$V_p=\sigma_{pb}A_{pb}\sin\alpha \tag{11.43}$$

其中 σ_{pb}——弯起的预应力钢筋中(扣除相应阶段的预应力损失后)的有效预应力;

A_{pb}——弯起的预应力钢筋的截面面积;

α——在计算截面处,弯起的预应力钢筋其切线与构件纵轴的夹角;

S_n, S_0——构件计算剪应力点以上(或以下)部分混凝土净截面和换算截面对其净截面重心轴和换算截面重心轴的面积矩;

b——计算剪应力处构件截面的受剪宽度;

I_n, I_0——构件混凝土净截面惯性矩和换算截面惯性矩。

对先张法构件,因一般采用直线配筋,即 $A_{pb}=0$,故其预剪力 V_p 也一般为零。

(2)由使用荷载作用所产生的混凝土剪应力 τ_c

先张法构件
$$\tau_c=\frac{(V_g+V_d+V_h)S_0}{bI_0}=\frac{VS_0}{bI_0} \tag{11.44}$$

后张法构件
$$\tau_c=\frac{V_gS_n}{bI_n}+\frac{(V_d+V_h)S_0}{bI_0} \tag{11.45}$$

(3)由预剪力和使用荷载引起的混凝土总剪应力 τ_c

先张法构件
$$\tau_c=\frac{VS_0}{bI_0}-\frac{V_pS_0}{bI_0} \tag{11.46}$$

后张法构件
$$\tau_c=\frac{V_gS_n}{bI_n}+\frac{(V_d+V_h)S_0}{bI_0}-\frac{V_pS_n}{bI_n} \tag{11.47}$$

式中 V——荷载短期效应组合产生的剪力,$V=V_g+V_{d2}+V_h$;

V_g——由构件自重引起的剪力(标准值);

V_{d2}——桥面铺装等后期恒载引起的剪力(标准值);

V_h——活载剪力(频遇值组合)。

2. 主应力计算

在使用荷载阶段,预应力混凝土受弯构件的主拉应力 σ_{tp} 和主压应力 σ_{cp} 分别按式(11.48)计算:

$$\left.\begin{aligned}\sigma_{tp}&=\frac{\sigma_{cx}+\sigma_{cy}}{2}-\sqrt{\frac{(\sigma_{cx}-\sigma_{cy})^2}{4}+\tau_c^2}\\ \sigma_{cp}&=\frac{\sigma_{cx}+\sigma_{cy}}{2}+\sqrt{\frac{(\sigma_{cx}-\sigma_{cy})^2}{4}+\tau_c^2}\end{aligned}\right\} \tag{11.48}$$

式中 τ_c——由使用荷载和弯起的预应力钢筋有效预加力,在主应力计算点处所产生的混凝土剪应力,按式(11.46)和式(11.47)计算;

σ_{cx}——预加力和使用荷载在主应力计算点横截面所产生的混凝土法向应力,可按式(11.49)计算:

$$\sigma_{cx}=\sigma_{c1}+\frac{M}{I_0}y_0 \tag{11.49}$$

其中 σ_{c1}——计算截面的不利点处由于永存预应力产生的混凝土法向应力；

y_0——主应力计算点至换算截面重心轴的距离；

I_0——换算截面惯性矩；

M——短期荷载效应组合作用下的计算弯矩；

σ_{cy}——由竖向预应力钢筋的有效预加力所引起的混凝土竖向预压应力，可按式(11.50)计算：

$$\sigma_{cy}=0.6\times n_{pv}\frac{\sigma_{pv}A_{pv}}{bS_{pv}} \tag{11.50}$$

其中 n_{pv}——竖向预应力钢筋的肢数(同一截面上)；

σ_{pv}——竖向预应力钢筋中的有效预拉应力；

A_{pv}——单肢竖向预应力钢筋的截面面积；

S_{pv}——竖向预应力钢筋的间距；

b——主应力计算点处的构件宽度。

11.3.5 抗裂性验算

验算主拉应力的目的在于防止产生自受弯构件腹板中部开始的斜裂缝，而且要求至少应具有与正截面同样的抗裂安全度，故对主拉应力的数值应予以限制。主拉应力的验算，实际上是斜截面抗裂性计算。另外，由于混凝土承受拉应力的情况并不是简单的单向拉伸，而近似于平面应力状态，主压应力的大小将影响着混凝土承受主拉应力的强度，因此，选择计算点时，应选择跨度内最不利位置，对该截面的换算截面重心处和截面宽度剧烈改变处进行验算。

1. 正截面抗裂性验算

《公路桥规》全预应力混凝土构件在短期作用效应组合下正截面抗裂性计算：

预制构件：

$$\sigma_{st}-0.85\sigma_{pc}\leqslant 0 \tag{11.51a}$$

分段浇筑或砂浆接缝的纵向分块构件：

$$\sigma_{st}-0.8\sigma_{pc}\leqslant 0 \tag{11.51b}$$

式中 σ_{st}——在短期作用效应组合下构件抗裂计算正截面边缘的混凝土法向拉应力；

σ_{pc}——扣除全部预应力损失后的预加力在构件抗裂计算正截面边缘产生的混凝土法向预压应力。

上式表明，由预加力引起的受拉区边缘混凝土的预应力 σ_{pc} 乘以 0.8 后，应大于或等于由短期荷载效应组合作用下受拉区边缘混凝土的拉应力 σ_{st}(即全截面处于受压状态)。

2. 斜截面抗裂性验算

《公路桥规》全预应力混凝土构件在短期作用效应组合下斜截面抗裂性计算：

预制构件：

$$\sigma_{tp}\leqslant 0.6f_{tk} \tag{11.52a}$$

现场浇筑(包括预制拼装)构件：

$$\sigma_{tp}\leqslant 0.4f_{tk} \tag{11.52b}$$

式中 σ_{tp}——在短期作用效应组合下验算部位混凝土的最大主拉应力值；

f_{tk}——混凝土抗拉强度标准值(MPa)。

3. 箍筋计算

构件内由荷载标准值和预应力产生的混凝土主拉应力 $\sigma_{tp}\leqslant 0.5f_{tk}$ 的区段，按构造配置箍筋；在 $\sigma_{tp}>0.5f_{tk}$ 的区段，箍筋间距 s_v 按下式计算：$s_v=\dfrac{f_{sk}A_{sv}}{\sigma_{tp}b}$。式中，$f_{sk}$ 为箍筋抗拉强度标

准值,b 为矩形截面宽度或T形、I形截面腹板宽度。

【例题11.2】 有一后张法铁路预应力混凝土简支梁,试按下列资料检算传力锚固阶段和运营阶段的跨中截面(图11.13)的混凝土正应力。注意,图中左上角300 mm高的挡砟墙不参与受力,计算截面特性时不予考虑。

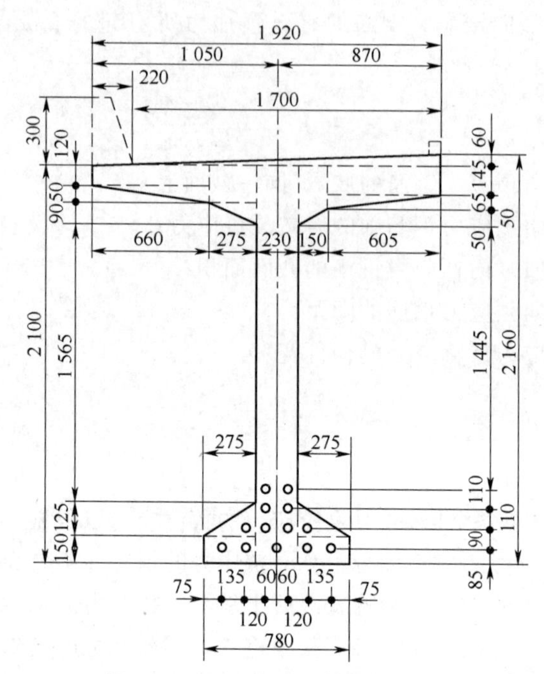

图11.13 跨中截面图(单位:mm)

计算跨度:24.0 m;

荷载等级:中—活载;

混凝土强度等级:传力锚固时为C40,运营阶段为C45;

预应力钢丝的抗拉强度标准值f_{pk}=1 570 MPa。

仿照例题11.1的方法可计算出各阶段的有效预应力值,给定有效预应力值为

传力锚固(并压浆)时 σ_{pe}^{I}=950.0 MPa;

运营阶段时 σ_{pe}^{II}=785.0 MPa;

预应力钢筋 13×24 ϕ 5 mm,A_p=6 126 mm²;

钢筋重心至截面下缘的距离 a=191 mm。

跨中截面的截面特性见表11.8。

梁体的自重荷载为27.6 kN/m,人行道、道砟及线路设备等荷载为17.7 kN/m。

表11.8 例题11.2截面特性汇总表

截面分类	截面面积 $\sum A_i$(cm²)	截面重心至顶部水平线的距离 y(cm)	截面重心至梁底的距离 y_b(cm)	对截面重心轴的惯性矩 I(cm⁴)
毛截面	9 485	80.8	129.2	55.80×10⁶
净截面	9 250	78.0	132.0	52.88×10⁶
换算截面	9 610	82.2	127.8	57.35×10⁶

【解】 (1)荷载引起的弯矩计算(跨中截面)

①跨中自重弯矩

$$M_g=27.6\times24.0^2/8=1\ 987.2\ (kN\cdot m)$$

②人行道、道砟及线路设备等引起的弯矩为

$$M_{d2}=17.7\times24.0^2/8=1\ 274.4\ (kN\cdot m)$$

③列车荷载(中—活载)引起的内力:按《铁路桥规》计算,$\alpha=2$,$l=24.0$ m,冲击系数为

$$1+\mu=1+\alpha\left(\frac{6}{30+l}\right)=1+2.0\times\left(\frac{6}{30+24.0}\right)=1.222$$

换算(等效)均布荷载 $K_{0.5}=104.0$ kN/m,则列车荷载弯矩为

$$M_h=\frac{1.222\times104.0/2\times24.0^2}{8}=4\ 575.2\ (kN\cdot m)$$

(2)传力锚固时混凝土的正应力

①预应力钢筋的预加力合力:$N_p=950\times6\ 126\times10^{-3}=5\ 819.7$ (kN)

② N_p 至净截面重心轴的距离:$e_n=210-78.0-19.1=112.9$ (cm)

③净截面的回转半径 i_n 为

$$i_n^2=\frac{I_n}{A_n}=\frac{52.88\times10^6}{9\ 250}=5\ 717\ (cm^2)$$

④由式(11.35),混凝土的正应力(截面上最顶缘的应力最不利,$y'_n=y+6$ cm,见图 11.13)为

$$\begin{aligned}\sigma'_c&=\frac{N_p}{A_n}\left(1-\frac{e_n y'_n}{i_n^2}\right)+\frac{M_g y'_n}{I_n}\\&=\frac{5\ 819.7\times10^3}{9\ 250\times10^2}\left(1-\frac{112.9\times(78+6)}{5\ 717}\right)+\frac{1\ 987.2\times10^3\times10^2\times(78+6)\times10^2}{52.88\times10^6\times10^4}\\&=-4.20+3.16=-1.04\ (MPa)\end{aligned}$$

$$\begin{aligned}\sigma_c&=\frac{N_p}{A_n}\left(1+\frac{e_n y_n}{i_n^2}\right)-\frac{M_g y_n}{I_n}\\&=\frac{5\ 819.7\times10^3}{9\ 250\times10^2}\left(1+\frac{112.9\times132}{5\ 717}\right)-\frac{1\ 987.2\times10^3\times10^2\times132\times10^2}{52.88\times10^6\times10^4}\\&=22.69-4.96=17.73\ (MPa)\end{aligned}$$

传力锚固时,$f_{ck}=27$ MPa,$f_{tk}=2.7$ MPa(C40 混凝土)

运营阶段时,$f_{ck}=30$ MPa,$f_{tk}=2.9$ MPa(C45 混凝土)

由表 11.7 可得传力锚固阶段混凝土应力的限值为

$$|\sigma'_c|<0.7f_{tk}=0.7\times2.7=1.89\ (MPa)$$

$$|\sigma_c|<0.7f_{ck}=0.7\times27=18.9\ (MPa)(可)$$

对钢筋的限制值请参阅表 11.7 的规定值,这里略。

(3)运营阶段混凝土的正应力(截面上最顶缘的应力最不利,$y'_0=y+60$ mm)

①压浆后发生的预应力损失引起的轴向力 ΔN_p:

$$\Delta N_p=(950.0-785.0)\times6\ 126\times10^{-3}=1\ 010.8\ (kN)$$

②ΔN_p 至换算截面重心轴的距离:$e_0=210-82.2-19.1=108.7$ (cm)

③换算截面的回转半径 i 为

$$i_0^2=\frac{I_0}{A_0}=\frac{57.35\times10^6}{9\ 610}=5\ 967.7\ (cm^2)$$

④混凝土的正应力为

$$\sigma_c' = \frac{N_p}{A_n}\left(1-\frac{e_n y_n'}{i_n^2}\right)+\frac{M_g y_n'}{I_n}-\frac{\Delta N_p}{A_0}\left(1-\frac{e_0 y_0'}{i_0^2}\right)+\frac{(M_{d2}+M_h)y_0'}{I_0}$$

$$=-1.04-\frac{1\ 010.8\times10^3}{9\ 610\times10^2}\left[1-\frac{108.7\times(82.2+6)}{5\ 967.7}\right]+\frac{(1\ 274.4+4\ 575.2)\times10^3\times10^2\times(82.2+6)\times10^2}{57.35\times10^6\times10^4}$$

$$=-1.04-(-0.64)+\frac{5\ 849.6\times10^5\times88.2\times10^2}{57.35\times10^{10}}$$

$$=-0.40+9.00=8.60\ (\text{MPa})(压应力)$$

$$\sigma_c = \frac{N_p}{A_n}\left(1+\frac{e_n y_n}{i_n^2}\right)-\frac{M_g y_n}{I_n}-\frac{\Delta N_p}{A_0}\left(1+\frac{e_0 y_0}{i_0^2}\right)-\frac{(M_{d2}+M_h)y_0}{I_0}$$

$$=17.73-\frac{1\ 010.8\times10^3}{9\ 610\times10^2}\left(1+\frac{108.7\times127.8}{5\ 967.7}\right)-\frac{5\ 849.6\times10^5\times127.8\times10^2}{57.35\times10^{10}}$$

$$=17.73-3.50-13.04=1.19\ (\text{MPa})(压应力)$$

混凝土应力大于0,小于$0.5f_{ck}=0.5\times30=15$ (MPa),满足要求。

11.4 预应力混凝土受弯构件的变形计算

预应力混凝土构件所使用的材料一般都是高强度材料,其截面尺寸较普通钢筋混凝土构件小,同时预应力混凝土结构所适用的跨径范围一般也较大。设计中应注意预应力混凝土梁的挠度验算,避免因产生过大的挠度而影响使用。

预应力混凝土梁的挠度计算与钢筋混凝土梁不同之处在于因预加应力的存在使梁截面不开裂,因此,可按匀质弹性体来计算。但由于混凝土的徐变引起的随时间而增加的变形常常给结构的使用造成麻烦,例如它会引起梁的上拱变形,当采用无砟无枕桥梁时,这就直接影响线路平顺性和运营质量,给线路设计和维修带来很多麻烦。对于装配式的超静定结构更须注意控制构件的变形情况,否则将给施工造成困难,并可能引起结构内力的变化。

预应力混凝土梁挠度计算可由两部分组成:一部分是由于预应力钢筋的合力 N_p 产生的上拱度(反挠度);另一部分是由于荷载产生的挠度。两者叠加即得挠度的最终值。

由于预应力混凝土梁(全预应力)在使用荷载作用下不开裂,构件处于弹性工作阶段,故无论是预加应力引起的上拱度计算,或是由荷载产生的挠度计算,都可用结构力学的一般方法进行,其计算公式为

$$f_i = \int_0^L \frac{\overline{M}M_p}{E_c I}\mathrm{d}x \qquad (11.53)$$

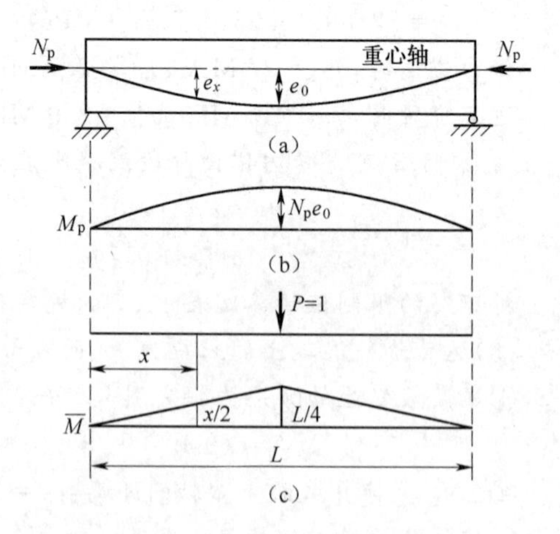

图 11.14 挠度计算的 M_p、$\overline{M}$ 图

式中 M_p——预加应力合力或荷载作用下计算截面处的弯矩值[图 11.14(b)];

$\overline{M}$——单位力作用在跨中时,梁的计算截面处的弯矩值[图 11.14(c)];

E_c——混凝土的弹性模量；

I——截面的惯性矩：按《公路桥规》计算荷载引起的挠度时 $I=0.95I_0$，计算预应力引起的挠度时 $I=I_0$；按《铁路桥规》计算挠度时 $I=I_0$；按《混规》计算挠度时 $I=0.85I_0$。

11.4.1 预加应力产生的上拱

预加应力产生的上拱度可分三部分来计算：传力锚固时的上拱度 f_{pi}；预应力损失引起的挠度变化 Δf_{p1}；混凝土徐变引起的挠度变化 Δf_{p2}。

1. 传力锚固时的上拱度 f_{pi}

设传力锚固时各截面预应力合力均为 N_p，且力筋重心按简单抛物线分布[图 11.14(a)]。偏心距 e_x（距支座为 x 的截面处）的方程如下：

$$e_x=4e_0\left(\frac{x}{L}-\frac{x^2}{L^2}\right) \tag{11.54}$$

式中 e_0——力筋重心在跨中截面的偏心距。

预加力引起的弯矩 M_p 沿梁长也同一二次抛物线分布[图 11.14(b)]。跨中单位力作用时的弯矩 $\overline{M}$ 如图 11.14(c)所示。故传力锚固时预加力所引起的上拱度 f_{pi} 可直接利用式(11.53)计算，即

$$f_{pi}=\int_0^L\frac{\overline{M}M_p}{E_cI_0}dx=2\int_0^{L/2}\frac{\overline{M}N_pe_x}{E_cI_0}dx=\frac{2}{E_cI_0}\int_0^{L/2}N_p\left[4e_0\left(\frac{x}{L}-\frac{x^2}{L^2}\right)\frac{x}{2}\right]dx=\frac{5}{48}\frac{N_pe_0}{E_cI_0}L^2 \tag{11.55}$$

2. 预应力损失 σ_l^{II} 引起的挠度变化 Δf_{pl}

传力锚固后，由于混凝土的收缩、徐变及力筋的松弛等产生的预应力损失使预压力 N_p 减少，它引起的挠度变化 Δf_{pl} 为

$$\Delta f_{pl}=\int_0^L\frac{\overline{M}\cdot(N_p-N_{pl})\cdot e_x}{E_cI_0}dx=f_{pi}-f_{pl} \tag{11.56}$$

式中 N_p——传力锚固时预加应力的合力；

N_{pl}——扣除全部应力损失后的有效预加应力的合力；

f_{pl}——N_{pl} 产生的上拱度。

3. 混凝土徐变引起的挠度变化 Δf_{p2}

预应力混凝土梁在持续的预压应力作用下，由于混凝土徐变使其变形持续地增长，梁不断地向上拱起。最终挠度的变化可近似地按下式近似计算：

$$\Delta f_{p2}=\int_0^L\overline{M}\frac{N_p+N_{pl}}{2}\frac{e_x}{E_cI_0}\varphi(t_u,t_0)dx=\frac{f_{pi}+f_{pl}}{2}\varphi(t_u,t_0) \tag{11.57}$$

式中 $\varphi(t_u,t_0)$——混凝土徐变系数的终极值，通常设计时取值为 2.0～3.0，具体数值可查相应规范。

4. 预应力产生的上拱度为 f_p

$$f_p=-f_{pi}+(f_{pi}-f_{pl})-\frac{f_{pi}+f_{pl}}{2}\varphi(t_u,t_0)=-\left[f_{pl}+\frac{f_{pi}+f_{pl}}{2}\varphi(t_u,t_0)\right] \tag{11.58}$$

11.4.2 构件自重及其他恒载产生的挠度

构件自重产生的挠度 f_{gi} 及其他恒载产生的挠度 f_{di} 均可用前述的结构力学公式(11.53)

计算。考虑混凝土徐变影响后,其跨中挠度分别为

$$f_g = f_{gi}[1+\varphi(t_u,t_0)] = \frac{5}{48}\frac{M_g L^2}{E_c I}[1+\varphi(t_u,t_0)]$$

$$f_d = f_{di}[1+\varphi(t_u,t_i)] = \frac{5}{48}\frac{M_{d2} L^2}{E_c I}[1+\varphi(t_u,t_i)] \tag{11.59}$$

式中 M_g——自重产生的跨中弯矩;

M_{d2}——其他恒载产生的跨中弯矩;

$\varphi(t_u,t_i)$——相应于其他恒载作用时间的混凝土徐变系数,可参考前面章节。

11.4.3 运营荷载作用下的总挠度

运营荷载作用下的总挠度 f 为上列各项挠度的总和,即

$$f = -\left[f_{pl} + \frac{f_{pi}+f_{pl}}{2}\varphi(t_u,t_0)\right] + f_{gi}[1+\varphi(t_u,t_0)] + f_{di}[1+\varphi(t_u,t_i)] + f_h \tag{11.60}$$

式中 f_h——活载引起的挠度,可按结构力学方法或影响线加载的方法求得。

上述计算混凝土徐变等对构件变形影响的方法,只是近似地考虑了传力锚固阶段及全部损失完成后徐变终了时的情况,徐变变形的计算则采用了该两阶段的平均应力,要更精确地计算徐变的影响,宜用分时段逐步逼近的计算方法,时段分得越细越准确。

此外,应注意各规范关于计算挠度时所采用的刚度有所不同,实际使用时应按相应规范取值。

11.4.4 预拱度的设置

预应力混凝土简支梁由于存在上拱度 f_p,在制作时一般可不设置预拱度。但当梁的跨径较大,或对于下缘混凝土预压应力不是很大的构件(例如在使用荷载作用下,允许受拉区混凝土出现拉应力或裂缝的构件),有时会因恒载的长期作用产生过大的挠度,故《公路桥规》规定,预应力混凝土受弯构件,当预加应力作用产生的长期反拱值(即上拱度)小于按荷载短期效应组合计算的长期挠度时,应设置预拱度,即

$$(f-f_h)+\psi_{qi}f_h[1+\varphi(t_u,t_i)]>0 \tag{11.61}$$

式中 f——由式(11.60)计算的挠度值;

ψ_{qi}——活载的准永久值系数(公路桥规中称为频遇值系数);

f_h——活载引起的挠度(不考虑长期效应)。

对于预拱度的设置,《公路桥规》规定,预拱度值 f' 等于式(11.61)不等号左边的数值并反号,即

$$f' = -\{(f-f_h)+\psi_{qi}f_h[1+\varphi(t_u,t_i)]\} \tag{11.62}$$

设置预拱度时,应做成平顺的曲线。

当预加力引起的反拱度大于按荷载短期效应组合计算的长期挠度时,可不设置预拱度。

《铁路桥规》对预拱度设置的要求是:当由恒载和静活载引起的竖向挠度等于或小于 15 mm 或跨度的 1/1 600 时,可不设置预拱度,否则,应设置预拱度,其曲线与恒载和半个静活载所产生的挠度曲线基本相同,但方向相反。

【例题 11.3】 对如图 11.15 所示的铁路简支梁,试按下列资料检算梁的跨中截面挠度。

计算跨度:24.0 m;

荷载等级：中—活载；

混凝土等级：C50，$E_c=3.55\times10^4$ MPa；

预应力钢丝强度标准值：$f_{pk}=1\ 570$ MPa；

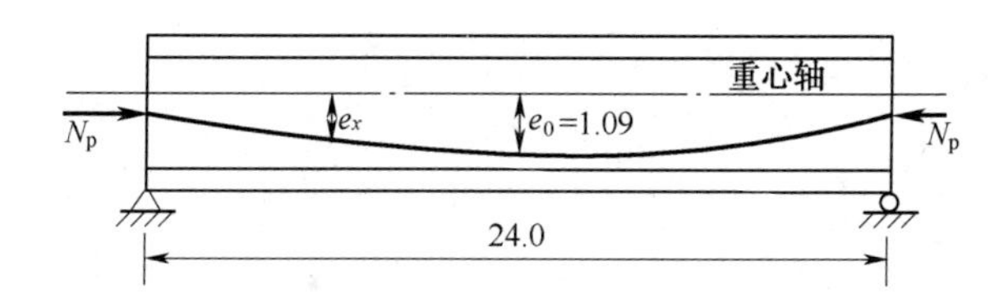

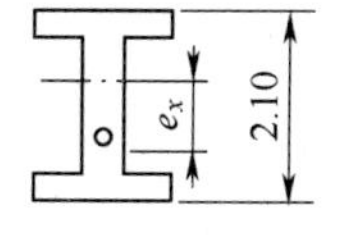

图 11.15　例题 11.3 附图(单位：m)

预应力钢筋共计：13×24 ϕ 5，$A_p=61.26\ \text{cm}^2$；

换算截面惯性矩：$I_0=0.573\ 6\ \text{m}^4$；

钢筋预加应力合力：传力锚固时 $N_p=5.82$ MN，扣除损失后 $N_{p1}=4.81$ MN；

预应力合力作用点至换算截面重心轴的距离：在跨中截面 $e_0=1.09$ m；在离跨中 x 处 $e_x=1.09-x^2/324$(m)；

构件自重：$g=0.037\ 6$ MN/m；

其他恒载：$d=0.017\ 7$ MN/m；

静活载(换算均布荷载)$K_{0.5}=0.104$ MN/m，一片梁：$0.5K_{0.5}=0.052$ MN/m；

混凝土徐变系数终极值 $\varphi(t_u,t_0)=2.0$；

与其他恒载作用对应的徐变系数 $\varphi(t_u,t_i)=1.5$。

【解】 1. 预应力产生的上拱度

(1)传力锚固时

$M_p=N_pe_x$，$\overline{M}=\dfrac{1}{2}\left(\dfrac{L}{2}-x\right)=\dfrac{L}{4}-\dfrac{x}{2}$，由式(11.55)得

$$f_{pi}=2\int_0^{L/2}\overline{M}\frac{N_pe_x}{E_cI_0}dx=2\int_0^{L/2}\left(\frac{L}{4}-\frac{x}{2}\right)\times\frac{5.82}{3.55\times10^4\times0.573\ 6}\times\left(1.09-\frac{x^2}{324}\right)dx$$

$$=0.020\ 9\ (\text{m})$$

$$=20.9\ (\text{mm})(\text{向上})$$

(2)预应力损失引起的挠度变化

由式(11.56)得

$$\Delta f_{pl}=f_{pi}-f_{pl}=f_{pi}-f_{pi}\frac{N_{pl}}{N_p}=20.9-20.9\times\frac{4.81}{5.82}=20.9-17.3=3.6\ (\text{mm})(\text{向下})$$

(3)混凝土徐变引起的挠度变化

由式(11.57)得

$$\Delta f_{p2}=\frac{1}{2}(f_{pi}+f_{pl})\varphi(t_u,t_0)=0.5(20.9+17.3)\times2.0=38.2\ (\text{mm})(\text{向上拱度})$$

(4)预应力产生的上拱度

由式(11.58)得

$$f_p=-f_{pi}+(f_{pi}-f_{pl})-\frac{f_{pi}+f_{pl}}{2}\varphi(t_u,t_0)=-20.9+3.6-38.2=-55.5\ (\text{mm})$$

2. 构件自重及其他恒载引起的挠度

$$M_g = gL^2/8 = 1/8 \times 0.037\,6 \times 24^2 = 2.707\,2\ (\mathrm{MN \cdot m})$$

$$f_g = \frac{5}{48}\frac{M_g L^2}{E_c I_0}[1+\varphi(t_u,t_0)] = \frac{5}{48} \times \frac{2.707\,2 \times 24^2}{3.55 \times 10^4 \times 0.573\,6} \times (1+2.0) = 23.9\ (\mathrm{mm})$$

$$M_d = M_g \times \frac{d}{g} = M_g \times \frac{0.017\,7}{0.037\,6} = 0.471\,M_g$$

$$f_d = f_g \times [1+\varphi(t_u,t_i)] \times \frac{0.471}{1+\varphi(t_u,t_0)} = 23.9 \times (1+1.5) \times \frac{0.471}{1+2.0} = 9.4\ (\mathrm{mm})$$

3. 活载产生的挠度

活载按不计冲击力的静活载计算,取跨中截面产生最大弯矩时的换算均布荷载 $K_{0.5}$,并按一片梁计算,取 $0.5K_{0.5} = 0.052$ MN/m,则

$$M_h = \frac{1}{8} \times \left(\frac{1}{2}K_{0.5}\right) \times L^2 = \frac{1}{8} \times 0.052 \times 24^2 = 3.744\ (\mathrm{MN \cdot m})$$

$$f_h = \frac{5}{48}\frac{M_h L^2}{E_c I_0} = \frac{5}{48} \times \frac{3.744 \times 24.0^2}{0.35 \times 10^5 \times 0.573\,6} = 0.011\,2\ (\mathrm{m}) = 11.2\ (\mathrm{mm})$$

$f_h/L = 11.2/24\,000 = 1/2\,143 < 1/800$,满足《铁路桥规》要求。

4. 使用荷载作用下的挠度

$$f = -55.5 + 23.9 + 9.4 + 11.2 = -11\ (\mathrm{mm})(\text{上拱度})$$

$f < 15$ mm,且 $f/L = 11/24\,000 = 1/2\,182 < 1/1\,600$,可不设预拱度。

11.5 预应力混凝土受弯构件的承载力计算

11.5.1 正截面承载力计算

预应力混凝土构件(矩形截面)的截面布置如图 11.16 所示。预应力钢筋主要布置在构件使用阶段的受拉区,但对于跨度较大的构件,为了满足制造、运输与安装的需要,也可能在构件使用阶段的受压区布置少量的预应力钢筋。对于承受正负弯矩的截面,如连续梁的部分截面,为了满足受力要求,会在截面上、下缘都配置预应力钢筋。此外,为了满足强度要求,也可能分别在构件的受拉区和受压区都布置一定数量的非预应力受力钢筋。

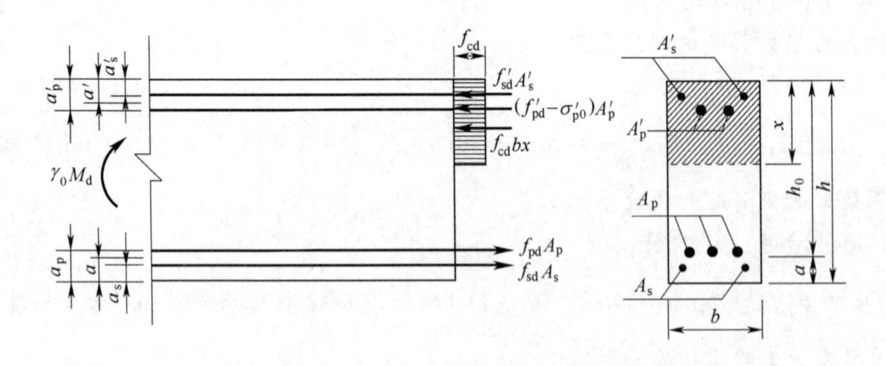

图 11.16 矩形截面受弯构件正截面承载力计算图

预应力混凝土受弯构件正截面破坏时的应力状态和钢筋混凝土受弯构件基本相同,即当预应力钢筋的含筋量配置适当时(即所谓的适筋截面),受拉区混凝土开裂后将退出工作,预应

力钢筋和非预应力钢筋分别达到其抗拉设计强度 f_{pd} 和 f_{sd}；受压区混凝土应力达到抗压设计强度 f_{cd}，并假定用等效的矩形应力分布图代替实际的曲线分布图，受压区非预应力钢筋亦达到其抗压设计强度 f'_{sd}。

但是预应力混凝土受弯构件受压区的预应力钢筋 A'_p 在构件破坏时，其应力却不一定达到抗压设计强度 f'_{pd}，因为力筋 A'_p 在施工阶段预先承受了预拉应力，进入使用阶段后，外荷载弯矩所引起的压应力将逐步抵消其预拉应力。至构件破坏时，若前者小于后者，则力筋 A'_p 中的应力 σ'_{pa} 仍为拉应力，反之为压应力，且其值一般都达不到其抗压设计强度 f'_{pd}，而是等于 $\sigma'_{pa}=f'_{pd}-\sigma'_{p0}$（图 11.16）。下面推导该表达式。

σ'_{pa} 的大小主要取决于受压区钢筋 A'_p 预拉应力的大小和抗压设计强度 f'_{pd} 的大小。在构件开始加荷前，设钢筋 A'_p 中的有效预拉应力为 σ'_p（已扣除全部预应力损失），钢筋重心水平处混凝土的相应有效预压应力为 σ'_c，此时因材料基本上处于弹性工作阶段，所以相应的混凝土预压应变为 σ'_c/E_c。在构件加荷到破坏时，混凝土压应变则增加到设计极限压应变，受压区混凝土的压应力为抗压设计强度 f_{cd}，相应的混凝土应变 $\varepsilon_c=0.002+0.5(f_{cu,k}-50)\times10^{-5}$。故从构件开始加荷到构件破坏的过程中，钢筋 A'_p 重心水平处混凝土的压应变增量为$(\varepsilon_c-\sigma'_c/E_c)$。由于钢筋 A'_p 是与混凝土共同变形的，所以钢筋 A'_p 在此过程中也产生了一个和其重心水平处混凝土同样大小的压应变增量，因而也相当于在钢筋 A'_p 中增加了一个与预拉应力方向相反的压应力 $E_p(\varepsilon_c-\sigma'_c/E_c)$，若将此增加的压应力与钢筋 A'_p 中在加荷前就存在的有效预拉应力 σ'_p 叠加，则可求得构件破坏时钢筋 A'_p 的计算应力 σ'_{pa}。如假定压应力为正号，拉应力为负号，并注意 $E_p\varepsilon_c=f'_{pd}$，则

$$\sigma'_{pa}=E_p(\varepsilon_c-\sigma'_c/E_c)-\sigma'_p=f'_{pd}-n'_p\sigma'_c-\sigma'_p \tag{11.63}$$

或写成

$$\sigma'_{pa}=f'_{pd}-(n'_p\sigma'_c+\sigma'_p)=f'_{pd}-\sigma'_{p0} \tag{11.64}$$

式中 σ'_{p0}——$\sigma'_{p0}=n'_p\sigma'_c+\sigma'_p$，数值上相当于钢筋 A'_p 重心处混凝土应力为零时，钢筋 A'_p 的有效预应力；

n'_p——受压区预应力钢筋与混凝土的弹性模量之比。

由上述可知，建立式(11.63)和式(11.64)的前提条件是：在构件破坏时，A'_p 重心处混凝土应变须达到 $\varepsilon_c=0.002+0.5(f_{cu,k}-50)\times10^{-5}$。

在明确了破坏阶段各项应力值后，则可根据基本假定绘出计算应力图形，并仿照钢筋混凝土受弯构件，按静力平衡条件，计算预应力混凝土受弯构件正截面承载力。

1. 矩形截面构件

矩形截面(包括翼缘位于受拉边的 T 形截面)的受弯构件，按下列公式计算正截面承载力(图 11.16)，由水平方向平衡条件 $\sum H=0$ 可得

$$f_{sd}A_s+f_{pd}A_p=f_{cd}bx+f'_{sd}A'_s+\sigma'_{pa}A'_p \tag{11.65}$$

式中 A'_p——受压区预应力钢筋截面面积；

A_p，f_{pd}——受拉区预应力钢筋的截面面积和抗拉设计强度；

σ'_{pa}——受压区预应力钢筋 A'_p 的计算应力；

A_s，A'_s——受拉及受压区非预应力钢筋的面积；

f_{sd}——非预应力钢筋的抗拉设计强度；

f_{cd}，f'_{pd}，f'_{sd}——混凝土、预应力钢筋及非预应力钢筋的抗压设计强度。

类似于钢筋混凝土构件，预应力混凝土梁的受压区高度 x 应符合以下规定：

$$x \leqslant \xi_b h_0 \tag{11.66}$$

式中 ξ_b——预应力混凝土受弯构件界限相对受压区高度系数,公路桥梁按表 11.9 采用,铁路桥梁取为 0.4;

h_0——截面有效高度,$h_0 = h - a$,其中 h 为全截面高度,a 为受拉区钢筋 A_s 和 A_p 的合力作用点至截面最近边缘的距离,当不配非预应力钢筋(即 $A_s = 0$)时,则 a 用 a_p 代替(a_p 为受拉区预应力钢筋的合力点至截面最近边缘的距离)。

表 11.9 《公路桥规》的预应力混凝土梁界限相对受压区高度系数 ξ_b

钢筋种类	C50 及以下	C55,C60	C65,C70	C75,C80	钢筋种类	C50 及以下	C55,C60	C65,C70	C75,C80
R235	0.62	0.60	0.58	—	钢丝、钢绞线	0.40	0.38	0.36	0.35
HRB335	0.56	0.54	0.52	—	精轧螺纹钢筋	0.40	0.38	0.36	—
HRB400,KL400	0.53	0.51	0.49	—					

当受压区配有纵向普通钢筋和预应力钢筋,且构件破坏时预应力钢筋受压,即 $\sigma'_{pa} > 0$ 时,应满足

$$x \geqslant 2a' \tag{11.67}$$

式中 a'——受压区钢筋 A'_s 和 A'_p 的合力作用点至截面最近边缘的距离。

当受压区配有纵向普通钢筋或同时配有普通钢筋和预应力钢筋,且构件破坏时预应力钢筋受拉,即 $\sigma'_{pa} < 0$ 时,应满足

$$x \geqslant 2a'_s \tag{11.68}$$

类似钢筋混凝土构件为了防止构件的脆性破坏,必须满足条件式(11.66)。而条件式(11.67)和式(11.68)则是为了保证在构件破坏时,钢筋 A'_s 的应力达到 f'_{sd},同时也是保证前述式(11.64)能够成立的必要条件。

预应力混凝土受弯构件正截面承载力校核与截面选择的计算步骤与普通钢筋混凝土梁类似。

对受拉区钢筋合力作用点取矩(图 11.16)得

$$\gamma_0 M_d \leqslant M_u = f_{cd} b x \left(h_0 - \frac{x}{2}\right) + f_{sd}' A'_s (h_0 - a'_s) + \sigma'_{pa} (h_0 - a'_p) A'_p \tag{11.69}$$

式中 γ_0——结构重要性系数,按公路桥涵的设计安全等级,一级、二级、三级分别取值 1.1、1.0、0.9;桥梁的抗震设计不考虑结构重要性系数;

M_d, M_u——弯矩设计值、截面弯矩承载能力值。

由上述承载力计算公式可以看出:构件的承载能力(M_u)与受拉区钢筋是否施加预应力无关,但对受压区钢筋 A'_p 施加预应力后,上式等号右边末项的钢筋应力由 f'_{pd} 下降为 σ'_{pa}(可能为正也可能为负,即拉应力),因而将降低受弯构件的承载能力(M_u)和使用阶段的抗裂度。因此,只有在受压区确有需要设置预应力钢筋 A'_p 时(例如在施工阶段预拉区将出现裂缝等时),才予以设置。

预应力混凝土受弯构件最小配筋率应满足以下条件:

$$M_u / M_{cr} \geqslant 1.0 \tag{11.70}$$

式中,M_u 为抗弯承载力,M_{cr} 为开裂弯矩,按附表 29 说明计算。

2. T 形截面构件

同普通钢筋混凝土梁一样,先按下列条件判别属于哪一类 T 形截面(图 11.17)。

仿照矩形截面进行复核：

$$f_{sd}A_s + f_{pd}A_p \leqslant f_{cd}b_f' h_f' + f_{sd}' A_s' + \sigma_{pa}' A_p' \tag{11.71a}$$

式中 h_f'——T 形截面受压区翼缘的高度；

b_f'——T 形截面受压区翼缘的计算宽度。

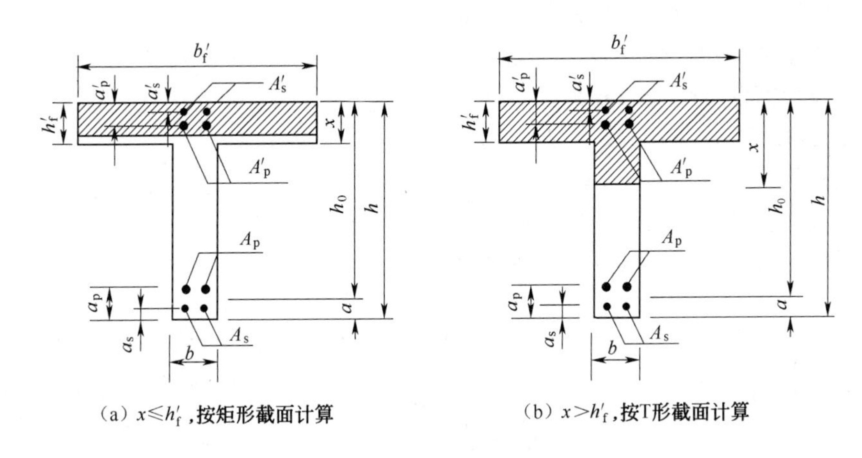

图 11.17 T 形截面受弯构件正截面承载力计算图

当 b_f' 符合关于 T 形截面有效宽度的规定，且满足式(11.71)时，为第一类 T 形截面，即中性轴通过翼缘板，可按宽度为 b_f' 的矩形截面计算。否则，表明中性轴通过肋部，为第二类 T 形截面，计算时考虑截面肋部受压区混凝土的工作[图 11.17(b)]，其受压区的高度 x 按以下公式确定：

$$f_{sd}A_s + f_{pd}A_p = f_{cd}[bx + (b_f' - b)h_f'] + f_{sd}' A_s' + \sigma_{pa}' A_p' \tag{11.71b}$$

同样，x 应符合式(11.66)、式(11.67)和式(11.68)的要求。

正截面承载力按式(11.72)检算：

$$\gamma_0 M_d \leqslant M_u = f_{cd}bx\left(h_0 - \frac{x}{2}\right) + f_{cd}(b_f' - b)\left(h_0 - \frac{h_f'}{2}\right)h_f' + f_{sd}' A_s'(h_0 - a_s') + \sigma_{pa}'(h_0 - a_p')A_p' \tag{11.72}$$

最小配筋仍按式(11.70)验算。以上公式也适应于 I 形截面、H 形截面等情况。

11.5.2 斜截面承载力计算

斜截面的抗剪承载力计算受许多因素的影响，其分析非常困难。对于钢筋混凝土梁和预应力混凝土梁的斜截面抗剪承载力，国内外虽然进行了大量的试验研究工作，但到目前为止，尚无公认的合理适用的计算方法。现各规范所采用的都是根据试验得出的一些经验公式，且具体计算的公式差别也较大。

预应力混凝土构件斜截面抗剪承载力的计算与钢筋混凝土构件相似，各规范中对二者也采用类似的公式，只不过对预应力混凝土构件来说，公式中增加了预应力钢筋的贡献而已。

1. 斜截面抗剪承载力的计算

参照图 11.18，斜截面的抗剪承载力仍可仿照第 7 章式(7.24)的原则计算，具体计算方法见第 7 章中 7.5 节。

关于斜截面抗剪承载力计算的说明：

(1)在受弯构件斜截面抗剪承载力计算中,验算的部位如图 11.18 所示。

①简支梁和连续梁近边支点梁段:

a. 距支座中心 $h/2$(梁高的一半)处的 1-1 截面。

b. 受拉区弯起钢筋弯起点处的 2-2、3-3 截面。

c. 锚于受拉区的纵向主筋开始不受力处的 4-4 截面。

d. 箍筋数量或间距改变处的 5-5 截面。

e. 构件腹板宽度变化处的截面。

②连续梁和悬臂梁近中间支点梁段:

a. 支点横隔梁边缘处的 6-6 截面。

b. 变高度梁高度突变处的 7-7 截面。

c. 参照简支梁要求,需要进行验算的截面。

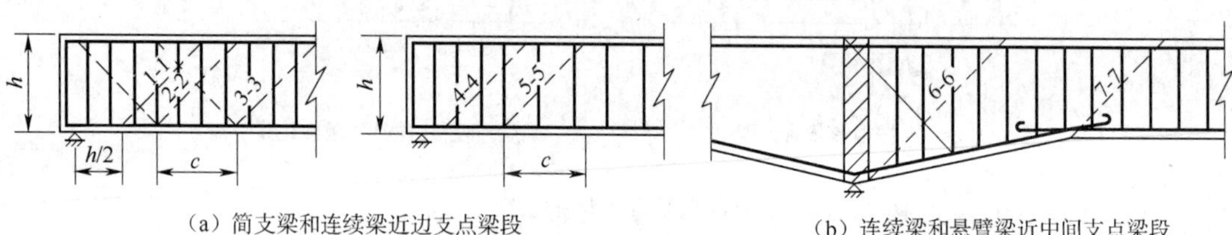

(a) 简支梁和连续梁近边支点梁段　　(b) 连续梁和悬臂梁近中间支点梁段

图 11.18 斜截面抗剪承载力计算截面位置

(2)梁剪切破坏时临界斜裂缝的水平投影长度 C(图 11.19)主要与梁的截面有效高度 h_0 及剪跨比 $\lambda=M_d/V_d h_0$ 有关,试验分析表明,其值可为

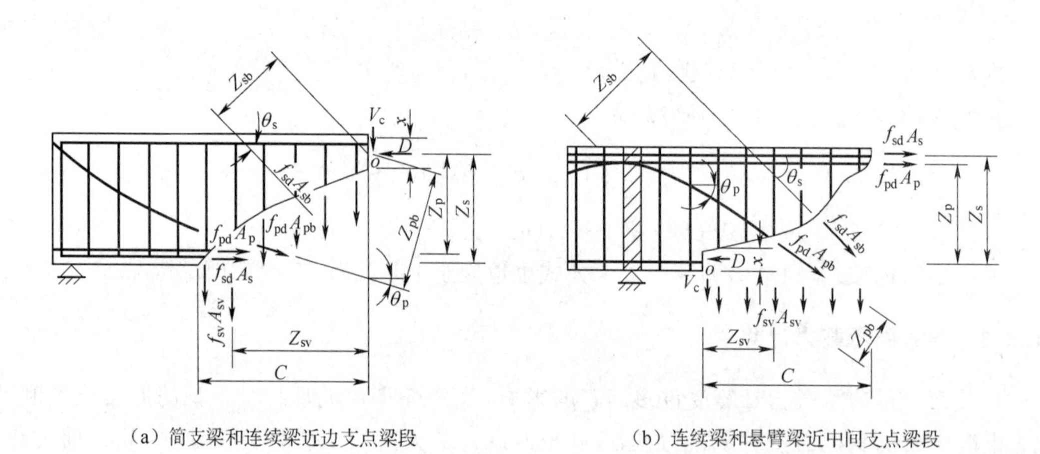

(a) 简支梁和连续梁近边支点梁段　　(b) 连续梁和悬臂梁近中间支点梁段

图 11.19 斜截面抗剪承载力计算

$$C=0.6\frac{M_d}{V_d h_0}\cdot h_0=0.6\lambda h_0 \tag{11.73}$$

式中,$\lambda=\dfrac{M_d}{V_d h_0}$称为剪跨比,当 $\lambda>3.0$ 时,取 $\lambda=3.0$。

(3)当满足下面条件时,不需进行斜截面抗剪强度检算,而只需按构造要求配置箍筋:

$$\gamma_0 V_d\leqslant 0.50\times10^{-3}\alpha_2 f_{td} b h_0(\text{kN}) \tag{11.74}$$

式中　f_{td}——混凝土轴心抗拉强度设计值。

(4)混凝土和箍筋承担的剪力应不小于最大设计剪力 $\gamma_0 V_d$ 的 60%。

2. 斜截面抗弯承载力的计算

在荷载作用下发生斜截面受弯破坏时，与斜截面所交截的预应力钢筋、非预应力纵筋和箍筋均按达到其计算强度 f_{pd} 和 f_{sd} 考虑，受压区混凝土被压碎前已发生很大变形，可按达到抗压极限强度分析。以此为依据，由图 11.19 可得出斜截面抗弯承载力的计算公式如下：

$$\gamma_0 M_d \leqslant f_{pd}(A_p Z_p + \sum A_{pb} Z_{pb}) + f_{sd}(A_s Z_s + \sum A_{sb} Z_{sb}) + \sum f_{sv} A_{sv} Z_{sv} \quad (11.75)$$

式中 M_d——通过斜截面顶端正截面内的最大弯矩组合设计值；

f_{pd}，f_{sd}——预应力筋及非预应力筋的抗拉强度设计值；

A_p，A_{pb}，A_s，A_{sb}，A_{sv}——与斜截面相交的预应力纵向钢筋、预应力弯起钢筋、非预应力纵向钢筋、非预应力弯起钢筋以及箍筋的截面面积；

Z_p，Z_{pb}，Z_s，Z_{sb}，Z_{sv}——钢筋 A_p、A_{pb}、A_s、A_{sb}、A_{sv} 对混凝土受压区中心 o 点的力臂。

计算斜截面抗弯承载力时，最不利斜截面位置需通过试算确定。通常在纵向钢筋截面积变化处、箍筋截面积与间距变化处或构件截面尺寸变化处中，选择最不利者开始，取不同角度的斜截面自下而上试算。

【例题 11.4】 一公路桥梁预应力混凝土 T 形截面梁如图 11.20 所示。已知：弯矩设计值为 $M_d = 1\ 297$ kN·m，结构安全等级为一级；预应力钢筋采用钢丝，抗拉强度设计值 $f_{pd} = 1\ 000$ MPa，面积 $A_p = 1\ 885$ mm²；混凝土强度等级为 C50，抗压强度设计值 $f_{cd} = 22.4$ MPa。结构重要性系数 $\gamma_0 = 1.1$，开裂弯矩 $M_{cr} = 1\ 217.0$ kN·m。试检算该预应力混凝土简支梁跨中截面的抗弯承载力。

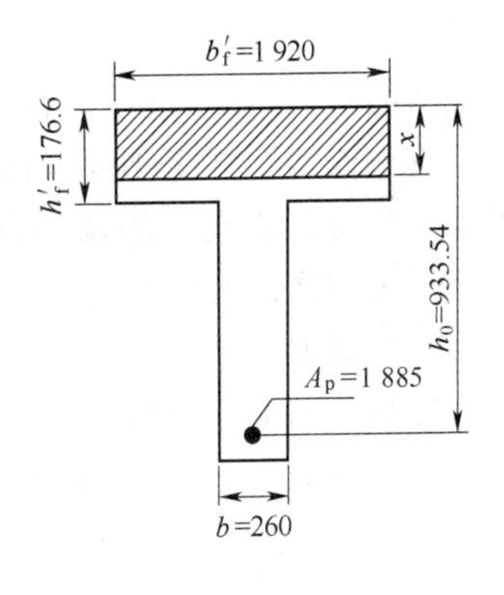

图 11.20 例题 11.4 附图

(单位：mm)

【解】 因为 $A_s = 0$，$A'_s = 0$，$A'_p = 0$，先假定中性轴位于翼缘内，利用表达式

$$f_{sd} A_s + f_{pd} A_p = f_{cd} b'_f h'_f + f'_{sd} A'_s + \sigma'_{pa} A'_p$$

可得受压区的面积为

$$b'_f x = A' = \frac{f_{pd} A_p}{f_{cd}} = \frac{1\ 000 \times 1\ 885}{22.4} = 84\ 151.78\ (\text{mm}^2)$$

受压区高度 x 为

$$x = \frac{A'}{b'_f} = \frac{84\ 151.78}{1\ 920} = 43.83\ (\text{mm}) < h'_f = 176.6\ (\text{mm})$$

受压区全部位于翼缘内，可按矩形截面计算。查表 11.9 得界限相对受压区高度 $\xi_b = 0.40$。

$$x < \xi_b h_0 = 0.4 \times 933.54 = 373.4\ (\text{mm}) \quad (\text{可以})$$

$$x > 2a'\ (\text{因受压区无受力钢筋，}a' = 0\text{，故自然满足})$$

正截面抗弯承载力为

$$M_u = f_{cd} b'_f x (h_0 - x/2)$$
$$= 22.4 \times 84\ 151.78 \times (933.54 - 43.83/2) \times 10^{-6}$$
$$= 1\ 718.4\ (\text{kN} \cdot \text{m}) > \gamma_0 M_d = 1.1 \times 1\ 297 = 1\ 426.7\ (\text{kN} \cdot \text{m})\ (\text{安全})$$

$M_u / M_{cr} = 1\ 718.4 / 1\ 217.0 > 1.0$，最小配筋率满足要求。

11.6 锚固区的计算

后张法预应力混凝土梁的锚具通常布置在梁的端部,该处还有支承反力等强大的集中力。由于锚具的垫圈、支承反力的垫板等面积不大,其下混凝土中的局部压应力一般是相当高的,但仅局限在混凝土端面的一小部分范围内,要经过一段距离才能逐渐扩散到整个截面上去,这段距离大致等于梁高,通常称这个梁段为端块。在端块范围内局部应力很大,必须加以特殊注意。

当锚头布置在构件端面的中心处时,端块的局部应力情况如图 11.21 所示。在构件中截取矩形块 $ABCD$ 和 $EFGH$ 为分离体。可以看出:EF 和 GH 面上的正应力数值相等但方向相反,故 FG 面上的剪力和弯矩 M 均为零。在矩形块 $ABCD$ 的 AB 面上的正应力为零,按平衡条件,在纵截面 BC 上应有剪力 V 和弯矩 M,因而也有正应力 σ_y 和剪应力 τ_{xy}[图 11.21(a)]。梁端部一定范围的一段(即端块)内,在 σ_y、τ_{xy} 合成的主拉应力作用下可能开裂,因此应检算端块混凝土的抗裂性能。端块局部应力分析可以用传统的弹性力学方法或用有限元法,也可用其他近似方法。

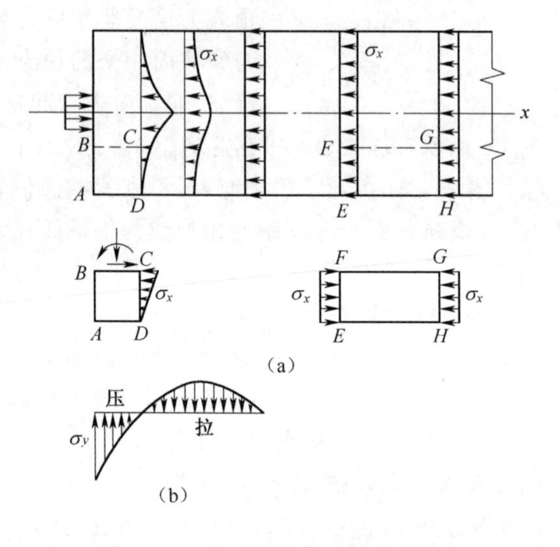

图 11.21 集中力作用下的局部应力

锚具下的混凝土实际上处于三向应力状态。除纵向压应力 σ_x 外,还有横向应力 σ_y 和 σ_z。靠近垫板处 σ_y 和 σ_z 是压应力,距端面较远处则 σ_y、σ_z 变为拉应力[图 11.21(b)]。在某些情况下,这些横向拉应力会导致出现纵向裂缝,乃至引起局部承压破坏。因此有必要进行锚具下混凝土局部承压的抗裂性和强度检算。下面介绍《铁路桥规》中的有关计算方法,《公路桥规》的计算方法与此类似,但形式上不同,如需要计算可参照《公路桥规》进行。

1. 锚具下混凝土的抗裂性

锚具下混凝土的抗裂性可按下式验算:

$$K_{cf} N_c \leqslant \beta f_c A_c \tag{11.76}$$

式中 N_c——局部承压的轴向力设计值;

K_{cf}——局部承压抗裂安全系数,取为 1.5;

A_c——混凝土局部承压面积:当有垫板时,考虑在垫板中沿 45°斜线传力至混凝土的面积,有孔道时,计算时应扣除孔道面积;

β——混凝土局部承压时的强度提高系数,$\beta=\sqrt{A/A_c}$,其中 A 为影响混凝土局部承压的计算底面积,有孔道时,计算时应扣除孔道面积。

2. 锚具下混凝土的局部承压强度检算

锚头下间接钢筋的配置应符合端部锚固区的混凝土局部承压强度的要求。设锚下配有间接钢筋的混凝土,其局部承压强度为混凝土局部承压强度 N_1 与由于螺旋形钢筋的套箍强化作用而提高的混凝土局部承压强度 N_2 之和,其中 N_1 即式(11.76)中的 $\beta f_c A_c$,N_2 可由

图 11.22 求得。

图 11.22 中，d_c 为局部承压面积 A_c 的直径，d_{he} 为螺旋圈的直径，a_j 为螺旋形钢筋的截面积，σ_r 为径向侧压应力，f_y 为螺旋形钢筋的抗拉计算强度。设螺旋形钢筋的间距为 S，则由 $\sum y=0$，得

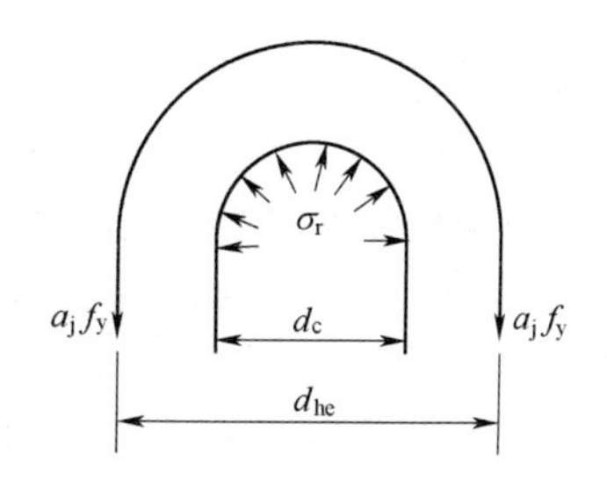

图 11.22　套箍强化计算

$$2a_j f_y=\sigma_r d_c S \tag{11.77}$$

以 μ_t 表示螺旋筋的体积配筋率，则

$$\mu_t=\frac{a_j\pi d_{he}}{\frac{1}{4}\pi d_{he}^2 S}=\frac{4a_j}{d_{he}S} \tag{11.78}$$

将式(11.78)代入式(11.77)，则得

$$\sigma_r=\frac{2a_j f_y}{d_c S}=\frac{1}{2}\frac{4a_j}{d_{he}S}\cdot\frac{d_{he}}{d_c}f_y=\frac{1}{2}\mu_t\beta_{he}f_y$$

式中　β_{he}——配置间接钢筋的混凝土局部承压强度提高系数，其值为

$$\beta_{he}=\sqrt{\frac{A_{he}}{A_c}}=\frac{d_{he}}{d_c}$$

由旋筋柱的计算可知，混凝土所受径向侧压力 σ_r 对其轴向承压强度的提高约为 $4\sigma_r$，故

$$N_2=4\sigma_r A_c=2.0\mu_t\beta_{he}f_y A_c$$

因而预加应力时的预压力 N_c 应符合

$$K_c N_c\leqslant A_c(\beta f_c+2.0\mu_t\beta_{he}f_y) \tag{11.79}$$

当为钢筋网时，式(11.79)中的 μ_t 为

$$\mu_t=\frac{n_1 a_{j1} l_1+n_2 a_{j2} l_2}{l_1 l_2 S} \tag{11.80}$$

式中　n_1，a_{j1}——钢筋网沿 l_2 方向的钢筋根数及单根钢筋的截面积；
n_2，a_{j2}——钢筋网沿 l_1 方向的钢筋根数及单根钢筋的截面积；
S——钢筋网的间距；
l_1，l_2——钢筋网短边和长边的长度。

11.7　预应力混凝土轴心受拉构件的计算

11.7.1　受力特征

预应力混凝土轴心受拉构件受单调拉伸荷载作用时，在第一条裂缝出现前，荷载—位移关系是线弹性的。在此阶段，钢筋应力增加较慢，混凝土压应力减少很快，继而出现拉应力直到开裂，且第一条裂缝出现的位置是随机的。与非预应力轴心受拉构件不同，预应力混凝土轴心受拉构件开裂时会发出较大的声响。

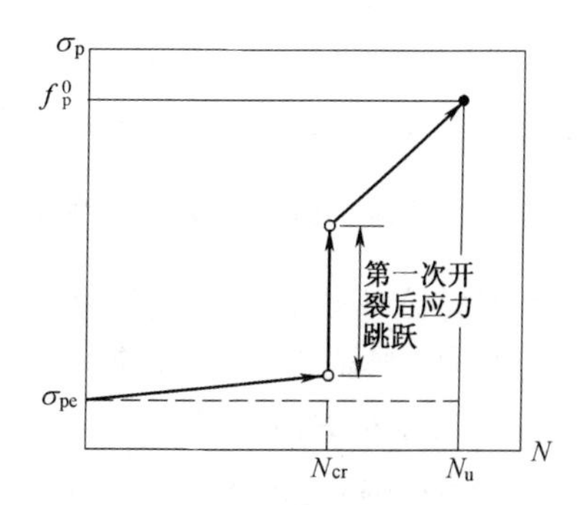

图 11.23　预应力轴心受拉构件中的钢筋应力

由于开裂截面混凝土退出工作，拉力仅由钢筋承受，因此受力情况发生显著变化，刚度大幅度下降，钢筋应力突增(图 11.23，横轴为构件所受拉力 N，纵轴为预应力钢

筋中的应力 σ_p)。这种应力突变现象往往会使钢筋应力进入非线性阶段,在裂缝两侧的局部就可能出现钢筋与混凝土之间的粘结力破坏,而使裂缝宽度增大。当构件配筋低于最小配筋率时,开裂后钢筋会由于应力增量过大而被拉断,构件破坏。如构件配筋率在正常范围内,则开裂后构件能够继续承受荷载,但此时混凝土已经退出工作,荷载是由钢筋单独承受的。

图 11.24 表示典型的预应力混凝土轴心受拉构件应力—应变曲线,图中还与相同截面尺寸和相同配筋率的钢筋混凝土轴心受拉构件②进行了比较。在该图中,虚线表示钢筋的实际应力—应变曲线,实线表示钢筋的名义应力—应变曲线。此处的名义应力等于构件所受的轴向拉力除以钢筋截面积,即假设轴力全部由钢筋承担时钢筋中的应力,$P_p=P_s$ 表示假定预应力混凝土轴心受拉构件所受荷载等于钢筋混凝土轴心受拉构件所受的荷载。

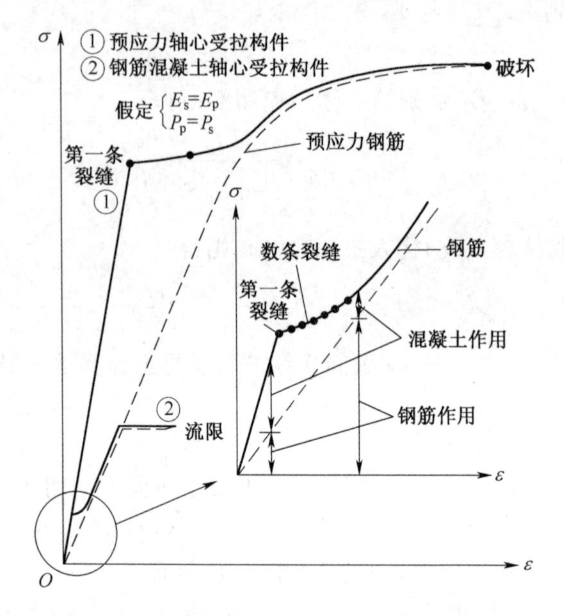

图 11.24 预应力混凝土轴拉构件与钢筋混凝土轴拉构件受力比较

从图中可看出,钢筋混凝土轴心受拉构件②很早就发生开裂,再稍增荷载就出现数条裂缝,然后裂缝数目不增加,但裂缝宽度随荷载增大,由钢筋单独承担外荷载直到钢筋达极限受拉强度而破坏。构件②的破坏荷载比开裂荷载大数倍之多,而预应力混凝土轴心受拉构件开裂荷载比钢筋混凝土轴心受拉构件高很多,但从开裂到破坏的荷载增量较小。预应力混凝土轴心受拉构件开裂后,预应力钢筋应力与外荷载成比例增长直到破坏。

因此,钢筋混凝土轴心受拉构件在使用荷载作用下,构件是带裂缝工作的,而预应力轴心受拉构件在使用荷载作用下,构件一般是不开裂的。

图 11.24 还表示了两种钢筋的作用。为了简单起见,假定预应力钢筋与非预应力钢筋两者的弹性模量相同,虚线(钢筋实际应力)和实线(钢筋名义应力)在纵坐标上的差值即为混凝土的作用。钢筋混凝土构件开裂前混凝土作用比较大,开裂后混凝土作用就很小直到完全消失。由于钢筋混凝土构件开裂荷载很低,所以混凝土在构件使用阶段所起作用就不大。相反,预应力构件的开裂荷载远大于钢筋混凝土构件,所以混凝土在构件使用阶段作用就大得多。这是预应力构件的一个主要优点。

11.7.2 预应力混凝土轴心受拉构件应力和承载力计算

如同受弯构件一样,预应力混凝土轴心受拉构件在使用阶段截面不开裂,因此其应力计算与受弯构件类似,只是更为简单而已,完全可以参照受弯构件的计算公式简化得到。

1. 先张法构件

先张法轴心受拉构件受力后可分为下列几个阶段。

阶段Ⅰ——传力锚固阶段。如前所述,此时发生的预应力损失为

$$\sigma_l^{\mathrm{I}}=\sigma_{l2}+\sigma_{l3}+\sigma_{l4}+0.5\sigma_{l5}$$

式中 σ_{l2}、σ_{l3} 和 σ_{l5} 的计算与受弯构件相同，σ_{l4} 则可由受弯构件的相应公式(11.13)令偏心距 e_0 为 0 得到，即

$$\sigma_{l4}=n_p\sigma_{pc}=n_p\frac{N_p}{A_0}=n_p\frac{A_p(\sigma_{con}-\sigma_{l2}-\sigma_{l3}-0.5\sigma_{l5})}{A_0} \tag{11.81}$$

钢筋预拉应力：

$$\sigma_{pe}^{\mathrm{I}}=\sigma_{con}-\sigma_l^{\mathrm{I}} \tag{11.82}$$

混凝土预压应力：

$$\sigma_{pc}^{\mathrm{I}}=\sigma_{pe}^{\mathrm{I}*}A_p/A_0 \tag{11.83}$$

式中 A_0——构件换算截面的面积；

$\sigma_{pe}^{\mathrm{I}*}=\sigma_{pe}^{\mathrm{I}}+\sigma_{l4}$。

阶段Ⅱ——使用阶段。出现第二批预应力损失 $\sigma_l^{\mathrm{II}}=0.5\sigma_{l5}+\sigma_{l6}$，其中 σ_{l6} 的计算同受弯构件。

钢筋预拉应力：

$$\sigma_{pe}^{\mathrm{II}}=\sigma_{con}-\sigma_l^{\mathrm{I}}-\sigma_l^{\mathrm{II}}$$

混凝土预压应力：

$$\sigma_{pc}^{\mathrm{II}}=\sigma_{pe}^{\mathrm{II}*}A_p/A_0 \tag{11.84}$$

式中

$$\sigma_{pe}^{\mathrm{II}*}=\sigma_{pe}^{\mathrm{II}}+\sigma_{l4}$$

外荷载(轴力 N)在混凝土中产生的应力为 $\sigma_{qc}=-N/A_0$，叠加上预压应力后就得到混凝土中的总应力。

下面分析一种特殊的状态，即如果由于外部拉力作用，刚好使混凝土压应力由 $\sigma_{pc}^{\mathrm{II}}$ 减小为零，钢筋由于产生了与混凝土相同的拉应变增量，因此其应力增量为 $n_p\sigma_{pc}^{\mathrm{II}}$，则此时钢筋应力为

$$\sigma_{p0}=\sigma_{pe}^{\mathrm{II}}+n_p\sigma_{pc}^{\mathrm{II}} \tag{11.85}$$

混凝土应力为零。外荷载拉力全部由钢筋承担：

$$N_{p0}=\sigma_{p0}A_p \tag{11.86}$$

阶段Ⅲ——继续加载直到混凝土即将开裂。随荷载增加，混凝土和钢筋中拉应力也不断增长。当混凝土应力从 0 达到开裂拉应力 f_{td} 时，相应钢筋拉应力增长了 n_pf_{td}。

根据截面上内外力平衡条件可得出开裂荷载为

$$N_{cr}=(\sigma_{pe}^{\mathrm{II}}+n_p\sigma_{pc}^{\mathrm{II}}+n_pf_{td})A_p+f_{td}A_n=N_{p0}+f_{td}A \tag{11.87}$$

此阶段应力状态即为预应力轴拉构件开裂验算公式的计算图式。

阶段Ⅳ——继续加载直到构件破坏。开裂后，混凝土不受力，拉力全由钢筋承担。当全部钢筋应力达到破坏应力时，构件破坏。如果在钢筋应力未达到流限前卸载，则裂缝能闭合且仍能起预压作用。轴拉构件的抗拉承载力为

$$N_u=f_{pd}A_p \tag{11.88}$$

式中 f_{pd}——预应力钢筋抗拉设计强度。

此阶段应力状态为预应力轴拉构件强度验算公式的计算图式。

2. 后张法构件

后张法轴心受拉构件受力后可分为以下几个阶段。

阶段Ⅰ——传力锚固阶段。如前所述，此时发生的预应力损失为

$$\sigma_l^{\mathrm{I}}=\sigma_{l1}+\sigma_{l2}+\sigma_{l4}$$

式中 σ_{l1}、σ_{l2} 的计算仍与受弯构件相同，σ_{l4} 为

$$\sigma_{l4}=n_p\bar{\sigma}_c=n_p\frac{\overline{N}_p}{A_n+n_p\overline{A}_p}=n_p\frac{\overline{A}_p(\sigma_{con}-\sigma_{l1}-\sigma_{l2})}{A_n+n_p\overline{A}_p} \tag{11.89}$$

式中 $\bar{\sigma}_c=\dfrac{N-1}{2N}\sigma_c$，$\overline{N}_p=\dfrac{N-1}{2N}N_p$，$\overline{A}_p=\dfrac{N-1}{2N}A_p$，分别为平均应力、平均预加力和预应力钢筋

平均面积,N 为分批张拉的预应力钢筋批数。此时,钢筋预拉应力为

$$\sigma_{pe}^{I}=\sigma_{con}-\sigma_{l}^{I}$$

混凝土预压应力为

$$\sigma_{pc}^{I}=\sigma_{pe}^{I}\frac{A_p}{A_n} \tag{11.90}$$

式中 A_n——构件净截面(扣去预应力孔道面积)。

阶段Ⅱ——使用阶段。出现第二批应力损失 $\sigma_l^{II}=\sigma_{l5}+\sigma_{l6}$,计算同受弯构件。

钢筋预拉应力 $$\sigma_{pe}^{II}=\sigma_{con}-\sigma_l^{I}-\sigma_l^{II}$$

混凝土预压应力 $$\sigma_{pc}^{II}=\sigma_{pe}^{I}\frac{A_p}{A_n}-\sigma_l^{II}\frac{A_p}{A_0} \tag{11.91}$$

其余的计算与先张法相同。

11.7.3 预应力混凝土轴心受拉构件的刚度

对于轴心受拉构件来说,使构件发生单位拉应变所需的轴拉力,即为它的抗拉刚度。根据材料力学公式,轴拉构件伸长变形 Δl 计算如下:

$$\Delta l=\frac{Nl}{A_0E_c},\varepsilon=\frac{\Delta l}{l}=\frac{N}{A_0E_c} \tag{11.92}$$

式中 N——轴心拉力;

l——构件长度;

A_0——换算截面面积,$A_0=A_n+n_pA_p$,A_n 为构件净截面面积;

E_c——混凝土弹性模量。

A_0E_c 即为预应力混凝土轴心受拉构件开裂前的截面刚度,与钢筋混凝土轴心受拉构件开裂前相同。

轴心受拉构件开裂后,刚度大幅度地下降。在开裂截面,全部拉力均由钢筋承担,其他截面则由混凝土与钢筋共同承担。因此,轴心受拉构件的刚度要考虑钢筋在全长的平均应变 $\bar{\varepsilon}_s$,在工程实用上可近似按 E_pA_p/ψ 计算轴心受拉构件开裂后的刚度(ψ 见本书第 9 章 9.1 节)。

11.8 小 结

(1)对预应力混凝土受弯构件进行强度检算,实际上是检验构件最终承载能力的大小。验算阶段定在破坏阶段,此时混凝土构件下缘已经开裂并退出工作,与普通钢筋混凝土强度的计算类似,受拉区仅有钢筋的极限拉力,受压区要按强度准则保证边缘混凝土应变达到极限压应变,此时的普通钢筋已达到抗压强度的设计值,受压区放置的预应力钢筋(双预应力)的实际应力取决于预拉应力的大小和自身抗压强度的设计值。由于钢筋与混凝土的共同变形,实际上受压预应力钢筋重心处的应力比抗压强度的设计值要小。

预应力混凝土受弯构件的强度检算中要注意保证受压区的高度 x 满足 $x<\xi h_0$ 和 $x>2a'$。对于T形截面,须利用判据判别受压区的高度是否经过腹板。影响斜截面的抗剪强度的因素太多,实际上至今没有公认的合理适用的方法。与普通钢筋混凝土梁不同的是,由于预应力钢筋的弯起(曲线配筋)或采用预应力箍筋会明显提高梁的斜截面抗剪强度,与使用荷载阶段一样,应该了解验算的部位。除抗剪强度外,斜截面上也存在抗弯强度检算的问题,此时

的脱离体是绕受压区中心转动的，相当于正截面强度计算中破坏截面的转动，只是破坏面为斜面。注意截取的各元素（受拉力筋、受拉非预应力筋、箍筋）对转动点的力臂计算。可以通过试算法求取一个合适的斜裂缝水平投影长度。

（2）确定有效预应力及预应力损失的大小是设计和施工预应力混凝土构件的基本条件。在此之前必须弄清实现预应力的工艺体系、产生预应力损失的各种原因以及从张拉至使用荷载的全过程。

把预应力钢筋作为研究对象，那么在外力作用下拉长并受力的预应力筋，由于各种原因（张拉工艺、材料本身、锚具等）都可能使得原有伸长的钢筋缩短，这就产生了预应力损失。在强大的压力作用下，并非绝对刚性的锚头要变形，薄弱的接缝处要被压缩，预应力钢筋自身要产生回缩，混凝土本身也被压缩，反过来又引起预应力钢筋的回缩。还有混凝土本身的收缩和徐变特性，也导致预应力损失。

与后张法相比，先张法中具有由于蒸汽养护时台座与钢筋间的温差引起的损失 σ_{l3}，而后张法没有。又由于先张法构件在传力锚固前钢筋与混凝土已经粘结，放松钢筋时依靠传递长度范围内的粘结力把有效预应力传到构件上，因此它不存在预应力钢筋在混凝土这种介质表面的相对滑动，也就不具有反映预应力钢筋相对滑动的摩阻损失 σ_{l1}。而后张法则有该项损失，具体体现在力筋与预应力孔道之间的摩擦和经过弯角时强大的径向力引起的摩阻。从全过程分析中可以发现，先张法中，特殊的折线配筋在支座（力筋转向）处也可以产生摩擦损失。

我们确定预应力时关心的是特定截面上计算点处的有效预应力，有效预应力是空间坐标的函数，当然同时是时间的函数，或者说某一截面上某处在某一时刻的有效预应力。实际上，精确计算有效预应力和预应力损失是相当困难的。为简单起见，规范中多处采用平均值的概念，如计算 σ_{l2} 时代入的是平均应变，计算 σ_{l4} 时多根或成批钢筋又采取首末求平均的处理办法。

超张拉可以降低松弛损失，也可以降低钢筋回缩时反向摩阻引起的损失，因而在工程中经常采用。另外，改变材料特性也是工程上降低松弛损失比较有效的措施，如改变锚具的类型，改变预应力钢筋最终要接触的表面特性（后张法中安设波纹管等，涂中性油脂的铁皮套管等），改变混凝土的强度等级等。

（3）对预应力混凝土受弯构件进行应力检算，其目的是了解设计的构件在受力全过程中的正常使用情况，这是首先要保证的。实际上，因有按全预应力混凝土设计的初衷（即保证在正常使用荷载作用下混凝土中不出现拉压力），应力计算的过程从原理上讲是在预应力作用下，用弹性理论求解一个偏压构件的全过程分析，理论上完全类同于材料力学的求解过程，只不过预应力混凝土不再是具有单一材质的构件。从广义上讲，预应力混凝土是具有（预应力钢筋＋普通钢筋＋混凝土）复合特性的复合材料。因为有效预应力的存在，使得在正常使用荷载下本该会出现拉应力的混凝土下翼缘而出现受压，这就实现了预加应力的功能。

无论是先张法还是后张法构件，必须清楚从预加应力开始的各个阶段（传力锚固、运送、架设、运营）的应力状况。应力计算时每一个阶段所采用的有效预应力值不同，特别要注意与有效预应力相应的截面特性的选取。对于先张法，传力锚固时可采用换算截面的几何特性，当然也可采用净截面特性，因对应选取的有效预应力不同，最终计算结果一致；对于后张法，压浆前后有所不同，压浆前采用净截面的几何特性，压浆后因钢筋与水泥灰浆具有粘结特性而共同工作，此时选用换算截面的几何特性。

以上是针对混凝土截面正应力的计算，剪应力和主应力的计算仍可按材料力学的公式进行,目的同样是为了保证构件中混凝土的主拉应力不超过 f_{td},最终保证构件不开裂,满足使用性能。与材料力学的计算一样,应选择最不利截面和位置。

(4)预应力混凝土受弯构件的挠度是反映预应力混凝土正常使用和自身刚度大小的一个重要指标,与普通钢筋混凝土不同,由于有偏心预加力的作用,构件实际存在反向的拱度。从变形设计的意图看,恒载不应该抵消这一拱度,而应该由活荷载去抵消。必须注意,由于混凝土的徐变特性,预应力作用下的构件拱度是随时间变大的,因此要控制构件的变形情况。因本章是按全预应力设计的,可按全截面受压的弹性体计算,无论是静定或是超静定结构,均可按结构力学中的力法或位移法求解(部分预应力构件正截面下翼缘混凝土允许出现拉应力或开裂,对正截面的刚度有较大影响,计算难度较大,后面章节有介绍)。实际上重复荷载的作用会降低梁的刚度,注意规范中对刚度折减的要求。

(5)预应力混凝土轴心受拉构件在房屋建筑中使用较多。从受力上讲,由于混凝土截面上存在预压应力,因此预应力构件相比普通钢筋混凝土构件具有更大的开裂荷载。在使用荷载下,预应力构件一般不开裂,这是预应力构件的一个主要优点。受力分析实际类似受弯构件,由于轴心受拉的特殊性,截面的几何特性中只用到截面积的计算。注意正确计算各阶段预应力损失和有效预应力以及先张法和后张法中截面特性选取时的不同,先张法采用换算截面面积,后张法采用净截面面积。

轴心受拉构件的刚度在开裂前实际上是换算截面混凝土的抗拉、压刚度 E_cA_0,开裂后即退化为钢筋受力和用钢筋表示的刚度 E_sA_s/ψ 。裂缝宽度的计算是以消压荷载 N_{p0} 分界的,由此可求得开裂截面非预应力钢筋的应力增量 $\Delta\sigma_s$。

思考与练习题

11.1　什么是张拉控制应力?张拉控制应力为什么不能太高或太低?

11.2　预应力损失都有哪些?都是由什么原因引起的?

11.3　先张法与后张法的预应力损失有什么不同?

11.4　什么叫有效预应力?预应力混凝土构件各阶段应力计算如何考虑预应力损失?

11.5　预应力混凝土各阶段的应力图形是什么样的?各种计算都是依据什么阶段图形的?

11.6　验算预应力混凝土构件正截面抗弯承载力和普通钢筋混凝土有什么相同和不同之处,受压区预应力钢筋中应力的大小对其截面承载力是否有影响?

11.7　非预应力钢筋在预应力混凝土构件中起什么作用?

11.8　预应力混凝土构件的变形计算与普通钢筋混凝土构件有什么不同?

11.9　简述预应力混凝土轴心受拉构件各阶段应力状态。

11.10　某后张预应力混凝土简支梁,其跨中截面尺寸(mm)如图 11.25 所示。已知:(1)所用混凝土强度等级为 C45,$f_{cd}=20.5$ MPa;预应力筋采用ϕ5 的高强度钢丝束,其 $f_{pd}=1\ 070$ MPa。(2)跨中截面的荷载弯矩设计值 $M_d=10\ 651$ kN·m,开裂弯矩 $M_{cr}=9\ 836$ kN·m。结构安全等级为一级。

要求:检算正截面受弯承载力。

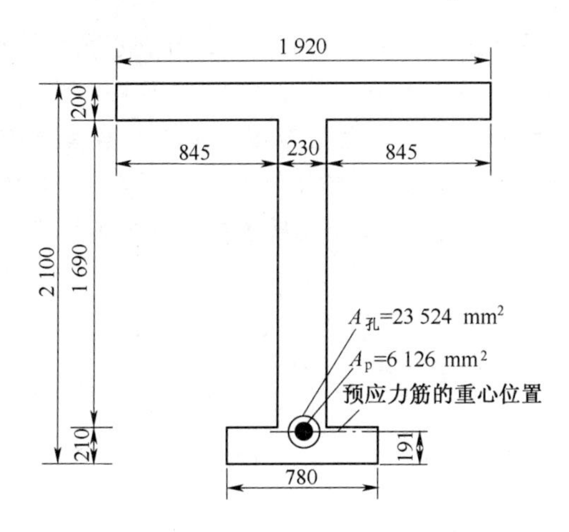

图 11.25 习题 11.10(单位:mm)

11.11 对直线配筋的先张法结构作传力锚固阶段受力分析时,可以采用换算截面,也可以采用净截面。试推证:分别按换算截面和净截面计算混凝土的应力时得出的结果是相同的,即任意一点应力满足下面的表达式:

$$\sigma_{pc}=\frac{A_p\sigma_{pe}^{\mathrm{I}}}{A_n}+\frac{A_p\sigma_{pe}^{\mathrm{I}}e_n}{I_n}y_n=\frac{A_p\sigma_{pe}^{*}}{A_0}+\frac{A_p\sigma_{pe}^{*}e_0}{I_0}y_0$$

11.12 某后张预应力混凝土梁,计算跨度 $l=32.0$ m,由两片工形梁组成。每片梁的力筋由 20—24 ϕ5 钢丝束组成,梁按直线配筋,$A_p=94.24$ cm²,$f_{pk}=1\ 670$ MPa,$E_p=2.05\times10^5$ MPa,锚头外钢丝束控制应力为 $\sigma'_{con}=0.76f_{pk}=1\ 269$ MPa,锚圈口损失为 $0.07\sigma'_{con}$。混凝土等级为 C50,$E_c=3.55\times10^4$ MPa。

(1)求锚下控制张拉应力 σ_{con}。

(2)如果给定各分项预应力损失,即 $\sigma_{l1}=27.1$ MPa,$\sigma_{l2}=49.4$ MPa,$\sigma_{l4}=58.2$ MPa,$\sigma_{l5}=49.8$ MPa,$\sigma_{l6}=123.6$ MPa,计算钢筋中的永存预应力 σ_{pe}。

(3)如果给定每片梁跨中截面($l/2$ 处)的截面特性及荷载效应的情况(表 11.10 和表 11.11),试计算:

①该截面传力锚固阶段混凝土上、下缘的正应力 σ'_c、σ_c。

②如果压浆前松弛损失已发生一半,计算使用荷载阶段混凝土上、下缘的正应力 σ'_c、σ_c 及力筋中的应力 σ_{pe}。

表 11.10 跨中截面($l/2$ 处)的截面特性(每片梁)

截面分类	截面积 (cm²)	截面重心轴至上、下缘的距离 (cm)		钢丝束重心至截面重心距离 (cm)	惯性矩 (cm⁴)	最外排力筋至截面重心轴距离 (cm)
		y'_n	y_n			
净截面	10 871.5	101.5	148.5	125.7	9.117×10^7	141.0
换算截面	11 677.5	110.2	139.8	117.0	9.832×10^7	132.3

注:表中的换算截面特性已扣除预应力孔道的影响。

表 11.11 跨中截面($l/2$ 处)的荷载效应设计值(每片梁)

梁自重弯矩 M_g(kN·m)	其他恒载 M_{d2}(kN·m)	活载 M_h(kN·m)
4 172.8	851.2	2 630.4

11.13　某公路预应力混凝土轴心受拉构件，长 24 m，截面尺寸 200 mm×240 mm。预应力钢筋采用 11 根直径 12 mm 的 PSB830 精轧螺纹钢，非预应力筋为 4⌀12HRB335 级钢筋对称配置。张拉控制应力$\sigma_{con}=0.85f_{pk}$，采用先张法在 100 m 台座上张拉(超张拉)。蒸汽养护温差 $\Delta t=20$ ℃。混凝土强度等级为 C40，构件传力锚固时 $f_{cu}=30$ MPa，加载龄期为 14 d，使用阶段环境湿度平均值为 70%。要求计算(设放张前应力松弛已完成 50%)：

(1)预应力损失。

(2)消压轴力 N_{p0}。

(3)裂缝出现时的轴力 N_{cr}。

部分预应力混凝土构件*

12.1 部分预应力混凝土的基本概念

12.1.1 部分预应力的基本特征

部分预应力混凝土结构的受力特征介于全预应力混凝土结构和钢筋混凝土结构之间。图 12.1 所示为三种结构的荷载挠度图（$M—f$ 图）。图中曲线①、②、③分别是全预应力混凝土梁、部分预应力混凝土梁及钢筋混凝土梁的荷载挠度曲线，M_g、M_p及 M_0分别是恒载弯矩、活载弯矩和消压弯矩。从图中可以看出，部分预应力混凝土结构具有一定的反拱度，在恒载作用下不产生裂缝（或拉应力），对应于点 A；而在全部荷载（恒载＋活载）作用下则应出现裂缝（或拉应力），对应于点 D，其开裂弯矩 M_f（对应于点 C）较全预应力混凝土的 M_f（点 E）要低，而较钢筋混凝土的 M_f（点 F）要高。图中 B 点表示荷载产生的拉应力刚好抵消预压应力，此时对应的弯矩值就是消压弯矩 M_0。

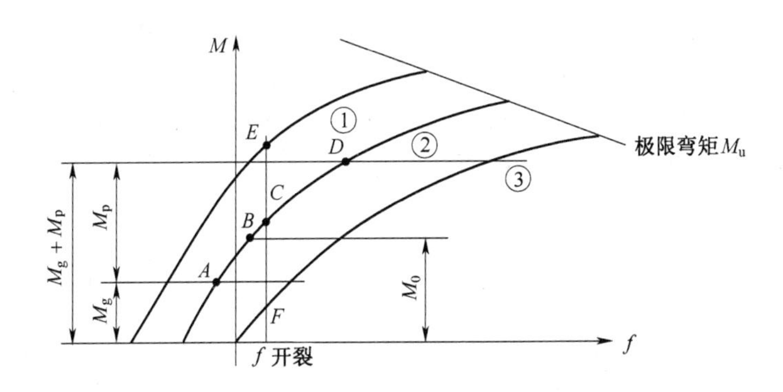

图 12.1　荷载—挠度图

12.1.2 部分预应力混凝土的优点

部分预应力混凝土的引入，对工程结构设计与施工有明显的优点和现实意义：

(1)节省预应力钢筋和锚具

相比全预应力混凝土结构，部分预应力混凝土结构不但允许出现拉应力，而且允许出现有限度的裂缝，所以可以减小预压力，从而大大减少预应力钢筋用量。当然，为了保证结构的极限强度，就必须补充一定数量的非预应力钢筋。当预应力钢筋与非预应力钢筋的单价比大于两者的强度比时，将会取得一定的经济效益。由于预应力钢筋用量的减少，锚具用量也可相应地减少，从而进一步减少建设费用。

(2)改善结构性能

①对结构变形的控制和改善

全预应力混凝土结构，由于施加了过大的预压力，因此产生明显的上拱度，并且会随着徐变的发展而发展。而部分预应力混凝土结构可以通过选用合理的预应力度来控制和改善结构变形。

②控制开裂情况

与全预应力混凝土相比，部分预应力混凝土中增设了适量的非预应力钢筋，可以控制因收缩差、温差等引起的裂缝的发展，很多试验还证明了配置较多的非预应力钢筋可以改善裂缝的分布，使裂缝的宽度及间距都变小。与普通钢筋混凝土相比，部分预应力混凝土中增加了适量预应力，可以控制弯曲裂缝的发生、发展。

③其他

部分预应力混凝土结构由于配置了相当数量的非预应力钢筋，因此增加了结构的韧性和能量吸收能力，抗震和抗冲击性能均较好，可以避免脆性破坏。

部分预应力和全预应力混凝土对比的优点可归纳为：a. 较好地控制反拱度；b. 节省预应力钢筋的用量；c. 节省张拉工作量及端部锚具；d. 结构物有较人的变形能力；e. 经济地利用软钢。

12.2 部分预应力混凝土构件的正截面弯曲性能

部分预应力混凝土梁钢筋配筋一般是预应力筋和非预应力筋的混合配筋，其中预应力钢筋的有效预应力至少是抗拉强度的50%，而非预应力筋此时处于受压状态。由于两种钢筋在强度和初始应力上都有较大差别，因此截面受弯破坏时两种钢筋发挥的程度也会有所不同。正截面抗弯的计算方法有变形协调法和应变协调法。

(1)变形协调分析方法

部分预应力混凝土梁的破坏形态与普通钢筋混凝土梁一样可分为适筋梁、超筋梁和少筋梁。部分预应力混凝土梁正截面强度的计算与全预应力混凝土梁或钢筋混凝土梁一样，我国现行的《混规》和《公路钢筋混凝土及预应力混凝土桥涵设计规范》(JTG 3362)都给出了受弯构件正截面强度的计算公式。要计算部分预应力混凝土受弯构件正截面极限抗弯强度，通常可采用相应规范的公式或采用试凑法分析，也可以采用计算机方法分析。

部分预应力混凝土受弯构件正截面强度计算以塑性理论为基础，并作如下假定：

①梁弯曲的平截面变形假定。在承载能力极限状态，对于开裂截面这一假定是不适用的，但对于含开裂截面的某一长度(约大于$0.4h_0$)的区段来说，其平均变形满足这一条件，可以采用平截面变形假定。

②受拉区混凝土的抗拉强度贡献忽略不计。

③荷载引起的钢筋应变与其周围混凝土的应变相等。

④当作较精确分析时，受压区混凝土应力分布按某种规定的曲线变化，钢筋的应力—应变关系曲线加以一定的理想化。

用一般方法分析抗弯强度的思路是：首先确定梁即将破坏时的应变，按应变值大小根据应力应变曲线确定应力分布后便可求出抗弯强度。下面以图12.2为例加以说明：(a)为一矩形截面，假定梁即将破坏时应变沿截面按直线分布(b)，并假定混凝土弯曲受压时，截面上缘的极限压应变为 0.003 5，根据预应力钢筋和非预应力钢筋受拉的理想化应力—应变曲线(d)、混凝土弯曲受压的应力—应变曲线(e)，用试算或迭代法根据内力平衡条件确定中性轴的位置后(c)，便可计算破坏弯矩，其具体做法是：

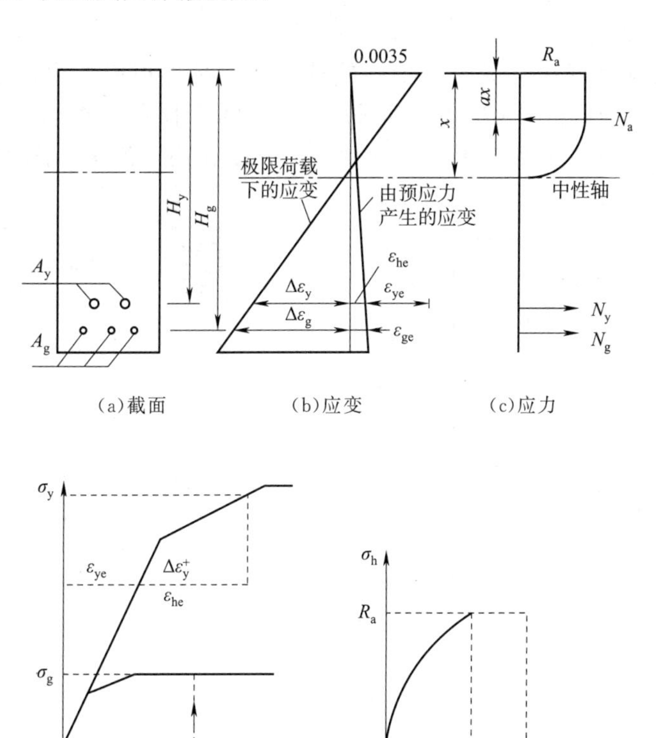

(a)截面　　(b)应变　　(c)应力

(d)钢筋理想化应力—应变曲线　　(e)混凝土应力—应变曲线

图 12.2　分析极限弯矩示意图

受压区混凝土中的压力N_a可根据 x 高度内截面宽度与混凝土纤维应力乘积的积分求得。

预应力钢筋的总应变

$$\varepsilon_y = \varepsilon_{ye} + \varepsilon_{he} + \Delta\varepsilon_y \tag{12.1}$$

式中　ε_{ye}——预应力钢筋在有效预应力作用下的应变；

ε_{he}——预应力钢筋在消压荷载作用下的应变；

$\Delta\varepsilon_y$——消压至梁破坏，预应力钢筋的应变增量。

根据ε_y在预应力钢筋理想化应力—应变曲线上查得预应力钢筋的应力 σ_y，预应力钢筋总的拉力则为

$$N_y = \sigma_y A_y \tag{12.2}$$

非预应力钢筋的总应变(忽略混凝土收缩的影响)

$$\varepsilon_g = \Delta\varepsilon_g \tag{12.3}$$

式中　$\Delta\varepsilon_g$——消压后非预应力钢筋应变增量。

由理想化的应力—应变曲线可查得非预应力钢筋应力，非预应力钢筋的总拉力则为

$$N_g = \sigma_g A_g \tag{12.4}$$

按上述计算步骤计算，直到$N_a = N_y + N_g$，内力平衡条件便得到满足。在未满足平衡条件

之前可调整 x 值,直到取得满意结果。然后根据混凝土压应力分布特点求出压力重心位置(ax),根据平衡条件便可得到破坏弯矩

$$M_p = N_y(h_y - ax) + N_g(h_g - ax) \tag{12.5}$$

(2)应变协调分析方法

部分预应力混凝土抗弯承载力较精确的计算方法是采用应变协调条件的试凑法。如图 12.3 所示的矩形截面,当非预应力钢筋采用中等强度的钢材时,在承载能力极限状态,在极限弯矩 M_u 作用下,截面的内力如图 12.3 所示,σ_{ps} 为 M_u 作用下预应力筋的极限应力。

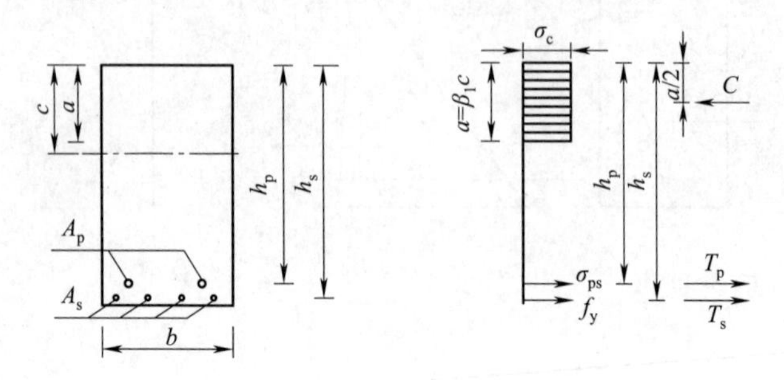

图 12.3 部分预应力混凝土梁在极限弯矩 M_u 作用下的截面内力

在极限弯矩 M_u 作用下,破坏截面的极限拉力为

$$T = T_p + T_s \tag{12.6}$$

$$T_p = A_p \sigma_{ps} \tag{12.7}$$

$$T_s = A_s f_y \tag{12.8}$$

受压区混凝土应力取等效矩形块,均布应力 $\sigma_c = 0.85 f_c$,则压力的合力为

$$C = 0.85 f_c ab \tag{12.9}$$

由内力平衡条件 $C=T$ 得

$$0.85 f_c ab = A_p \sigma_{ps} + A_s f_y$$

$$a = \frac{A_p \sigma_{ps} + A_s f_y}{0.85 f_c b} \tag{12.10}$$

极限弯矩 M_u 为

$$M_u = A_p \sigma_{ps}(h_p - 0.5a) + A_s f_y(h_s - 0.5a) \tag{12.11}$$

式中 $a=\beta_1 \cdot c$,β_1 为应力等效矩形块系数,其中,c 为混凝土受压区高度。

由式(12.11)还不能直接求得极限弯矩值,因为预应力筋的极限应力 σ_{ps} 还是未知量,必须通过应变协调条件应用试凑法求得。采用应变协调条件就是应用强度计算的平截面变形假定,如图 12.4 所示,当梁承受极限弯矩 M_u 时,截面应变沿截面高度方向是线性变化的。由应变图的几何关系可得到非预应力筋在极限弯矩 M_u 作用下的极限应变为

$$\varepsilon_{su} = \varepsilon_{cu} \frac{h_s - c}{c} \tag{12.12}$$

预应力筋在有效预加力(扣除所有预应力损失后)作用下的应变

$$\varepsilon_{pe} = \frac{\sigma_{pe}}{E_p} \tag{12.13}$$

此时,预应力筋重心水平处的混凝土压应变为

$$\varepsilon_{ce} = \frac{A_p \sigma_{pe}}{E_c}\left(\frac{1}{A} + \frac{e^2}{I}\right) \tag{12.14}$$

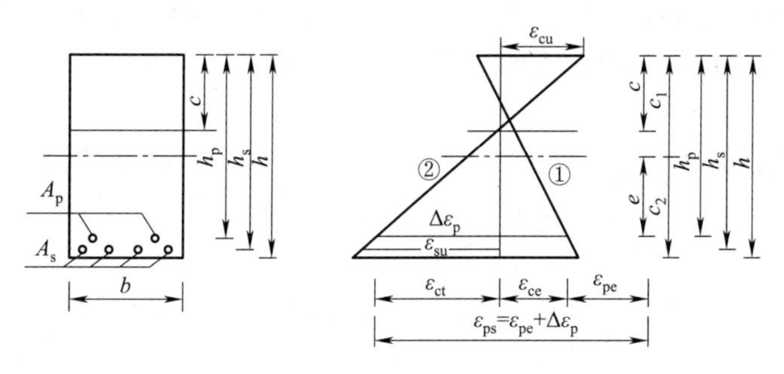

①在预加力的作用下；②在极限弯矩 M_u 作用下

图 12.4 截面应变的变化

当荷载由零增加到极限弯矩 M_u 时，预压受拉区的混凝土由原先的受压状态经过消压然后受拉直至开裂。对于粘结性能良好的预应力混凝土，预应力筋的应变随着其周围混凝土由预压到消压过程时，预应力筋又被拉伸了ε_{ce}，然后又与混凝土一起产生应变增量ε_{ct}，这一应变增量可以从应变图中的几何关系得到

$$\varepsilon_{ct}=\varepsilon_{cu}\frac{h_p-c}{c} \tag{12.15}$$

因此，预应力筋的总伸长由以下三部分组成：

$$\varepsilon_{ps}=\varepsilon_{pe}+\varepsilon_{ce}+\varepsilon_{ct} \tag{12.16}$$

求得预应力筋与非预应力筋的应变ε_{ps}、ε_{su}之后就可以由应力—应变关系求得应力，并求得拉力为

$$T=A_s\cdot\sigma_{su}+A_p\cdot\sigma_{ps} \tag{12.17}$$

$$\sigma_{su}=\varepsilon_{su}\cdot E_s \tag{12.18}$$

$$\sigma_{ps}=\varepsilon_{ps}\cdot E_p \tag{12.19}$$

试算法就是先假设一中性轴高度 c，由应变关系式求得预应力筋与非预应力筋的应变，再由应力应变关系求得应力，从式(12.17)与式(12.9)分别求得截面的拉力 T 与压力 C，用内力平衡条件检验是否满足要求，如果两者数值不等，则修正受压区高度 c，重新计算，直至满足要求为止。

12.3 部分预应力混凝土构件的应力分析

在使用荷载作用下，部分预应力混凝土 A 类构件由于其截面不产生裂缝，因此截面应力的计算也与全预应力混凝土构件相同。对于 B 类构件，由于在全部使用荷载作用下其截面要产生裂缝，因此不能全截面参加工作，其应力的计算与全截面参加工作的全预应力或 A 类构件有所不同。本节主要介绍 B 类构件的计算。

(1)弹性分析方法

预应力混凝土梁在开裂后，仍具有一定的弹性工作性能阶段，即开裂弹性阶段，故可采用弹性分析方法。受弯构件弹性分析遵循以下基本假定：平截面变形假定，受压区混凝土的应力为三角形分布，混凝土应力—应变为线性关系，以及不计受拉区混凝土的抗拉强度。

以矩形截面梁为例，在截面受拉区布置有预应力钢筋 A_p 和非预应力钢筋 A_s，如图 12.5(a)所示，其截面弯矩 M 大于开裂弯矩 M_{cr} 时，开裂截面上预应力筋中的拉力为 T_p，非预应力筋中

的拉力为 T_s,中性轴以上混凝土压应力为三角形分布,合力为N_c,如图 12.5(c)所示。在弯矩 M 作用下,若截面上边缘纤维混凝土的压应变为ε_c,则相应的混凝土应力(σ_c)为

$$\sigma_c = E_c \varepsilon_c$$

混凝土压应力的合力N_c为

$$N_c = 0.5\sigma_c bx = 0.5E_c \varepsilon_c bx \tag{12.20}$$

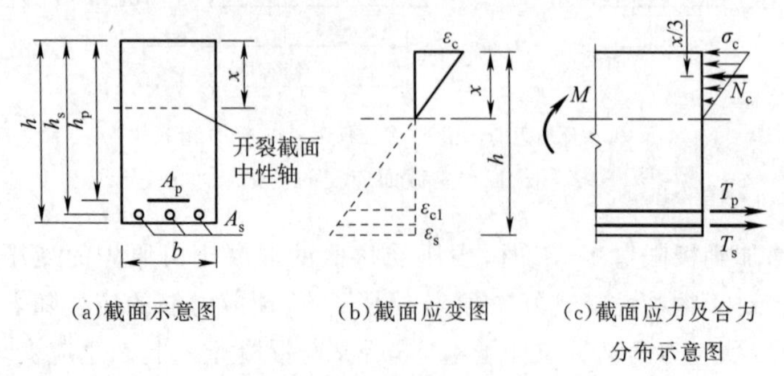

(a)截面示意图　(b)截面应变图　(c)截面应力及合力分布示意图

图 12.5　开裂截面的应变

预应力钢筋与普通钢筋的拉应变可用开裂截面受压区高度 x 和上边缘混凝土压应变 ε_c [图 12.5(b)]分别表达如下

$$\varepsilon_p = \varepsilon_{pe} + \varepsilon_{ce} + \varepsilon_{p1} = \varepsilon_{pe} + \varepsilon_{ce} + \varepsilon_c \frac{h_p - x}{x} \tag{12.21}$$

$$\varepsilon_s = \varepsilon_c \left(\frac{h_s - x}{x}\right) \tag{12.22}$$

式中　ε_{pe},ε_{ce}——预应力梁在承受自重恒载作用和外荷载作用之前,预应力筋中的有效拉应变和它周围混凝土的压应变,计算表达式为

$$\varepsilon_{pe} = \frac{\sigma_{pe}}{E_p} \tag{12.23}$$

$$\varepsilon_{ce} = \frac{A_p \sigma_{pe}}{E_p}\left(\frac{1}{A} + \frac{e^2}{I}\right) \tag{12.24}$$

式中　e——预应力筋重心线到未开裂截面重心轴距离。

由于两种钢材均处于弹性范围内,因此,预应力筋和普通钢筋中的拉应力的合力分别为

$$T_p = A_p E_p \varepsilon_p = A_p E_p \left(\varepsilon_{pe} + \varepsilon_{ce} + \varepsilon_c \frac{h_p - x}{x}\right) \tag{12.25}$$

$$T_s = A_s E_s \varepsilon_s = A_s E_s \varepsilon_c \frac{h_s - x}{x} \tag{12.26}$$

当给定一个ε_c或 σ_c值时,根据截面内力平衡条件,就可以用试算法求出受压区高度 x。求得 x 值后,即可得到预应力钢筋和普通钢筋的应变和应力,则相应于给定ε_c值的弯矩值就可以求出

$$M = T_p\left(h_p - \frac{x}{3}\right) + T_s\left(h_s - \frac{x}{3}\right) \tag{12.27}$$

相应于弯矩 M 的曲率为

$$\phi = \frac{\varepsilon_c}{x} \tag{12.28}$$

以上分析方法并不能从某一给定弯矩直接求出混凝土及钢筋的应变和应力,所以在实际

应用中，一般需选定两个有较大差距的ε_c或σ_c值，以求出相应的钢筋应力、弯矩和曲率，而任何中间的数值则可以通过线性比例关系来求得。考虑到混凝土应力—应变曲线的特性，选用的σ_c值上限不宜超过$0.67f_{ck}$。

(2)消压方法

外力弯矩已知时，还可以采用全截面消压分析法，其基本原理是钢筋混凝土大偏心受压构件的分析方法。基本思路则是将有预应变的预应力混凝土构件近似为：在使用荷载下的截面受力分析时，用一个等效外荷载来代替预应力作用，使部分预应力混凝土构件也像钢筋混凝土构件一样，在承受外荷载前全截面的应变为零，然后采用分析钢筋混凝土偏压构件的方法来分析。

部分预应力混凝土梁在预加力和外荷载作用下，截面的应变与内力变化可分解为图12.6所示的三个阶段。阶段Ⅰ为仅有效预加力作用；阶段Ⅱ为虚拟的全截面消压阶段，即全截面应变均为零；阶段Ⅲ为实际使用荷载作用下的阶段。

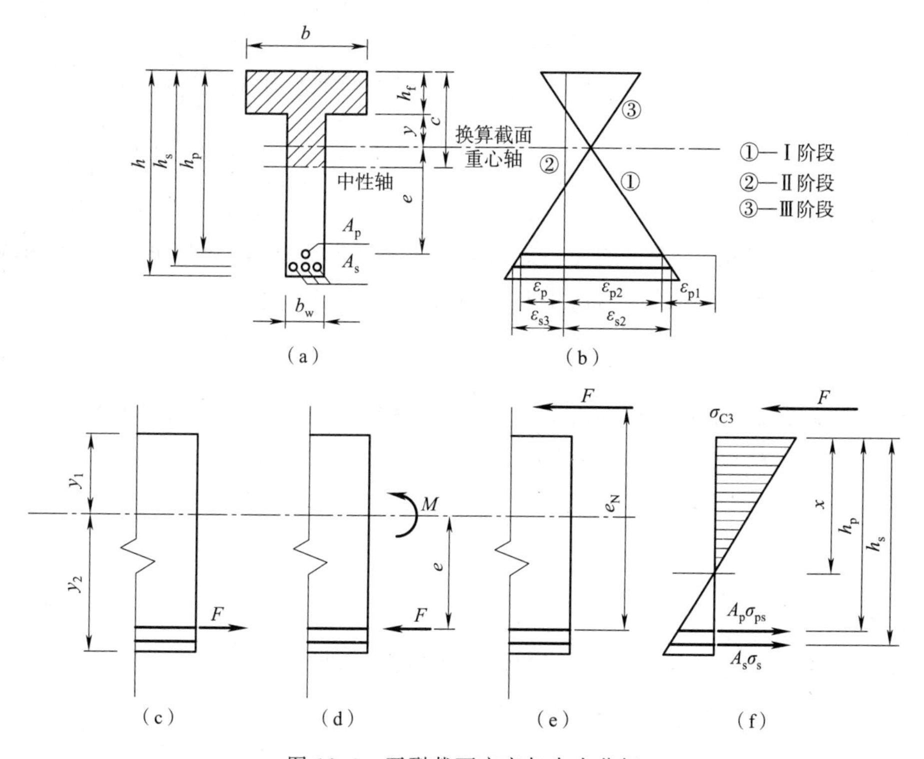

图12.6 开裂截面应变与内力分解

阶段Ⅰ：仅有预加力N_{pe}作用时，预应力筋应力为

$$\sigma_{p1}=\sigma_{pe}=\frac{N_{pe}}{A_p} \tag{12.29}$$

预应力筋的应变

$$\varepsilon_{pe}=\frac{\sigma_{pe}}{E_p} \tag{12.30}$$

预应力筋重心处混凝土的预压应变

$$\varepsilon_{ce}=\frac{N_{pe}}{A_c\cdot E_c}\left(1+\frac{e^2}{r^2}\right) \tag{12.31}$$

式中　r——截面回转半径,$r^2=\frac{1}{A}$。

阶段Ⅱ:虚拟的全截面消压状态,即假想有一个力作用于构件,使得全截面的应变都恢复为零,如图 12.6(b)中的②状态。此时,预应力筋处的混凝土的应变由预压应变ε_{ce}变化到零,相应地预应力筋增加了拉应变ε_{ce}(式 12.31)。预应力筋的应力增量为

$$\sigma_{p2}=E_p\cdot\varepsilon_{ce} \tag{12.32}$$

这一状态的预应力筋的总拉力

$$N_{p0}=N_{pe}+\sigma_{p2}\cdot A_p$$

$$N_{p0}=(\sigma_{pe}+\sigma_{p2})A_p \tag{12.33}$$

或

$$N_{p0}=N_{pe}\left[1+\frac{n_p\cdot A_p}{A_c}\left(1+\frac{e^2}{r^2}\right)\right] \tag{12.34}$$

式中　N_{pe}——有效预加力;

A_c——截面净面积;

n_p——预应力筋与混凝土的弹性模量比。

这意味着,要达到阶段Ⅱ的虚拟状态,必须在预应力筋重心处施加一大小与N_p相等、方向相反的作用力,如图 12.6(c) 所示,$F=N_{p0}$。

阶段Ⅲ:假想在阶段Ⅱ的预应力筋重心处作用了一个 $F=N_{p0}$ 的拉力,而实际上是不存在的,是一虚拟的力。因此,必须施加一个和 F 大小相等、方向相反的压力 F [图 12.6(d)]以抵消虚拟拉力的影响。因此,阶段Ⅲ的受力为压力 F 与外荷载弯矩M 同时作用,这样,即转化为一偏心力的作用,其作用点离预应力筋重心的距离 e_N为[图 12.6(e)]:

$$e_N=\frac{M}{N_{p0}} \tag{12.35}$$

这样,预应力混凝土梁开裂截面的受力分析就与钢筋混凝土大偏心受压构件类似,可以按大偏心受压构件的分析方法进行计算。

截面最后的实际应力为

$$\sigma_c=\sigma_{c3} \tag{12.36}$$

$$\sigma_s=\sigma_{s3} \tag{12.37}$$

$$\sigma_{ps}=\sigma_{pe}+\sigma_{p2}+\sigma_{p3} \tag{12.38}$$

σ_{p2}、σ_{p3}分别为状态Ⅱ与状态Ⅲ所求得预应力筋应力增量。大偏心受压的求解关键是求截面的受压区高度,图 12.6(f)中的 x,对于矩形截面,对 F 作用线取力矩有

$$\frac{1}{2}\sigma_{c3}\cdot b\cdot x\left(e_N-h_p+\frac{x}{3}\right)-A_p\cdot\sigma_{p3}\cdot e_N-A_s\cdot\sigma_{s3}\cdot(e_N-h_p+h_s)=0 \tag{12.39}$$

注意到

$$\sigma_{p3}=n_p\cdot\sigma_{c3}\cdot\frac{h_p-x}{x} \tag{12.40}$$

$$\sigma_{s3}=n_s\cdot\sigma_{c3}\cdot\frac{h_s-x}{x} \tag{12.41}$$

整理后得

$$x^3+Ax^2+Bx+C=0 \tag{12.42}$$

式中

$$A=3(e_N-h_p) \tag{12.43}$$

$$B=\frac{6}{b}[n_p \cdot A_p \cdot e_N + n_s \cdot A_s(e_N - h_p + h_s)] \tag{12.44}$$

$$C=-\frac{6}{b}[n_p \cdot A_p \cdot e_N \cdot h_p + n_s \cdot A_s \cdot h_s(e_N - h_p + h_s)] \tag{12.45}$$

求中性轴的方程为三次方程，可以用试凑法求得。在求得 x 后，受压区边缘的混凝土应力为

$$\sigma_{c3}=\frac{2N_{p0} \cdot x}{bx^2 - 2n_p \cdot A_p \cdot (h_p - x) - 2n_s \cdot A_s \cdot (h_s - x)} \tag{12.46}$$

对于 T 形截面，中性轴方程形式也是式(12.46)，其中系数 A、B、C 为

$$A=3(e_N - h_p)$$

$$B=\frac{6}{b_w}\left[(b-b_w)h_f \cdot \left(e_N - h_p - \frac{h_f}{2}\right) + n_p \cdot A_p \cdot e_N + n_s \cdot A_s(e_N - h_p + h_s)\right]$$

$$C=-\frac{6}{b_w}\left[(b-b_w)\frac{h_f^2}{2} \cdot \left(e_N - h_p + \frac{2}{3}h_f\right) + n_p \cdot A_p \cdot e_N \cdot h_p + n_s \cdot A_s \cdot h_s(e_N - h_p + h_s)\right]$$

$$\sigma_{c3}=\frac{2N_{p0} \cdot x}{b_w x^2 + (2x - h_f) \cdot (b - b_w) \cdot h_f - 2n_p \cdot A_p \cdot (h_p - x) - 2n_s \cdot A_s \cdot (h_s - x)} \tag{12.47}$$

式中的符号如图 12.6 所示。

12.4 部分预应力混凝土构件的裂缝和变形分析

部分预应力混凝土结构与全预应力混凝土结构的重要区别之一就是允许产生限度内拉应力甚至裂缝。由于预加力的存在，部分预应力混凝土结构裂缝的产生与开展受到预加力的约束作用，因此，其裂缝的控制和计算与钢筋混凝土结构又不完全相同。目前，国内外对部分预应力混凝土结构的裂缝控制与计算采用的方法基本上可归结为两种：一种是直接计算裂缝宽度并加以限制；另一种是通过计算名义拉应力的方法验算。

12.4.1 裂缝计算

(1)开裂弯矩计算

预应力混凝土受弯构件开裂弯矩 M_{cr} 是使梁的预压受拉边缘开始出现裂缝时的弯矩，即

$$M_{cr}=(\sigma_{pc} + \gamma f_{tk})W_0 \tag{12.48}$$

式中 γ——截面抵抗矩塑性影响系数；

f_{tk}——混凝土轴心抗拉强度标准值；

σ_{pc}——有效预加力产生的预压受拉边缘混凝土的压应力；

W_0——换算截面预压受拉边缘的抵抗矩。

混凝土构件的截面抵抗矩塑性影响系数 γ 可按式(12.49)计算：

$$\gamma=\frac{2S_0}{W_0} \tag{12.49}$$

式中 S_0——换算截面重心轴以上(或以下)部分面积对重心轴的面积矩。

也可按式(12.50)计算：

$$\gamma=\left(0.7+\frac{120}{h}\right)\gamma_m \tag{12.50}$$

式中 γ_m——截面抵抗矩塑性影响系数基本值，对于常用截面可按表 12.1 取用；

h——截面高度(mm),当 $h<400$ mm 时,取 $h=400$ mm;当 $h>1\ 600$ mm 时,取 $h=1\ 600$ mm;对圆形、环形截面取 $h=2r$,r 为圆形截面的半径或环形截面的外环半径。

表 12.1 截面抵抗矩塑性影响系数基本值 γ_m

截面形状	矩形截面	翼缘位于受压区的T形截面	对称I形截面或箱形截面		翼缘位于受压区的倒T形截面		圆形和环形截面
			$b_f/b\leqslant 2$ h_f/h 为任意值	$b_f/b>2$ $h_f/h<0.2$	$b_f/b\leqslant 2$ h_f/h 为任意值	$b_f/b>2$ $h_f/h<0.2$ 为任意值	
r_m	1.55	1.50	1.45	1.35	1.50	1.40	$1.6-0.24r_1/r$

注:对于箱形截面,b 为各肋宽度的总和;r_1 为环形截面的内环半径,对于圆形截面 r_1 为零。

对于一般的矩形截面梁,截面塑性系数 γ 可取 1.75,对于板,混凝土弯拉强度 f_r 有增大的趋势。当高度较大或对于I字形截面梁,混凝土弯拉强度 f_r 趋于减小。

对于部分预应力混凝土受弯构件,其开裂弯矩的计算用于控制受拉钢筋最小配筋率的要求,规范《混规》取 $M_u=M_{cr}$,本书仍按式(12.51):

$$\frac{M_u}{M_{cr}}\geqslant 1.2 \tag{12.51}$$

式中 M_u——破坏弯矩。

这就保证了梁截面有一定的延性,梁在开裂后,外荷载继续增大时不至于发生脆性破坏。

(2)裂缝宽度计算

①裂缝宽度的计算

对使用阶段允许出现裂缝的预应力混凝土B类受弯构件,《公路桥规》采用作用(或荷载)频遇组合并考虑长期效应计算最大裂缝宽度,开裂截面纵向受拉钢筋的应力 σ_{ss} 计算式为

$$\sigma_{ss}=\frac{M_s-N_{p0}(z-e_p)}{(A_p+A_s)z} \tag{12.52}$$

$$z=\left[0.87-0.12(1-\gamma_f')\left(\frac{h_0}{e}\right)^2\right]h_0 \tag{12.53}$$

$$\gamma_f'=\frac{(b_f'-b)h_f'}{bh_0} \tag{12.54}$$

$$e=e_p+\frac{M_s}{N_{p0}} \tag{12.55}$$

式中 M_s——按作用(或荷载)频遇组合计算的弯矩值;

N_{p0}——混凝土法向应力等于零时预应力钢筋和非预应力钢筋的合力;

z——受拉区纵向预应力钢筋和非预应力钢筋合力点至截面受压区合力点的距离;

γ_f'——受压翼缘截面积与肋板有效截面积的比值;

b_f'、h_f'——受压翼缘的宽度和厚度,当 $h_f'>0.2h_0$ 时,取 $h_f'=0.2h_0$;

e_p——混凝土法向应力等于零时,预应力钢筋和非预应力钢筋的合力 N_{p0} 的作用点至受拉区预应力钢筋和普通钢筋合力点的距离。

应当指出,对于超静定B类预应力混凝土受弯构件,在计算 σ_{ss} 时,尚应考虑由预加力 N_p 产生的次弯矩 M_{p2} 的影响,故式(12.53)和式(12.55)应改写为

$$\sigma_{ss}=\frac{M_s\pm M_{p2}-N_{p0}(z-e_p)}{(A_p+A_s)z} \tag{12.56}$$

$$e=e_p+\frac{M_s \pm M_{p2}}{N_{p0}} \tag{12.57}$$

式中，当 M_{p2} 与 M_s 方向相同时取正值，相反时取负值。

②裂缝宽度的限值

《公路桥规》规定，B 类预应力混凝土构件计算的最大裂缝宽度不应超过下列规定限值：

a. 采用预应力螺纹钢筋的预应力混凝土构件，Ⅰ类、Ⅱ类和Ⅶ类环境条件下为 0.20 mm；Ⅲ类、Ⅳ类和Ⅵ类环境条件下为 0. 15 mm；Ⅴ类环境条件下为 0.1 mm。

b. 采用钢丝或钢绞线的预应力混凝土构件，Ⅰ类、Ⅱ类、Ⅲ类、Ⅳ类、Ⅵ类和Ⅶ类环境条件下为 0.10 mm；Ⅴ类环境条件下不得使用 B 类构件。

12.4.2　变形计算

允许开裂的部分预应力混凝土 B 类受弯构件，在正常使用极限状态下的挠度，仍可根据给定的构件刚度用结构力学的方法计算。

《公路桥规》规定，预应力混凝土受弯构件的变形计算，应采用作用频遇组合并考虑长期效应的影响。《公路桥规》规定允许开裂的预应力混凝土 B 类构件的抗弯刚度按作用频遇组合计算的弯矩值 M_s 分段取用。

在开裂弯矩 M_{cr} 作用下

$$B_0=0.95E_cI_0 \tag{12.58}$$

在 M_s-M_{cr} 作用下

$$B_{cr}=E_cI_{cr} \tag{12.59}$$

式中，I_0、I_{cr} 分别为构件全截面换算截面惯性矩和开裂截面换算截面惯性矩。对于允许开裂的预应力混凝土 B 类构件的刚度取用，实际上是把作用频遇组合计算的弯矩值 M_s（$>M_{cr}$）分成两部分，即 M_s 中的开裂 M_{cr} 作用取 $B=B_0$，而 M_s-M_{cr} 作用取 $B=B_{cr}$，因此，具体设计计算选用前，应计算构件的开裂弯矩 M_{cr}，具体计算公式为

$$M_{er}=(\sigma_{pe}+rf_{tk})W_0 \tag{12.60}$$

式中　σ_{pe}——扣除全部预应力损失的预应力钢筋和普通钢筋合力 N_{p0} 在构件抗裂边缘混凝土的预压应力，对先张法和后张法构件分别按下列公式计算：

先张法构件

$$\sigma_{pe}=\frac{N_{p0}}{A_0}+\frac{N_{p0}e_{p0}}{W_0} \tag{12.61}$$

后张法构件

$$\sigma_{pe}=\frac{N_{p0}}{A_n}+\frac{N_{p0}e_{pn}}{W_n} \tag{12.62}$$

式中　A_0，A_n——构件换算截面面积、净截面面积；

e_{p0}，e_{pn}——换算截面重心、净截面重心至预应力钢筋和普通钢筋合力点的距离；

γ——受拉区混凝土塑性影响系数；

S_0——全截面换算截面重心轴以上（或以下）部分面积对重心轴的面积矩；

W_0，W_n——分别为换算截面、净截面抗裂验算边缘的弹性抵抗矩。

12.5　小　　结

本章介绍部分预应力混凝土构件的一些基本知识。主要内容如下：

（1）介绍了部分预应力混凝土的基本概念。部分预应力混凝土结构的受力特征介于全预

应力混凝土结构和钢筋混凝土结构之间;同时该部分还介绍了部分预应力混凝土的优点。

(2)介绍了部分预应力混凝土构件的正截面抗弯性能,阐述了非预应力钢筋的作用和正截面抗弯的分析方法。

(3)介绍了部分预应力混凝土构件的应力分析,讲解了B类构件截面正应力的计算方法。

(4)对裂缝的分析和变形的计算作了简介。

思考与练习题

12.1 简述部分预应力混凝土构件的基本特征及其优点。

12.2 在部分预应力混凝土构件中布置非预应力钢筋的作用是什么?

参 考 文 献

[1] 藤智明.钢筋混凝土基本构件[M].2版.北京:清华大学出版社,1987.

[2] 叶见曙.结构设计原理[M].北京:人民交通出版社,1997.

[3] 朱伯龙.混凝土结构设计原理[M].上海:同济大学出版社,1992.

[4] 蓝宗建.混凝土结构[M].南京:东南大学出版社,1998.

[5] 黄棠,王效通.结构设计原理(上)[M].北京:中国铁道出版社,1989.

[6] 中华人民共和国交通运输部.公路钢筋混凝土及预应力混凝土桥涵设计规范:JTG 3362—2018[S].北京:人民交通出版社股份有限公司,2018.

[7] 国家铁路局.铁路桥涵混凝土结构设计规范: TB 10092—2017[S].北京:中国铁道出版社,2017.

[8] 中华人民共和国住房和城乡建设部.混凝土结构设计规范:GB 50010—2010[S].北京:中国建筑工业出版社,2015.

[9] 部分预应力混凝土结构设计编写组.部分预应力混凝土结构设计建议[M].北京:中国铁道出版社,1985.

[10] 国家铁路局.铁路桥涵设计规范:TB 10002—2017[M].北京:中国铁道出版社,2017.

[11] 车惠民,邵厚坤,李霄萍.部分预应力混凝土[M].成都:西南交通大学出版社,1992.

[12] 杜拱辰.现代预应力混凝土结构[M].北京:中国建筑工业出版社,1988.

[13] 邵容光.结构设计原理[M].北京:人民交通出版社,1987.

[14] A. H. 尼尔逊.混凝土结构设计[M].北京:中国建筑工业出版社,2003.

[15] 赵国藩.高等钢筋混凝土结构学[M].北京:机械工业出版社,2005.

[16] 江见鲸,陆新征,江波.钢筋混凝土基本构件设计[M].北京:清华大学出版社 ,2006.

[17] 叶列平.混凝土结构(上册)[M].北京:清华大学出版社,2005.

[18] 张誉.混凝土结构基本原理[M].北京:中国建筑工业出版社 ,2000.

[19] 梁兴文,王社良,李晓文.混凝土结构设计原理[M].2版.北京:科学出版社 ,2007.

[20] 黄平明,梅葵花,王蒂.结构设计原理[M].北京:人民交通出版社,2006.

[21] 贡金鑫,魏巍巍,胡家顺.中美欧混凝土结构设计[M].北京:中国建筑工业出版社,2007.

[22] 徐有邻,周氐.混凝土结构设计规范理解与应用[M].北京 :中国建筑工业出版社,2002.

[23] 黄侨,王永平.桥梁混凝土结构设计原理计算示例[M].北京:人民交通出版社,2006.

[24] 张树仁.桥梁设计规范学习与应用讲评[M].北京:人民交通出版社,2005.

[25] 舒士霖.钢筋混凝土结构[M].杭州:浙江大学出版社,2000.

[26] 袁锦根,余志武.混凝土结构设计基本原理[M].北京:中国铁道出版社,2004.

[27] 中华人民共和国住房和城乡建设部.建筑结构荷载规范:GB 50009—2012[S].北京:中国建筑工业出版社,2012.

[28] 中华人民共和国住房和城乡建设部.建筑结构可靠性设计统一标准:GB 50068—2018[S].北京:中国建筑工业出版社,2018.

[29] 张川;白绍良,钱学时,译.美国混凝土学会(ACI).美国房屋建筑混凝土结构规范(ACI 318-05)及条文说明(ACI 318R-05)[M].重庆:重庆大学出版社,2007.

[30] 东南大学,天津大学,同济大学.混凝土结构(上册)——混凝土结构设计原理[M].5版,北京:中国建筑工业出版社,2012.

[31] 徐有邻.混凝土结构设计原理及修订规范的应用[M].北京:清华大学出版社,2012.

[32] 顾祥林.混凝土结构基本原理[M].3版.上海:同济大学出版社,2015.

[33] 易伟建.混凝土结构试验与理论研究[M].北京:科学出版社,2015.

[34] 过镇海. 钢筋混凝土原理[M]. 北京:清华大学出版社,2013.
[35] 金伟良,赵羽习. 混凝土结构耐久性[M]. 2 版 . 北京:科学出版社,2014.
[36] 沈蒲生,梁兴文. 混凝土结构设计原理[M]. 5 版 . 北京:高等教育出版社,2020.
[37] 中华人民共和国交通运输部. 公路桥涵设计通用规范:JTG D60—2015[S]. 北京:人民交通出版社,2015.

附　　录

附表 1　混凝土强度设计值和强度标准值(N/mm^2)

(《混凝土结构设计规范》GB 50010—2010)

强度种类	符号	混凝土强度等级													
		C15	C20	C25	C30	C35	C40	C45	C50	C55	C60	C65	C70	C75	C80
强度标准值	f_{ck}	10.0	13.4	16.7	20.1	23.4	26.8	29.6	32.4	35.5	38.5	41.5	44.5	47.4	50.2
	f_{tk}	1.27	1.54	1.78	2.01	2.20	2.39	2.51	2.64	2.74	2.85	2.93	2.99	3.05	3.11
强度设计值	f_c	7.2	9.6	11.9	14.3	16.7	19.1	21.1	23.1	25.3	27.5	29.7	31.8	33.8	35.9
	f_t	0.91	1.10	1.27	1.43	1.57	1.71	1.80	1.89	1.96	2.04	2.09	2.14	2.18	2.22

注:(1)计算现浇钢筋混凝土轴心受压及偏心受压构件时,如截面的长边或直径小于 300 mm,则表中混凝土的强度设计值应乘以系数 0.8,当构件质量(如混凝土成型、截面轴线尺寸等)确有保证时,可不受此限制。

(2)离心混凝土的强度设计值应按专门标准取用。

附表 2　混凝土弹性模量 E_c 和疲劳变形模量 E_c^f($\times10^4$ N/mm^2)

(《混凝土结构设计规范》GB 50010—2010)

模量种类	混凝土强度等级													
	C15	C20	C25	C30	C35	C40	C45	C50	C55	C60	C65	C70	C75	C80
E_c	2.20	2.55	2.80	3.00	3.15	3.25	3.35	3.45	3.55	3.60	3.65	3.70	3.75	3.80
E_c^f	—	—	—	1.30	1.40	1.50	1.55	1.60	1.65	1.70	1.75	1.80	1.85	1.90

附表 3　混凝土的受压疲劳强度修正系数 γ_ρ

(《混凝土结构设计规范》GB 50010—2010)

ρ_c^f	$0\leqslant\rho_c^f<0.1$	$0.1\leqslant\rho_c^f<0.2$	$0.2\leqslant\rho_c^f<0.3$	$0.3\leqslant\rho_c^f<0.4$	$0.4\leqslant\rho_c^f<0.5$	$\rho_c^f\geqslant0.5$
γ_ρ	0.68	0.74	0.80	0.86	0.93	1.00

注:直接承受疲劳荷载的混凝土构件,当采用蒸汽养护时,养护温度不宜高于 60 ℃。

附表 4　普通钢筋强度标准值(N/mm^2)

(《混凝土结构设计规范》GB 50010—2010)

牌　号	符号	公称直径 d(mm)	屈服强度标准值 f_{yk}	极限强度标准值 f_{stk}
HPB300	Φ	6～22	300	420
HRB335 HRBF335	Φ Φ^F	6～50	335	455
HRB400 HRBF400 RRB400	Φ Φ^F Φ^R	6～50	400	540
HRB500 HRBF500	Φ Φ^F	6～50	500	630

附表 5　预应力钢筋强度标准值(N/mm²)

(《混凝土结构设计规范》GB 50010—2010)

种　类		符号	公称直径 d(mm)	屈服强度标准值 f_{pyk}	极限强度标准值 f_{ptk}
中强度预应力钢丝	光面 螺旋肋	ϕ^{PM} ϕ^{HM}	5,7,9	620	800
				780	970
				980	1 270
预应力螺纹钢筋	螺纹	ϕ^{T}	18,25,32,40,50	785	980
				930	1 080
				1 080	1 230
消除应力钢丝	光面 螺旋肋	ϕ^{P} ϕ^{H}	5	—	1 570
				—	1 860
			7	—	1 570
			9	—	1 470
				—	1 570
钢绞线	1×3(三股)	ϕ^{S}	8.6,10.8,12.9	—	1 570
				—	1 860
				—	1 960
	1×7(七股)		9.5,12.7,15.2,17.8	—	1 720
				—	1 860
				—	1 960
			21.6	—	1 860

注:极限强度标准值为 1 960 N/mm² 的钢绞线作后张预应力配筋时,应有可靠的工程经验。

附表 6　普通钢筋强度设计值(N/mm²)

(《混凝土结构设计规范》GB 50010—2010)

牌　号	抗拉强度设计值 f_y	抗压强度设计值 f'_y
HPB300	270	270
HRB335、HRBF335	300	300
HRB400、HRBF400、RRB400	360	360
HRB500、HRBF500	435	435

附表 7　预应力钢筋强度设计值(N/mm²)

(《混凝土结构设计规范》GB 50010—2010)

种　类	极限强度标准值 f_{ptk}	抗拉强度设计值 f_{py}	抗压强度设计值 f'_{py}
中强度预应力钢丝	800	510	410
	970	650	
	1 270	810	
消除应力钢丝	1 470	1 040	410
	1 570	1 110	
	1 860	1 320	

续上表

种　类	极限强度标准值 f_{ptk}	抗拉强度设计值 f_{py}	抗压强度设计值 f'_{py}
钢绞线	1 570	1 110	390
	1 720	1 220	
	1 860	1 320	
	1 960	1 390	
预应力螺纹钢筋	980	650	400
	1 080	770	
	1 230	900	

注：当预应力筋的强度标准值不符合附表 5 的规定时，其强度设计值应进行相应的比例换算。

附表 8　钢筋弹性模量（N/mm^2）

（《混凝土结构设计规范》GB 50010—2010）

种　类	E_s
HPB300 级钢筋	2.1×10^5
HRB335，HRB400，HRB500，HRBF335，HRBF400，HRBF500，RRB400 级钢筋，预应力螺纹钢筋	2.0×10^5
消除应力钢丝，中强度预应力钢丝	2.05×10^5
钢绞线	1.95×10^5

注：必要时钢绞线可采用实测的弹性模量。

附表 9　普通钢筋疲劳应力幅限值（N/mm^2）

（《混凝土结构设计规范》GB 50010—2010）

疲劳应力比值 ρ_s^f	Δf_y^f	
	HRB335 级钢筋	HRB400 级钢筋
0	175	175
0.1	162	162
0.2	154	156
0.3	144	149
0.4	131	137
0.5	115	123
0.6	97	106
0.7	77	85
0.8	54	60
0.9	28	31

注：当纵向受拉钢筋采用闪光接触对焊接头时，其接头处钢筋疲劳应力幅限值应按表中的数值乘以系数 0.8 取用。

附表 10　预应力钢筋的疲劳应力幅限值（N/mm^2）

（《混凝土结构设计规范》GB 50010—2010）

种　类		Δf_{py}^f		
		$\rho_p^f=0.7$	$\rho_p^f=0.8$	$\rho_p^f=0.9$
消除应力钢丝	$f_{ptk}=1\ 570$	240	168	88
钢绞线	$f_{ptk}=1\ 570$	144	118	70

注：(1)当 $\rho_p^f\geqslant0.9$ 时，可不作钢筋的疲劳验算。

(2)当有充分依据时，可对表中规定的疲劳应力幅限值作适当调整。

附表 11　混凝土极限强度(强度标准值)(N/mm²)

(《铁路桥涵混凝土结构设计规范》TB 10092—2017)

强度种类	符号	混凝土强度等级							
		C25	C30	C35	C40	C45	C50	C55	C60
轴心抗压	f_{ck}	17	20	23.5	27	30	33.5	37	40
轴心抗拉	f_{tk}	2.0	2.2	2.5	2.7	2.9	3.1	3.3	3.5

附表 12　混凝土弹性模量 E_c(×10⁴ N/mm²)

(《铁路桥涵混凝土结构设计规范》TB 10092—2017)

混凝土强度等级	C25	C30	C35	C40	C45	C50	C55	C60
弹性模量	3.00	3.20	3.30	3.40	3.45	3.55	3.60	3.65

附表 13　钢筋抗拉强度标准值(N/mm²)

(《铁路桥涵混凝土结构设计规范》TB 10092—2017)

强度	普通钢筋 f_{sk}			预应力螺纹钢筋 f_{pk}	
	HPB300	HRB400	HRB500	PSB830	PSB980
抗拉强度标准值	300	400	500	830	980

附表 14　预应力钢丝、钢绞线抗拉强度标准值 f_{pk}(N/mm²)

(《铁路桥涵混凝土结构设计规范》TB 10092—2017)

种类			f_{pk}
钢丝	公称直径 d=4～5 mm		1 860,1 770,1 670,1 570,1 470
	公称直径 d=6～7 mm		1 860,1 770,1 670,1 570,1 470
钢绞线	标准型(1×7)	公称直径 d = 12.7	1 960,1 860,1 770
		公称直径 d = 15.2	1 960,1 860,1 720,1 670,1 570,1 470
		公称直径 d = 15.7	1 860,1 770
	模拔型(1×7)C	公称直径 d = 12.7	1 860
		公称直径 d = 15.2	1 820

注:(1)表中的钢丝按松弛率不同可分为普通松弛(WNR)和低松弛(WLR),钢绞线均为低松弛。

(2)钢绞线公称直径 12.7 mm 和 15.7 mm 者都有 1 960 MPa 这一级,需经疲劳试验确定疲劳应力后方能使用。

附表 15　钢筋计算强度(强度设计值)(N/mm²)

(《铁路桥涵混凝土结构设计规范》TB 10092—2017)

种类		抗拉:f_{sd}或 f_{pd}	抗压:f'_{sd}或 f'_{pd}
普通钢筋	HPB300 HRB400	300 400	300 400
	HRB500	500	500
预应力钢筋	钢丝、钢绞线、预应力混凝土用螺纹钢筋	$0.9f_{pk}$	380

附表 16　钢筋弹性模量(N/mm²)

(《铁路桥涵混凝土结构设计规范》TB 10092—2017)

种　　类	符　号	弹 性 模 量
HPB300	E_s	2.1×10^5
HRB400　HRB500	E_s	2.0×10^5
钢丝	E_p	2.05×10^5
钢绞线	E_p	1.95×10^5
预应力混凝土用螺纹钢筋	E_p	2.0×10^5

附表 17　混凝土强度标准值和设计值(N/mm²)

(《公路钢筋混凝土及预应力混凝土桥涵设计规范》JTG 3362—2018)

强度种类	符号	混凝土强度等级											
		C25	C30	C35	C40	C45	C50	C55	C60	C65	C70	C75	C80
强度标准值	f_{ck}	16.7	20.1	23.4	26.8	29.6	32.4	35.5	38.5	41.5	44.5	47.4	50.2
	f_{tk}	1.78	2.01	2.20	2.40	2.51	2.65	2.74	2.85	2.93	3.00	3.05	3.10
强度设计值	f_{cd}	11.5	13.8	16.1	18.4	20.5	22.4	24.4	26.5	28.5	30.5	32.4	34.6
	f_{td}	1.23	1.39	1.52	1.65	1.74	1.83	1.89	1.96	2.02	2.07	2.10	2.14

附表 18　混凝土弹性模量 E_c(N/mm²)

(《公路钢筋混凝土及预应力混凝土桥涵设计规范》JTG 3362—2018)

混凝土强度等级	C25	C30	C35	C40	C45	C50	C55	C60	C65	C70	C75	C80
弹性模量 E_c	2.80	3.00	3.15	3.25	3.35	3.45	3.55	3.60	3.65	3.70	3.75	3.80

注:当采用引气剂及较高砂率的泵送混凝土且无实测数据时,表中 C50～C80 的 E_c 值乘以折减系数 0.95。

附表 19　钢筋强度设计值和标准值(N/mm²)

(《公路钢筋混凝土及预应力混凝土桥涵设计规范》JTG 3362—2018)

钢筋种类			符号	强度标准值 f_{sk}(普通钢筋)或 f_{pk}(预应力钢筋)	抗拉强度设计值 f_{sd}(普通钢筋)或 f_{pd}(预应力钢筋)	抗压强度设计值 f'_{sd}(普通钢筋)或 f'_{pd}(预应力钢筋)
普通钢筋	HPB300	d=6～22	Φ	300	250	250
	HRB400	d=6～50	⏀	400	330	330
	HRBF400	d=6～50	⏀^{F}			
	RRB400	d=6～50	⏀^{R}			
	HRB500	d=6～50	Φ̿	500	415	400
钢绞线	1×7(七股)	d=9.5、12.7、15.2、17.8	Φ^S	1 720、1 860、1 960	f_{pk}=1 720 时,1 170 f_{pk}=1 860 时,1 260 f_{pk}=1 960 时,1 330	390
		d=21.6		1 860		

续上表

钢筋种类			符号	强度标准值 f_{sk}(普通钢筋)或 f_{pk}(预应力钢筋)	抗拉强度设计值 f_{sd}(普通钢筋)或 f_{pd}(预应力钢筋)	抗压强度设计值 f'_{sd}(普通钢筋)或 f'_{pd}(预应力钢筋)
消除应力钢丝	光面螺旋肋	$d=5$	ϕ^P ϕ^H	1 570、1 770、1 860	$f_{pk}=1\ 470$ 时,1 000 $f_{pk}=1\ 570$ 时,1 070 $f_{pk}=1\ 770$ 时,1 200 $f_{pk}=1\ 860$ 时,1 260	410
		$d=7$		1 570		
		$d=9$		1 470、1 570		
预应力螺纹钢筋		$d=18$、25、32、40、50	ϕ^T	785、930、1 080	$f_{pk}=785$ 时,650 $f_{pk}=930$ 时,770 $f_{pk}=1\ 080$ 时,900	400

注:(1)抗拉强度标准值为 1 960 MPa 的钢绞线作为预应力钢筋使用时,应有可靠工程经验或充分试验验证。

(2)钢筋混凝土轴心受拉和小偏心受拉构件的钢筋抗拉强度设计值大于 330 MPa 时,应按 330 MPa 取用;在斜截面抗剪承载力、受扭承载力和冲切承载力计算中垂直于纵向受力钢筋的箍筋或间接钢筋等横向钢筋的抗拉强度设计值大于 330 MPa 时,应取 330 MPa。

(3)构件中配有不同种类的钢筋时,每种钢筋应采用各自的强度设计值。

附表 20　钢筋弹性模量(N/mm^2)

(《公路钢筋混凝土及预应力混凝土桥涵设计规范》JTG 3362—2018)

钢筋种类	弹性模量 E_s($\times10^5$ MPa)	钢筋种类	弹性模量 E_p($\times10^5$ MPa)
HPB300	2.10	钢绞线	1.95
HPB400、HRB500、HRB400、RRB400	2.00	消除应力钢丝	2.05
		预应力螺纹钢筋	2.00

附表 21　钢筋混凝土矩形和 T 形截面受弯构件正截面抗弯能力计算表

ξ	γ_s	α_s	ξ	γ_s	α_s
0.01	0.995	0.010	0.16	0.920	0.147
0.02	0.990	0.020	0.17	0.915	0.155
0.03	0.985	0.030	0.18	0.910	0.164
0.04	0.980	0.039	0.19	0.905	0.172
0.05	0.975	0.048	0.20	0.900	0.180
0.06	0.970	0.053	0.21	0.895	0.188
0.07	0.965	0.067	0.22	0.890	0.196
0.08	0.960	0.077	0.23	0.885	0.203
0.09	0.955	0.085	0.24	0.880	0.211
0.10	0.950	0.095	0.25	0.875	0.219
0.11	0.945	0.104	0.26	0.870	0.226
0.12	0.940	0.113	0.27	0.865	0.234
0.13	0.935	0.121	0.28	0.860	0.241
0.14	0.930	0.130	0.29	0.855	0.243
0.15	0.925	0.139	0.30	0.850	0.255

续上表

ξ	γ_s	α_s	ξ	γ_s	α_s
0.31	0.845	0.262	0.47	0.765	0.359
0.32	0.840	0.269	0.48	0.760	0.365
0.33	0.835	0.275	0.49	0.755	0.370
0.34	0.830	0.282	0.50	0.750	0.375
0.35	0.825	0.289	0.51	0.745	0.380
0.36	0.820	0.295	0.518	0.741	0.384
0.37	0.815	0.301	0.52	0.740	0.385
0.38	0.810	0.309	0.53	0.735	0.390
0.39	0.805	0.314	0.54	0.730	0.394
0.40	0.800	0.320	0.55	0.725	0.400
0.41	0.795	0.326	0.56	0.720	0.404
0.42	0.790	0.332	0.57	0.715	0.408
0.43	0.785	0.337	0.58	0.710	0.412
0.44	0.780	0.343	0.59	0.705	0.416
0.45	0.775	0.349	0.60	0.700	0.420
0.46	0.770	0.354	0.614	0.693	0.426

注：表中 ξ=0.518 以下的数值不适用于 HRB400、RRB400 钢筋；ξ=0.55 以下的数值不适用于 HRB335 钢筋。

附表 22 钢筋计算截面面积及理论重量

公称直径(mm)	不同根数钢筋的计算截面面积(mm^2)									单根钢筋理论重量(kg/m)
	1	2	3	4	5	6	7	8	9	
6	28.3	57	85	113	142	170	198	226	255	0.222
6.5	33.2	66	100	133	166	199	232	265	299	0.260
8	50.3	101	151	201	252	302	352	402	453	0.395
8.2	52.8	106	158	211	264	317	370	423	475	0.432
10	78.5	157	236	314	393	471	550	628	707	0.617
12	113.1	226	339	452	565	678	791	904	1 017	0.888
14	153.9	308	461	615	769	923	1 077	1 231	1 385	1.21
16	201.1	402	603	804	1 005	1 206	1 407	1 608	1 809	1.58
18	254.5	509	763	1 017	1 272	1 527	1 781	2 036	2 290	2.00
20	314.2	628	942	1 256	1 570	1 884	2 199	2 513	2 827	2.47
22	380.1	760	1 140	1 520	1 900	2 281	2 661	3 041	3 421	2.98
25	490.9	982	1 473	1 964	2 454	2 945	3 436	3 927	4 418	3.85
28	615.8	1 232	1 847	2 463	3 079	3 695	4 310	4 926	5 542	4.83
32	804.2	1 609	2 413	3 217	4 021	4 826	5 630	6 434	7 238	6.31
36	1 017.9	2 036	3 054	4 072	5 089	6 107	7 125	8 143	9 161	7.99
40	1 256.6	2 513	3 770	5 027	6 283	7 540	8 796	10 053	11 310	9.87
50	1 964	3 928	5 892	7 856	9 820	11 784	13 748	15 712	17 676	15.42

注：表中直径 d=8.2 mm 的计算截面面积及理论重量仅适用于有纵肋的热处理钢筋。

附表 23　钢绞线公称直径、公称截面面积及理论重量

种　类	公称直径(mm)	公称截面面积(mm^2)	理论重量(kg/m)
1×3	8.6	37.4	0.295
	10.8	59.3	0.465
	12.9	85.4	0.671
1×7 标准型	9.5	54.8	0.432
	11.1	74.2	0.580
	12.7	98.7	0.774
	15.2	139	1.101

附表 24　钢丝公称直径、公称截面面积及理论重量

公称直径(mm)	公称截面面积(mm^2)	理论重量(kg/m)
4.0	12.57	0.099
5.0	19.63	0.154
6.0	28.27	0.222
7.0	38.48	0.302
8.0	50.26	0.394
9.0	63.62	0.499

附表 25　每米板宽各种钢筋间距时的钢筋截面面积(房建结构)

钢筋间距(mm)	当钢筋直径为下列数值时的钢筋截面面积(mm^2)													
	3	4	5	6	6/8	8	8/10	10	10/12	12	12/14	14	14/16	16
70	101	179	281	404	561	719	920	1 121	1 369	1 616	1 908	2 199	2 536	2 872
75	94.3	167	262	377	524	671	859	1 047	1 277	1 508	1 780	2 053	2 367	2 681
80	88.4	157	245	354	491	629	805	981	1 198	1 414	1 669	1 924	2 218	2 513
85	83.2	148	231	333	462	592	758	924	1 127	1 331	1 571	1 811	2 088	2 365
90	78.5	140	218	314	437	559	716	872	1 064	1 257	1 484	1 710	1 972	2 234
95	74.5	132	207	298	414	529	678	826	1 008	1 190	1 405	1 620	1 868	2 116
100	70.6	126	196	283	393	503	644	785	958	1 131	1 335	1 539	1 775	2 011
110	64.2	114	178	257	357	457	585	714	871	1 028	1 214	1 399	1 614	1 828
120	58.9	105	163	236	327	419	537	654	798	942	1 112	1 283	1 480	1 676
125	56.5	100	157	226	314	402	515	628	766	905	1 068	1 232	1 420	1 608
130	54.4	96.6	151	218	302	387	495	604	737	870	1 027	1 184	1 366	1 547
140	50.5	89.7	140	202	281	359	460	561	684	808	954	1 100	1 268	1 436
150	47.1	83.8	131	189	262	335	429	523	639	754	890	1 026	1 183	1 340
160	44.1	78.5	123	177	246	314	403	491	599	707	834	962	1 110	1 257
170	41.5	73.9	115	166	231	296	379	462	564	665	786	906	1 044	1 183
180	39.2	69.8	109	157	218	279	358	436	532	628	742	855	985	1 117
190	37.2	66.1	103	149	207	265	339	413	504	595	702	810	934	1 058
200	35.3	62.8	98.2	141	196	251	322	393	479	565	668	770	888	1 005
220	32.1	57.1	89.3	129	178	228	292	357	436	514	607	700	807	914
240	29.4	52.4	81.9	118	164	209	268	327	399	471	556	641	740	838
250	28.3	50.2	78.5	113	157	201	258	314	383	452	534	616	710	804
260	27.2	48.3	75.5	109	151	193	248	302	368	435	514	592	682	773
280	25.2	44.9	70.1	101	140	180	230	281	342	404	477	550	634	718
300	23.6	41.9	66.5	94	131	168	215	262	320	377	445	513	592	670
320	22.1	39.2	61.4	88	123	157	201	245	299	353	417	481	554	628

注:表中钢筋直径中的 6/8,8/10…系指两种直径的钢筋间隔放置。

附表 26 钢筋排成一行时梁的最小宽度(mm)(房建结构)

钢筋直径(mm)	3 根	4 根	5 根	6 根	7 根
12	180/150	200/180	250/220		
14	180/150	200/180	250/220	300/300	
16	180/180	220/200	300/250	350/300	400/350
18	180/180	250/220	300/300	350/300	400/350
20	200/180	250/220	300/300	350/350	400/400
22	200/180	250/250	350/300	400/350	450/400
25	220/200	300/250	350/300	450/350	500/400
28	250/220	350/300	400/350	450/400	550/450
32	300/250	350/300	450/400	550/450	

注：斜线以左数值用于梁的上部，以右数值用于梁的下部。

附表 27 混凝土保护层最小厚度 *c*(mm)

(《混凝土结构设计规范》GB 50010—2010)

环境类别	板、墙、壳	梁、柱、杆
一	15	20
二 a	20	25
二 b	25	35
三 a	30	40
三 b	40	50

注：(1)混凝土强度等级不大于 C25 时，表中保护层厚度数值应增加 5 mm。

(2)钢筋混凝土基础宜设置混凝土垫层，基础中钢筋的混凝土保护层厚度应从垫层顶面算起，且不应小于 40 mm。

附表 28 纵向受力钢筋的最小配筋率 ρ_{min}(%)

(《混凝土结构设计规范》GB 50010—2010)

受 力 类 型			最小配筋百分率
受压构件	全部纵向钢筋	强度等级 500 MPa	0.50
		强度等级 400 MPa	0.55
		强度等级 300 MPa，335 MPa	0.60
	一侧纵向钢筋		0.20
受弯构件、偏心受拉、轴心受拉构件一侧的受拉钢筋			0.20 和 $45f_t/f_y$ 中的较大值

注：(1)受压构件全部纵向钢筋最小配筋百分率，当采用 C60 以上强度等级的混凝土时，应按表中规定增加 0.10。

(2)板类受弯构件(不包括悬臂板)的受拉钢筋，当采用强度等级 400 MPa、500 MPa 的钢筋时，其最小配筋百分率应允许采用 0.15 和 $45f_t/f_y$ 中的较大值。

(3)偏心受拉构件中的受压钢筋，应按受压构件一侧纵向钢筋考虑。

(4)受压构件的全部纵向钢筋和一侧纵向钢筋的配筋率以及轴心受拉构件和小偏心受拉构件一侧受拉钢筋的配筋率均应按构件的全截面面积计算。

(5)受弯构件、大偏心受拉构件一侧受拉钢筋的配筋率应按全截面面积扣除受压翼缘面积$(b_f'-b)h_f'$后的截面面积计算。

(6)当钢筋沿构件截面周边布置时，“一侧纵向钢筋”系指沿受力方向两个对边中一边布置的纵向钢筋。

附表 29 纵向受力钢筋的最小配筋率 ρ_{min} 要求

(《公路钢筋混凝土及预应力混凝土桥涵设计规范》JTG 3362—2018)

构件/受力类型		最小配筋要求	
轴心受压构件、偏心受压构件	全部纵向钢筋	C50 以下混凝土	0.5%
		C50 及以上混凝土	0.6%
	一侧纵向钢筋		0.2%
受弯构件、偏心受压构件及轴心受拉构件的一侧受拉钢筋			$\max\left(0.2\%, 0.45\frac{f_{td}}{f_{sd}}\times 100\%\right)$
预应力混凝土受弯构件			$M_{ud}/M_{cr}\geqslant 1.0$

注:M_{ud}为预应力混凝土受弯构件正截面抗弯承载力设计值;M_{cr}为预应力混凝土受弯构件正截面开裂弯矩值,$M_{cr}=(\sigma_{pc}+\gamma f_{tk})W_0$。其中:$\sigma_{pc}$为扣除全部预应力损失预应力钢筋和普通钢筋合在构件抗裂边缘产生的混凝土预压应力;$\gamma=2S_0/W_0$,S_0为全截面换算重心轴以上(或以下)部分面积对重心轴的面积矩,W_0为换算截面抗裂边缘的弹性抵抗矩。

《混凝土结构设计规范》关于柱箍筋的规定

(1)箍筋直径不应小于 $d/4$,且不应小于 6 mm,d 为纵向钢筋的最大直径。

(2)箍筋间距不应大于 400 mm 及构件截面的短边尺寸,且不应大于 $15d$,d 为纵向钢筋的最小直径。

(3)柱及其他受压构件中的周边箍筋应做成封闭式;对圆柱中的箍筋,搭接长度不应小于《混凝土结构设计规范》第 8.3.1 条规定的锚固长度,且末端应做成 135°弯钩,弯钩末端平直段长度不应小于 $5d$,d 为箍筋直径。

(4)当柱截面短边尺寸大于 400 mm 且各边纵向钢筋多于 3 根时,或当柱截面短边尺寸不大于 400 mm 但各边纵向钢筋多于 4 根时,应设置复合箍筋。

(5)柱中全部纵向受力钢筋的配筋率大于 3%时,箍筋直径不应小于 8 mm,间距不应大于 $10d$,且不应大于 200 mm。箍筋末端应做成 135°弯钩,且弯钩末端平直段长度不应小于 $10d$,d 为纵向受力钢筋的最小直径。

(6)在配有螺旋式或焊接环式箍筋的柱中,如在正截面受压承载力计算中考虑间接钢筋的作用时,箍筋间距不应大于 80 mm 及 $d_{cor}/5$,且不宜小于 40 mm,d_{cor}为按箍筋内表面确定的核心截面直径。